"十二五"国家重点出版物出版规划项目

北京理工大学教育基金会· 教授文库

生物信息
处理技术与方法

Biological Information
Processing Techniques and Methods

罗森林　潘丽敏　马　俊　编著

北京理工大学出版社

BEIJING INSTITUTE OF TECHNOLOGY PRESS

内 容 提 要

本书共分 8 章，主要内容包括生物信息处理知识基础、数据处理方法基础、序列比对方法、系统发生树构建方法、基因芯片数据处理方法、RNA 结构预测方法、蛋白质结构预测方法、生物分子网络构建方法等。

本书可用作计算机科学与技术、生命信息工程、软件工程、通信与信息系统等相关学科、专业的教材，也可作为参考书直接使用，同时也可供科研人员参考和有兴趣者自学使用。

图书在版编目（CIP）数据

生物信息处理技术与方法/罗森林，潘丽敏，马俊编著．—北京：北京理工大学出版社，2015.1

ISBN 978-7-5640-8314-4

Ⅰ.①生…　Ⅱ.①罗…　②潘…　③马…　Ⅲ.①生物信息论-信息处理
Ⅳ.①Q811.4

中国版本图书馆 CIP 数据核字（2013）第 209153 号

出版发行／北京理工大学出版社有限责任公司
社　　　址／北京市海淀区中关村南大街 5 号
邮　　　编／100081
电　　　话／（010）68914775（总编室）
　　　　　　82562903（教材售后服务热线）
　　　　　　68948351（其他图书服务热线）
网　　　址／http：//www.bitpress.com.cn
经　　　销／全国各地新华书店
印　　　刷／保定市中画美凯印刷有限公司
开　　　本／710 毫米×1000 毫米　1/16
印　　　张／20.75　　　　　　　　　　　　　　　责任编辑／王玲玲
字　　　数／368 千字　　　　　　　　　　　　　文案编辑／王玲玲
版　　　次／2015 年 1 月第 1 版　2015 年 1 月第 1 次印刷　　责任校对／周瑞红
定　　　价／56.00 元　　　　　　　　　　　　　责任印制／马振武

图书出现印装质量问题，请拨打售后服务热线，本社负责调换

前　言

生物信息数据的快速增长迫切需要生物信息处理技术与方法的有效应用和发展，生物信息处理涉及内容非常广泛，学科间相互交叉，互融关系复杂，本书梳理了生物信处理技术与方法的知识点，注重领域内核心思想、原理、方法的论述，并融入国内外最新研究进展，内容力求系统、全面、先进。在讨论技术与方法的同时，引入应用实例以强调其具体应用方法，使理论联系实际，有利于技术与方法的快速掌握和有效运用。

本书经过长期酝酿并总结多年的教学、应用经验认真构架而成，以便于学生充分利用生物信息处理技术。全书共分8章，各章的主要内容安排如下：

第1章为绪论。内容包括生物信息处理的产生背景和意义、生物信息处理知识基础、生物信息处理发展简史和现状、生物信息处理数据库及技术工具、技术难点与发展趋势等。

第2章为数据处理方法基础。内容包括概率论基础、数据分类分析、数据聚类分析、关联规则发现、隐马尔科夫模型、高维数据处理等。

第3章为序列比对方法。内容包括序列比对知识基础、双序列比对、多序列比对、应用实例分析等。

第4章为系统发生树构建方法。内容包括系统发生树知识基础、基于距离的构建方法、基于离散特征的构建方法、Quartet方法、应用实例分析等。

第5章为基因芯片数据处理方法。内容包括基因芯片知识基础、基因芯片数据预处理、基因芯片数据聚类分析、基因芯片数据分类分析、应用实例分析等。

第6章为RNA结构预测方法。内容包括RNA知识基础、比较序列分析方法、动态规划算法、组合优化算法、启发式算法、应用实例分析等。

第7章为蛋白质结构预测方法。内容包括蛋白质结构知识基础、蛋白质二级结构预测、蛋白质三级结构预测、应用实例分析等。

第 8 章为生物分子网络构建方法。内容包括生物分子网络知识基础、基因调控网络构建方法、蛋白质互作网络构建方法、应用实例分析等。

本书由罗森林、潘丽敏、马俊共同撰写，其中第 3～5 章的基础技术与方法部分主要由潘丽敏负责撰写，第 6～8 章的基础技术与方法部分主要由马俊负责撰写，其余部分主要由罗森林负责撰写。罗森林负责整书的章节设计、内容规划和统稿工作。

在本书的编写过程中，得到了北京理工大学杨煜祥、刘畅、明道福老师以及陈功、郭峰、郭伟东、李金玉、刘盈盈、刘峥等同学多方面的帮助，在此一并表示衷心的感谢。

由于时间有限，加之笔者能力范围的限制，书中疏漏之处敬请广大师生批评指正，以使本书日渐完善。谢谢！

罗森林

目　录

第 1 章

绪论

1.1 产生背景和意义

生物信息处理的研究目标是通过处理复杂的 DNA、RNA、蛋白质等生物数据，揭示基因组信息结构的复杂性及遗传语言的根本规律，解读人类基因组全部 DNA 序列，认识人类自身，揭示遗传、发育和进化的联系等。生物信息处理丰富和发展了现有的物理学、生物学、化学、数学、计算机科学、信息科学和系统科学的理论和方法，推动了学科群的进步，成为自然科学中多学科交叉的有活力、有影响的新领域。相对于其他日渐成熟的学科，对生物信息处理技术与方法的研究仍然处于初始阶段，随着生物技术的快速发展，新的数据、新的需求的不断涌现，生物信息处理的理论与技术将会快速发展。

1.1.1 产生与兴起

生物信息处理的实质，就是利用计算机科学和网络技术来解决生物学问题，是由生物学对大量数据处理和分析的需求而引发的，它的诞生和发展是应时所需，是历史的必然。20 世纪，尤其是 20 世纪末期，生物科学技术迅猛发展，无论是从数量上还是从质量上，都极大地丰富了生物科学的数据资源。数据资源的急剧膨胀使人们不得不考虑寻求一种强有力的工具去组织它们，以利于对已知生物学知识的储存和进一步加工利用。

1970—1980 年，随着生物化学技术的发展，许多生物分子序列数据产生，促使一部分计算机科学家应用计算机技术解决生物学问题，特别是与生物分子序列相关的问题，并提出了一系列著名的序列比较算法。1980 年以后，一批生物信息服务机构和生物信息数据库被创建出来。2001 年，人类基因组工程测序的完成，使生物信息处理达到了一个高潮。由于 DNA 自动测序技术的快速发展，DNA 数据库中的核酸序列公共数据量以每天 10^6 bp 的速度增长，生物信息数据迅速膨胀，从积累数据向解释数据的时代转变，同时，数据的大量积累也蕴含着潜在的突破性发现的可能。

生物信息处理是建立在分子生物学的基础上的，因此，要学习生物信息处理，就必须先对分子生物学的发展有所了解。对生物细胞的生物大分子的结构与功能的研究很早就已经开始了。1866 年，孟德尔在实验的基础上提出了假设——基因以生物成分存在。1871 年，Miescher 从死的白细胞核中分离出脱氧核糖核酸（DNA）。1944 年，Avery 和 Mc Carty 证明了 DNA 是生命器官的遗传物质，在此之前，人们认为染色体蛋白质携带基因，而 DNA 则是一个次要的角色。同年，Chargaff 发现了著名的 Chargaff 规律，即 DNA 中鸟嘌呤的量与胞嘧啶的量相等，腺嘌呤的量与胸腺嘧啶的量相等。与此同时，Wilkins 与 Franklin 用 X 射线衍射技术测定了 DNA 纤维的结构。1953 年，James Watson 和 Francis Crick 在《科学》上推测出 DNA 的三维结构——双螺旋，即 DNA 以磷酸糖链形成双股螺旋，脱氧核糖上的碱基按 Chargaff 规律构成双股磷酸糖链之间的碱基对。这个模型表明 DNA 具有自身互补的结构，根据碱基对原则，DNA 中储存的遗传信息可以精确地进行复制。他们的理论奠定了分子生物学的基础。DNA 双螺旋模型已经预示了 DNA 复制的规则。1956 年，Kornberg 从大肠杆菌中分离出 DNA 聚合酶 I（DNA polymerase I），它能使 4 种 dNTP 连接成 DNA。DNA 的复制需要一个 DNA 作为模板。Meselson 与 Stahl 于 1958 年用实验方法证明了 DNA 复制是一种半保留复制。1954 年，Crick 提出了遗传信息传递的规律：DNA 是合成 RNA 的模板，RNA 又是合成蛋白质的模板，这个规律称为中心法则（Central Dogma），其对分子生物学和生物信息处理的发展都起到了极其重要的指导作用。此后，经过 Nirenberg 和 Matthai 的努力研究，编码 20 氨基酸的遗传密码得到破译，限制性内切酶的发现和重组 DNA 的克隆奠定了基因工程的技术基础。

正是由于分子生物学的研究对生命科学的发展有巨大的推动作用，生物信息处理理论与技术的出现也就成了一种必然。该领域的主要课题是研究如何通过对 DNA 序列的统计计算分析，以便更加深入地理解 DNA 序列、结构、演化及其与生物功能之间的关系，其研究课题涉及分子生物学、分子演化及结构生物学、统计学及计算机科学等许多领域。生物信息处理是内涵非常丰富的学科，其核心是基因组信息学，包括基因组信息的获取、处理、存储、分配和解释。基因组信息学的关键是"读懂"基因组的核苷酸顺序，即全部基因在染色体上的确切位置以及各 DNA 片段的功能。同时，在发现了新基因信息之后，对其进行蛋白质空间结构模拟和预测，然后依据特定蛋白质的功能进行药物设计。了解基因表达的调控机理也是生物信息处理的重要内容，根据生物分子在基因调控中的作用，描述人类疾病诊断、治疗的内在规律。生物信息处理理论与技术的研究目标是揭示"基因组信息结构的复杂性及遗传语言的根本规律"，解释生命的遗传语言，其已成为整个生命科学的重要组成部分，成为生命科学研究的前沿。

1.1.2　研究的意义

生物信息处理的研究任重而道远，如同门捷列夫在分析化学元素的性质数据时发现了元素周期表一样，生物信息处理也要通过对生物学数据的分析研究，归纳总结出生物系统生长、演化的规律。

生命科学研究最重要的突破莫过于对生物遗传基因物质（DNA）的测定，主要研究集中在对生物学数据的收集、整理、筛选、编辑、管理、显示、利用（计算、模拟）等。主要研究方向包括序列比对、基因识别（解码）、基因重组、蛋白质结构预测、基因表达、蛋白质反应的预测以及建立演化模型等。

生物遗传基因载体物质的发现和成功测定打开了生物信息处理研究的大门。以人为对象，研究 30 亿个碱基哪一段究竟代表什么意思，哪一段管理生物个体中哪一部分、执行哪一个功能，被称为基因识别与解码。研究同一种基因在不同个体中的微小不同（序列比对），以及所导致的不同形态（基因表达），还有它们的运动变化规律（建立演化模型），都是非常有意义也非常有趣味的工作。这些工作，可以帮助解释遗传现象，防治遗传疾病。计算机技术强大的计算能力与数学统计理论的结合，也使得在一组序列中找出父-子演化传承关系成为可能。生物信息处理研究工作不仅需要计算机技术的知识、统计学的知识和信息学的知识，同时也需要分子生物学的知识。由此可见，生物信息处理是一个多学科结合的交叉研究领域，需要各学科的合作和共同努力。

总之，生物信息处理是一门研究生物和生物相关系统中信息内容与信息流向的综合系统科学。只有通过生物信息处理相关理论与技术，人们才能从众多分散的生物学观测数据中获得对生命运行机制的系统理解。从工具的角度来讲，生物信息处理几乎是今后所有生物（医药）研究开发所必需的工具。对生物信息处理的研究不仅具有重大的科学意义，还具有巨大的经济效益。

1.2 知识基础

1.2.1 基本概念

1. 生物信息处理的定义

生物信息是指决定生物体性状特征的信息。它包含三个层次：储存在 DNA 线性分子中的一维信息，即遗传密码包含的遗传信息；储存在蛋白质分子中的三维信息，即由 DNA 分子决定的肽链经折叠呈现生物学功能的蛋白质三维结构；储存在 DNA、蛋白质等各类物质分子中的按时间、空间的特定程序相互作用的网络系统的四维结构。

数据处理是对数据进行采集、存储、检索、加工、变换和传输。数据是事实、概念或指令的一种表达形式，可由人工或自动化装置进行处理。数据的形式可以是数字、文字、图形或声音等。数据经过解释并赋予一定的意义之后，便成为信息。数据处理的基本目的是从大量的、可能是杂乱无章的、难以理解的数据中抽取并推导出某些特定的、有价值、有意义的信息。数据处理技术的发展及其应用的广度和深度，极大地影响着人类社会发展的进程。数据处理离不开软件的支持，数据处理软件包括：用以书写处理程序的各种程序设计语言及其编译程序，管理数据的文件系统和数据库系统，以及各种数据处理方法的应用软件包。为了保证数据安全可靠，还有一整套数据安全保密的技术等。

技术方法是人们在技术实践过程中所利用的各种方法、程序、规则、技巧的总称，它帮助人们解决"做什么"、"怎样做"以及"怎样做得更好"的问题。人们在技术活动中利用技术知识和经验，选择适宜的技术方法或创造出全新的方法，以完成设定的技术目标。

生物信息处理技术与方法涵盖了生物信息、数据处理和技术方法等多方面的内容，其主要目的是，用计算机科学、信息技术以及数学理论来处理生物学问题，主要内容包括：生物学数据的获取、存储、处理、管理和可视化，基因遗传和物理图谱的处理，核苷酸和氨基酸序列分析，新基因的发现和蛋白质结构的预测等。

生物信息学是研究生物信息的采集、处理、存储、传播、分析和解释等各方面的一门学科，综合利用生物学、计算机科学和信息技术以揭示大量而复杂的生物数据所包含的生物学奥秘。生物信息学属于典型的交叉学科，而生物信息处理是进行该学科研究的主要理论与技术方法，侧重于利用数学模型和计算仿真技术对生物学问题进行研究。通常，生物信息处理的研究可以划分成两个阶段，第一阶段是数据挖掘和知识发现，即从大量的实验数据中提取隐藏的模式，然后形成假设；第二个阶段是建立数学模型，利用计算机模拟来检验各种假设，为进一步的实验研究提供预测结果和指导建议。生物学处理的特点就在于两个研究阶段的不可分割性，它既不是单纯的生物信息学研究，也不是纯粹的生物数学理论研究，更不是简单的计算机技术应用研究。

2. 生物信息处理的特点

概括起来讲，生物信息处理有以下几方面的特点：

（1）交叉性

生物信息处理和生物学的其他分支一样，有一个共同的目标，就是揭示生命的奥秘，探索生命现象中的规律，为人类创造更美好的生活。然而，它的研究手段完全不同于传统生物学实验，而是从大量不连贯的生物学实验数据中发现有用的生物学信息，这离不开现代信息技术、计算机技术和数学。生物信息处理并非生物学或信息科学的一个简单分支，而是多学科的有机交叉。

（2）复杂性

生物数据的海量性和生物系统本身的复杂性都对生物信息处理研究提出了挑战。仅人类基因组就产生一部几十亿字符的"天书"，而这几十亿字符是四个字母的重复，没有语法，也没有标点符号。如何读懂这部"天书"，以现有的计算技术，仍然是一个无法解决的难题。

（3）广泛性

生物学数据每天以千万的数量级呈爆炸式增长，除了数量上的增长，生物学的研究范围也绝不局限于人类基因组计划，各种植物和动物的基因组研究相继展开。随着人类基因组计划的顺利进行，蛋白质组、人类基因组多样性计划、比较基因组、环境基因组和药物基因组的研究也相继被提出来。

（4）前沿性

生物信息处理用最先进的信息技术和数理技术研究生命本质，帮助人们逐步认识生命的起源、进化、遗传和发育的本质，破译隐藏在 DNA 序列中的遗传语言，揭示人体生理和病理的分子基础，为人类疾病的预测、诊断、预防和治疗提供最合理、最有效的方法和途径。

1.2.2 生物信息数据特点

生物信息不仅包括基因组信息，如基因的 DNA 序列、染色体定位等，也包括基因产物——蛋白质或 RNA 的结构和功能及各物种间的进化关系等其他信息资源。就数据分析而言，生物信息数据的特点包括：

1. 高通量和大数据量

人类基因组计划（HGP）产生了很多高通量技术，如一次基因表达谱芯片实验可以获得数万个基因表达数据，一次大规模基因组测序可以获得数亿个序列数据。人类基因组由 $3×10^9$ 碱基对组成，各种模式的生物基因组序列、蛋白质序列源源不断地产生，在此基础上，还可以产生数倍的二次数据。基因组的基因表达数据因时间、环境不同而不同，基因表达数据的数据量将很快超过基因序列的数据量。生物信息以指数级快速增长，远远超出传统分析方法的处理能力。

2. 多类型

生物信息数据包括了 DNA 序列、蛋白质序列、蛋白质各级空间结构数据、基因表达、代谢途径和文献等，各种数据的特性不同，存储方式不同，这给数据集成、共享、分析都带来很多困难。目前的数据库管理系统并不适合生物信息中生物序列数据的存储和检索。

3. 异构性

生物信息数据的异构性包括结构上的异构、语义上的异构和系统实现上的异构三大类。结构上的异构指同一个数据采用不同的数据模型或不同的数据结构来表示；语义上的异构指同一个术语在不同的地方代表不同的含义，或同一个含义用不同的术语来表示；系统实现上的异构指生物数据有的是以文本形式组织的，有的是以关系表的形式组织的。生物数据以各种形式存储于网络上的数据源中，即使同一数据，也有不同的存储形式和存储内容，难以满足共享、交流、集成、综合分析的要求。

4. 网络性和动态性

生物信息数据的网络性，一方面是指生物数据大部分存在于互联网中，数据库分布在不同的研究机构、不同的地理区域和不同的服务器系统上，具有自治的特点。这些数据库通过网络实现互连，进行数据的存取。如三大核酸序列数据库访问以及目前序列常规分析比对均需通过互联网完成。另一方面是指数据之间本身就相互作用、相互关联，如基因调控网络、代谢网络以及不同种类数据之间的相互作用网络。

动态性一方面是指数据随研究的深入而不断被更新，如瑞士日内瓦大学的 SwissProt 数据库，每日更新文件，一段时间后会有更新汇总文件和新的版本发布。另一方面指数据之间相互作用、相互关联的动态关系。

5. 高维

在一个平面或关系数据库中，记录中的每一个字段代表一维。很多生物信息数据具有高维特征，例如表达谱数据所分析的情形的个数，可以构成几十维数据；而在序列数据分析中，往往将一个单位（如碱基、氨基酸）当作一维，这样数据就会有几十维甚至上百维。

6. 序列数据

序列数据是目前生物数据中数据量最大的基础数据，其特点有：所用符号集合很小，例如 DNA 序列仅由 A、C、T、G 四个字符构成；序列长短差别很大，有的只有几十个字符，而有的会达到 1 M 的长度；总量巨大且增加迅速。序列数据的存储、分析都不同于典型的数据类型的处理。

1.2.3 主要研究内容

1. 基因组学研究

基因组表示一个生物体所有遗传信息的总和。一个生物体基因组所包含的信息决定了该生物体的生长、发育、繁殖和消亡等几乎所有的生命现象。研究基因组的学科称为基因组学，根据研究重点的不同，基因组学可以分为序列基因组学、结构基因组学、功能基因组学与比较基因组学。2001 年 2 月 12 日，人类基因组的精细图谱被公布在《自然》和《科学》上。 2002 年，在中国上海召开的第 7 次国际人类基因组大会，标志着一个关键性的转折，即国际基因研究正从大规模基因组测序转向与基因诊断和基因治疗息息相关的功能基因组学领域。

以下简要介绍一些基因组学的研究重点：

（1）序列比对

序列比对的基本任务是比较两个或两个以上符号序列的相似性或不相似性。从生物学的角度来看，该问题包含以下几个意义：从相互重叠的序列片断中重构 DNA 的完整序列；在各种试验条件下，由探测数据决定物理和基因图存储；遍历和比较数据库中的 DNA 序列；比较两个或多个序列的相似性；在数据库中搜索相关序列和子序列，寻找核苷酸的连续产生模式；找出蛋白质和 DNA 序列中的信息成分。序列比对考虑了 DNA 序列的生物学特性，如序列局部发生的插入、删除和替代，序列目标函数的获得，序列之间突变集最小距离加权和或最大相似性和。序列比对常采用动态规划算法和启发式的方法，动态规划算法在序列长度较小时适用，而对于海量基因序列，如人的 DNA 序列（高达 10^9bp），就需要采用启发式的方法进行比对。

（2）基因识别，非编码区分析

基因识别的基本任务是，给定基因组序列后，正确识别基因的范围，并在基因组序列中精确定位。非编码区由内含子组成，一般在形成蛋白质后被丢弃，但在实验中，如果去除非编码区，则不能完成基因的复制。显然，DNA 序列作为一种遗传语言，既存在于编码区，又隐含在非编码序列中。目前没有一般性的指导方法用以分析非编码区 DNA 序列，侦测非编码区的方法包括测量非编码区密码子的频率、一阶和二阶马尔科夫链、ORF（Open Reading Frames）、启动子识别、

HMM（Hidden Markov Model）、GENSCAN 和 Splice Alignment 等。

（3）分子进化和比较基因组学

分子进化是根据不同物种间同一基因序列的异同来研究生物的进化，并构建进化树。既可以用 DNA 序列也可以用其编码的氨基酸序列来构建，还可以通过相关蛋白质的结构比对来研究分子进化，但其前提假定是，相似种族在基因上具有相似性。通过比对，可以在基因组层面上发现哪些是不同种族所共同的，哪些是不同的。早期研究方法常以外在的因素，如大小、肤色、肢体的数量等，作为进化的依据。近年来，随着较多模式生物基因组测序任务的完成，人们可从整个基因组的角度来研究分子进化。在匹配不同种族的基因时，一般须处理三种情况：Orthologous——不同种族，相同功能的基因；Paralogous——相同种族，不同功能的基因；Xenologs——有机体间采用其他方式传递的基因，如被病毒注入的基因。这一领域常用方法是构造进化树，通过基于特征的方法（即 DNA 序列或蛋白质中的氨基酸的碱基的特定位置）、基于距离（对齐的分数）的方法和一些传统的聚类方法（如 UPGMA）来实现。

（4）序列重叠群装配

在测量人类基因时采用了短枪方法，要求把大量的较短的序列全体构成重叠群，并逐步将其拼接起来，形成序列更长的重叠群，直至得到完整序列。这个过程称为重叠群装配。从算法角度来看，序列的重叠群装配是一个 NP——完全问题。

2. 蛋白质组学研究

蛋白质组是指一个基因组、一种生物或一种细胞组织所表达的整套蛋白质；而有关蛋白质组的研究称为蛋白质组学。蛋白质组学的核心内容包括蛋白质组研究体系的建立、完善以及与重要生物学问题有关的功能蛋白质组的研究两个部分；而蛋白质信息学则涉及蛋白质数据库的建立、相关软件的开发与应用，并进而开展重要蛋白质的结构预测、三维结构和动态结构的研究，在蛋白质组水平上深入探索其作用模式、功能机理、调节控制及其在蛋白质群体内或与相关生物大分子间的相互作用。

3. 生物芯片

生物芯片主要是根据分子间特异性相互作用的原理，将生命科学领域中不连续的分析过程集成于芯片表面，构建微流体生物化学分析系统，以实现对细胞、蛋白质、核酸、糖类及其他生物组分的准确、快速、大信息量的检测。按照芯片上固定的生物大分子的不同，可以将生物芯片划分为基因芯片、DNA 芯片、PNA 芯片、蛋白质芯片和芯片实验室等。而从其功能的角度来划分，生物芯片又可分为测序芯片、表达芯片和比较基因组杂交（CGH）芯片。生物芯片可以广泛应用于基因差异表达分析、DNA 测序、基因突变及多态性扫描、基因组 DNA 突变及染色体变异检测、肿瘤与传染病的诊断、环保监测、药物筛选、食品监督、商品检验、司法鉴定和军事等多方面。

4. 生物计算机

生物计算机是以生物界处理问题的方式为模型的计算机，目前主要有生物分子或超分子芯片、自动机模型、仿生算法、生物化学反应算法等几种类型。DNA 计算机是一种生物化学反应计算机，它是计算机科学与分子生物学相互结合、相互渗透而产生的新兴交叉研究领域。DNA 计算机基本设想是，以 DNA 碱基序列作为信息编码的载体，利用现代分子生物学技术，在试管内控制酶作用下的 DNA 序列反应，以实现运算，即以反应前的 DNA 序列作为输入的数据，以反应后的 DNA 序列作为运算的结果。DNA 计算机的重要特点是信息容量的巨大性与密集性以及处理操作的高度并行性，通过强力搜索策略迅速得出正确答案，从而使其运算速度大大超过常规计算机的速度。DNA 计算机的许多方面都还很不成熟，主要表现在构造的现实性、计算潜力、运算过程中的错误问题以及人机界面。无论如何，生物计算机的提出开拓了人们的视野，启发人们用算法的观念来研究生命，向众多相关领域提出了挑战。

5. 生物学数据库

随着大量生物学实验数据的积累，多种生物学数据库也相继形成，它们各自按照一定的目标收集和处理生物学实验数据，并提供相关的数据查询和数据处理的服务。现阶段，数据库的类型几乎涵盖了生命科学的各个领域。国际上主要的核酸序列数据库有 GenBank、EMBL、DDJB，蛋白质序列数据库有 SwissProt、PID、OWL、ISSD，蛋白质片段数据库有 PROSITE、BLOCKS、PRINTS，三维结构数据库有 PDB、NDB、BisMagResBank、CCSD，与蛋白质结构有关的数据库还有 SCOP、CATH、FSSP，与基因组有关的数据库还有 ESTdb、OMIM、GDB、GSDB，文献数据库有 Medline、Uncover。另外，一些公司开发了商业数据库，如 MDL。一些生物计算中心将多个数据库整合在一起提供综合服务，如 EBI 的 SRS 包括了核酸序列数据库、蛋白质序列数据库、三维结构数据库等 30 多个数据库及 ClustalW、PROSITESEARCH 等强有力的搜索工具，便于用户进行多个数据库的多种查询。生物学数据库除了在种类和数量上有急剧增长外，其复杂程度也在不断增加，但是，数据库的管理和使用却越来越便捷，目前，大多数数据库都具有自动投送数据、在线查询、在线计算和空间结构的可视化浏览等多种功能。成立于 1997 年 3 月的北京大学生物信息中心所建立的数据库和服务项目在国内是最多的，我国对数据库的研究起步很晚，因此有两点特别重要：一是构建我国自己的数据库；二是与国际常用数据库的有效连接和及时更新。

6. 分子进化及生物应用软件的研究

分子进化钟的发现与中性理论的提出，极大地推动了分子进化的研究，并建立了一套依赖于核酸、蛋白质序列信息的理论方法。从各种基因结构与成分的进化、密码子的使用到进化树的构建等，各种理论上和实验上的课题都有待生物信息处理专家研究。预测生物大分子的空间结构需要大量的生物计算，计算内容包括序列的分析比较、分子结构及其可视化、基因的模式识别等。

1.2.4 技术应用

生物学是一门实用性很强的科学，可以说是实际的需求拉动了这门学科的发展。它同时也是一门结合性很强的学科，与农业学、医学等学科都有着广泛的结合。下面举例说明生物信息处理的应用。

1. 基因工程生产胰岛素

众所周知，罹患糖尿病的人由于种种原因，体内无法产生可满足自身需求的胰岛素。胰岛素的缺失会造成致命的糖代谢的失衡。所以糖尿病在早前是一种令人谈而色变的不治之症。后来，人们尝试从牛等活的动物体内提取胰岛素来治疗此病。由于这种方法产量不高，胰岛素的价格较高，糖尿病又成了名副其实的"贵族病"。而今，真正给糖尿病人们带来"福音"的是基因工程下使用大肠杆菌批量生产出的廉价质优的胰岛素。其发展过程如下：

1973 年，科恩发表一篇报告，称他们把大肠杆菌的两种质粒的 DNA 连接到了一起，并又送回到大肠杆菌细胞中，重组质粒的 DNA 得到了复制和表达。这是人类首次实现基因工程。

1976 年，美国人用大肠杆菌生产出了本来由人脑产生的生长抑制素，首次实现有实用价值的基因工程。已知生长抑制素是含有 14 个氨基酸的多肽链，在清楚其结构以后，根据遗传密码可以倒推出它的基因结构，即一条由 42 个核苷酸组成的 DNA 片断。人工合成这个 DNA 片断，再将其送入大肠杆菌。这项研究标志着科学家又掌握了一条获得基因的新途径，即人工合成。

使用类似方法，美国人在 1978 年用大肠杆菌生产出了胰岛素，使胰岛素可以工业化生产，给糖尿病患者带来了"福音"。原先胰岛素需从牛胰脏提取，产量有限。用化学方法人工合成胰岛素因为成本太高，仅有科学意义而无实用价值。现在世界医药市场上的胰岛素，已基本是基因工程的产品。

在基因工程中生产人胰岛素时，一般先表达胰岛素原，然后对胰岛素原复性。复性后的胰岛素原通过酶切得到有活性的胰岛素。其中胰岛素原的复性效率是决定最终收率的关键因素。正确折叠与错误折叠的胰岛素原的相对分子质量完全相同，结构非常相似，采用 RT-HPLC 可对其进行分离测定。Sergeev 等利用反相色谱提出了复性液中胰岛素原的检测方法。如果要对正确折叠与错误折叠的胰岛素原的结构作进一步说明,可将其用蛋白酶 V8 酶解,然后用 RP-HPLC-MS 作质图谱。Damn 等用 S.Aureus protease V8 酶解胰岛素原,然后用 R'FHPLC 作质谱图,结合质谱法对重组胰岛素原的折叠过程进行了监测。

2. 抗除草剂转基因植物

众所周知,杂草是农作物生产的一大危害,除草剂已在许多国家广泛使用,免去了传统农业中繁重的人力或机械除草劳动,大大降低了除草成本。随着我国农业生产的发展,除草剂的普及应用势在必行,将除草剂基因转入栽培作物,可以更有效地防治田间杂草,保护作物免受药害,从而增产增收。目前,农作物抗除草剂基因工程的策略大致可归纳为以下三种:改变除草剂靶酶的水平;修饰靶酶敏感性;分离能解除除草剂毒性的酶基因。

根据我国的实际情况和除草剂的不同作用特点,我国大致已采用下面几种方法来实现抗除草剂的基因工程。

第一种方法,把除草剂作用的酶或蛋白质的基因转进植物,使其复制数增加,从而使转基因植物中这种酶或蛋白质的量大大增加,如果除草剂的浓度不足以破坏植物体内全部的这种酶或蛋白质,那么就不能把植物杀死,而杂草则因酶和蛋白质被除草剂破坏而被杀死。如广谱除草剂(glyphosate)、抗磺酰脲(sulfonylurea)都已被用于植物中。

第二种方法,转移一种能成为底物的酶的基因到植物中,该基因编码的酶在转基因植物中将除草剂催化掉,从而保证植物不被杀死。

第三种方法,针对除草剂只能识别其作用的酶上的一定位点这一特性,可用基因突变的方法使该位点上的相应氨基酸发生突变,但这种突变并不损坏这个酶的二维结构和酶促功能,只是除草剂不能识别它,这样转基因植物就表现出对除草剂的不敏感。

3. 我国的农作物基因抗病

植物的病毒病害是病害中造成农业生产损失最大的一种。从 1985 年,Sanford 和 Johnston 提出病原衍生抗性理论以来,已根据这一理论利用毒原病毒开发出许多抗病毒基因及抗病毒转基因植物。病毒基因已经成为当前植物抗病毒基因工程的重要工具。我国目前在这方面已经走在了世界的较前列,并且也取得了很大的成就。

病毒侵入植物细胞后要经历以下几个过程:病毒的脱壳、病毒基因组的复制、蛋白质的合成、新病毒颗粒的组装、细胞到细胞的运输、长距离运输等。干扰或阻断其中任何一步都可以达到抗病毒的目的。基于这一思想产生了不同的策略:向植物中转入病毒的外壳蛋白基因;向植物中转入病毒的卫星 RNA 基因;利用病毒的反义 RNA；利用植物编码的抗病毒基因；利用 Ribozyme 裂解病毒基因组；利用病毒上的其他基因。

1993 年，曾君祉获得世界上首批抗病毒转基因小麦，抗性化对照增加 1～3 级。1994 年，首次商品化种植了抗黄瓜花叶病毒（CMV）和抗烟草花叶病毒（TMV）双价转基因烟草，使得我国成为世界上第一个转基因作物商品化种植的国家。目前为止，我国已培育出了多种抗病毒类型的农作物，如抗病毒马铃薯、抗病毒水稻、抗病毒辣椒、抗病毒番木瓜、抗病毒矮牵牛和抗病毒广藿香等。

4. 癌症诊断

癌症的形成是遗传因素与环境因素相互作用的结果，随着分子生物学的迅速发展，人们对癌症的认识已经发展到基因水平，并能从基因水平对癌症进行诊断，可以通过检测与癌变有关的基因标记物来判断组织学的良恶性程度，或者检测癌症的进展、恶性化程度以及抗癌药的耐药性。检测这些基因序列或表达情况的改变，有利于肿瘤的早期发现和早期治疗，提高生存率，并成为临床医生诊断肿瘤分型、提供治疗方案、分析预后的一种重要的辅助手段。某些癌症的发生，并非基因结构发生了改变，只是基因表达与调控水平上出现了变化。因此，在 RNA 水平上对致病基因表达情况进行监测，是诊断癌症基因的一种有效方式。基因芯片技术可以平行检测大量 mRNA 的种类及丰度，在 RNA 诊断上有很大的优势。恶性肿瘤的发生、发展及实验转归都伴有复杂的基因表达谱变化。基因微阵列技术成为研究这些复杂现象的强有力的工具。

1.3 发展简史和现状

1.3.1 发展简史

纵观生物信息处理的发展历史，可将其分为 3 个主要阶段：

① 萌芽期（20 世纪 60—70 年代）：以 Dayhoff 替换矩阵和 Needleman-Wunsch 算法为代表，它们实际组成了生物信息处理最基本的内容和思路——序列比较。这些算法的出现，代表了生物信息处理的诞生，以后的发展基本是在这两项内容上不断改善。

② 形成期（20 世纪 80 年代）：以分子数据库和 BLAST（Basic Local Alignment Search Tool）等相似性搜索程序为代表。1982 年，三大分子数据库的国际合作使数据共享成为可能，同时，为了有效管理与日俱增的数据，以 BLAST、FASTA 为代表的许多工具软件和相应的新算法被提出和研制，极大地改善了人类管理和利

用分子数据的能力。在这一阶段，生物信息学作为一门新兴学科已经形成，学科的特征和地位也确立下来。

③ 高速发展期（20 世纪 90 年代以后）：以基因组测序与分析为代表。基因组水平上的分析使生物信息处理的优势得以充分体现，基因组信息学成为生物信息处理中发展最快的学科前沿。Phred-Phrap-Consed 系统软件包出现于 1993 年，1995 年已广泛应用于鸟枪法测序中序列的碱基识别、拼装和编辑等，是目前人类基因组等测序计划的主要应用软件，与 BLAST 一起在人类基因组计划的研究历史中占有一席之地。2000 年 6 月 26 日，被誉为生命"阿波罗计划"的人类基因计划，经过美、英、日、法、德、中六国科学家的艰苦努力，在全球同一时间宣布完成了人类生命蓝图的绘制，这是人类科学史上一个里程碑。

在专业出版物方面，起初，生物信息并没有专业领域的期刊，文献都分散在其他领域的期刊中。1970 年出现了《Computer Methods and Programs in Biomedicine》（生物信息相关期刊），1985 年 4 月出现了第一种生物信息专业期刊《Computer Application in Biosciences》。现在，与生物信息处理相关的专业期刊已经有很多，如《Acta Biotheoretica》、《Bio Informatics Technology & Systems》、《Bioinform Newsletter》、《Briefings in Bioinformatics》、《Journal of Computational Biology》、《Genome Biology》、《Genome Research》、《Bioinformatics》、《Bioinformation》及《BMC Bioinformatics》等。

在网络资源方面，生物信息处理相关网站非常多，有国家级研究机构的大型网站，如 NCBI、UCSC、Pubmed 等；有专业实验室的小型网站，比如某个工具的在线服务等。大型网站一般提供生物信息处理相关新闻、数据库服务和在线服务，小型科研机构的网站以介绍自己的研究成果为主，有的免费提供算法的在线服务。总之，可以根据研究的需求合理地选择网络资源。表 1-1 列出了生物信息处理的部分主要事件。

表 1-1 生物信息处理发展过程中的主要事件

1962	Pauling 提出分子进化理论
1967	Dayhoff 构建蛋白质序列数据库
1970	Needleman-Wunsch 算法出现
1977	Staden 利用计算机软件分析 DNA 序列
1981	Smith-Waterman 算法出现
1981	序列模序（motif）的概念出现（Doolittle）
1982	GenBank 数据库（Release3）公开
1982	λ-噬菌体基因组完成测序

1983	Wilbur 和 Lipman 提出序列数据库的搜索算法（Wilber-Lipman 算法）
1985	快速序列相似性搜索程度 FASTP/FASTN 发布
1988	美国家生物技术信息中心（NCBI）创立；数据库（GenBank、EMBL 和 DDBJ）开始国际合作
1988	欧洲分子生物学网络 EMB Net 创立
1990	快速序列相似性搜索程序 BLAST 发布
1991	表达序列标签（EST）概念出现，从此开创 EST 测序
1993	英国 Sanger 中心在英国休斯敦（Hinxton）建立
1994	欧洲生物信息学研究所在英国 Hinxton 成立
1995	第一个细菌基因组测序完成
1996	酶母基因组测序完成
1997	PSI-BLAST（BLAST 系列程序之一）发布
1998	PhilGreen 等人研制的自动测序组装系统 Phred-Phrap-Consed 系统正式发布
1998	多细胞线虫基因组测序完成
1999	果蝇基因组测序完成
2000	人类基因组测序基本完成
2001	人类基因组初步分析结果公布
2002	小鼠、水稻基因组工作草本序列发表
2003	人类基因组计划完成
2004	人类基因组测序基本完成
2007	基因调控网络研究
2009	生物系统仿真研究

1.3.2 研究现状

1. 国外生物信息处理发展状况

国外非常重视生物信息处理的发展，各种专业研究机构和公司众多，生物科技公司和制药工业内部的生物信息处理部门的数量也与日俱增。美国早在 1988 年在国会的支持下就成立了国家生物技术信息中心（NCBI），目的是进行计算分子生物学的基础研究，构建和散布分子生物学数据库。欧洲于 1993 年 3 月着手建立欧洲生物信息学研究所（EBI），日本也于 1995 年 4 月组建了信息生物学中心（CIB）。

目前，绝大部分的核酸和蛋白质数据库由美国、欧洲和日本的数据库系统产生，它们共同组成了 DDBJ/EMBL/GenBank 国际核酸序列数据库，每天交换数据，同步更新。以西欧各国为主的欧洲分子生物学网络组织（EMB Net），是目前国际上最大的分子生物信息研究、开发和服务机构，通过计算机网络使英、德、法、瑞士等国生物信息资源实现共享。在共享网络资源的同时，各国分别建有自己的生物信息处理机构、二级或更高级的具有各自特色的专业数据库以及自己的分析技术，服务于本国的生物（医学）研究和开发，有些服务也向全世界开放。

从专业出版业来看，1970 年，出现了《Computer Methods and Programs in Biomedicine》这本期刊。1985 年 4 月，出现了第一种生物信息学专业期刊《Computer Application in Biosciences》。现在可以看到很多种专业期刊。生物信息技术的强力介入使制药业发生了翻天覆地的变化，其技术应用可使药物开发周期大大缩短。

IBM、Sun、康柏和摩托罗拉公司每家至少与生物技术公司和调研公司达成 12 项合作意向，共有 140 多项合作协议，合作内容涉及多种技术领域，包括基因芯片、用计算机模拟药效等。2004 年，IBM 与生物信息技术相关的年销售额达到 30 亿美元。美国纽约投资银行 SG Cowen 卫生保健方面的负责人斯泰利奥斯·帕帕佐普洛斯打了个比方："假设我是一家制药公司，如果有人能把我的药用生物信息技术开发并早一年投入市场，这可能意味着，可以从中'夺得'大约 5 亿美元的收入。"信息技术业界与生物技术业界的强强联合，可以推动生物信息产业的迅猛发展。未来生物信息处理的快速发展将依赖于数据的整合处理，对不同来源的数据的有效整合处理主要面临三个挑战：计算基础设施、数据模式和预测分析模式。计算基础设施包括数据存储和数据处理能力两个方面；数据建模即如何建立一个有用的、可发展的、可交互的生物学数据模式；预测分析模式则是解决如何高效、自动化地获取有用的科学假设的问题。

基因组 DNA 序列、蛋白质序列、蛋白质结构预测、分子信号通路、SNP（单核苷酸多态性）分型、蛋白质 3D 模拟几乎覆盖分子生物学、生命科学及医学基础研究的各个领域。如何基于上述生物学数据库寻找疾病相关的未知功能的新基因，进而利用互联网在线检索和分析，并预测新蛋白的物理特性和可能功能，成为新蛋白功能研究的重要方向。减少后续实验操作中的盲目性，加快蛋白质功能鉴定步伐，也是生物信息处理研究的难点。

2. 我国生物信息处理研究现状

在我国，生物信息处理虽然取得了一些成果，但从整体上看，仍然处于初期发展阶段。在一些著名院士和教授的带领下，我国已在多个领域取得了一定成绩，在国际上占有一席之地，显露出蓬勃发展的势头，如北京大学的罗静初和顾孝诚教授在生物信息处理网站建设方面，中科院生物物理所的陈润生研究员在 EST 序列拼接以及在基因组演化方面，天津大学的张春霆院士在 DNA 序列的几何学分析方面都取得了一定成果。北京大学于 1997 年 3 月成立了生物信息处理中心，这个中心在 1996 年欧洲 EMB Net 扩大到欧洲之外时已正式成为中国节点（每个国家只有一个节点），目前已有 60 多种经常更新的生物数据库的镜像点。近年来，该中心已组织过多次国内和地区的培训班及会议，有着较广泛的国际联系。另外，中国科学院、中国医学科学院、军事医学科学院、清华大学、天津大学、浙江大学、复旦大学、哈尔滨工业大学、东南大学、中山大学、内蒙古大学都先后开展了生物信息处理研究和教学工作，许多大学都设立了生物信息处理专业，并同时招收本科、硕士、博士研究生。

各种学术会议及论坛的召开，对促进我国在这一前沿领域的发展起着越来越重要的作用。中国科学院于 1997 年 9 月和 12 月召开了第 80、81 次香山会议，首次邀请有关专家就"DNA 芯片的现状与未来"和"生物信息学"进行探讨。1999 年 3 月，清华大学生物信息学研究所、国家人类基因组北方研究中心及北京生物技术和新医药产业促进中心共同举办了"北方生物信息学学术研讨会"。1999 年 4 月，北京大学举办了"国际生物信息学讲习班"。2001 年 4 月，由北京市科技委员会、中国人类基因组北方研究中心、中国人类基因组南方研究中心、北京华大基因研究中心、军事医学科学院、北京生物工程学会生物信息学专业委员会、北京生物技术和新医药产业促进中心共同举办的首届"中国生物信息学大会"在北京召开。2003 年 11 月，中国科学技术协会"生物信息学与进化计算"第 81 次青年科学家论坛在北京中国科技会堂成功召开。这次论坛是中国科协举办的一次多学科交叉的盛会，旨在促进国内青年科学家在这一全新领域内的相互交流，促进该学科的成长与发展。这是国内首个以"生物信息学"为主题的多学科交叉的青年科学家论坛。

2003 年，上海交通大学与中国科学院上海生命科学研究院成立了我国第一个系统生物学研究机构。随后，国内多家科研院校相继建立系统生物学研究机构，如：中国科学院生物物理所系统生物学研究中心、华中科技大学系统生物学系、中国科技大学系统生物学系、复旦大学蛋白质组学与系统生物学研究所、清华大学蒙民伟医学与系统生物学研究所、浙江加州国际纳米技术研究院系统生物学中心等。

2005 年，上海中医药大学成立中医方证与系统生物学研究中心，用系统生物学的方法进行中医药现代化研究。我国生物领域的学术刊物也开始陆续刊载一些关于系统生物学的文章。杨胜利院士发表了一篇关于系统生物学进展的综述。

2007 年以来，基因网络成为一个新的研究领域，各种模型不断涌现，使其发展空间不断扩大。它对许多学科的研究工具有很好的兼容性，是数学、信息学、计算机科学向分子生物学渗透所形成的交叉点。目前已经发展了多种基因调控网络模型，例如布尔网络模型、马尔科夫模型、线性模型、微分方程模型、贝叶斯网络模型、动态贝叶斯网络模型等。随着基因组学研究的不断深入和发展，国内学者取得的多项研究成果为基因表达调控研究提供了许多新的技术手段和实验思路。

目前，国内研究的重点是功能基因组的研究，在研究过程中，通过基因芯片、蛋白质组学技术以及 RNA-seq 等技术，研究特定的组织和特定时期的基因表达，从而进一步根据这些资料来发展相应的算法并进行分析，得到复杂的生物网络。如蛋白质-蛋白质相互作用网络、基因表达调控网络、代谢作用网络以及信号传导网络等。

1.4 数据库及技术工具

1.4.1 生物信息数据库

分子生物学中最重要的两种物质是 DNA 和蛋白质。众所周知，DNA 是一种由碱基按一定规则排列而成的双链结构生物大分子。碱基的排列顺序构成了生物的遗传信息。蛋白质是由 DNA 根据链结构上的某些功能碱基序列复制而成的具有特殊功能的生物大分子。生物基因包括 DNA 链上的碱基及其排列顺序。虽然碱基的数目只有四种，即 Adenine（A）、Cytosine（C）、Guanine（G）、Thymine（T），但其在 DNA 上的各种有序排列形成了生物的多样性。所以对碱基序列进行测序、编码和研究是生物学研究最重要的工作。

随着科技的发展，生物学试验方法和检测手段不断提高，大量碱基序列的试验数据产生，通过对这些数据按一定目标与功能分类收集整理，形成了目前数以百计的生物信息数据库，且数据库的数量还在不断增加，其功能也在不断细化，以满足生物学工作者的需要。计算分子生物学和生物信息处理实验是数据库的主要数据源，优秀的数据库对了解领域的进展情况，验证试验结果，以及反复交叉使用多种数据库，挖掘数据库中的信息起到关键的作用。可以说，生物信息处理的一个重要课题就是建立生物信息数据库与服务系统。数据库是生物信息处理的主要部分，各种数据库几乎覆盖了生命科学的各个领域。归纳起来，数据库可以大体分为 4 个大类：核酸和蛋白质一级结构序列数据库、基因组数据库、生物大分子三维空间数据结构数据库以及在以上三种数据库基础上构建的二级数据库。

一般而言，生物信息以及数据库的数据直接来自原始的实验数据，只经过简单的整理和注释。一级数据库数据量大，更新速度快，数据通过互联网进行发布。二级数据库很少来自直接的数据库，往往是为满足某一研究领域的实际需要，通过搜索已知数据库（主要为一级数据库）的数据信息，并对其进行加工整理而成。二级数据库专一性强，数据质量高，在实验室的日常工作和生物信息处理的研究发展中具有不可代替的作用。所以在生物信息处理研究中，构建二级数据库是非常有必要的。近年来，世界各国的生物学家和计算机科学家相互合作，已经开发了几百个二次数据复合数据库，如图 1-1 所示。

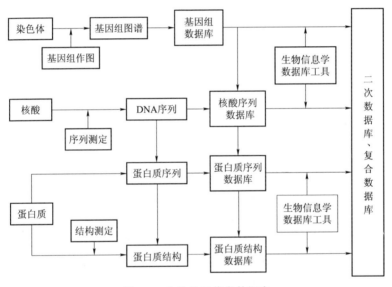

图 1-1　生物分子信息数据库

1. 核酸序列数据库

目前国际上有 3 个主要的核酸序列数据库，分别为 GenBank、EMBL、DDBJ。GenBank 由美国国家生物技术信息中心（NCBI）构建，该中心隶属于美国国家医学图书馆，位于美国国家卫生研究院（NIH）内。GenBank 包含了所有已知的核酸序列和蛋白质序列，以及与其相关的文献著作和生物学注释，它是由美国国立生物技术信息中心建立和维护。EMBL，欧洲分子生物学实验室（European Molecular Biology Laboratory），位于英国剑桥大学，由欧洲生物信息处理研究所（EBI）维护的核酸序列数据构成，可以通过因特网上的序列提取系统（SRS）服务完成查询检索。DDBJ，日本 DNA 数据库（DNA Database of Japan），也是一个全面的核酸序列数据库，与 GenBank 和 EMBL 核酸序列数据库合作交换数据。可使用其主页上提供的 SRS 工具进行数据检索和序列分析。

三大数据库共同成立了国际核酸序列数据库联合中心（Internet Nucleotide Sequence Database Collaboration），三方达成协议，采用相同的格式对数据库进行记录。现在三方都可以收集直接提交给各自数据库的数据，每一方只负责更新提交到自己数据库的数据，并在三方之间发布，任何一方都拥有三方所有的序列数据，数据同步更新，不会发生数据更新的冲突。

各个信息中心开发了很多检索和分析数据的工具，如 NCBI 的 Entrez、EBI 的 SRS 检索系统。NCBI 的 BLAST、EMBLDE FASTA 和 BLITZ，DDBJ 的 BLASTA 和 FASTA 也用于序列比对。数据获取途径有 WWW、匿名 FTP、E-mail 等。数据库还可以超链接到蛋白质序列数据库，以获得 Medline 摘要等相关信息。

2. GenBank 序列数据库

GenBank 是由 NCBI 维护的遗传基因数据库，汇集并注释了所有公开可用的 DNA 序列。截至 2010 年 2 月，GenBank 收集了大约 112 326 229 652 条来自 116 461 672 个不同序列的核苷酸碱基，如图 1-2 所示。

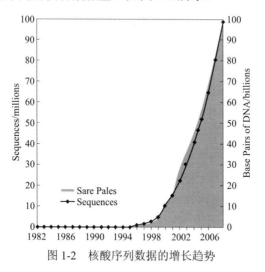

图 1-2　核酸序列数据的增长趋势

完整的 GenBank 数据库包括序列文件、索引文件以及其他有关文件。索引文件是根据数据库中作者、参考文献等建立的，用于数据库查询。GenPept 是翻译 GenBank 中的核酸序列而得到的蛋白质序列数据库，其数据格式为 FastA。GenBank 中最常用的是序列文件。序列文件的基本单位是序列条目，包括核苷酸碱基排列顺序和注释两部分。目前，许多生物信息资源中心通过计算机网络提取该数据库文件。

3. EMBL 数据库

欧洲分子生物学实验室（EMBL）于 1974 年由欧洲 14 个国家及以色列共同发起建立，包括一个位于德国 Heidelberg 的核心实验室，以及三个位于德国 Hamburg、法国 Grenoble 和英国 Hinxton 的研究所。EMBL 具有四种功能：引导并管理分子生物学方面的基础性研究；向其联盟成员国的科学家提供基本的服务；向全体职员、学生和访问学者提供高水平的训练；为生物学研究发明新的装置和仪器。除了实验室研究外，还提供多种生物计算和数据库服务以及序列分析的服务。由于具有开放和创新的良好学术氛围，EMBL 已发展成欧洲最重要和最核心的生物分子生物学基础研究和教育培训机构。

EMBL 数据库的每个条目是一个纯文本文件，每一行的最前面是两个大写字母，表示标志。特别之处是，在 FT（特性表）部分，包含有一批关键字，其定义已经与 GenBank 和 DDBJ 统一，在介绍 GenBank 的格式时已经给出详细说明。欧洲许多数据库如 Swiss-Prot、ENZYME 等，都采用和 EMBL 一致的格式。与 GenBank 的主要区别是：每行左端均有标示标志，由两个大写字母组成，是 GenBank 的识别标志的缩写，第三部分的序列的序号在右侧，见表 1-2。

表 1-2   PIR 数据库的分类情况

分类名称	说　　明	记录数
PIR1	分类并注释（Classified and annotated）	13 572
PIR2	注释（Annotated）	69 368
PIR3	未核实（Unverified）	7 508
PIR3	未翻译（Unencoded or untranslated）	196

4. 蛋白质序列数据库

蛋白质序列测定技术先于 DNA 序列测定技术问世，蛋白质序列的搜集也早于 DNA 序列。但是蛋白质序列数据库相对较少，除了 GenBank 外，主要的还有 PIR 和 Swiss-Prot。

（1）PIR（Protein Information Resource）蛋白质信息资源

蛋白质序列数据库的雏形可以追溯到 20 世纪 60 年代，美国国家生物医学研究基金会（National Biomedical Research Foundation，NBRF）的 Dayhoff 领导的研究组将搜集到的蛋白质序列和结构信息以"蛋白质序列和结构地图集"的形式发表，主要用来研究蛋白质的进化关系。1984 年，"蛋白质信息资源"计划正式启动，蛋白质序列数据库 PIR 也因此而诞生。与核酸序列数据库的国际合作相呼应。1988 年，美国的 NBRF、日本的国际蛋白质信息数据库（Japanese International Protein Information Database，JIPID）和德国的慕尼黑蛋白质序列信息中心（Munich Information Center for Protein Sequences，MIPS）合作成立了国际蛋白质信息中心（PIR-International），共同收集数据并维护蛋白质序列数据库 PIR，如图 1-3 所示。

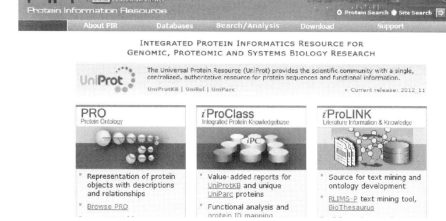

图 1-3　PIR 数据库

PIR 数据库按照数据的性质和注释层次分四个不同部分，分别为 PIR1、PIR2、PIR3 和 PIR4。PIR1 中的序列已经验证，注释最为详尽；PIR2 中包含尚未确定的冗余序列；PIR3 中的序列尚未加以检验，也未加注释；而 PIR4 中则包括了由其他各种渠道获得的序列，既未验证，也无注释。除了蛋白质序列数据之外，PIR 还包含以下信息：蛋白质名称、蛋白质的分类、蛋白质的来源；原始数据的参考文献；蛋白质功能和蛋白质的一般特征，包括基因表达、翻译后处理、活化等；序列中相关的位点、功能区域。

PIR 提供三种类型的检索服务：一是基于文本的交互式查询，用户通过关键字进行数据查询；二是标准的序列相似性搜索，包括 BLAST、FastA 等；三是结合序列相似性、注释信息和蛋白质家族信息的高级搜索，包括按注释分类的相似性搜索、结构域搜索等。

（2）Swiss-Prot：蛋白质的序列和注释

Swiss-Prot 数据库由瑞士日内瓦大学于 1986 年创建，目前由瑞士生物信息学研究所（Swiss Institute of Bioinformatics，SIB）和欧洲生物信息学研究所（EBI）

共同维护和管理。瑞士生物信息研究所下属的蛋白质分析专家系统（Expert Protein Analysis System，ExPASy）的 Web 服务器除了开发和维护 Swiss-Prot 数据库外，也是国际上蛋白质组和蛋白质分子模型研究的中心，为用户提供大量蛋白质信息资源。

　　数据库提供同源检索服务，提供蛋白质序列的分类和注释。注释的内容包括蛋白质功能、翻译后加工、结构域特征、二级和三级结构、同源性、疾病相关信息等。收录的序列包括蛋白质序列以及由上述核酸数据库的 DNA 序列所翻译的氨基酸序列。因此，该数据库是二级数据库。

　　在 Swiss-Prot 中，数据分为核心数据和注释两大类。核心数据包括：序列数据、参考文献、分类信息（蛋白质生物来源的描述）。注释包括：蛋白质的功能描述；翻译后修饰；域和功能位点，如钙结合区域、ATP 结合位点等；蛋白质的二级结构；蛋白质的四级结构，如同构二聚体、异构三聚体等；与其他蛋白质的相似性；缺乏该蛋白质引起的疾病；序列的矛盾、变化等。如图 1-4 所示。

ExPASy
Bioinformatics Resource Portal

Documents

Home ｜ C

UniProtKB/Swiss-Prot

UniProtKB/Swiss-Prot is the manually annotated and reviewed section of the UniProt Knowledgebase (UniProtKB).
It is a high quality annotated and non-redundant protein sequence database, which brings together experimental results, computed featu and scientific conclusions.
Since 2002, it is maintained by the UniProt consortium and is accessible via the UniProt website.

List of UniProtKB/Swiss-Prot (reviewed) entries.
Download - UniProt FTP sites.
Statistics.

Additional information:

- Why is UniProtKB composed of 2 sections, UniProtKB/Swiss-Prot and UniProtKB/TrEMBL?
- Biocuration in UniProt.
- How do we manually annotate a UniProtKB entry?
- UniProt manual annotation program.
- UniProt general documentation.
- FAQ.

图 1-4　Swiss-Prot 数据库

　　TrEMBL（http://www.ebi.ac.uk/trembl/index.html）是一个与 Swiss-Prot 相关的数据库，包含从 EMBL 核酸数据库中根据编码序列（CDS）翻译而得到的尚未集成到 Swiss-Prot 数据库中的蛋白质序列。TrEMBL 有两个部分：SP-TrEMBL（Swiss-Prot TrEMBL）包含最终将要集成到 Swiss-Prot 的数据，所有的 SP-TrEMBL 序列都已被赋予 Swiss-Prot 的登录号；REM-TrEMBL（REMaining TrEMBL）包括所有不准备放入 Swiss-Prot 的数据，因此这部分数据都没有登录号，如图 1-5 所示。

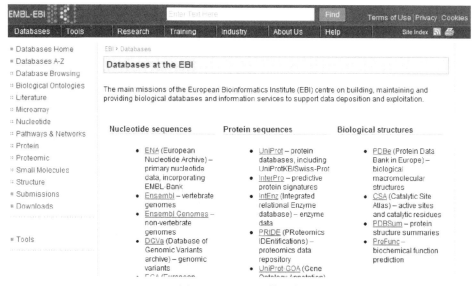

图 1-5 TrEMBL 数据库

1.4.2 生物信息处理技术工具

1. SRS 检索工具

SRS 是 Sequence Retrieval System 的缩写,是目前分子生物学最重要的序列和其他数据检索工具之一, 由欧洲分子生物学实验室开发, 最初用于核酸序列数据库 EMBL 和蛋白质序列数据库 Swiss-Prot 的查询。输入关键词, 就可以对各类数据库关键词进行匹配查找,并输出相关信息。例如,在蛋白质序列数据库 Swiss-Prot 中输入关键词 insulin(胰岛素),即可找出该数据库中所有胰岛素或与胰岛素有关的序列条目,图 1-6 为 SRS 数据库查询系统的 Web 页面。

SRS 是一个开放的数据库查询系统, 即不同的 SRS 查询系统可以根据需要安装不同的数据库,目前共有 300 多个数据库安装在世界各地的 SRS 服务器上。SRS 可以直接从 LION 公司的网页上查到这些数据库的名称, 并知道其安装位置。北京大学生物信息中心于 1997 年开始安装 SRS 系统, 共有 70 多个数据库,其中核酸序列数据库 EMBL 和蛋白质结构数据库 PDB 每日更新。国内微生物所、上海生命科学院等单位也于 2000 年开始安装 SRS 系统。

SRS 采用全菜单驱动方式,用户可以用 SRS 快速地访问生物分子数据库和文献数据库, 包括 EMBL、EMBL_NEW、Swiss-Prot、PIR 等一级数据库, 还包括许多二级数据库,如蛋白质家族和结构域数据库 PROSITE、限制酶数据库 ReBase、PDB 序列子集数据库 NRL_3D,真核基因启动子数据库 EPD、E.coli 数据库 ECD、酶名称和反应数据库 ENZYME、生物计算文献数据库 SEQANALREF 等，还有与功能、疾病相关的数据库。除了具有查询和获取数据的功能外，SRS 还带有许多嵌入式工具，如分子疏水性显示、相似序列搜索、多重序列比对等工具。

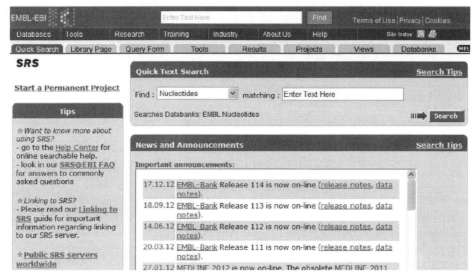

图 1-6 　 SRS 数据库查询系统的 Web 界面

2. 序列比对软件

NCBI（National Centre for Biotechnology Information）成立于 1988 年，其主要目标是"生成生物学、生物化学、生物基因学的信息自动化系统，生成分析、解释和处理分子生物学数据的先进工具"。

BLAST（Basic Local Alignment Search Tool）是 NCBI 研制的一个生物基因数据库系统，该系统是一套在蛋白质数据库或 DNA 数据库中进行相似性比较的分析工具。BLAST 程序能迅速与公开数据库进行相似性序列比较。BLAST 结果中的得分是对一种相似性的统计说明。

BLAST 基于 Altschul 等人发表的方法，即在序列数据库中对查询序列进行同源性比对工作。BLAST 可以处理任何数量的序列，包括蛋白序列和核酸序列，也可选择多个数据库，但数据库必须是同一类型的，即要么都是蛋白数据库，要么都是核酸数据库。所查询的序列和调用的数据库则可以是任意形式的组合，既可以是核酸序列到蛋白库中做查询，也可以是蛋白序列到蛋白库中做查询，反之亦然。

GCG 及 EMBOSS 等软件包中包含五种 BLAST：

① BLASTP 是蛋白序列到蛋白库中的查询。库中存在的已知序列将逐一地同

所查序列做一对一的序列比对。

② BLASTX 是核酸序列到蛋白库中的查询。先将核酸序列翻译成蛋白序列（一条核酸序列会被翻译成六条可能的蛋白序列），再对每一条做一对一的蛋白序列比对。

③ BLASTN 是核酸序列到核酸库中的查询。库中存在的已知序列都将同所查序列做一对一的核酸序列比对。

④ TBLASTN 是蛋白序列到核酸库中的查询。与 BLASTX 相反，它是将库中的核酸序列翻译成蛋白序列，再同所查序列做蛋白与蛋白的比对。

⑤ TBLASTX 是核酸序列到核酸库中的查询。此种查询将库中的核酸序列和所查的核酸序列都翻译成蛋白序列（每条核酸序列会产生 6 条可能的蛋白序列），每次比对产生 36 种比对阵列。

通常根据查询序列的类型（蛋白或核酸）来决定选用何种 BLAST。假如是核酸-核酸查询，有两种 BLAST 可供选择，通常默认为 BLASTN。如果要用 TBLASTX 进行查询，则不必考虑缺口。BLAST 适用于本地查询，也可以直接到网上查询。BLAST 提供两种类型的数据库，即核酸序列数据库和蛋白质序列数据库，这两种数据库的结构一样，所用的数据检索方法也一样，不同的是序列数据编码单位不一样。

3. 序列综合分析软件

（1）Vector NTI

Vector NTI Suite 软件具有良好的数据库管理功能（增加、修改、查找），可以将要操作的数据放在一个界面相同的数据库中统一管理。大部分分析可以通过在数据库中进行选定（数据）→分析→结果（显示、保存和入库）三步完成。在分析主界面，软件可以对核酸蛋白分子进行限制酶分析、结构域查找等多种分析和操作，生成重组分子策略和实验方法，进行限制酶片段的虚拟电泳，新建输入各种格式的分子数据并加以注释，输出高质量的图像。Vector NTI Suite 还有独立的分析程序用以完成相关分析，这些独立的程序，可以通过选定、分析、结果三步调用。

（2）DNAStar

DNAStar 即著名的 Lasergene Suite，是一款基于 Windows 和 Macintosh 平台的序列分析软件，特点是操作简单，功能强大，主要功能包括：序列的格式转换、序列拼接和重叠克隆群处理，基因寻找，蛋白质结构域查找，多重序列比较和两辆序列比较，寡核苷酸设计（PCR 引物、测序引物、探针）等。该软件由 EditSeq、MegAlign、GeneQuest、MapDraw、PrimerSelect、Protean、SeqMan II 七个模块组成，其中 MegAlign 模块可以对多达 64 000 个片段进行拼装。整个拼装过程即时显示，并提示可能的完成时间。拼装结果采用序列、策略等方式显示。DNAstar 是哈佛大学医学院使用的序列分析软件，可见其功能强大。

（3）Omiga

Omiga 具有较完善的核酸蛋白的序列分析的功能，而且操作界面非常友好。作为强大的蛋白质、核酸分析软件，Omiga 还兼有引物设计的功能。主要功能包括：编辑、浏览蛋白质或核酸序列，分析序列组成；用 ClustalW 法进行同源序列比较，发现同源区；实现核酸序列与其互补链之间的转化，实现序列的复制、删除、粘贴、置换以及 RNA 链转化，以不同的读码框、遗传密码标准翻译成蛋白质序列；查找核酸限制性酶切位点、基元（Motif）及开放阅读框（ORF），设计并评估 PCR、测序引物；查找蛋白质解蛋白位点（Proteolytic Sites）、基元、二级结构等。查询结果可以以图谱及表格形式显示，表格又设有多种分类显示形式。利用 Mange 快捷键，用户可以向限制性内切酶、蛋白质或核酸基元、开放阅读框及蛋白位点等数据库中添加或移去某些信息。每一数据库中都设有多种查询参数供选择使用。用户也可以添加、编辑或自定义某些查询参数。可从 MacVector TM、Wisconsin PackageTM 等数据库中输入或输出序列。

（4）DS Gene

Discovery Studio Gene（DS Gene）把 MacVector 软件的易用特性移植到 Windows 操作系统上，以窗口形式来实现各种功能。序列编辑、PCR 引物设计、网络数据库搜索、蛋白质分析和其他多种功能只需要简单操作就能完成。同时，可以以交互式的图形或者文本方式察看分析结果，其独特的工作目录窗口简化了序列组织和分析的过程。除了独自实现一定的功能外，DS Gene 可以作为一个客户端界面，成为 Accelrys 生物信息学完整解决方案的一个组成部分。通过该界面，研究人员可以储存、检索 DS SeqStore 关系数据库中的数据，运行 GCG Wisconsion Package 的程序进行数据库搜索和序列分析，通过 Discovery Studio Project KM 在整个企业范围内共享数据。其基本功能包括：数据库搜索、多重序列分析、酶解图谱分析、引物分析、motif 搜索、核酸性质分析、蛋白质序列分析等。

（5）DNASIS MAX

DNASIS MAX 是一款优秀的生物信息学软件，可以编辑、注释、分析 DNA、RNA 和氨基酸序列。包括一套全面的分析工具，并具有同源搜索、多序列联配、碱基识别、原始序列分析及组装（Phred/Phrap）等可选扩展工具，被国内外生物信息学领域的实验室广泛使用，是序列分析的首选软件。该软件直观、易用、高效，可以利用 DNASIS MAX 的向导窗口，轻松地创建新的序列，也可以从电脑上的文件、数据库或者 NCBI 数据库中导入已有序列文件，支持多种序列文件格式，包括 GenBank、FastA、PIR、EMBL、ABI、SCF、text 格式以及 DNASIS 序列格式，在序列编辑器中能自动以图片形式显示 GenBank、PIR、EMBL 和 FastA 等序列文件的功能注释，并且能添加自定义注释，能将序列、注释以及分析结果等以 project 形式保存到一个文件中。

（6）DNATools

DNATools 与 Omiga、DNASIS、PCGene 等软件同属于综合性软件，操作简单，功能多。DNATools 设计遵循用户友好、强壮等基本原则，可以快速、方便地获取、储藏和分析序列及查询数据库获得的序列相关信息。DNATools 包容性很好，几乎能把所有文本文件打开作为序列。当程序不能辨别序列的格式时（寻找常用序列格式的特征），会显示这个文件的文本形式，以便编辑生成正确的蛋白质或 DNA 序列，编辑后可以重新载入程序。当序列是 DNATools 格式时（DNA 或寡核苷酸序列），程序不加注解地载入序列，程序模式调整成可以接受载入的数据类型（蛋白质、DNA 和寡核苷酸引物序列）。在一个项目中可以加入几千个序列或引物，并在整个项目中分析这些序列及标题，程序为每个序列或引物添加文本标题，这样就可以用自定义的标题识别序列，而不必通过文件名进行识别。

（7）Bioedit

Bioedit 是一个生物序列编辑器，可在多个版本 Windows 操作系统中运行，其基本功能是对蛋白质、核酸序列进行编辑、排列、处理和分析。版本 2 在增加和配置附加分析应用程序时增加了一个界面，可通过 Bioedit 得到一个图形界面，还增加了位置排列的信息基础动态描影。版本 3 增加了疏水/亲水面、互交的 2-D 浮雕数据绘图和一些更多的序列操作法。版本 4 为绘制和注解质粒载体增加了一个图形界面。版本 5 增加了自动注解序列并可手动使用所有的标准 GenBank 功能部件定义。

（8）GeneTools

GeneTools 是一个强大的图像分析程序，适用于 ID 胶、斑点/狭缝印迹、平板、菌落、放射自显影、多排胶、蛋白胶、GFP、PCR、考马斯亮蓝及银染的蛋白胶。GeneTools Match 软件包在 GeneTools 的基础上增加了条带匹配功能，GeneTools Match 是 MultiGenius、ChemiGenius2 和 GeneGnome 系统标配的，GeneGenius 和 GeneWizard 系统可选配。其主要特点是，只需单击鼠标即可在数秒内完成快速、精确的分析过程；能够自动定位，找到条带、峰、泳道和边缘，包括斜的和扭曲的胶在内；可用多种方法进行自动或手动降低背景；具有菌落计数功能，能识别两种颜色的菌落；带有相对分子质量数据库和图像浏览器；操作者可自定义定量单位（ng、pg、fg 或%）；分析结果可直接输出到 Excel 和 Word 文件。

（9）DNAMAN

DNAMAN 是美国 Lynnon Biosoft 公司开发的高度集成化的分子生物学综

合应用软件,可以用于多序列比对、PCR 引物设计、限制性酶切分析、质粒绘图、蛋白质分析等,几乎囊括了所有日常核酸、蛋白质序列的分析工作。该软件功能强大、操作简单,是生命科学工作者、研究人员必备的工具。

4. 进化树分析软件

(1) Phylip

Phylip 是最为通用的进化树分析软件。主要包括六个方面的功能软件:DNA和蛋白质序列数据的分析软件;序列数据转变成距离数据后,对距离数据进行分析的软件;对基因频率和连续的元素进行分析的软件;把序列的每个碱基/氨基酸独立看待(碱基/氨基酸只有 0 和 1 的状态)时,对序列进行分析的软件;按照DOLLO 简约性算法对序列进行分析的软件;绘制和修改进化树的软件。

(2) PUZZLE

PUZZLE 是核酸序列、蛋白序列相似性分析及进化树构建的工具。根据序列数据的最大相似性构建进化树,并对树进行 bootstrap 评估;可对大量数据进行快速分析构建。程序还包含数个统计测试子程序。

5. 基因芯片分析软件

(1) ArrayTools

BRB-ArrayTools 是基因芯片数据分析的集成软件包,能够运行于不同芯片平台,处理单、双通道的表达谱数据。该软件基本功能有数据可视化处理、标准化处理、差异基因筛选、聚类分析、分类预测、生存期分析、基因富集性分析等。BRB-ArrayTools 还可以通过基因的 CloneID、GenBank 号、UniGene 号连接至 NCBI数据库,或者通过芯片的 ProbesetID 连接至 NetAffy 站点获取探针的详细信息,进行基因的功能注释。ArrayTools 以 Excel 插件的形式呈现,用户界面友好,计算由 Excel 外部的分析工具完成。

(2) DChip

DChip 是一款主要进行基因表达芯片、SNP 芯片探针水平和高水平分析的软件,同时也可分析其他芯片分析平台的基因表达数据和 SNP。探针水平分析为统计模型提取表达信息,同时还可以处理交叉杂交和图像污染,其操作步骤包括数据输入、可视化处理、标准化处理、表达值提取、奇异芯片分析等。高水平分析包括基因过滤、样本比较、层次聚类、分类分析、通路分析、LOH 和 SNP 芯片的拷贝数分析等全面的数据分析。

(3) SAM

SAM 是差异基因筛选的统计学方法。与该方法对应的软件由 Balasubramanian Narasimhan 和 Robert Tibshirani 编写。SAM 的输入为基因表达谱矩阵及每个实验对应的反应变量。反应变量可以是两种类别信息,例如治疗前和治疗后;也可以是多类别信息，例如乳腺癌、淋巴瘤、大肠癌等；还可以是定量变量，例如血压或者是癌症的生存期信息等。对于每个基因 i，SAM 计算统计量 d_i，d_i 用来衡量基因表达与反应变量之间的关联强度，SAM 还采用重复扰动数据集判断这种关联强度的统计学意义。判断基因是否差异的阈值由条件参数 δ 决定，差异基因筛选的假阳性率可以指导确定 δ 值。用户也可以通过选择倍数差异阈值来保证挑选出的差异基因的倍数差异至少满足预先制定的阈值。SAM 的输出为差异基因表、δ 值表和样本大小评价表。

（4）Cluster 和 TreeView

Cluster 和 TreeView 都是 Michael Eisen 在 Stanford 写的程序，用来实现基因表达数据的聚类和可视化。Cluster 是对 DNA 芯片数据进行聚类分析的软件。TreeView 是对 Cluster 的聚类结果进行交互式可视化呈现的软件。Cluster 软件的功能是：数据过滤、标准化处理、层次聚类、均值聚类、SOM 聚类。

（5）BioConductor

BioConductor 是一个开源和开放式的软件开发项目，主要由哈佛医学院/哈佛公共卫生学院的 Dnan Farber 癌症研究所生物统计组开发，该项目的目标是建立多方面的、强有力的基因组数据的统计与图形分析方法，促进各种生物数据的集成，推动数据的综合分析和利用，逐渐形成高质量的文档，同时发展各种开放式软件，并加强基因组数据分析方法和技术的培训。BioConductor 的应用功能主要以包的形式组织。处理、分析和注释 DNA 微阵列实验数据是 BioConductor 目前的应用领域和重要组成部分。

（6）Bioinformatics Toolbox

Bioinformatics Toolbox 是基于 Matlab 环境开发的基因组和蛋白质组分析的工具箱。该工具箱包括以下功能：数据格式与数据库，即与基因组和蛋白质组相关的数据库建立连接，进行数据的获取和多种数据格式间的转换；序列分析，即序列的特征分析、两序列对位排列、多序列对位排列、基于隐马尔科夫链的模式识别等；进化分析；微阵列数据分析，即芯片数据的读取、标准化、可视化等处理；质谱数据分析；统计学习，即运用统计学习工具分类数据或识别数据中的特征；在 Matlab 环境中调用其他的生物学软件。

6. RNA 结构预测软件

（1）RNA Structure

RNA Structure 根据最小自由能原理，将 Zuker 提出的，根据 RNA 一级序列预测 RNA 二级结构的算法在软件上实现。预测所用的热力学数据是由 Turner 实验室提供。该软件还提供了一些模块以扩展 Zuker 算法的能力，使之成为一个界面友好的 RNA 折叠程序，允许同时打开多个数据处理窗口。

（2）RNAdraw

RNAdraw 是一个进行 RNA 二级结构计算的软件。该软件允许同时打开多个数据处理窗口。RNAdraw 一个非常重要的特征是，鼠标右击打开的菜单显示的是鼠标当前指向的对象/窗口可以使用的功能列表。RNA 文库用一种容易操作的方式来组织所有的 RNA 数据文件。

7. 蛋白质结构预测软件

（1）ANTHEPROT

ANTHEPROT 是法国的蛋白质生物与化学研究院（Institute of Biology and Chemistry of Proteins）用十多年时间开发出的蛋白质研究软件包。软件包包括了蛋白质研究领域的大多数内容，功能非常强大，应用此软件包，使用个人电脑便能进行各种蛋白序列分析与特性预测。更重要的是，该软件能够提供蛋白序列的一些二级结构信息，使用户有可能模拟出未知蛋白的高级结构。

（2）Peptool

Peptool 与 Genetool 同出一家，是一种改进的，多重对齐的编辑器，可以处理非常大的蛋白质序列，也可以在一个全面、易操作的 html 浏览器和教程中获取信息，引导完成分析过程。其主要功能包括：进行氨基酸序列的二级结构预测、motif 的寻找、酶切片断的分析、转录后的甲基化分析，是为数不多的蛋白分析软件。

（3）VHMPT

VHMPT（Viewer and editor for Helical Membrane Protein Topologies）是螺旋状膜蛋白拓扑结构观察与编辑软件，由台湾生物医学科学研究所的黄明经博士编制。其可以自动生成带有跨膜螺旋的蛋白的示意性二维拓扑结构，并可以对拓扑结构进行交互编辑。

（4）MACAW

序列构建与分析工作台软件（Multiple Alignment Construction & Analysis Workbench，MACAW）是一个用来构建与分析多序列片段的交互式软件。MACAW 具有几个特点：采用新的搜索算法查询类似区，消除了先前技术的许多限制；应用新的数学原理计算 block 类似性的统计学显著性；使用各种视图工具，可以评估一个候选 block 被包含在一个多序列中的可能性；易于编辑每一个 block。

8. 生物分子网络分析软件

（1）CytoScape 软件

CytoScape 是一款图形化显示网络并可进行分析和编辑的软件，支持多种网络描述格式，可用以 Tab 制表符分隔的文本文档或 Microsoft Excel 文件作为输入，或者利用软件本身的编辑器模块直接构建网络。CytoScape 能够为网络添加丰富的注释信息，并且可以利用自身以及第三方开发的功能插件，对网络问题进行深入分析。

（2）CFinder 软件

CFinder 是一种基于搜索方法的网络密集寄托模块搜索和可视化分析软件，能够在网络中寻找指定大小的全连接集，并通过全连接集中共享的节点和边构建更大的节点集团。软件可以使用以制表符分割的文本文件作为输入。该软件所实现的算法主要针对无向网络，但也具有一些多个有向网络的处理功能。

（3）mfider 软件和 MAVisto 软件

mfinder 和 MAVisto 是两款搜索网络模体的软件，mfinder 以命令行的形式进行操作，而 MAVisto 则包含一个图形界面。两款软件均可以设定特定的网络模体规模，并设计随机扰动，以获取相应模体出现频率的显著性水平。

（4）BGL 软件及 Matlab BGL 软件

BGL 是一款网络拓扑数据属性分析软件，可以较为快速地计算网络中节点的距离、最短路径、多种拓扑属性以及广度和深度优先遍历。Matlab BGL 则是基于 BGL 开发的一个 Matlab 工具包，可以依托 Matlab 软件平台进行网络分析和计算。

9. 其他分析软件

（1）质粒绘图软件

Gene Construction Kit 是一个非常好的质粒构建软件包。与大多数分析软件不同，它制作并显示克隆策略中的分子构建过程，包括：质粒构建、模拟电泳条带、质粒作图（有无序列均可）。其绘出来的图还可以继续用来构建克隆策略图谱。该软件功能强大，同时附有详细的使用帮助，便于使用。

Winplas 可绘制发表质量的质粒图，可广泛应用于论文、教材的质粒插图的绘制。其特性包括：知道或不知道序列结构均能绘制质粒图；可读入各种流行序列格式文件，引入序列信息；自动识别限制位点，可构建序列结构，功能包括：插入序列、置换序列、编辑序列、删除部分序列等；绘图功能强大，功能包括：位点标签说明、任意位置文字插入、生成彩图、线性或环形序列绘制、输出到剪贴板、输出到图像文件；限制酶消化分析报告输出与序列输入报告功能。

Plasmid Premier 是由加拿大的 Premier Biosoft 公司推出的用于质粒作图的专业软件，主要用于质粒作图、质粒特征分析和质粒设计。其主要界面分为序列编辑窗口（Genetank）、质粒作图窗口（Plasmid Design）、酶切分析窗口（Restriction Sites）和纹基分析窗口（Motif）。打开程序就可进入序列编辑窗口，可以直接打开 GenBank 或 Vector 数据库中已知质粒的序列文件，读入序列，并将质粒的各种特征，包括编码区、启动子、多克隆位点以及参考文献等信息保存在 Header 中，也可以直接输入序列进行未知质粒的设计。

Redasoft Visual Cloning 用于帮助生命科学家快速而轻松地绘制专业级的质粒载体图，主要的性能包括：快速轻松地生成一个清晰、色彩鲜明的环形或线形的载体图，自动识别和解析序列文件；新增的 web 浏览功能允许链接到数据库站点，支持下载，可自动将序列文件转换成载体图；片段的删除和插入完全模拟克隆实验并和其他图形兼容；所看即所得的编辑环境使打印结果和屏幕上看到的保持一致；自动标记各种区段的碱基位置以避免重叠；可选择的图形比例尺使几个构造图很容易进行比较；允许质粒图复制到剪贴板并粘贴到其他 Windows 应用程序。

（2）凝胶分析软件

BandScan 是通用的电泳胶条带定量分析软件，手动、自动找到条带，手动的条带可以是无规则的，可以清除背景。该软件可以进行相对分子质量、质量、波峰等方面的定量分析，可以直接使用扫描仪，也可将数据输出到 Excel 文件。

TotalLab 是一个全智能化的凝胶分析软件，对 DNA、蛋白凝胶电泳图像、arrays、dot blots 与 colonies 等图像可以很方便地进行处理。

Quantityone 是 bio-rad 公司的一维凝胶分析软件，但可匹配各种产品，界面华丽，能够生成报告。

QuantiScan 是功能单一的凝胶分析软件，但能够极其准确地测量出各个条带的相对分子质量。

Gel-Pro Analyzer 是 Media Cybernetics 公司的产品，该公司一向以提供专业级的分析软件而著称。

PDQuest 是 bio-rad 公司的一个分析二维凝胶并生成数据库的标准软件。该软件可以同时分析 100 个凝胶图像，生成包含 1 000 个凝胶图像的数据库。

Band Leader 是小巧的凝胶图像分析软件，可以处理 DNA 或蛋白质分子凝胶电泳图像，从凝胶电泳图像获得相关数据。

（3）生物显微图像分析软件

Scion Image 是一个优秀的免费图像处理与分析工具，用来显示、编辑、分析各种图像，读取格式为 TIFF 与 BMP 格式，是一个专业图像分析软件，适用于科学处理，是生物学工作者处理图像的必备工具。

SigmaScan Pro 是一个有力的图像分析软件，可以进行数字图像的分析处理，并且很容易地对图像进行分析。

Image-Pro Plus Version 是 Media Cybernetics 公司的专业产品，不仅可以进行显微分析，还可以进行其他科学分析。

（4）数据统计类软件

SAS 是由 Jim Goodnight 及 John Sall 博士等人成立的统计分析系统公司正式推出的相关软件。该软件专业性极强，能做各种统计，是 FDA 唯一批准有效的统计软件，是专业统计人员的首选软件。

SPSS 是世界上最早的统计分析软件，由美国斯坦福大学的三位研究生 Norman H. Nie、C. Hadlai（Tex）Hull 和 Dale H. Bent 于 1968 年研发成功，同时，他们成立了 SPSS 公司。该软件的特点为功能强大、易于操作、简单明了、人机对话方便、数据库接口丰富等。

Origin 是一个易于使用的科学用途数据绘图与数据分析处理工具软件，各种期刊上的统计图，几乎都是出自 Origin。

下面介绍一些小巧易用的数据统计制图软件，更适合生物学的数据分析。

GraphPad Prism 是著名的数据处理软件，用来进行生物学统计、曲线拟合以及作图。

SigmaPlot 是著名的绘图和数据分析软件包，可以根据各种数据，绘制精确的二维或三维曲线，可以自由规定各数据轴的特性，能进行数据的各种统计分析，也可以进行一般的生物类数据处理作图。

Simstat 是一个易于使用的智能统计软件，尤其适合对统计知识了解不多的人使用。它具有一个专家系统，辅助对数据进行统计分析。该软件可与 SigmaPlot 结合生成高质量数据图。

1.5　技术难点与发展趋势

1.5.1　技术难点

生物信息处理既涉及基因组信息的获取、处理、储存、传递、分析和解释，又涉及蛋白质组信息学，如蛋白质的序列、结构、功能与定位分类、蛋白质连锁图、蛋白质数据库的建立、相关分析软件的开发和应用等各个方面，还涉及基因与蛋白质的关系，如蛋白质编码基因的识别与算法研究、蛋白质结构、功能预测等。

生物信息处理具有数据密集和计算密集两个特性，数据挖掘适合完成这样的分析任务，但是数据挖掘的应用和实施本身也是一个复杂的过程。生物信息处理和数据挖掘相结合，虽然取得了一些成果，但在生物数据处理的方法论的研究中，还存在很多问题。首先，生物信息处理研究在很多方面仍然处于初期阶段，分析需求多种多样，分析功能的确定、提取、合适的数据挖掘体系的架构、算法的确定都处于研究之中。另外，缺乏统一的、可扩充的开发平台的支持是目前生物信息处理面临的另一个重要问题。现存生物信息分析软件大多缺乏技术细节的描述，没有统一的输入/输出格式，相互之间不通用，造成软件重复性开发。生物分析模式不断革新，如果没有一个统一的可扩充开发平台的支持，势必造成新的分析软件层出不穷、相互交叉、互不兼容的混乱局面，生物软件的发展将受到一定的影响。此外，数据挖掘的基础是对数据本质的认识。但数据挖掘技术的使用者对生物数据本身特性（数据的本质），如基因芯片数据质量、基因表达的正常波动规律等的认识还远远不够，这也给数据挖掘的应用、评估以及深化带来了一定的困难。

总之，生物信息处理理论与技术存在以下技术难点：

（1）异质、分布式生物数据的语义综合分析的复杂性

由于高分布且迅速扩张的生物信息的产生和使用，对异质、高分布基因组数据库进行语义综合成为一项重要任务，而这需要数据仓库整合和分布式数据库的发展及技术支持。

（2）生物信息数据挖掘工具的功能不完备

生物信息分析所用的数据挖掘工具可以分为两种：通用数据挖掘工具和生物信息分析专用数据挖掘工具。通用数据挖掘工具有很多成熟的产品，如 SAS EnterpriseMiner、SPSS 等。生物信息分析专用数据挖掘工具有 GeneSpring、COMPASS、SMA 等。这些工具中的一些分析功能已经成为生物信息分析中的常规内容，但随着生物信息处理需求的不变发展，这些工具及其功能还远远不够。

（3）难以进行序列相似性查找和比较

生物序列的相似性查找和比较，即序列比对，是基因数据分析中最基础、最重要的内容，但其中还有许多问题需要解决。序列比对的最终实现，必须依赖于某个数学模型，不同的模型，可以从不同角度反映序列的特性，如结构、功能、进化关系等，但很难断定一个模型一定比另一个模型好，也不能说某个比对结果一定正确或一定错误，而只能说从某个角度反映了序列的生物学特性。此外，模型参数的不同，也可能导致比对结果不同。

（4）通过关联分析，难以识别基因的共发生性

基因之间也常进行比较。大部分疾病不仅仅是由一种基因变化激发的，而是一组基因共同作用的结果。关联分析被用来研究在某情形下，哪些基因是共同作用的，该分析可以用于基因群的发现及基因间的相互关系和相互作用的研究。

（5）海量生物文献信息挖掘

生物文献挖掘也是生物信息数据挖掘研究的发展方向之一。生物研究积累了大量的文献，研究成果大多体现在文献中，如生物文献与专利数据库 PubMed。除了文献所描述的成果，文献中的数据也蕴涵着大量的信息，如利用文献可挖掘基因表达之间的相互作用等信息。

（6）便捷的可视化工具开发

运用图表、树、立方体、链表等可以有效地表现生物数据，并且可以分析复杂的结构和模式。这种直观的结构和模式促进了模式理解、知识发现及数据探索。适合生物数据的可视化工具的开发在生物信息处理中占有重要的地位。

1.5.2　发展趋势

生物信息处理是一个非常复杂的研究领域，在处理大规模数据方面，仍没有行之有效的一般性方法，而对于大规模数据内在的生成机制，研究人员也没有完全明了，这使得生物信息处理的研究短期内很难有突破性的结果。那么，要解决所有问题，不能仅从计算机科学着手，真正地解决问题可能还应从生物学自身，从数学上的新思路来获得本质性的动力。正如 1986 年 Dulbecco 所说："人类的 DNA 序列是人类的真谛，这个世界上发生的一切事情，都与这一序列息息相关。"但要完全破译这一序列以及相关的内容，还有相当长的路要走。

基因组学的发展已经进入后基因组研究阶段，致力于蛋白质功能研究的蛋白质组学和功能蛋白质组学正在蓬勃发展，随着生物信息处理的发展，必定能够揭示各种生命现象的奥秘，并带动多个学科跨越式发展。

生物信息处理理论与技术的发展将对分子生物学、药物设计、工作流管理和医疗成像等领域产生巨大的影响，极有可能引发新的产业革命。此外，生物信息处理所倡导的全球范围的资源共享也将对整个自然科学乃至人类社会的发展产生深远的影响。

综合生物信息处理的研究现状与进展，生物信息处理的研究呈现以下发展趋势：

（1）由以序列分析为代表的组成分析转向功能分析

随着人类基因组计划完成，人们的注意力已从基因组测序转向对基因组表达的分析、对蛋白质组结构与功能的预测。生物信息处理发展初期的主要工作是对测序所获得的 DNA 序列数据及蛋白质序列数据进行序列结构分析、比对、模式发现等，而近年来，重点转为对基因功能的研究，主要是对芯片技术获得的基因表达谱数据进行深入研究，获取生物大分子功能的差异以及生物大分子随时间、环境等条件的变化。

（2）由对单个生物分子的研究转向基因调控网络等动态信息的研究

生物系统的复杂性，不仅表现在各组成成分之间的相互作用中，更体现在其复杂的动态性上。揭示生命奥秘，需要进一步了解各种生物大分子的代谢途径、基因调控的过程等动态特征，而不是仅对单个生物大分子进行研究。代谢网络和基因调控网络的研究是人类保健、疾病治疗的基础。

（3）完整基因组数据分析

随着测序获得的完整的物种基因组数据的增加，在完整基因组水平上的数据分析是获得较高级别生物知识的方法。

（4）综合分析

任何生物数据都是生物体在生命过程中的体现，要全面了解生命过程，就必须全面理解这些数据。数据之间相互关联、相互作用的网络特性，决定了生物信息分析必然是各种生物数据的综合分析，这样才能够获得生命过程整体的知识。另一方面，多种分析技术的综合应用才能够体现高通量的数据特性，满足不断深化的分析需求。

生物信息处理理论与技术已渗透到了生物学的各个领域，极大地推动了现代生物学的发展。

1.6　本章小结

生物数据种类丰富、高通量、高维数，具有异质性与网络性，远远超出传统的分析方法的能力，生物信息处理理论与技术的突破已成为生物学研究的"瓶颈"之一，其处理、挖掘、分析和理解的要求日益迫切。本章阐述了生物信息处理的背景，详细分析了生物信息处理中的一些基本概念、主要研究内容及其应用，总结了生物信息处理的技术特点、目的、分析步骤、难点和应用，同时分析了现有的生物信息数据库以及各类技术工具等。

思考题

1. 简述生物信息处理的意义和特点。
2. 简述生物信息数据的特点。
3. 简述生物信息处理的基本概念和生物信息处理的主要研究内容。
4. 简述生物信息处理的发展历史和现状。
5. 简述生物信息处理数据库的构建过程和主要技术工具。
6. 与其他领域信息处理相比，生物信息处理有哪些技术难点？

第 2 章

数据处理方法基础

2.1 引言

针对复杂、多样的数据分析需求及数据本身的特点，各种先进的数据分析技术在不断发展，一些机器学习的方法使利用计算机从海量信息中发现知识成为可能。

本章主要讨论数据处理方法的相关知识基础，包括数据预处理、概率论基础、数据分类分析、数据聚类分析、关联规则发现、隐马尔科夫模型和高维数据处理等。

2.2 概率论基础

概率统计是概率论与数理统计的简称，概率论研究随机现象的统计规律性，数理统计研究样本数据的搜集、整理、分析和推断的各种统计方法。这其中又包含两方面的内容：实验设计与统计推断。实验设计研究合理而有效地获得数据资料的方法，统计推断则是对已经获得的数据资料进行分析，从而对所关心的问题做出尽可能精确的估计与判断。

概率统计研究的对象都具有不确定性，而这种不确定性是无所不在的，因此，对不确定性建模几乎是所有数据分析工作的一个必不可少的部分，更有甚者，需要直接对不确定性和数据的随机特征进行建模。今天，人们不再用"上帝的反复无常"来解释世界的难以预测性，取而代之的是数学、统计和基于计算机的各种模型，因为这些工具是人们可以理解的，可以用来处理不确定事件，因此可以将不确定事件模型化，并对其进行预测。对于数据挖掘来说，预测可以是对未来时间的预测，也可以是对某个变量做非时间意义上的预测，该变量的真实值因某种原因不为所知，且产生不确定性的原因有很多。例如，数据可能仅是要研究的总体的一个样本，所以不能确定不同样本之间以及样本和总体之间的差异程度。或许目标是根据今天的数据对明天的情况做出预测，其结论由结果的不确定性支配。或许对某些情况并不知晓或不能观察到某个值，因而必须把想法建立在"最好猜测"之上等。目前已经建立了很多用于处理不确定性和未知性的基本概念，其中迄今为止应用最广的是概率理论。模糊逻辑是另一个应用很广的理论，但这个领域以及与之密切相关的一些领域，比如可能性理论和粗糙集，还存在相当多的争议，缺少概率理论所具备的完整的理论框架，并不像概率理论那样被广泛接受和应用。

把概率论和概率计算区分开是有意义的，前者致力于解释概率，而后者致力于操纵概率的数学表示。这个区分之所以重要，是因为这样可以把具有统一共识的领域从观点不同的领域中分离出来。概率计算是数学的一个分支，是建立在精确定义并被普遍接受的一些公理之上，目标是搜索那些公理的推论。概率论观点认为，概率是一个客观概念，把一个事件的概率定义为，在绝对一致的条件下，重复某一行为时，这个事件发生次数的比例极限，这种解释限制了概率的应用。在 19 世纪的绝大多数时间里，频率论观点主导了人们对概率的看法，并成为大多数流行统计软件的基础。然而从 20 世纪 90 年代开始，一种对立的观点已受到越来越多的重视。这种主观概率观点从人们最初开始整理概率思想时就有了，然而直到最近，才引起重视。其派生出的数据分析理论和方法经常被称为贝叶斯统计。贝叶斯统计的一条核心原则是，显式地刻画数据分析问题中所有形式的不确定性，包括从数据中估计的任何不确定性，一系列模型结构哪一个最好或最接近真实不确定性，要做的任何预测的不确定性等。主观概率为不同形式不确定性建模提供了非常灵活的框架。

根据主观概率观点，概率是一个人对一个特定事件能否发生的确信程度。因此，概率不是外部世界的客观属性，而是个人的内心状态，可能由于个体的不同而不同。幸运的是，已经证明，如果采取某种合理的行为原则，主观概率的公理集与频率论观点的公理集是相同的。因此，虽然潜在的解释是完全不同的，但两种观点的计算是相同的。

当然，这并不意味着用这两种方法得到的结论一定是相同的。主观概率可以应用在频率概率不适用的领域。另外，基于主观概率的统计归纳必然包含某种主观的成分，即认为一个事件会发生的初始或先验信心。正如前文所述，这个因素可能因人而异。

尽管如此，频率论观点和主观概率论观点在很多情况下会得到大体相同的答案，尤其是对于简单的假设和庞大的数据集。很多实践者并不把自己约束在某一种观点上，相反，他们认为两种观点在各自的前提下都是有价值的，分别适用于不同的条件。由频率论观点推导出的数据分析方法往往计算简单，在数据集的大小不适合使用复杂计算方法时，具有明显的优势（至少目前是这样）。然而，如应用得当，贝叶斯（主观的）方法可以从数据中发现更加细微的信息。

1. 随机变量的分布函数

（1）多维随机变量

有些随机现象，用一个随机变量来描述是不够的，而需要同时用几个随机变量来描述。例如打靶时，命中点的位置是由一对随机变量（两个坐标）来确定的；飞机的中心在空中的位置是由三个随机变量（三个坐标）来确定的；等等。

定义 1　设 X 与 Y 是定义在同一样本空间 Ω 上的离散型随机变量，则称

$$p(x_i, y_j) = P(X = x_i, Y = y_j) \tag{2-1}$$

为二维离散型随机变量 (X, Y) 的联合概率函数或联合概率分布，其中 $i = 1, 2, \cdots$；$j = 1, 2, \cdots$。称

$$p_X(x_i) = P(X = x_i) \quad (i = 1, 2, \cdots)$$

和

$$p_Y(y_j) = P(Y = y_j) \quad (j = 1, 2, \cdots)$$

分别为随机变量 X 与 Y 的边缘概率函数。

由定义 1 知，联合概率函数具有下列性质：

① $p(x_i, y_j) \geqslant 0$，其中 $i = 1, 2, \cdots$；$j = 1, 2, \cdots$。

② $\sum_i \sum_j p(x_i, y_j) = 1$。

定理 1　设二维离散型随机变量 (X, Y) 的联合概率函数为 $p(x_i, y_j)$，$i = 1, 2, \cdots$；$j = 1, 2, \cdots$，则 X 的边缘概率函数为：

$$p_X(x_i) = \sum_j p(x_i, y_j) \quad (i = 1, 2, \cdots) \tag{2-2}$$

Y 的边缘概率函数为：

$$p_Y(y_j) = \sum_i p(x_i, y_j) \quad (j = 1, 2, \cdots) \tag{2-3}$$

证：

$$p_X(x_i) = P(X = x_i) = P[\sum_j (X = x_i, Y = y_i)] = \sum_j P(X = x_i, Y = y_i) = \sum_j p(x_i, y_j)$$

同理可证式（2-3）。

定义 2 设 X 与 Y 是定义在同一样本空间 Ω 上的连续型随机变量，若存在非负函数 $f(x, y)$，使得对于 xOy 平面上的任意区域 $\mathbf{R}$，有：

$$P[(X, Y) \in \mathbf{R}] = \iint_{\mathbf{R}} f(x, y) \mathrm{d}x\mathrm{d}y \tag{2-4}$$

则称 $f(x, y)$ 为二维连续型随机变量 (X, Y) 的联合概率密度函数，简称联合概率密度。称 X 与 Y 各自的概率密度 $f_X(x)$ 及 $f_Y(y)$ 分别为随机变量 X 与 Y 的边缘概率密度函数。

由定义 2 知，联合概率密度函数具有下列性质：

① $f(x, y) \geq 0$。

② $\int_{-\infty}^{+\infty} \int_{-\infty}^{+\infty} f(x, y) \mathrm{d}x\mathrm{d}y = 1$。

定义 3 设 X 与 Y 是定义在同一样本空间 Ω 上的两个随机变量，x 与 y 是任意两个实数，称

$$F(x, y) = P(X \leq x, Y \leq y) \tag{2-5}$$

为二维随机变量 (X, Y) 的联合分布函数。

由定义 3 知：

① 若 X 与 Y 是二维离散型随机变量，并有联合概率函数 $p(x_i, y_j)$，$i = 1, 2, \cdots$；$j = 1, 2, \cdots$，则：

$$F(x, y) = \sum_{x_i \leq x} \sum_{y_j \leq y} p(x_i, y_j)$$

② 若 X 与 Y 是二维连续型随机变量，并有联合概率密度函数 $f(x, y)$，则：

$$F(x, y) = \int_{-\infty}^{x} \int_{-\infty}^{y} f(u, v) \mathrm{d}u\mathrm{d}v$$

且在 $f(x, y)$ 的连续点 (x, y) 处，有：

$$f(x, y) = \frac{\partial^2 F(x, y)}{\partial x \partial y}$$

定理 2 设二维连续型随机变量 (X, Y) 的联合概率密度函数为 $f(x, y)$，则 X 的边缘概率密度函数为：

$$f_X(x) = \int_{-\infty}^{+\infty} f(x, y) \mathrm{d}y \tag{2-6}$$

Y 的边缘概率密度函数为：

$$f_Y(y) = \int_{-\infty}^{+\infty} f(x,y)\mathrm{d}x \qquad (2\text{-}7)$$

证： X 的边缘分布函数为：

$$F_X(x) = P(X \leqslant x) = F(x,+\infty) = P(X \leqslant x, Y < +\infty) = \int_{-\infty}^{x}\int_{-\infty}^{+\infty} f(u,y)\mathrm{d}y\mathrm{d}u$$

对上式两边 x 求导数得：

$$f_X(x) = \int_{-\infty}^{+\infty} f(x,y)\mathrm{d}y$$

同理可证式（2-7）。

（2）条件分布

注意 $f(X)$ 是 p 个变量的标量函数。X 中的单个变量的密度函数称为联合密度的边缘密度。从技术角度讲，它是根据联合密度，通过对子集中未包含变量进行求和或积分推导出来的。例如，对于一个三元随机变量 $X = \{X_1, X_2, X_3\}$，$f(X_1)$ 的边缘密度为 $f(x_1) = \iint f(x_1, x_2, x_3)\,\mathrm{d}x_2\mathrm{d}x_3$。某一变量在给定其他变量取值情况下的密度，称为条件密度。一般的，给定 X_2 某个值后，X_1 的条件密度可表示为 $f(X_1 \mid X_2)$，并将其定义为：

$$f(x_1 \mid x_2) = \frac{f(x_1, x_2)}{f(x_2)}$$

对于离散值的随机变量，也有相应的定义（ $p(a_1 \mid a_2)$ 等）。也可以使用二者的混合，例如，以分类变量为条件的连续变量的概率密度函数 $f(x_1 \mid a_1)$，以及相反情况下的概率质量函数 $p(a_1 \mid x_1)$。

多元变量集 X 的某些特定变量可能以某种方式密切地相互联系。实际上，数据挖掘的一般问题就是发现变量间的关系。如果多个变量的取值相互间不存在任何关系，那么就说这些变量是独立的；否则就是依赖的。更严格地讲，变量 X 和 Y 是独立的，当且仅当对于 X 和 Y 的所有值，有 $p(x,y) = p(x)p(y)$。一个等价的定义是，X 和 Y 是独立的，当且仅当对于 X 和 Y 的所有值，有 $p(x|y) = p(x)$ 和 $p(y|x) = p(y)$。第二种形式的定义表明，当变量 X 和 Y 独立时，不论是否知道 Y 的值，X 的分布都是相同的，因此，Y 的取值不会影响 X 取值的概率，从这个意义上讲，Y 不带有任何关于 X 的信息。

可以把这些思想推广到多个变量的情况。例如，如果对于 X、Y 和 Z 的所有值，$p(x,y \mid z) = p(x \mid z)\,p(y \mid z)$ 都成立，就说给定 Z 后，X 对 Y 是条件独立的。

条件独立的假设被广泛用于处理序列化数据。对于数据序列，只要给定序列的当前值，序列的下一个值通常是独立于序列中所有过去的值。在这种情况下，条件独立成为一阶马尔科夫属性。

独立和条件独立的思想是数据分析中很多关键问题的核心。独立和条件独立的假设可以把多个变量的联合密度表示成更容易处理的较简单密度的连乘，也就是：

$$f(x_1, \cdots, x_n) = f(x_1) \prod_{j=2}^{n} f(x_j \mid x_{j-1})$$

其中，每个变量 x_j 在给定 x_{j-1} 值的情况下，与变量 $x_1, \cdots, x_{j-2}$ 是条件独立的。这样的简化，除了使计算方便外，还有助于以更少参数建立更好理解的模型。但是，很多实际情况是不符合独立假设的。尽管如此，模型只是对真实世界的近似，恰当的独立假设所建立的模型将胜过建立一个更加复杂却不太稳定的模型。

如果一个变量的较高值与另一个变量的较高值关联，则其为正相关；相反，如果一个变量的较高值与另一个变量的较低值关联，则其为负相关。千万注意不要把相关混淆为因果关系。两个变量可能高度正相关，但其间不存在任何因果关系。例如，指甲熏黄和肺癌可能相关，但这只有通过第三个变量才有因果联系，也就是一个人是否吸烟。

2. 统计推理

一些数据挖掘问题包括感兴趣的整个总体，而另一些问题仅包括来自这个总体的一个样本。对于后一种情况，可能本来就只有样本或仅是选择样本。此外，即使可以得到完整的数据集，但数据挖掘是在一个样本上进行的。如果目标是建模，这样做是完全合理的，因为建模是要寻找数据的显著结构，而不是细小的差异和偏离。只要样本不是太小，数据集的结构就可以保持在样本中。然而，如果目标是模式识别，那么对大的数据集抽取小的样本就不合适了，因为这时的目标是探索数据主体的细小偏离，如果样本太小，偏离就可能被排除在外。此外，如果目标是探测反常行为的记录，则必须基于整个样本进行分析。

当使用样本时，统计推理的作用才能发挥出来。通过统计推理，可以推断出总体的结构，估计这些结构的大小，并指出结论的置信度，这一切依赖于样本。例如，可以说总体值的最佳估计是 6.3，也可以说，有 95%的把握真实的总体值位于 5.9～6.7。注意，这里对总体值使用了估计一词，如果基于整个总体进行分析，将使用计算这个词，因为如果已经知道所有的组成要素，就可以实际计算出总体的值，也就不存在估计的概念了。为了对总体结构做出推理，必须有一个模型或模式结构，如果没有某种结构的存在，也就无法评估数据中潜在某种结构的证据。例如，假设某一变量 Z 的值依赖于其他两个变量 X 和 Y 的值，模型就是 Z 与 X 和 Y 有关，然后可以在数据中估计这个关系的支持度。

统计推理是基于这样的前提：样本是从总体中以随机方式抽取的，总体中的每个成员都有一定的概率出现在样本中。例如，如果模型指出，数据是由一个正态分布产生的，这个正态分布的均值为 0，标准差为 1，那么观察到 20 这样大的数据的概率是很小的。而且，如果所假设的模型是正确的，可以给出观察到大于 20 的值的精确概率。给定了模型，一般便可以计算一个观察的结果落入任意区间的概率。对于符合范畴型分布的样本，可以估计新的值与已经出现的值相等的概率。一般来说，如果得到了数据的模型 M，就可以得出随机抽样过程得到数据 D 的概率，$D = \{x(1), \cdots, x(n)\}$，$x(i)$ 是第 i 个 p 维观测向量，这个概率可表示为 $p(D|M)$。很多时候并不明确地指出对模型 M 的依赖，而简单地写为 $p(D)$，依据上下文来作出说明。

设 $p(x(i))$ 为个体 i 观测向量 $x(i)$ 的概率。如果进一步假设总体中每一个成员被选择进入推理用样本的概率不会影响其他成员被选择的概率，则观察到所有样本值的总概率就是个体概率的乘积：

$$p(D|\theta, M) = \prod_{i=1}^{n} p(x(i)|\theta, M)$$

其中，M 为模型；θ 是模型的参数。目前，已经开发出了一些方法来处理观测到一个值会改变观测到另一个值的机会的情况，但是各个观测相互独立是迄今为止使用最为普遍的假设，尽管这仅是近似正确。

根据这个概率，可以判断假设模型的真实性。如果计算表明，假设模型产生观察数据的可能性非常小，那么拒绝这个模型是合理的，这是假设检验的基本原则。在假设检验中，如果符合模型的观察数据的概率低于某个预先定义的值（检验的显著性水平），就决定拒绝这个假设模型。

在估计模型参数的总体值时使用了一个类似的原则。假设模型指出，数据服从单位方差的正态分布，但均值 μ 未知。可以提出很多不同数值用作均值，对于每一个值，计算如果总体的均值为该值时观察数据的发生概率。对每一个值进行假设检验，拒绝导致观察数据的发生概率很低的那些值。或者缩短这个过程，用使观察数据的发生概率最高的均值来估计。这个值称为均值的最大似然估计值，这一过程称为最大似然估计。把一个特定模型产生观察数据的概率表示为模型参数的函数即为似然函数。也可以用这个函数来定义一个参数可能值区间。例如，假定模型是正确的，那么按这种方式，根据数据样本产生的参数可能值区间有 90% 的可能性将包含参数的正确值。

3. 参数估计

当致力于推理统计时，希望得出更通用的结论，即关于被抽样总体的结论，这些结论是关于概率分布或者概率密度函数的，数据被假设为从这些分布中产生的。

（1）估计理论

下面描述两种最重要的模型参数估计方法：最大似然估计和贝叶斯估计。区别不同方法间的差异是很重要的，因为这样才能选出一种适合问题的方法。这里先简要地描述估计量的一些重要属性。设 $\hat{\theta}$ 是参数 θ 的估计量，因为 $\hat{\theta}$ 是从数据推导出的一个数字，抽取不同的数据样本，就会得到不同的 $\hat{\theta}$ 值。又因为 $\hat{\theta}$ 是一个随机变量，所以，它具有一种分布，随着抽取样本的不同而取不同的值，可得到这个分布的一些描述性概括。例如，这个分布将具有一个均值或期望值 $E[\hat{\theta}]$。这里，期望函数 E 是由假设数据从中采样的真实分布决定的，也就是对所有可能发生的数据集按照其发生概率加权。

$\hat{\theta}$ 的偏差是这样定义的：

$$\mathrm{Bias}(\hat{\theta}) = E[\hat{\theta}] - \theta$$

也就是估计量的期望值 $E[\hat{\theta}]$ 和参数 θ 的真实值的差异。满足 $E[\hat{\theta}] = \theta$ 的估计量的偏差为 0，是无偏的。平均来看，这样的估计量与真实参数值间没有系统的偏离，尽管对于任意特定单一数据集 D，$\hat{\theta}$ 可能永远偏离 θ。注意样本分布和 θ 的真实值实际上都是未知的，通常不能计算给定数据集的实际偏差。尽管如此，偏差的一般概念在估计中是非常重要的。

就像估计量的偏差可以衡量其质量一样，估计量的方差也可以做到这一点：

$$\mathrm{var}(\hat{\theta}) = E[\hat{\theta} - E[\hat{\theta}]]^2$$

方差衡量了估计误差中的随机的和有数据导致的那一部分，反映了估计量对数据种种特异性的敏感程度。注意方差不依赖于 θ 的真实值，仅衡量估计对于不同的观测数据集变化程度有多大。因此，尽管真实的采样分布是未知的，原则上还是可以得到一个估计量方差的数据驱动估计，方法是，反复对原始数据做二次抽样并计算从这些模拟样本估计出的 $\hat{\theta}$ 的方差，在具有相同偏差的估计量中选择方差最小的一个估计量，具有最小方差的无偏估计量即最佳无偏估计量。

举一个极端的例子，假设完全忽视数据 D 并武断地认为对于任意的数据集都有 $\hat{\theta} = 1$，那么 $\mathrm{var}(\hat{\theta})$ 便为 0，因为 $\hat{\theta}$ 的估计根本不随 D 的改变而改变。然而在实践中，这是一个无效的估计量，因为除非猜中，否则对 θ 的估计几乎一定是错误的，也就是说，存在一个非 0（而且可能非常大）的偏差。

$\hat{\theta}$ 的均方误差是 $E[(\theta - \hat{\theta})^2]$，即估计量的值和参数的真实值间的差异的平方的均值。均方误差可以分解为 $\hat{\theta}$ 的偏差的平方以及它的方差的和：

$$E[(\theta - \hat{\theta})^2] = E[(\hat{\theta} - E[\hat{\theta}] + E[\hat{\theta}] - \theta)^2]$$
$$= (E[\hat{\theta}] - \theta)^2 + E[(\hat{\theta} - E[\hat{\theta}])^2]$$
$$= (\text{Bias}(\hat{\theta}))^2 + \text{var}(\hat{\theta})$$

在第一行到第二行的转化中，利用了平方表达式中交叉相互抵消、当 θ 为常数时 $E[\theta] = \theta$ 等定理。均方误差是一个非常有价值的评价标准，因为它表现了估计量和真实值间的系统差异（偏差）和随机差异（方差）的关系。然而，偏差和方差经常是向不同方向变化，修改一个估计量以减小偏差会增加方差，反之亦然。所以关键是得到一个最佳的折中。平衡偏差和方差是数据挖掘的一个核心问题，这将在以后的章节中讨论。

在估计中使用均方误差还应注意一些更细微的问题。例如，误差平方对待偏离 θ 一样远的估计值是同等的，无论它在 θ 之上还是之下。这在衡量位置时是合适的，但在衡量离差或估计概率或概率密度时可能就不适合了。

假定有一个估计量的序列 θ，基于递增的样本大小 $n_1, \cdots, n_m$。如果随着样本容量的增大，$\hat{\theta}$ 与真实值 θ 的差异大于任意给定值的概率趋向于 0，那么就说这个序列是一致的。这显然是一个有吸引力的属性（特别对数据挖掘场合，样本非常庞大），因为样本越大，估计量可能越靠近真实值（注意：假设数据来自一个特定的分布，对于非常庞大的数据库，这个假定可能是不合理的）。

（2）最大似然估计

最大似然估计是应用最广的参数估计方法。考虑一个包含 n 个观测的数据集 $D = \{x, \cdots, x(n)\}$，由同一个分布 $f(x | \theta)$ 独立采样得到。似然函数为 $L(x | \theta), L(\theta | x(1), \cdots, x(n))$ 是对于给定的 θ 值已发生数据的概率，也就是 $p(D | \theta)$，它是关于 θ 的函数。注意，尽管这里隐含地假设了一个特定的模型 M，但是就像定义 $f(x | \theta)$ 一样，为了方便，没有明确地写出 M。当考虑多个模型时，需要明确区分谈论的是哪一个模型。

既然已经假设观察是独立的，就可以得到：

$$L(\theta | D) = L(\theta | x(1), \cdots, x(n))$$
$$= p(x(1), \cdots, x(n) | \theta)$$
$$= \prod_{i=1}^{n} f(x_i | \theta)$$

这是 θ 的一个标量函数。一个数据集的似然 $L(\theta | D)$，即实际观测的数据对于某个特定模型的概率，是数据分析的一个基本概念。为一个给定问题定义似然，等同于确定产生数据的概率模型。已经证明，一旦找到这样的似然，便打开了统计推理的大门，可以应用其中很多通用的方法。注意，既然似然被定义为是 θ 的

函数，就可以删除或忽略 $p(D|\theta)$ 中不含 θ 的项，也就是说，似然仅定义在任意缩放的常量范围内，所以，所关心的是 θ 的函数的形状，而不是函数的实际值。应该注意，上面的假设对于似然的定义是不必要的，例如，如果 n 个观察符合马尔科夫依赖关系，可以把似然定义为形如 $f(x(i)|x(i-1)|\theta)$ 的项的乘积。使已经发生数据的概率为最大的 θ 值就是最大似然估计量（或者叫 MLE），用 $\hat{\theta}_{ML}$ 表示 θ 的最大似然估计量。

最大似然估计既具有直观性，又有数学严密性，所以是一种有吸引力的参数估计方法。例如，根据前面的定义，它是一致的估计量。而且，如果 $\hat{\theta}_{ML}$ 是参数 θ 的 MLE，那么 $g(\hat{\theta}_{ML})$ 是函数 $g(\theta)$ 的 MLE，但当 g 不是一对一的函数时，应引起注意。另一方面，任何事物都不是十全十美的，最大似然估计量也经常是有偏差的，尽管对于庞大的数据集，这个偏差可能相当小，常按 $O(1/n)$ 的规律缩小。对于简单的问题（这里简单是指问题的数学结构，而不是数据点的数量，数据点可以非常多），可以使用求导运算求解 MLE。在实践中，通常是用最大化对数似然 $l(\theta)$ 的方法，用求和取代定义中难以处理的乘积形式；这样的处理与直接最大化 $L(\theta)$ 的结果是一样的，因为对数是单调的函数。似然的一元定义可以直接推广到多元的情况，这时似然就是 d 个参数的多元函数。因为 d 可能很大，所以，如果不存在闭合形式的解，要发现这个 d 维函数的最大值可能是有很大难度的。多个最大值会使问题复杂化，最优值出现在参数空间边界的情况也会导致困难。

直到现在，所讨论的都是点估计，为问题中的参数估计出单一的数字。从某种意义上来说，点估计是最佳的估计，但是点估计不能表现出与之关联的任何不确定性，即或许存在大量的几乎等价的好的估计，或许这个估计只是目前最好的。区间估计提供了这样的信息，不再使用单一的数字，而是给出一个具有确定置信度的区间，这个区间含有未知的参数值。这样的区间称为置信区间，这个区间的上下边界称为置信边界。既然假设 θ 是未知的，但已经确定它的估计值，那么，θ 具有一定的概率位于一个给定的区间的说法是没有意义的，因为 θ 可能在这个区间中，也可能不在。然而，通过给定过程计算得到的区间具有一定的概率包含 θ 的说法是有意义的，因为毕竟区间是从样本计算来的，因此是一个随机变量。

大多数置信区间是基于这样的假设：样本的统计量大体符合正态分布。这一点容易满足：利用中心极限定理可以得出这样的结论，很多统计量可以用一个正态分布来很好地近似，特别是当样本容量很大时。使用这种近似，得到一个区间，对于给定的未知参数 θ 的值，统计量位于这个区间的概率是已知的，然后再反过来求未知参数的区间。为了应用这种方法，需要估计估计量 $\hat{\theta}$ 的标准差，这种方法称为 bootstrap 方法。

（3）贝叶斯估计

在前文所描述的频率论推理方法中，总体的参数是固定但未知的，数据组成了一个来自总体的随机样本。因此，本质的变化性存在于数据 $D = \{x(1),\cdots,x(n)\}$ 中。与此相反，贝叶斯统计把数据当作是已知的，数据已被观察到并被记录下来，而把参数 θ 看作随机变量。也就是说，频率论的方法把参数 θ 看作是固定但未知的量，而贝叶斯方法把 θ 当作有很多可能值的随机变量，服从一定的分布，并认为已观察到的数据可以揭示这个分布的信息。$p(\theta)$ 反应了参数 θ 真实取值的确信程度。如果对于 θ 的某个值，$p(\theta)$ 的曲线非常尖锐，则结论得以确认（当然可能是完全错误的结论）。如果 $p(\theta)$ 曲线非常宽广平坦（这是很典型的情况），则表示对 θ 的位置不太确定。

虽然贝叶斯这一术语在统计中有相当精确的含义，但它也被很随便地用在计算机科学和模式识别等文献中，指数据分析所使用的各种形式的概率模型。

在分析数据之前，θ 取不同值的概率分布被称为先验分布 $p(\theta)$。这个分布在数据分析时会被修改，以融入实验数据中的信息，修改后得到后验分布 $p(\theta|D)$。从先验分布修改为后验分布是通过贝叶斯定理来实现的，这个定理以托马斯·贝叶斯的名字命名：

$$p(\theta|D) = \frac{p(D|\theta)p(\theta)}{p(D)} = \frac{p(D|\theta)p(\theta)}{\int_{\psi} p(D|\psi)p(\psi)\mathrm{d}\psi}$$

注意，这个更新过程产生一个分布，而不是 θ 的一个单一值。然而，可以用这个分布得到一个单一的估计值。例如，可以取后验分布的均值，或者它的最频值（MAP）。如果以特定的方式选取先验分布 $p(\theta)$，MAP 和 θ 的最大似然估计可能吻合得很好。从这个意义上讲，可把最大似然估计看作是 MAP 过程的一个特例，前者是贝叶斯估计的一种特定形式。

对于一个给定的数据 D 和一个特定的模型，可以把表达式写成另一种形式：

$$p(\theta|D) \propto p(D|\theta)p(\theta)$$

现在看到，对于确定的 D、θ 的后验分布与先验分布 $p(\theta)$ 和似然 $p(D|\theta)$ 的乘积成正比。如果在收集数据前，对参数的可能值仅有非常小的把握，就需要选择一个概率分布很广的先验分布。在任何情况下，观察的数据集合越大，似然对后验分布的支配性越大，同时，先验分布形状的重要性也就越小。

贝叶斯方法区别于其他方法的一个主要特征是，避免了所谓的点估计，喜欢保留问题中设计的所有不确定性的全部内容。

4. 假设检验

尽管数据挖掘主要致力于寻找数据中的位置特征，但是实践中也需要检验特定的假设。在很多情况下，需要分析数据是否支持关于参数值的某个设想，例如，要知道一种新的治疗是否比标准的治疗方法有更好的疗效，或者两个变量是否在总体中相关。因为很多时候，不能根据总体来衡量这些假设，所以必须基于样本得出结论。探索这些假设的统计工具称为假设检验。

基本的假设检验原理如下。首先定义两个互补的假设：零假设和备选假设。零假设经常是某一点的值，而备选假设就是零假设的补。例如，假设要得到关于参数 θ 的结论，零假设用 H_0 来表示，可能是 $\theta = \theta_0$，于是备选假设可能就是 $\theta \neq \theta_0$。使用观察到的数据，可以计算一个统计量，统计量是一个随机变量，因样本的不同而不同。假设零假设是正确的，可以求出统计量的期望分布，并且统计量的观察值来自这个分布的一点。如果观察值位于分布的很远的末端，将不得不做出结论：发生了一个小概率事件，或者零假设事实上并不正确。观察到的值越靠近末端，对零假设的信心就越小。

可以量化这一过程。在统计量分布的末端找到发生概率加在一起为 0.05 的那些潜在值，这些是统计量的极端值。假设零假设是正确的，这些值与大多数值偏离得足够远。如果这个观察到的极端值确实位于末端区域，就会"在 5% 的显著水平上"拒绝这个零假设；如果零假设是正确的，就仅有 5% 的可能发生在这个区域。因此，这个区域被称为拒绝区或者临界区。当然，检验零假设在一个方向的偏离只是假设检验的目的之一，对分布的低端末尾和高端末尾进行检验也是假设检验的目的。这种情况下，可把拒绝域定义为概率分布最低端 2.5% 概率对应的检验统计量的值和概率分布最高端 2.5% 概率对应的检验统计量的值的联合，这就是双边检验。与此相对，前文的检验叫单边检验。拒绝域的大小，被称为检验的显著性水平，可以任意选取，常见值为 1%、5% 和 10%。

可以按照不同检验过程的能力比较单边检验和双边检验，检验的能力就是它正确地拒绝错误的零假设的概率。为了评估检验的能力，需要提出一个备选假设，用以计算检验的统计量在被选假设正确的情况下落入拒绝域的概率。

一个重要的基本问题是，如何找到适合特定问题的好的检验统计量。一种策略是使用似然率。用来检验假设 $H_0 : \theta = \theta_0$ 和备选假设 $H_1 : \theta \neq \theta_0$ 的似然率被定义为：

$$\lambda = \frac{L(\theta_0 \mid D)}{\sup_{\psi} L(\psi \mid D)}$$

其中，$D = \{x(1), \cdots, x(n)\}$。也就是说，当 $\theta = \theta_0$ 时，似然率达到当 θ 不被约束时似

然的最大值。显然，当 λ 很小时应拒绝零假设。这个过程可以推广到零假设不是单点假设而是包括 θ 的一系列可能值的情况。某些类型的检验使用频率很高，包括不同均值的检验、比较方差的检验，以及比较一个观察分布和一个假设分布的检验。

2.3　数据预处理

数据预处理是指在主要的处理以前对数据进行的一些处理。现实世界中数据大体上都是不完整、不一致的"脏数据"，无法直接进行数据挖掘，或挖掘结果差强人意。为了提高数据挖掘的质量，产生了数据预处理技术。数据预处理有多种方法：数据清理、数据集成、数据变换、数据归约等。这些数据处理技术在数据挖掘之前使用，大大提高了数据挖掘模式的质量，降低实际挖掘所需要的时间。

数据预处理没有统一的标准，只能根据不同类型的分析数据和业务需求，对数据特性有了充分的理解之后，再选择相关的数据预处理技术。一般会用到多种预处理技术，对每种处理之后的效果还应做些分析对比，其中经验的成分比较大，即使是在某一个方面研究得很深入的数据挖掘专家，面对新的应用情况和数据时，也不可能很有把握能挖掘出有价值的东西。数据挖掘也叫数据开采，就好比采矿，需要耐心、经验、总结，需要人工智能、机器学习、数据库和统计学的学科大综合。

数据预处理工作可以使残缺的数据完整，将错误的数据纠正，将多余的数据去除，将所需的数据挑选出来并且进行数据集成，将不合适的数据格式转换为所要求的格式，还可以消除多余的数据属性，从而达到数据类型相同化、数据格式一致化、数据信息精练化和数据存储集中化。总而言之，经过预处理之后，不仅可以得到挖掘系统所要求的数据集，使数据挖掘成为可能，而且还可以尽量地减少挖掘系统所付出的代价，提高挖掘出的知识的有效性与可理解性。数据预处理的主要任务有：

（1）数据清洗

如填补缺失数据、消除噪声数据等。数据清洗的原理，就是通过分析"脏数据"的产生原因和存在形式，利用现有的技术手段和方法清洗"脏数据"，将"脏数据"转化为满足数据质量或应用要求的数据，从而提高数据集的数据质量。

填补缺失数据基本的方法有：

① 忽略元组：当类标号缺少时通常这样做（假定挖掘任务涉及分类或描述）。除非元组有多个属性缺少值，否则该方法不是很有效。当每个属性缺少值的百分

比很高时，该方法性能非常差。

② 人工填写遗漏值：一般来说，该方法很费时，并且当数据集很大，缺少很多值时，可能行不通。

③ 使用一个全局常量填充遗漏值：将遗漏的属性值用同一个常数（如∞）替换。如果遗漏值都用"∞"替换，挖掘程序可能误以为它们形成了一个有趣的概念，因为它们都具有相同的值——"∞"。因此，尽管该方法简单，但并不推荐使用。

④ 使用属性的平均值填充遗漏值。

⑤ 使用与给定元组属同一类的所有样本的平均值填充遗漏值。

数据平滑技术：

① 分箱：通过考察"邻居"（即周围的值）来平滑存储数据的值。存储的值被分布到一些"桶"或箱中。由于分箱方法导致值相邻，因此它适于进行局部平滑。

② 聚类：离群点可以被聚类检测。聚类将类似的值组织成群或"聚类"。

③ 计算机和人工检查结合：可以通过计算机和人工检查结合的办法来识别离群点。

④ 回归：可以通过让数据拟合一个函数（如回归函数）来平滑数据。

（2）数据集成

将所用的数据统一存储在数据库、数据仓库或文件中，形成一个完整的数据集，这一过程要消除冗余数据。

在数据集成时，需要考虑许多问题。模式集成是有技巧的。来自多个信息源的现实世界的实体如何才能"匹配"，这涉及实体识别问题。通常，数据库和数据仓库有元数据，即关于数据的数据。这种元数据可以帮助避免模式集成时产生的错误。

冗余是另一个重要问题。如果一个属性能由另一个表"导出"，则它是冗余的。属性或维命名的不一致也可能导致数据集的冗余。有些冗余可以被相关分析检测到，例如，给定两个属性，根据可用的数据，通过相关分析可以度量一个属性能在多大程度上蕴涵另一个。属性 A 和 B 之间的相关性可用下式度量：

$$r_{A,B} = \frac{\sum (A - \overline{A})(B - \overline{B})}{(n-1)\sigma_A \sigma_B}$$

其中，n 是元组个数；$\overline{A}$ 和 $\overline{B}$ 分别是 A 和 B 的平均值；σ_A 和 σ_B 分别是 A 和 B 的标准差。如果 $r_{A,B}$ 的值大于 0，则 A 和 B 是正相关的，即 A 的值随 B 的值增加而增加。该值越大，一个属性蕴涵另一个属性的可能性越大。因此，一个很大的值，

表明 A（或 B）可以作为冗余去掉。如果 $r_{A,B}$ 等于 0，则 A 和 B 是独立的，不相关。如果 $r_{A,B}$ 小于 0，则 A 和 B 是负相关的，一个值随另一个值减少而增加，这表明每一个属性都阻止另一个出现。除了检测属性间的冗余外，"重复"也应当在元组级进行检测。重复是指，对于同一数据，存在两个或多个相同的元组。

（3）数据转换

主要是对数据进行规格化操作，如将数据值限定在特定的范围之内。某些挖掘模式要求数据满足一定的格式。数据转换能把原始数据转换为挖掘模式要求的格式，以满足挖掘的需求。

下面介绍三种最常用的方法：最小-最大规范化、z-score 规范化和按小数定标规范化。

① 最小-最大规范化对原始数据进行线性变换。假定 $\min_A$ 和 $\max_A$ 分别为属性 A 的最小值和最大值。最小-最大规范化通过计算

$$v' = \frac{v - \min_A}{\max_A - \min_A}(\text{new\_max}_A - \text{new\_min}_A) + \text{new\_min}_A$$

将 A 的值 v 映射到区间[new_min$_A$，new_max$_A$]中的 v'。

最小-最大规范化保持了原始数据值之间的关系。如果输入落在 A 的原数据区之外，该方法将面临"越界"错误。

② 在 z-score 规范化（或零-均值规范化）中，属性 A 的值基于 A 的平均值和标准差规范化。

③ 小数定标规范化通过移动属性 A 的小数点位置进行规范化。小数点的移动位数依赖于 A 的最大绝对值。

（4）数据归约

把那些不能够刻画系统关键特征的属性剔除掉，从而得到精练的并能充分描述被挖掘对象的属性集合。对于处理离散型数据的挖掘系统，应先将连续型的数据量化，使之符合处理要求。

数据归约的策略如下：

① 数据方聚集：聚集操作用于数据方中的数据。

② 维归约：检测并删除不相关、弱相关或冗余的属性或维。

③ 数据压缩：使用编码机制压缩数据集。

④ 数值压缩：用替代的、较小的数据表示、替换或估计数据，如参数模型（只存放模型参数，而不是实际数据）或非参数方法，如聚类、选样和使用直方图。

⑤ 离散化和概念分层产生：属性的原始值用区间值或较高层的概念替换。概念分层允许挖掘多个抽象层上的数据，是数据挖掘的一种强有力的工具。

2.4　数据分类分析

分类是一种重要的数据挖掘技术。分类的目的是根据数据集的特点构造一个分类函数或分类模型（也常常称作分类器），该模型能把未知类别的样本映射到给定类别中的某一个。分类和回归都可以用于预测，与回归方法不同的是，分类输出的是离散的类别值，而回归输出的是连续或有序值。

2.4.1　K 近邻算法

K 近邻（K-Nearest Neighbor，KNN）分类算法，是一个理论上比较成熟的方法，也是最简单的机器学习算法之一。该方法在分类决策时只依据最邻近的一个或者几个样本的类别来决定待分样本所属的类别。KNN 方法虽然在原理上也依赖于极限定理，但在类别决策时，只与极少量的相邻样本有关。由于 KNN 方法主要靠周围有限的邻近的样本，而不是靠类域来确定所属类别的，因此，对于交叉的类域或重叠较多的待分样本集来说，KNN 方法较其他方法更为适合。

KNN 算法不仅可以用于分类，还可用于回归。通过找出一个样本的 k 个最近邻居，将这些邻居的属性的平均值赋给该样本，就可以得到该样本的属性。更有效的方法是，对不同距离的邻居对该样本产生的影响给予不同的权值，如权值与距离成正比。

K 近邻分类法的基本思想是：给定一个待分类的样本 x，首先找出与 x 最接近的或最相似的 k 个已知类别标签的训练集样本，然后根据这 k 个训练样本的类别标签确定样本 x 的类别。

如图 2-1 所示，三角形样本为待分类的样本 x，当邻居数 k 为 1 时（图 2-1（a）），与它最近的样本为圆形样本，从而可将圆形样本对应的类别标签赋予 x；当邻居数 k 为 3 时（图 2-1（b）），与它最近的样本为两个圆形样本、一个星形样本，将占多数的圆形样本对应的类别标签赋予 x；当邻居数为 5 时（图 2-1（c）），与它最近的样本为四个圆形样本、一个星形样本，将占多数的圆形样本对应的类别标签赋予 x。

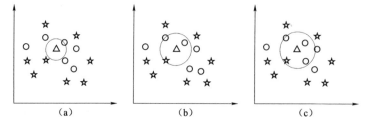

图 2-1　K 近邻分类法的分类思想

（a）k=1 时；　（b）k=3 时；　（c）k=5 时

K 近邻分类法的算法步骤为：

① 构建训练样本集合 X。

② 设定 k（k 为奇数）的初值。k 值的确定没有一个统一的方法（根据具体问题选取的 k 值可能有较大的区别）。一般方法是，先确定一个初始值，然后根据实验结果不断调试，最终达到最优。

③ 在训练样本集中选出与待测样本 x 最近的 k 个样本，假定样本 x 检测的基因个数为 n，即 $x \in \mathbf{R}^n$，x_i 为样本 x 的第 i 个基因的表达值，样本之间的"近邻"一般由欧氏距离来度量。那么两个样本 x 和 y 之间的欧氏距离定义为

$$d(x, y) = \{\sum |x_i - y_i|^2\}^{\frac{1}{2}}$$

④ 设 $y_1, y_2, \cdots, y_k$ 表示与 x 距离最近的 k 个样本，k 个邻居中分别属于类别 $L_1, L_2, \cdots, L_i, \cdots, L_c$ 的样本个数为 $n_1, n_2, \cdots, n_i, \cdots, n_c$。判别函数 $g_i(x) = n_i$，如果 $g_i(x) = \max_i(n_i)$，则将 x 的类别定为 L_i 类。

K 近邻算法的最大优点：简单、直观、容易实现、应用范围广，几乎可以用于各种不同类型的数据结构；知识以样本的形式表示，不需要进行模型的训练，容易获取，维护方便；在关系数据库中，算法可以用 SQL 语句来实现；非常适用于分布式计算。该算法的一个主要不足，是当样本不平衡时，如一个类的样本容量很大，而其他类样本容量很小时，有可能导致当输入一个新样本时，该样本的 k 个邻居中，大容量类的样本占多数。因此可以采用权值的方法（与该样本距离小的邻居权值大）来改进。该方法的另一个不足之处是计算量较大，因为对每一个待分类的文本都要计算其到全体已知样本的距离，才能求得 k 个最近邻点。目前常用的解决方法是，事先对已知样本点进行剪辑，事先去除对分类作用不大的样本。该算法适用于样本容量比较大的类域的自动分类，那些样本容量较小的类域采用这种算法则比较容易产生误分。

2.4.2　决策树算法

决策树算法是以实例为基础的归纳学习算法，从一组无次序、无规则的元组中推理出决策树表示形式的分类规则。它采用自顶向下的递归方式，在决策树的内部节点进行属性值的比较，并根据不同的属性值从该节点向下分支，叶节点是要学习划分的类。从根到叶节点的一条路径就对应着一条合取规则，整个决策树就对应着一组析取表达式规则。1986 年，Quinlan 提出了著名的 ID3 算法。1993 年，Quinlan 又在 ID3 算法的基础上提出了 C4.5 算法。为了满足处理大规模数据集的需要，后来又提出了若干改进的算法，其中 SLIQ（Supervised Learning In Quest）和 SPRINT（Scalable Parallelizable Induction of Decision Trees）是比较有代

表性的两个算法。

1. ID3 算法

ID3 算法的核心,是在决策树各级节点上选择属性时,以信息增益(Information Gain)作为属性的选择标准,使在每一个非叶节点进行测试时,能获得关于被测试记录最大的类别信息。其具体方法是:检测所有的属性,选择信息增益最大的节点作为决策树节点,由该属性的不同取值建立分支,再对各分支的子集递归调用该方法建立决策树节点的分支,直到所有子集仅包含同一类别的数据为止。最后得到一棵决策树,用来对新的样本进行分类。

某属性的信息增益按下列方法计算。通过计算每个属性的信息增益,并比较其大小,就不难获得具有最大信息增益的属性。

设 D 是 $|D|$ 个数据样本的集合。定义 m 个不同的类 C_i($i=1,\cdots,m$)。对于一个给定的样本分类,所需的期望信息由下式给出:

$$\text{Info}(D) = -\sum_{i=1}^{m} p_i \log_2 p_i$$

其中,p_i 是 D 中任意样本属于 C_i 的概率,即 $|C_{i,D}|/|D|$。注意,对数函数以 2 为底,原因是,信息用二进制编码。

现在,假设要按属性 A 划分 D 中的元组,其中属性 A 根据训练数据的观测具有 v 个不同值 $\{a_1,a_2,\cdots,a_v\}$。因此,可用属性 A 将 D 划分为 v 个子集 $\{D_1,D_2,\cdots,D_v\}$,其中 D_j 中的样本在属性 A 上具有相同的值 a_j。理想情况下,希望该划分产生元组的准确分类,即希望每个划分都是纯的。然而,这些划分多半是不纯的(即划分可能包含来自不同类而不是单个类的元组)。在此划分之后,为了得到准确的分类,还需要的信息量由下式度量:

$$\text{Info}_A(D) = \sum_{j=1}^{v} \frac{|D_j|}{|D|} \times \text{Info}(D_j)$$

式中,$\dfrac{|D_j|}{|D|}$ 即第 j 个划分的权重。$\text{Info}_A(D)$ 是基于按 A 划分对 D 的元组分类所需要的期望信息。需要的期望信息越小,划分的纯度越高。

在属性 A 上,分支将获得的信息增益是:

$$\text{Gain}(A) = \text{Info}(D) - \text{Info}_A(D)$$

ID3 算法的优点是:算法的理论清晰,方法简单,学习能力较强。其缺点是:只对比较小的数据集有效,且对噪声比较敏感,当训练数据集增大时,决策树可能会随之改变。

2. C4.5 算法

C4.5 算法继承了 ID3 算法的优点，并在以下几方面对 ID3 算法进行了改进：

① 用信息增益率来选择属性，克服了用信息增益选择属性时偏向取值多的属性的不足。

② 在树的构造过程中进行剪枝。

③ 能够完成对连续属性的离散化处理。

④ 能够对不完整数据进行处理。

C4.5 算法与其他分类算法如统计方法、神经网络等比较起来有如下优点：产生的分类规则易于理解，准确率较高。其缺点是：在构造树的过程中，需要对数据集进行多次顺序扫描和排序，算法低效。此外，C4.5 只适用于能够驻留于内存的数据集，当训练集大得超出内存容量时，程序无法运行。

C4.5 算法是构造决策树分类器的一种算法，是 ID3 算法的扩展。ID3 算法只能处理离散型的描述性属性，而 C4.5 算法还能够处理连续型的描述性属性。这种算法通过比较各个描述性属性的信息增益值的大小，来选择增益值最大的属性进行分类。如果存在连续型的描述性属性，那么首先要把这些连续型属性的值分成不同的区间，即"离散化"。把连续型属性值"离散化"的方法是：

① 寻找该连续型属性的最小值，并把它赋值给 min；寻找该连续型属性的最大值，并把它赋值给 max。

② 设置区间[min, max]中的 N 个等分断点 A_i，分别是：

$$A_i = \min + \frac{\max - \min}{N} \times i$$

其中，$i = 1, 2, \cdots, N$。

③ 分别计算把[min, A_i]和（A_i, max]（$i = 1, 2, \cdots, N$）作为区间值时的增益值并进行比较。

④ 选取增益值最大的 A_k 作为该连续型属性的断点，把属性值设置为[min, A_k]和（A_k, max）两个区间值。

C4.5 算法使用信息增益的概念来构造决策树，其中每个分类的决定都与所选择的目标分类有关。设任意一个变量，它有两个不同的值 A 和 B。假设已知这个变量不同值的概率分配：

① 如果 $P(A)=1$ 和 $P(B)=0$，则这个变量的值一定为 A，不存在不确定性，因此，已知变量结果值不会带来任何信息。

② 如果 $P(A)=P(B)=0.5$，那么此时不确定性明显高于 $P(A)=0.1$ 和 $P(B)=0.9$ 的情况，在这种情况下，变量的结果值会携带信息。

不确定性的最佳评估方法是平均信息量，即信息熵（Entropy）：

$$S = -\sum_{I}(p_i \lg(p_i))$$

本书中所述的信息增益是指信息熵的有效减少量,根据它就能够确定在什么样的层次上选择什么样的变量来分类。假设存在两个类 P 和 N,记录集 S 中包括 x 个属于类 P 的记录和 y 个属于类 N 的记录。用于确定记录集 S 中某个记录属于哪个类的所有信息量为:

$$\mathrm{Info}(S) = \mathrm{Info}(S_P, S_N) = -\left(\frac{x}{x+y}\lg\frac{x}{x+y} + \frac{y}{x+y}\lg\frac{y}{x+y}\right)$$

假设使用变量 D 作为决策树的根节点,把记录集 S 分为子类 $\{S_1, S_2, \cdots, S_k\}$,其中每个 $S_i(i=1, 2, \cdots, k)$ 中包括 x_i 个属于类 P 的记录和 y_i 个属于类 N 的记录。则用于在所有的子类中分类的信息量为:

$$\mathrm{Info}(D, S) = \sum_{i=1}^{k}\frac{x_i + y_i}{x+y}\mathrm{Info}(S_{Pi}, S_{Ni})$$

假设选择变量 D 作为分类节点,则它的信息增量值一定大于其他变量的信息增量值,变量 D 的信息增量为:

$$\mathrm{Gain}(D) = \mathrm{Info}(S) - \mathrm{Info}(A, S)$$

由此可以给出信息增益函数的通用定义:

$$\mathrm{Gain}(D, S) = \mathrm{Info}(S) - \mathrm{Info}(D, S)$$

$$\mathrm{Info}(S) = I(P) = I(p_1, p_2, \cdots, p_k) = I\left(\frac{|C_1|}{|S|}, \frac{|C_2|}{|S|}, \cdots, \frac{|C_k|}{|S|}\right)$$

$$= -(p_1\lg p_1 + p_2\lg p_2 + \cdots + p_k\lg p_k)$$

$$\mathrm{Info}(D, S) = \sum_{i=1}^{n}(|S_i|/|S|)\mathrm{Info}(S_i)$$

由上述算法原理可知,使用 C4.5 算法训练所得的决策树,不仅仅是一个可用于状态判断的模型,更有价值的,是决策树本身的结构所表现出来的附加含义,即决策树中的各个因素对目标属性的影响程度的大小。一般来说,如果某个属性与目标属性完全相关,则完全可以由该属性推测出目标属性的变化情况。根据 C4.5 算法原理可知,决策树在每一个节点的分裂,都是在信息增量最大的属性上进行,换言之,就是决策树中每一个节点上的属性都是该节点上的对目标属性影响最大的因素,或者说,一个属性在决策树中所处的位置越接近根节点,则对目标属性的影响作用就越大。

C4.5 算法的处理过程如下:

（1）取数据集的名字

（2）取文件以得到其类与属性的信息

① 读原始的类的列表。

② 每一个类都给出与名字对应的类编号。

③ 所有的类储存在一个列表中。

④ 读取有关属性的信息。

⑤ 属性可以是离散的，也可以是连续的，分别将属性注上这两种标记。

⑥ 若属性是离散的，读取其可能取的值。

⑦ 若属性是离散的，则将所有可能的值都储存在一个列表中。

⑧ 每一个属性都有标记。一个给定的属性编号及初始化的取值列表，均存储于一个属性的数据结构中。

⑨ 将所有属性的数据结构存储于一个哈希表中。

⑩ 将所有的属性均添加到哈希表中。

（3）从文件中读取所有的训练样本

① 以增量方式读取样本。

② 对样本的每一个属性进行合法性检查，并标记为 DIS、CON 或 UNKO。

③ 将所有样本存储在一个表中，每一行代表一个样本。

（4）利用数据集构建树

① 基本算法与 ID3 的相同。

② 利用其他附属功能计算增益，计算最好的属性、连续属性的阈值，跟踪丢失的属性，计算无赋值属性的概率。

③ 运行子程序 Buildtree，直至全部样本分类完毕。

（5）使用 $k-1$ 个数据构建树，留一个用作测试。

将样本随机化方法如下：

① 生成第二个数组的存储训练样本的索引。

② 将小于最大值的随机数分配给这些索引。

③ 对数据集的所有引用都必须通过第二数组 FOLD。

④ 数据项的调用方法为：i=逻辑索引，程序中的调用为 getDataItem(i)，在第二个数组中查找后，将逻辑索引转换为实际的偏移量，因此，数据项为 DataItem[i]=DataItem×Fold[i]。

⑤ 对数据引用的数据索引的改动也依赖于当前验证后的封装。

（6）生成树以后，从树中抽取规则 RULES

① 所有的叶存储在一个列表中，每一个节点存储着指向父节点的指针。

② 利用叶列表及指向父节点的指针生成规则表。

③ 所有进一步的分类都以抽取的规则为基础。

（7）测试生成的树

① 每个训练 k–树都对应着 k–集。

② 每个树都产生对训练集及测试集分类的规则。

③ 对分类错误进行计数。

④ 分别对训练数据及测试数据的错误进行计算。

⑤ 降低训练错误数。

⑥ 为所有 k–树上的结果计算平均值，并测试最终结果。

（8）打印信息

① 打印规则。

② 打印分类的详细信息。

3. SLIQ 算法

SLIQ 算法对 C4.5 决策树分类算法的实现方法进行了改进，在决策树的构造过程中采用了"预排序"和"广度优先策略"。

（1）预排序

当连续属性在每个内部节点寻找其最优分裂标准时，都需要对训练集按照该属性的取值进行排序，而排序是很浪费时间的操作。为此，SLIQ 算法采用了预排序技术。所谓预排序，就是针对每个属性的取值，把所有的记录按照从小到大的顺序进行排序，以省略在决策树的每个节点对数据集进行的排序。具体实现时，需要为训练数据集的每个属性创建一个属性列表，为类别属性创建一个类别列表。

（2）广度优先策略

在 C4.5 算法中，树的构造是按照深度优先策略完成的，需要对每个属性列表在每个节点处都进行一遍扫描，很费时，为此，SLIQ 采用广度优先策略构造决策树，即在决策树的每一层只需对每个属性列表扫描一次，就可以为当前决策树中每个叶子节点找到最优分裂标准。

SLIQ 算法由于采用了上述两种技术，使得该算法能够处理比 C4.5 大得多的训练集，在一定范围内具有良好的随记录个数和属性个数增减的可伸缩性。然而，它仍然存在如下缺点：

① 由于需要将类别列表存放于内存，而类别列表的元组数与训练集的元组数是相同的，这在一定程度上限制了可以处理的数据集的大小。

② 由于采用了预排序技术，而排序算法的复杂度并不是与记录个数呈线性关系，故 SLIQ 算法不可能具有随记录数目增减的线性可伸缩性。

4. SPRINT 算法

为了减少驻留于内存的数据量，SPRINT 算法进一步改进了决策树算法的数据结构，去掉了 SLIQ 中需要驻留于内存的类别列表，将其类别列合并到属性列表中。这样，在遍历每个属性列表寻找当前节点的最优分裂标准时，不必参照其他信息，把对节点的分裂表现为对属性列表的分裂，即将每个属性列表分成两个，分别存放属于各个节点的记录。

SPRINT 算法采用贪婪方法，用自上而下的递归方式生成二叉树。在创建阶段，为每个属性找到最佳分裂，比较各个属性的最佳分裂，选择最优值。在剪枝阶段，遵循最小描述长度（MDL）原则。

分裂指数是用来度量属性分裂规则优劣程度的一个量度。Gini 指数（Gini Index）是一种能够有效地搜索极佳分裂点的分裂指数，在 SPRINT 算法中就采用了 Gini 指数。Gini 指数是从 Gini 系数演算而来，是 20 世纪初意大利统计学家 Corrado Gini 发明的指标，用来判断地区所得分配与贫富差距程度。Gini 系数介于 0 与 1 之间，越接近 0，表示贫富差距程度越低；越接近 1，则表示贫富差距程度越高。Gini 指数是将 Gini 系数乘以 100 后所得数据。

数据集 S 有 n 条记录，分别属于 c 个互不相关的类，则

$$\text{gini}(S) = 1 - \sum_{j=1}^{c} p_j^2$$

其中，$p_j = m/n$，m 为 S 中属于类 j 的记录个数。

使用分裂规则 cond 将 S 划分为两个子集 S_1、S_2，则该规则的度量值为

$$\text{gini}(S, \text{cond}) = \frac{n_1}{n} \text{gini}(S_1) + \frac{n_2}{n} \text{gini}(S_2)$$

这个值越小，则分裂规则越好。

SPRINT 算法的优点是，在寻找每个节点的最优分裂标准时很简单。其缺点是，对非分裂属性的属性列表进行分裂变得很困难。解决的办法是，对分裂属性进行分裂时，用哈希表记录下每个记录属于哪个子节点，若内存能够容纳整个哈希表，其他属性列表的分裂只需参照该哈希表即可。由于哈希表的大小与训练集的大小成正比，当训练集很大时，哈希表可能无法被内存容纳，此时分裂只能分批执行，这使得 SPRINT 算法的可伸缩性不是很好。

2.4.3 SVM 算法

在机器学习领域，常把一些算法看作一个机器（又叫学习机器，或预测函数，或学习函数），"支持向量"是指训练集中某些训练点的输入 x_i。

对于很多分类问题，例如最简单的，一个平面上的两类不同的点，如何将其用一条直线分开？在平面上无法实现，但是如果通过某种映射，将这些点映射到

其他空间（比如球面等），则有可能很容易找到这样一条所谓的分隔线，将这些点分开。SVM 就是基于这样的原理，但是更复杂，因为它不仅仅是要应用于平面内点的分类问题。SVM 的一般做法是：将所有待分类的点映射到"高维空间"，然后在高维空间中找到一个能将这些点分开的"超平面"，这在理论上已被证明完全是成立的，而且在实际计算中也是可行的。

但是，仅仅找到超平面是不够的，因为在通常的情况下，满足条件的"超平面"的个数不是唯一的。SVM 需要利用这些超平面，找到这两类点之间的"最大间隔"。为什么要找到最大间隔呢？这与 SVM 的"推广能力"有关。分类间隔越大，对于未知点的判断会越准确，也就是"最大分类间隔"决定了"期望风险"。总结起来就是，SVM 要求分类间隔最大，实际上是对推广能力进行控制。

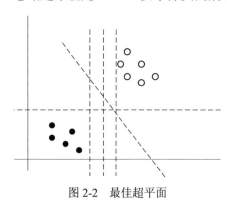

图 2-2　最佳超平面

1. 数据线性可分的情况

SVM 方法是从线性可分情况下的最优分类面（Optimal Hyperplane）中提出的。

设给定的数据集 D 为 $\{(x_1, y_1), (x_2, y_2), \cdots, (x_n, y_n)\}$，每个 y_i 取+1 或−1，考虑一个基于两个输入属性 A_1 和 A_2 的例子，如图 2-2 所示，可以画出无限多条分离直线将类 +1 的元组与类−1 的元组分开。如何找出"最好的"那一条？若数据是三维的（即有 3 个属性），则希望找出最佳分离平面。推广到 n 维，希望找出最佳超平面。如何才能找出最佳超平面呢？

SVM 通过搜索最大边缘超平面，即最优分类面来处理该问题，如图 2-3 所示，它显示了两个可能的分离超平面和相关联的边缘。两个超平面对所有已知数据元

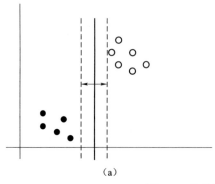

（a）

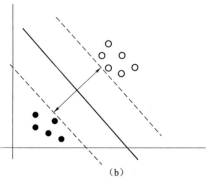

（b）

图 2-3　分离超平面和相关联的边缘

（a）超平面；（b）最佳超平面

组进行了正确分类。但是，SVM 要搜索具有最大边缘的超平面，所谓边缘，即从超平面到其边缘的一个侧面的最短距离等于从该超平面到其边缘的另一个侧面的最短距离。

分类超平面可以记作：

$$W \cdot X + b = 0$$

其中，W 是权重向量，即 $W=\{w_1, w_2, \cdots, w_n\}$，$n$ 是属性数，b 是标量，通常称作偏倚。把 b 看作附加权重 w_0，则可以把分类超平面改写成

$$w_0 + w_1 x + w_2 x = 0$$

这样，位于分离超平面上方的点满足

$$w_0 + w_1 x + w_2 x > 0$$

类似地，位于分离超平面下方的点满足

$$w_0 + w_1 x + w_2 x < 0$$

可以调整权重，使定义边缘"侧面"的超平面可以记为

$$H_1 : w_0 + w_1 x + w_2 x \geqslant 1, \quad 对于所有 y_i = +1$$
$$H_2 : w_0 + w_1 x + w_2 x \leqslant -1, \quad 对于所有 y_i = -1$$

落在超平面 H_1 或 H_2 上的训练元组，称为支持向量。本质上，支持向量是最难分类的元组，并且给出最多的分类信息。

由此，可以计算出最大边缘。分离超平面到 H_1 上任意点的距离是 $\dfrac{1}{\|W\|}$，其中，$\|W\|$ 是欧几里得范数。根据定义，它等于 H_2 上任意点到分离超平面的距离。因此，最大边缘是 $\dfrac{2}{\|W\|}$。

2. 数据非线性可分的情况

如果数据不是线性可分的，如图 2-4 所示。

此时，找不到一条将这些类分开的直线，线性 SVM 不能找到可行解。在这种情况下，可以扩展上面介绍的线性 SVM，为线性不可分的数据（也称非线性可分的数据，简称非线性数据）创建非线性 SVM。这种 SVM 能够发现输入空间中的非线性决策边界（即非线性超曲面）。

使用扩展线性 SVM 的方法得到非线性 SVM 有两个主要步骤。第一步，用非线性映射

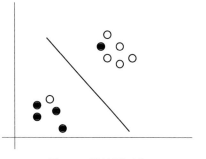

图 2-4　线性不可分

将原输入数据变换到较高维空间，可以使用多种常用的非线性映射。第二步，在新的空间搜索线性分离超平面。此时又遇到二次优化问题，可以用线性 SVM 公式求解。在新空间找到的最大边缘超平面对应于原空间中的非线性的分离超平面。

3. 增量学习

自支持向量机被提出以来，很多学者对其进行了大量研究，支持向量机也在短短的时间内被广泛应用，原因在于：支持向量机的泛化性能并不依赖于全部的训练数据，而是全部数据的一个子集，即所谓的支持向量集。由于支持向量的数目相对于整个训练数据集是很小的，所以，支持向量机对于增量学习来说是一种很有用的工具，很适合处理大规模的数据集。增量学习分类技术可以应用于随时间不断变化的流数据和大型的数据库。对于 SVM 增量学习来说，增量训练集的加入，打破了支持向量集和整个训练样本集的等价关系，故寻找新的支持向量集的问题被提出来。SVM 增量学习算法需要考虑的问题有：如何利用历史训练结果让再次训练更快；如何在不损失分类精度的前提下抛弃无用的历史样本；经过几次增量学习后，新增样本含有的有用信息越来越少，如何提取少量的有用信息；具有增量学习能力是许多在线训练、实时应用的关键，如何找到有效的算法，同时满足在线学习和期望风险控制的要求。

（1）增量 SVM 模型参数的调整

模型参数的调整是指其结果、参数可以根据性能指标要求和动态的挖掘对象的当前状态进行自动调整。这种可调性要求是由挖掘对象的数学模型的不定性决定的。

对于给定的分类问题，训练支持向量机可归结为求解二次最优问题：

$$\min \frac{1}{2}\| \omega \|^2 + C\sum_{i=1}^{l} \xi_i \tag{2-8}$$

$$\text{s.t } y_i(\omega \cdot x_i + b) \geq l - \xi_i \quad (x_i \in \mathbf{R}^n; \ y_i \in \{-l, +l\}; \ i = 1, \cdots, l) \tag{2-9}$$

原问题转化为对偶问题：

$$\max \sum_{i=1}^{l} a_i - \sum_{i,j=1}^{l} y_i y_j a_i a_j x_i x_j \tag{2-10}$$

$$\text{s.t } \quad 0 \leq a_i \leq C \tag{2-11}$$

$$\sum_{i=1}^{l} a_i y_i = 0, i = 1, \cdots, l \tag{2-12}$$

其中，a 为 Lagrange 乘子。对偶问题的最优解 $a = \{a_1, a_2, \cdots, a_i\}$ 使得每一个样本 x 都要满足优化问题的 KKT 条件：

$$a_i = 0 \Rightarrow y_i f(x_i) \geq 1 \tag{2-13}$$

$$0 < a_i < C \Rightarrow y_i f(x_i) = l \tag{2-14}$$

$$a_i = C \Rightarrow y_i f(x_i) \leq 1 \tag{2-15}$$

支持向量是非零的 a_i 所对应的 x_i，也就是分类平面上的点。SV 充分表述了整个数据集数据的特征，对 SV 集的划分等价于对整个数据集的划分。在实际训练中，多数情况下，训练集中 SV 的数量只占整个训练样本集的很少一部分。从以上的分析可知，利用 SV 集代替训练样本集进行分类学习，可在不影响分类精度的同时，大大地减少训练时间。

由式（2-14）和式（2-15）可知，SV 集中的向量可以划分为两类：一类是对应于 $a_i = C$ 的支持向量，这样的支持向量也称边界支持向量（Boundary Support Vector，BSV），代表所有不能被正确分类的样本向量，在一定程度上反映了训练样本集的细节知识；另一种类型的支持向量满足 $0 < a_i < C$，称为普通支持向量，也称为 NBSV，代表大部分样本的分类特性，与边界支持向量共同决定最终的分类器形式。

BSV 和 NBSV 分别表示了训练集的不同分类属性。在规模较大的样本集中，BSV 的样本主要是位于分类边界附近的点或误分类点，虽然这些数据在形成时经常受到噪声数据或 SVM 学习模型的影响，但这些数据在大多数情况下，特别是数据量不够大的时候，刻画了训练集的细节信息。NBSV 中的样本能被学习机正确区分，对训练集的分类具有重要的作用。综上分析可知，训练样本的 SV 由 BSV 和 NBSV 两类样本组成，并最终决定训练集的分类界面。

在实际的数据挖掘过程中，随着后继增量样本的引入，BSV、NBSV 以及普通样本可能发生相互转化。这是因为，由于初始样本集的局限性，在初始训练中，表示样本空间主要特征的部分样本被标记为边界支持向量，而在后继的增量训练中，随着该特性知识的积累，这些样本对分类的贡献逐步确认，样本可能逐步退化为普通支持向量或者非支持向量。

（2）性能指标的调整，错误驱动原则

错误驱动增量学习算法的主要思想是：每次增量学习的样本集由支持向量集和错分样本集组成，同时抛弃所有的非支持向量样本。假设 n 步增量学习后得到分类器 SVM^n，当新的样本数据读入内存后，先用 SVM^n 进行分类，保留被误分的样本数据作为新的训练集的一部分，抛弃所有被正确分类的样本。

错误驱动增量学习算法实现过程如下：

① 在初始训练集上训练得到 SVM 初始分类器 A，用 SV_s^A 表示 A 的支持向量集；

② 用分类器 A 对新增样本集进行分类，得到一个新增样本集的错分样本集 E；

③ 用 SV_s^A 和 E 组成新的训练集，训练得到一个新的分类器 B 和支持向量集 SV_s^B；

④ 令 $SV_s^A = SV_s^B$，重复第②、第③步的工作。

2.4.4　贝叶斯网络算法

1. 简介

贝叶斯统计源于英国学者 T. R. Bayesian（1702—1761）逝世后发表的《论有关机遇问题的求解》。在这篇论文中，他提出著名的贝叶斯公式和一种归纳推理方法。随后，著名学者 P. C. Laplace（1749—1827）用贝叶斯的方法导出了重要的"相继律"，贝叶斯的方法和理论逐渐为人们所理解和重视。但由于其理论不完整，并且存在一些问题，该理论并未被普遍接受。直到第二次世界大战后，A.Wald（1902—1950）提出统计决策函数论，在这一理论中，贝叶斯解占有重要地位，贝叶斯方法又重新唤起人们的研究兴趣。信息论的发展对贝叶斯学派做出了新的贡献。1958 年，英国最悠久的统计学杂志《Biametrika》重新刊登了贝叶斯的论文。20 世纪 50 年代，H. Robbins 等人提出将经验贝叶斯方法和经典方法相结合，引起了统计界的广泛注意，这一方法成为相当活跃的研究方向。尽管贝叶斯学派的理论和经典概率论有过长期的争论，但贝叶斯的研究最终打破了经典统计学一统天下的局面。

贝叶斯学派的基本观点是：任一未知量 θ 都可看作一个随机变量，可应用一个概率分布去描述 θ 的基本状况。这个概率分布是在抽样前就有的关于 θ 先验信息的概率陈述。这个概率分布称为先验分布。

随着人工智能的发展，尤其是机器学习、数据挖掘的兴起，贝叶斯理论有了更广阔的发展空间。贝叶斯网络是用来表示变量间连接概率的图形模式，提供了一种自然地表示因果信息的方法，可发现数据间的潜在关系。在这个网络中，用节点表示变量，用有向边表示变量间的依赖关系。贝叶斯理论给出了信任函数在数学上的计算方法，具有坚实的数学基础，同时，它刻画了信任度与证据的一致性以及信任度随证据变化而变化的增量学习特性。在数据挖掘中，贝叶斯网络可以处理不完整和带有噪声的数据集，用概率测度的权重来描述数据间的相关性，从而解决了数据间的不一致性，甚至是相互独立的问题；用图形的方式描述数据间的相互关系，语义清晰、可理解性强，有助于利用数据间的因果关系进行预测分析。贝叶斯方法因其独特的不确定性知识表达形式、丰富的概率表达能力、综合先验知识的增量学习特性等，成为当前众多数据挖掘方法中引人注目的焦点之一。

20 世纪 80 年代，贝叶斯网络成功地应用于专家系统，成为表示不确定性知识和推理的一种方法。研究者们进一步研究了直接从数据学习并生成贝叶斯网络的方法，为贝叶斯网络用于数据挖掘和知识发现开辟了新途径。这些新的方法和技术还在发展之中，但已在一些数据建模问题中取得了令人瞩目的成果。与其他用于数据挖掘的表示法如规则库、决策树、人工神经网络相比，基于贝叶斯方法的贝叶斯网络有如下特点：适合处理不完整数据集问题，可以发现数据间的因果关系，可以综合先验信息（领域知识）和样本信息，在样本难以获得或者代价高昂时特别有用。

在数据挖掘和知识发现中，贝叶斯网络是一个有力的工具，至少可以解决如下四个方面的问题：其一是能够真正地处理不完整的数据集合；其二是能够获得因果联系；其三是能够更有机、充分地结合和利用已有的知识和观测数据进行学习和预测；其四是可以结合其他一些方法，有效地避免数据的过度拟合。贝叶斯网络采用两种算法，即贝叶斯网络修正算法和贝叶斯网络更新算法。贝叶斯网络修正算法涉及找出最大可能性的区域变量/全局任务，导出一系列假设来构成对获得的证据或观察数据的最满意的说明或解释。贝叶斯网络更新算法涉及随机变量的概率计算，侧重于给出证据的随机变量子集的边际概率。

贝叶斯网络的研究主要集中于贝叶斯推理和各种贝叶斯学习方法，其基础理论研究还包括算法复杂性、知识工程、知识结构和表达。贝叶斯网络的研究成果已被开发成许多工具和应用软件，如微软的贝叶斯网络、学习贝叶斯（BKD）、Egro（用于贝叶斯的构造和推理）、JAVA 贝叶斯（网页查看器）等。

2. 贝叶斯统计基础

贝叶斯统计的基本概念如下。

（1）先验概率

先验概率是指根据历史资料和主观判断所确定的各事件发生的概率。该类概率没经过实验证实，属于检验前的概率，所以称为先验概率。先验概率包含了抽样之前关于事件的信息。先验概率一般分为两类：一是客观先验概率，是根据历史资料获得的概率，可作为推断的判据；二是主观先验概率，是指无历史资料或历史资料不全时，凭借人们的主观经验判断，如专家群的意见，集中取得的概率。如在无先验信息可以利用时仍要考虑先验，可用无信息先验（经过长期的研究和实践经验，已有很多种无信息先验分布形式）；如有部分先验信息可以利用，可采用最大熵先验。人们往往用边缘分布确定先验，当先验分布中超参数（先验分布中所含的未知参数）难以确定时，可对超参数再给出一个先验，使第二个先验成为超先验，由先验和超先验决定的新先验称为多层先验。

（2）后验概率

后验概率是指利用贝叶斯公式、结合调查等方式获得新的附加信息，对先验概率进行修正后得到的更符合实际的修正概率。

（3）联合概率

联合概率也叫乘法公式，指两个任意事件的乘积的概率，或称交事件的概率，这是和经典概率论共通的概念。事件 A、B 乘积的概率等于 A 的概率（其概率不为 0）与 B 的条件概率之积，或者是 B 的概率（其概率不为 0）与 A 的条件概率之积，由条件概率公式有：

$$P(AB) = P(A)P(B \mid A) \quad (P(A) \neq 0)$$

（4）全概率公式

设事件 $A_1, A_2, \cdots, A_n$ 构成一个完备事件组，并且 $P(A_i) > 0, i = 1, 2, \cdots, n$，则对任一事件 B，有：

$$P(B) = \sum_{i=1}^{n} P(A_i)P(B \mid A_i) \tag{2-16}$$

此公式称为全概率公式，是概率论的一个基本公式。当计算 B 概率时，用全概率公式计算较容易。使用全概率公式，关键要找出与 B 相关的一个完备事件组，特别是事件 A 及对立事件 $\overline{A}$ 构成的一个完备事件组，即全概率公式可记作：

$$P(B) = P(A)P(B \mid A) + P(\overline{A})P(B \mid \overline{A}) \tag{2-17}$$

（5）贝叶斯公式

贝叶斯公式也叫后验概率公式或逆概率公式，也称贝法则。贝叶斯公式用于在某一事件 B 发生后，判断完备事件组 $A_1, A_2, \cdots, A_n$ 中各事件的发生概率。在全概率公式下有贝叶斯公式：

$$P(A_i \mid B) = \frac{P(A_i)P(B \mid A)}{P(B)} = \frac{P(A_i)P(B \mid A_i)}{\sum_{i=1}^{n} P(A_i)P(B \mid A_i)} \tag{2-18}$$

如果事件 B 的所有因素 $A_1, A_2, \cdots, A_n$ 满足：

$$P(A_i) > 0, P(\bigcup_{i=1}^{n} A_i B) = 1, A_i \bigcap A_j = \varnothing \quad (i \neq j; i, j = 1, \cdots, n) \tag{2-19}$$

则 $A_1, A_2, \cdots, A_n$ 是完备事件组。

（6）贝叶斯定理

设 X 是观测的数据样本，θ 为未知参数向量，如果通过数据样本 X 获得未知参数向量的估计，希望确定 $P(\theta \mid X)$，即给定观测数据样本 X。假设 θ 成立的概率 $P(\theta|X)$ 是条件 X 下的后验概率（Posterior Probability），$\pi(\theta)$ 为 H 的先验概率，则贝叶斯定理是：

$$P(\theta \mid X) = \frac{P(X \mid \theta)\pi(\theta)}{P(X)} \tag{2-20}$$

（7）贝叶斯假设

贝叶斯假设是贝叶斯学派的重要观点。它断言，如果没有任何以往的知识来

帮助确定 $\pi(\theta)$，则可以用均匀分布作为其分布，即参数在其变化范围内，取到各个值的机会是均等的。贝叶斯假设在直观上易于被人们接受，但在处理未知参数无界的无信息分布时有很大的困难。经验贝叶斯估计（Empirical Bayesian Estimator，EB）把经典的方法和贝叶斯方法结合起来，用经典的方法获得样本的边际密度 $P(X)$，然后通过下式计算先验分布 $\pi(\theta)$：

$$P(X) = \int_{-\infty}^{+\infty} \pi(\theta) P(X \mid \theta) \mathrm{d}\theta$$

3. 贝叶斯方法

（1）贝叶斯方法的基本观点

贝叶斯分析方法的特点是，确定对先验信息的利用（即利用先验信息形成先验分布，参与统计推断），用概率量化所有形式的不确定性，学习和其他形式的推理都用概率规则来实现。贝叶斯学派的起点是贝叶斯的两项工作：贝叶斯定理和贝叶斯假设。

（2）贝叶斯推断

贝叶斯推断解决的是由一组数据 D 导出一个参数化模型 $M=M(\omega)$ 的问题。为简化问题，以下等式不再给出背景信息 I。由贝叶斯公式可以获得后验概率：

$$P(M \mid D) = \frac{P(M \mid D) P(M)}{P(D)} = P(M) \frac{P(M \mid D)}{P(D)} \tag{2-21}$$

4. 贝叶斯信念网络

（1）概念

定义：给定一个随机变量集 $\chi = \{X_1, X_2, \cdots, X_n\}$，其中 X_i 是一个 m 维向量。贝叶斯信念网络说明 χ 上的一条联合条件概率分布，定义如下：

$$B = <G, \theta>$$

第一部分 G 是一个有向无环图，其顶点对应有限集 χ 中的随机变量 $X_1, X_2, \cdots, X_n$，其弧代表一个函数依赖关系。如果有一条弧由变量 Y 到 X，则 Y 是 X 的双亲或者直接前驱，而 X 是 Y 的后继。一旦给定双亲，图中的每个变量独立于图中该节点的非后继。在 G 中，X_i 的所有双亲变量用集合 $pa(X_i)$ 表示。

第二部分 θ 代表用于量化网络的一组参数。对于每一个 X_i，$pa(X_i)$ 的取值 X_i 存在如下参数：$\theta_{X_i \mid} pa(X_i) = P[X_i \mid pa(X_i)]$，即在给定 $pa(X_i)$ 的情况下，X_i 事件发生的条件概率。因此，实际上一个贝叶斯信念网络给定了变量集合 z 上的联合条件概率分布：

$$P_{\mathrm{B}}(X_1, X_2, \cdots, X_n) = \prod_{i=1}^{n} P_{\mathrm{B}}[X_i \mid pa(X_i)] \tag{2-22}$$

（2）贝叶斯信念网络的构建

构建贝叶斯信念网络一般分为三个步骤。首先，确定变量集和变量域，包括确定问题相关的解释及多个可能的观测值，并确定其中值得建立模型的子集，将这些观测值组织成互不相容且穷尽所有状态的变量；其次，确定网络结构，建立一个表示条件独立的有向无环图；最后，确定局部概率分布或局部密度函数。这里以机器人积木的例子来说明构建贝叶斯信念网络的过程。

① 确定变量集和变量域。设想一个能举起一块积木的机器人，假设木块是可举的（即不太重），并且这个机器人有足够的电池能源。分别用 B、L、G、M 表示"电池被充电"、"积木是可举起的"、"量规指示电池被充电了"、"手臂移动"。显然，B 和 L 对 M，B 对 G，都有因果关系。由此可以画出这个问题的贝叶斯信念网络，如图 2-5 所示。

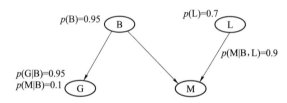

图 2-5　机器人举积木问题的贝叶斯信念网络

② 确定网络结构。一种方法是，首先给变量排序，如 (B,G,M,L)，之后确定变量之间的条件独立性 $p(M|G,B,U)=p(M|B,L,U)$。如果在网络中有其他的节点，将不会有 $p(M|G,B,L,U)=p(M|B,L,U)$。另一种方法是，根据因果关系确定网络结构。

③ 确定局部概率分布。为了计算给定贝叶斯信念网络的联合概率值，需要知道以其父节点为条件的每个节点的条件概率函数。对没有父节点的节点，概率不以其他节点为条件，这叫作节点的先验概率。确定这些先验概率有多种方法，如根据先验数据统计和经验知识确定、通过观察和测试确定、根据专家知识确定，以及以上方法的混合方法。因此，一个随机变量集合的概率的完整说明涉及这些变量的贝叶斯网络及网络中每个变量的条件概率表（CPT）。上例中，联合概率的贝叶斯网络公式应该与由链规则 $p(G,M,B,L)=p(G|B,M,L)p(M|B,L)p(B|L)p(L)$ 获得的一个相似公式进行比较。

贝叶斯信念网络构建算法可以概括为：给定一组训练样本 $D=\{x_1, x_2, \cdots, x_n\}$，$x_i$ 是 X_i 的实例，寻找一个最匹配该样本的贝叶斯信念网络。常用的学习算法通常是引入一个评估函数 $S(B|D)$，用以评估每一个可能的网络结构与样本之间的契合度，并从所有可能的网络结构中寻找一个最优解。

（3）贝叶斯信念网络的特点

概括地说，贝叶斯信念网络有四个显著的特点：贝叶斯信念网络能够真正有效地处理不完整数据；贝叶斯信念网络和其他技术相结合能够进行因果分析；贝叶斯信念网络能够使先验知识和数据有机结合；贝叶斯信念网络能够有效地避免对数据的过度拟合。

（4）贝叶斯信念网络学习

把根据先验知识构建的贝叶斯信念网络称为先验贝叶斯信念网络。把先验贝叶斯信念网络和数据相结合而得到的贝叶斯信念网络称为后验贝叶斯信念网络。由先验贝叶斯信念网络到后验贝叶斯信念网络的过程称为贝叶斯信念网络学习，或者说，把先验贝叶斯信念网络和数据相结合得到后验贝叶斯信念网络的过程称为贝叶斯信念网络学习。贝叶斯信念网络学习是用数据对先验知识进行修正（贝叶斯信念网络是一种知识表示形式），贝叶斯信念网络能够持续学习，前一次学习得到的后验贝叶斯信念网络即下一次学习的先验贝叶斯信念网络。图 2-6 为贝叶斯信念网络持续学习图。

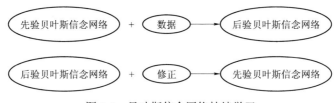

图 2-6　贝叶斯信念网络持续学习

5. 贝叶斯分类

设有 k 个总体 $G_1, G_2, \cdots, G_k$，每个总体都可以用一个 P 维随机向量 $\boldsymbol{x} = (x_1, x_2, \cdots, x_P)^t$ 来表示，第 i 个总体的密度函数为 $f_i(\boldsymbol{x})$，出现的先验概率为 $q_i(i=1, 2, \cdots, k)$，其中 $q_i > 0$，且 $\sum_{i=1}^{k} q_i = 1$。将 P 维空间 $\mathbf{R}^P$ 分成 k 个互不相交的区域 $D_1, D_2, \cdots, D_k$，对一切 $i \neq j$，$D_i \bigcap D_j = \varnothing$，$\bigcap_{i=1}^{k} D_i = \mathbf{R}^P$，当 $x \in D_i$ 时，判断 $\boldsymbol{x}$ 来自第 i 个总体。

（1）后验概率判别准则

在观测到一个样本 $\bar{\boldsymbol{x}}$ 的情况下，可用贝叶斯公式计算它来自第 i 个总体的后验概率：

$$P(G_i \mid \bar{\boldsymbol{x}}) = \frac{q_i f_i(\bar{\boldsymbol{x}})}{\sum\limits_{j=1}^{k} q_j f_j(\bar{\boldsymbol{x}})} \qquad (i=1, 2, \cdots, k) \qquad （2\text{-}23）$$

采用后验概率的判别准则为：对于样本 $\bar{\boldsymbol{x}}$，如果在所有概率中 $P(G_i \mid \bar{\boldsymbol{x}})$ 是最大的，则判定 $\bar{\boldsymbol{x}}$ 来自总体 G_i。

（2）错判损失判别准则

除利用后验概率作为判别准则外，还可以采用错判损失作为判别函数。将来自 G_i 的样本判为来自 G_j 的误判概率，记为 $p(j\,|\,i)$，由此造成的损失记为 $c(j\,|\,i)$，并设 $c(j\,|\,i)=0$，则总的期望损失（ECM）为：

$$\text{ECM}(D_1,D_2,\cdots,D_k)=\sum_{i=0}^{k}q_i\sum_{j}^{k}P(j\,|\,i)c(j\,|\,i) \qquad (2\text{-}24)$$

贝叶斯判别是取使 EMC 达到最小的划分，此时

$$D_i=\{\overline{\boldsymbol{x}}\,|\,h_i(\overline{\boldsymbol{x}})<h_j(\overline{\boldsymbol{x}}),j=1,2,\cdots,k,j\neq i\} \quad (i=1,2,\cdots,k) \qquad (2\text{-}25)$$

其中，$h_i(\overline{\boldsymbol{x}})=\sum_{j\neq i}q_i c(i\,|\,j)f_i(\overline{\boldsymbol{x}})$，这种划分也称为贝叶斯解。

如果取等损失：

$$c(j\,|\,i)=\begin{cases}0 & ,i=j \\ 1 & ,i\neq j\end{cases} \qquad (2\text{-}26)$$

则贝叶斯解为：

$$D_i=\{\overline{\boldsymbol{x}}\,|\,q_i f_i(x)>q_j f_j(\overline{\boldsymbol{x}}),j=1,2,\cdots,k,i\neq j\} \quad (i=1,2,\cdots,k) \qquad (2\text{-}27)$$

此时也可令判别函数为：

$$u_j(\overline{\boldsymbol{x}})=q_j f_j(\overline{\boldsymbol{x}}) \quad (j=1,2,\cdots,k) \qquad (2\text{-}28)$$

判别法则为：当 $\max\limits_{j}|u_j(\overline{\boldsymbol{x}})|=u_j(\overline{\boldsymbol{x}})$，则判 $\overline{\boldsymbol{x}}$ 来自总体 G_i。

若 G_i 来自正态总体，且假设各总体的协方差阵相等，即 $\sum_1=\sum_2=\cdots=\sum_k$，错判损失相等，那么在 $k>2$ 时，判别函数可表示为：

$$u_j(\overline{\boldsymbol{x}})=\ln q_j-\frac{1}{2}\overline{\boldsymbol{x}}_j'\boldsymbol{S}^{-1}\overline{\boldsymbol{x}} \quad (j=1,2,\cdots,k) \qquad (2\text{-}29)$$

式中，$\overline{\boldsymbol{x}}_i$ 是第 i 个样本的均值向量；$\boldsymbol{S}$ 为总的协方差阵。判别法则为，当 $\max\limits_{j}|u_j(\overline{\boldsymbol{x}})|=u_j(\overline{\boldsymbol{x}})$ 时，则判 $\overline{\boldsymbol{x}}$ 来自总体 G_i。

在 $k=2$ 时，判别函数为：

$$u(\overline{\boldsymbol{x}})=\ln\frac{q_1}{q_2}-\frac{1}{2}(\overline{\boldsymbol{x}_1}-\overline{\boldsymbol{x}_2})'S^{-1}(\overline{\boldsymbol{x}_1}+\overline{\boldsymbol{x}_2})+(\overline{\boldsymbol{x}_1}-\overline{\boldsymbol{x}_2})'S^{-1}\overline{\boldsymbol{x}} \qquad (2\text{-}30)$$

判别法则为：

$$u(\overline{\boldsymbol{x}})\begin{cases}>0 & \text{判 }\overline{\boldsymbol{x}}\text{ 来自}G_1 \\ <0 & \text{判 }\overline{\boldsymbol{x}}\text{ 来自}G_2 \\ =0 & \text{待判}\end{cases} \qquad (2\text{-}31)$$

从原则上看，考虑错判损失函数更为合理，但是在实际使用过程中，错判损失函数不易确定，因此常假设各种错判的损失都相等，在此情况下，后验概率准则与错判损失准则是等价的。

（3）先验概率的确定方法

常用的有 3 种，如下所述：

① 根据实际问题给定 q_i，$i=1, 2, \cdots, k$，其中每一个 $q_i > 0$，且 $\sum_{i=0}^{k} q_i = 1$。

② 当样本是随机抽取的，且 N 较大时，可以根据从 G_i 中所取得的样本容量 n 在 N 中所占比例来定：$q_i = n_i / N$，$i=1, 2, \cdots, k$。

③ 没有任何信息可用时，可取等先验概率，即 $q_i = 1/k$，$i=1, 2, \cdots, k$，这也是在表达数据分析中较常使用的一种方法。

2.4.5　BP 神经网络算法

神经网络是模拟人脑结构和功能的一种抽象的数学模型，在一定程度上受到生物学的启发。生物的学习系统是由相互连接的神经元组成的异常复杂的网络，而神经网络也是由一系列简单的单元密集连接构成的，其中每一个单元有一定数量的实值输入（可能是其他单元的输出），并产生单一的实值输出（可能成为其他单元的输入）。

1943 年，美国心理学家 W. Mculloch 和数学家 W. Pitts 提出第一个简单的神经网络模型（MP 模型），后被扩展为"感知器"模型。随着对人脑机理研究的深入，基于生物神经系统的分布式存储、并行处理、自适应学习能力等原理的模仿人脑的神经网络理论的研究广泛开展。人工神经网络是对人脑机理的简单而粗糙的模拟，在一定程度上受生物神经系统的启发，但并没有模拟生物神经系统中的许多复杂特征，如，考虑的神经网络模型中的每个单元输出的仅仅是单一的不变值，而生物神经元输出的是复杂的时序脉冲。尽管如此，人工神经网络模型目前已经被成功地应用到许多科学研究和实际工程领域中，如函数逼近、生物序列分析、语音识别、视觉场景分布等。

长期以来，神经网络领域的研究主要分为两个派别。一派利用神经网络研究并模拟生物学习过程，给出大脑活动的精细模型和描述，其主要成员包括生物学家、物理学家、心理学家；另一派利用神经网络的基本原理获得高效的机器学习算法以解决实际问题和理论问题，而不考虑这种算法是否严格地反映真实的生物学过程。人们的兴趣与后者一致，不把注意力过多地放在生物模型上。

1. 神经元模型

神经元是神经网络的基本处理单元，一般是一个多输入单输出的非线性器件，

非线性神经元 k 的一般结构如图 2-7 所示。神经元模型包括 3 个要素：

①　一组连接，连接强度用各连接上的权值表示。

②　一个求和单元，用于求取各输入信号的加权和。

③　一个非线性激活函数，该函数起非线性映射作用，并将神经元输出信号幅度控制在一定范围之内，一般限制在 $[0,1]$ 或 $[-1,1]$。

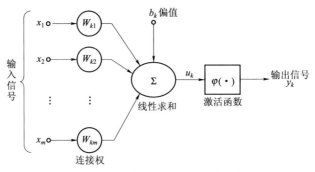

图 2-7　非线性神经元 k 的一般结构

神经元 k 的动作可用数学模型表示如下：

$$u_k = \sum_{j=1}^{m} W_{ki} x_i \tag{2-32}$$

$$y_k = \varphi(u_k + b_k) \tag{2-33}$$

式 2-32 中，$x_i \in \mathbf{R}$（$i = 1, 2, \cdots, m$）为神经元 k 与 m 个输入信号之间的连接强度；u_k、b_k 分别是输入信号加权和及偏值；$\varphi(\cdot)$ 为激活函数；y_k 为神经元的输出信号。

激活函数有以下几种形式：阶跃函数（离散）、符号函数（离散）、形如 S 形的 Sigmoid 函数（连续）、S 形函数等。

2. 神经网络结构模型

神经网络是由大量的处理单元（神经元）互相连接而成的复杂网络。神经网络的信息处理由神经元之间的相互作用来实现，知识与信息的存储表现为网络元件互联分布式的物理联系，其学习和识别决定于各神经元间连接强度的动态演化过程。除了单元特性外，整个网络的拓扑结构也是神经网络的重要特性。不同的连接方式组成不同的网络结构模型，按神经元间的连接方式，神经网络主要有两种形式。

（1）前馈神经网络

神经网络将神经元分为不同的层，每层神经元之间没有信息交流。各神经元接受前一层神经元的输入，并输出给下一层，没有反馈，如图 2-8 所示。节点分为两类，即输入单元和计算单元，每一计算单元可有任意个输入，但只有一个输出，输出可耦合到任意多个其他节点的输入。第 i 层的输入只与第 $i{-}1$ 层的输出相连。输入和输出层与外界相连，受环境影响，称为可见层，输入层和输出层以外的神经元层称为隐层。因此，一个前馈神经网络由输入层、隐层（可能有多个隐层）、输出层组成。如果前馈神经网络是全连接的，则每个单元都向下一层的每一个单元提供输入，否则为非全连接的。这里考虑的为全连接的前馈神经网络。

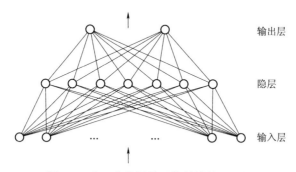

图 2-8　含一个隐层单元的前馈神经网络

（2）反馈神经网络

网络中所有节点都是计算单元，可以接受输入，并向外界输出，如图 2-9 所示。特点是，将整个网络看成一个整体，各神经元相互作用，计算是整体性的。神经网络的结构由神经元的个数、网络的隐层数、神经元之间的连接方式共同决定。反馈神经网络只需要增加和隐含层单元个数相同的联系单元，这无疑使得网络结构有了较大的减化，特别是当输入单元较多时。另外，网络的动态特性仅由内部的连接提供，因此，无须直接使用状态作为输入或训练信号，这也是反馈网络相对于静态网络的优越之处。根据网络结构的特点，反馈神经网络可以分为全反馈网络结构和部分反馈网络结构。

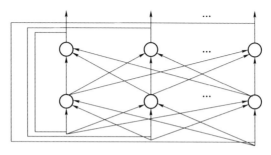

图 2-9　两层反馈神经网络

3. 神经网络的学习

神经网络的工作过程主要分为两个阶段：第一阶段是学习阶段，在此阶段，各计算单元的状态不变，各连线上的权值通过学习来修改；第二阶段为工作阶段，在此阶段，各连接权固定，计算单元状态变化，以达到某种稳定状态。一个稳定的神经网络就是一种特定的知识表示，可以用来解决相应领域的实际问题。

一般情况下，神经网络性能的改善是按某种预定的度量，通过调节自身参数逐步达到的。按环境提供信息量的多少可将神经网络的学习方式分为 3 种：

（1）有指导学习

有指导学习方式就是，对一组给定输入，提供相应的输出结果。这种已知的输入–输出对常称为训练样本对。整个学习系统可以根据已知输出与实际输出之间的误差信号来调节系统参数。

（2）无指导学习

无指导学习方式是一种自组织学习，即网络的学习完全是一种自我学习的过程，不存在外部教师的示教，也不存在外部环境的反馈指示，只有输入数据而没有给出正确的输出结果，完全是按所提供数据的某些统计规律来调整系统的参数或结构。

（3）再励学习

在这种学习方式下，外部环境只对系统输出结果给出某种评价而不给出正确答案，学习系统通过强化那些受奖励的动作来改善自身性能。

神经网络的学习算法可用数学语言描述如下：

（1）误差纠正学习

令 $y_k(n)$ 为输入 $x(n)$ 时，神经元 k 在 n 时刻的实际输出，$d_k(n)$ 表示相应的期望输出（由训练样本对给出），则误差信号可写为：$e_k(n) = d_k(n) - y_k(n)$，误差学习的最终目的是使某一基于 $e_k(n)$ 的目标函数达到最小，从而使网络中每一输出单元的实际输出在某种统计意义上最接近期望输出。若目标函数形式确定，则误差纠正学习就转换为典型的最优化问题。最常用的目标函数是均方误差判据，定义为：

$$J = E\left(\frac{1}{2}\sum_k e_k^2(n)\right) \tag{2-34}$$

式中，E 是期望算子。

公式（2-34）的前提是，学习的过程是宽平稳的，具体的方法可以用最速梯度下降法。直接用 J 作为目标函数时，需要知道整个过程的统计特性。因此，通常用 J 在 n 时刻的瞬间值 $\varepsilon(n)$ 代替 J，即：

$$\varepsilon(n) = \frac{1}{2}\sum_k e_k^2(n) \tag{2-35}$$

于是，问题就变为求 $\varepsilon(n)$ 对权值 W 的极小值。根据最速梯度下降法可得：

$$\Delta W_{kj} = \eta e_k(n) x_j(n) \tag{2-36}$$

式中，η 为学习步长。这就是通常所说的纠正误差学习规则（或称 delta 规则）。

（2）Hebb 学习

Hebb 学习是由心理学家 Hebb 提出的，可以归结为，当某一突触（连接）两端的神经元同为激活（抑制）时，该连接的强度应增强（减弱）。其数学描述如下：

$$\Delta W_{kj} = F[y_k(n) x_j(n)] \tag{2-37}$$

式中，$y_k(n)$、$x_j(n)$ 分别为两端神经元状态；F 为某种映射。

常用的一种情况为：

$$\Delta W_{kj} = \eta y_k(n) x_j(n) \tag{2-38}$$

（3）竞争学习

竞争学习时，各输出单元相互竞争，最后只有一个最强者被激活。最常用的竞争学习规则为：

$$\Delta W_{kj}(n) = \begin{cases} n(x_j - W_{ji}), & \text{若神经元 } j \text{ 竞争获胜} \\ 0, & \text{若神经元 } j \text{ 竞争失败} \end{cases}$$

4. BP 算法

在人工神经网络发展历史中，很长一段时间里没有找到隐层的连接权值调整问题的有效算法，直到误差反向传播算法（BP 算法）的提出。BP 算法成功地解决了求解非线性连续函数的多层前馈神经网络权重调整问题。

BP 神经网络，即误差反传。误差反向传播算法的学习过程，由信息的正向传播和误差的反向传播两个过程组成。输入层各神经元负责接收来自外界的输入信息，并传递给中间层各神经元；中间层是内部信息处理层，负责信息变换，根据信息变化能力的不同，中间层可以设计为单隐层或者多隐层结构；从最后一个隐层传递到输出层各神经元的信息，经进一步处理，完成一次学习的正向传播处理过程，由输出层向外界输出信息处理结果。当实际输出与期望输出不符时，进入误差的反向传播阶段。误差通过输出层，按误差梯度下降的方式修正各层权值，向隐层、输入层逐层反传。周而复始的信息正向传播和误差反向传播过程，是各层权值不断调整的过程，也是神经网络学习训练的过程，一直进行到网络输出的误差减少到可以接受的程度，或者预先设定的学习次数为止。

BP 神经网络模型包括输入/输出模型、作用函数模型、误差计算模型和自学习模型。

（1）节点输出模型

隐节点输出模型：$O_j = f(\sum W_{ij} \times X_i - q_j)$

输出节点输出模型：$Y_k = f(\sum T_{jk} \times O_j - q_k)$

式中，f 为非线形作用函数；q 为神经单元阈值。

作用函数是反映下层输入对上层节点刺激脉冲强度的函数，又称刺激函数，一般取（0，1）内连续取值 Sigmoid 函数：$f(x) = 1/(1+e)$。

（2）误差计算模型

误差计算模型是反映神经网络期望输出与计算输出之间误差大小的函数：

$$E_p = \frac{1}{2} \times \sum (t_{pi} - O_{pi})$$

式中，t_{pi} 为 i 节点的期望输出值；O_{pi} 为 i 节点计算输出值。

（3）自学习模型

神经网络的学习过程，即连接下层节点和上层节点的权重矩阵 W_{ij} 的设定和误差修正过程。BP 网络有有师学习方式（即需要设定期望值的学习方式）和无师学习方式（即只需输入模式之分的学习方式）。自学习模型为：

$$\Delta W_{ij}(n+1) = h\phi_i O_j + a\Delta W_{ij}(n)$$

式中，h 为学习因子；ϕ_i 为输出节点 i 的计算误差；O_j 为输出节点 j 的计算输出；a 为动量因子。

BP 算法基本流程是：

① 初始化网络权值和神经元的阈值（最简单的办法就是随机初始化）。

② 前向传播：按照公式一层一层地计算隐层神经元和输出层神经元的输入和输出。

③ 后向传播：根据公式修正权值和阈值，直到满足终止条件。

2.5　数据聚类分析

2.5.1　K 均值算法

K 均值算法以 k 为参数，把 n 个对象分为 k 个簇，使类内具有较高的相似度，而类间的相似度较低。相似度的计算需根据一个簇中对象的平均值（即簇的重心）来进行。

K 均值算法的处理流程如下：

算法：*K* 均值。

输入：簇的数目 *k* 和包含 *n* 个对象的数据库。

输出：*k* 个簇，使平方误差最小。

方法：

首先，随机地选择 *k* 个对象，每个对象初始地代表了一个簇中心。对剩余的对象，根据其与各个簇中心的距离，将其赋给最近的簇。然后重新计算每个簇的平均值。这个过程不断重复，直到准则函数收敛。在此过程中采用平方误差准则，其定义如下：

$$E = \sum_{i=1}^{k} \sum_{p \in C_i} |p - m_i|^2$$

这里的 *E* 是数据库中所有对象的平方误差的总和；*p* 是空间中的点，表示给定的数据对象；m_i 是簇 C_i 的平均值（*p* 和 m_i 都是多维的）。这个准则试图使生成的结果簇尽可能的紧凑和独立。

这个算法尝试找出使平方误差函数值最小的 *k* 个划分。当结果簇是密集的，且簇与簇之间区别明显时，它的效果较好。处理大数据集时，该算法是相对可伸缩的和高效率的，因为其复杂度是 $O(nkt)$，*n* 是所有对象的数目，*k* 是簇的数目，*t* 是迭代的次数。通常，$k \ll n$，且 $t \ll n$。这个算法经常以局部最优结束。

但是，*K* 均值方法要求用户必须事先给出 *k*（要生成的簇的数目），这是该方法的一个缺点。*K* 均值方法不适于发现非凸面形状的簇或者大小差别很大的簇，且对于"噪声"和孤立点数据是敏感的，少量的该类数据能够对平均值产生极大的影响。

2.5.2 自组织映射算法

神经网络利用无指导聚类学习来试图发现数据中可以刻画期望输出的一些特征，以寻找相似数据的簇。这种类型的神经网络常称作自组织神经网络。无指导学习有两种基本类型：非竞争型和竞争型。非竞争学习是指，两个节点之间权重的变化正比于两个节点的输出值。竞争学习是指，节点参与竞争且实行"胜者为王"的策略。这种方法通常假设一个两层的神经网络，其中一层的所有节点与另一层的所有节点都有连接，当训练开始时，输出层的节点与输入数据的元组相关联，从而提供了一种将元组聚成一簇的途径。假设一个元组的所有属性值都输入神经网络的输入节点中，则输入节点数等于属性数。因此，可将连接输入元组的某一个属性与每个输出节点的边的权重作为关联程度的大小。当一个元组输入神经网络时，所有的输出节点都会输出一个数值，与输入元组最相似的节点就是胜者。确定胜者后，要调整与该节点对应的权值。不断重复这个过程，直到训练完所有的输入元组为止。对于充分大且变化着的数据集，如果训练时间足够长，每个输出节点都会与一个元组集合相关联。

自组织特征映射（SOM）是一种竞争型无指导学习的神经网络方法。学习是基于这样的假设，即一个节点仅影响附近的节点或弧。在开始时随机分配初始权值，然后在学习过程中，不断调整权值以产生好的聚类结果。这个过程可以揭示隐藏在数据中的特征或模式，并且权值也会不断调整。

自组织表示神经网络根据节点之间的相似性将节点组织成簇的能力。相距较近的节点会比相距较远的节点更相似。这也反映了 SOM 在实际聚类过程中是如何工作的。随着迭代的进行，输出层的节点与输入节点相匹配，就会涌现出输出层节点的模式。

通常，初始时连接输入节点到竞争层的权是随机分配的，并且是归一化的数值。输出节点与输入向量的相似性通过两个向量的点积计算。给定输入元组 $X=<x_1,\cdots,x_h>$，从输出层到竞争层节点 i 的权为 $w_{1i},w_{2i},\cdots,w_{hi}$。$X$ 与节点 i 的相似性为：

$$\mathrm{sim}(X,i) = \sum_{j=1}^{h} x_j w_{ji}$$

与输入节点最相似的竞争节点在竞争中取胜。根据竞争结果，到节点 i 及矩阵中相邻节点的权会增大，这就是训练阶段的主要内容。给定节点 i，用 N_i 表示节点 i 及矩阵中的相邻节点，因此，学习过程中权值的变化公式为：

$$\Delta W_{kj} = \begin{cases} c(x_k - w_{kj}), & j \in N_i \\ 0, & \text{其他} \end{cases}$$

由于采用自组织映射神经网络进行聚类能够表现出输出模式在"线"上或"平面"上的分布特性，因而已经越来越多地被应用于各个领域。尤其在监控工业数据时，对于不确定性和多模态性等特点，该算法表现出了较好的鲁棒性。

2.5.3　EM 算法

实际上，每个簇都可以用参数概率分布数学描述，整个数据就是这些分布的混合，其中每个单独的分布通常称作成员分布，这样可以使用 k 个概率分布的有限混合密度模型对数据进行聚类，其中每一个分布代表一簇。问题是，如何估计概率分布的参数，获得分布最好的拟合数据。

EM 算法（期望最大化方法）是一种流行的迭代求精算法，可以用来求得参数的估计值。它可以看作是 K 均值算法的一种扩展。K 均值算法基于簇的均值把对象指派到最相似的簇中，EM 不是把每个对象指派到特定的簇，而是根据一个代表隶属概率的权重将每个对象指派到簇。换言之，簇之间没有严格的界限。因此，新的均值是基于加权的度量来计算的。

EM 首先对混合模型的参数进行初始的估计或猜测，反复根据参数向量产生的混合密度对每个对象重新打分。重新打分后的对象又用来更新参数估计。每个对象赋予一个概率，反映假设它是给定簇的成员，具有一定的属性值集合的可能性。算法描述如下：

（1）对参数向量作初始预测

包括随即选择 k 个对象代表簇的均值或中心以及猜测其他的参数。

（2）反复求精参数

① 期望步：用以下概率将每个对象 x_i 指派到簇 C_k

$$P(x_i \in C_k) = p(C_k \mid x_i) = \frac{p(C_k)p(x_i \mid C_k)}{p(x_i)}$$

② 最大化步：利用前面得到的概率重新估计模型参数。例如：

$$m_k = \frac{1}{n}\sum_{i=1}^{n}\frac{x_i P(x_i \in C_k)}{\sum_j P(x_i \in C_j)}$$

这一步是对给定数据的分布进行似然最大化。

EM 算法比较简单并且容易实现。实践中，它收敛很快，但是可能达不到全局最优。对于某些特定形式的优化函数，收敛性可以保证。它的计算复杂度与 d（输入特征数）、n（对象数）和 t（迭代次数）线性相关。

2.6　关联规则发现

关联规则定义：假设 I 是项的集合。给定一个交易数据库，其中每个事务 t 是 I 的非空子集，即每一个交易都与一个唯一的标识符 TID（Transaction ID）对应。关联规则是形如 $X{\to}Y$ 的蕴涵式，其中 X 和 Y 分别称为关联规则的先导（Antecedent 或 Left-Hand-Side，LHS）和后继（Consequent 或 Right-Hand-Side，RHS）。关联规则在 D 中的支持度指 D 中事务同时包含 X、Y 的百分比，即概率；置信度指包含 X 的事务中同时又包含 Y 的百分比，即条件概率。关联规则是有趣的，但需要满足最小支持度阈值和最小置信度阈值。这些阈值是根据挖掘需要人为设定的。

数据关联是数据库中存在的一类重要的，可被发现的知识。若两个或多个变量的取值存在某种规律性，就称为关联。关联可分为简单关联、时序关联、因果关联。关联分析的目的是找出数据库中隐藏的关联网。有时并不知道数据库中数据的关联函数，即使知道也是不确定的，因此，关联分析生成的规则带有可信度。关联规则挖掘发现大量数据中项集之间有趣的关联或相关联系。研究人员对关联规则的挖掘问题进行了大量的研究，主要工作包括对原有的算法进行优化，如引入随机采样、并行的思想等，以提高算法挖掘规则的效率；对关联规则的应用进行推广等。

2.6.1　Apriori 算法

Apriori 算法是最有影响力的挖掘布尔关联规则频繁项集的算法。其核心是基于两阶段频集思想的递推算法，使用候选项集找频繁项集。该关联规则在分类上属于单维、单层、布尔关联规则。在这里，所有支持度大于最小支持度的项集称为频繁项集，简称频集。

该算法的基本思想，是首先找出所有的频集，这些项集出现的频繁性至少和预定义的最小支持度一样。然后由频集产生强关联规则，这些规则必须满足最小支持度和最小可信。然后利用第一步找到的频集产生期望的规则，产生只包含集合的项的所有规则，每一条规则的右部只有一项，这里采用的是中规则的定义。规则生成后，只有那些大于用户给定的最小可信度的规则才被留下来。为了生成所有频集，使用了递推的方法。

Apriori 核心算法过程如下：

① 单趟扫描数据库 D，计算出各 I-项集的支持度，得到频繁 I-项集的集合。

② 连接步：为了生成超集，预先生成频集，由两个只有一个项不同的频集做一个（k–2）JOIN 运算得到。

③ 剪枝步：由于是超集，所以可能有些元素不是频繁的。在潜在 k 项集的某个子集中不是频繁的，则该潜在频繁项集不可能是频繁的，可以从中移去。

④ 通过单趟扫描数据库 D，计算各个项集的支持度，将不满足支持度的项集去掉。

通过迭代循环，重复步骤②~④，直到有某个 r 值频集为空，这时算法停止。在剪枝步中，每个元素均需在交易数据库中进行验证才能决定其是否加入，验证过程是提高算法性能的一个"瓶颈"。这个方法要求多次扫描可能很大的交易数据库，可能产生大量的候选集，以及可能需要重复扫描数据库，这是 Apriori 算法的两大缺点。

目前，几乎所有高效地发现关联规则的并行数据挖掘算法都是基于 Apriori 算法的。Agrawal 和 Shafer 提出了三种并行算法：计数分发算法、数据分发算法和候选分发算法。

2.6.2　FP–树频集算法

针对 Apriori 算法的固有缺陷，J. Han 等提出了不产生候选挖掘频繁项集的方法：FP-树频集算法。该方法采用分而治之的策略，在经过第一遍扫描之后，把数据库中的频集压缩进一棵频繁模式树（FP-tree），同时依然保留其中的关联信息，随后再将 FP-tree 分化成一些条件库，每个库和一个长度为 1 的频集相关，然后再对这些条件库分别进行挖掘。当原始数据量很大时，也可以结合划分的方法，使得一个 FP-tree 可以放入主存中。实验表明，FP-growth 对不同长度的规则都有很好的适应性，同时在效率上较 Apriori 算法有巨大的提高。

关联规则挖掘 FP-growth 算法通过遍历上面构造的整个事务数据库的频繁模式树来生成频繁项集。FP-growth 算法基本思想描述如下。

（1）构造整个事务数据库的 FP-tree

关于 FP-tree 的构造可以参考文章《FP-tree 的数据结构及其构造》。这里假设已经能够构造出 FP-tree，接着就是在整个事务数据库所对应的 FP-tree 的基础上挖掘频繁项集。在下面的步骤中，需要对 FP-tree 的结构及其内容非常熟悉。

（2）挖掘条件模式基

在整个事务数据库的频繁模式树上进行条件模式基的挖掘。

条件模式基，就是选定一个基于支持计数降序排序的频繁 I-项集项目，假设为 Item，也就是 FP-tree 的头表中的频繁 I-项集项目（已经知道，头表中频繁 I-项集项目是按照降序排列的），此时，称该频繁 I-项集项目 Item 为后缀。

纵向沿着头表向上，也就是按照头表中频繁 I-项集支持计数的升序方向，优先遍历头表；在遍历头表的同时，横向遍历每个频繁 I-项集对应的链表域。

通过横向遍历该频繁 I-项集项目 Item 对应的链表域（每个链表中的 FPTNode 节点都具有一个直接父亲节点的 nodeParent 指针），纵向向上遍历，直到根节点处停止，就得到了一个序列（不包含 Item 对应的横向链表中的节点），这个序列就是条件模式基。

在遍历的过程中，每个条件模式序列中的每个 FPTNode 节点一定出现一次；由 Item 频繁 I-项集项目横向遍历得到的序列，都是以 Item 为后缀的。

最后，整棵 FP-tree 遍历完毕，得到全部的条件模式基。

（3）根据条件模式基建立局部 FP-tree

利用上面得到的条件模式基，以每个头表中的频繁 I-项集对应的条件模式作为数据输入源来构造局部 FP-tree，也就是条件模式基的 FP-tree。因为每个条件模式基的数据量与整个事务数据库相比，显得非常小，建树不会消耗太多时间；而全部的条件模式基相当于整个事务数据库，所以大约需要扫描两次事务数据库。

2.7 隐马尔科夫模型

隐马氏模型已在语音识别、最佳特征识别等方面被广泛应用。隐马氏模型也被较早地应用于生物信息处理，如 DNA 编码区、蛋白质超家族的建模等。其理论基础是由 L. E. Baum 等人于 1970 年前后建立的，随后，卡内基梅隆大学（CMU）的 Jim Baker 和 IBM 的 Frederick Jelinek 等人将其应用到语音识别中。20 世纪 80 年代末，Bell 实验室的 Lawrence R. Rabiner 给出了隐马氏模型的深入浅出的清晰介绍。

1. 隐马氏模型的描述

一个隐马氏模型可以由下列参数描述。

① N：模型中马尔科夫链的状态数目。记 N 个状态为 $\theta_1, \theta_2, \ldots \theta_N$，那么状态空间表示为 $S = \{\theta_1, \theta_2, \cdots, \theta_n\}$。一般地，将状态空间简记为 $S = \{1, 2, \cdots, N\}$。记 t 时刻马尔科夫链所处状态为 q_t，其中 $q_t \in S$。

② M：每个状态对应的可能的观察值数目。记 M 个观察值为 $v_1, v_2, \cdots, v_M$，那么离散符号集（或称字母表）可表示为 $V = \{v_1, v_2, \cdots, v_M\}$。记 t 时刻观察到的符号为 o_t，其中 $o_t \in V$。

③ $\boldsymbol{\pi}$：初始状态概率向量，$\boldsymbol{\pi} = (\pi_1, \pi_2, \cdots, \pi_N)$，其元素 π_i 是指，$t = 1$ 时（即初始时刻），处于状态 i 的概率。

④ $\boldsymbol{A}$：状态转移概率矩阵，$\boldsymbol{A} = (a_{ij})_{N \times N}$，其元素 a_{ij} 是指，t 时刻状态为 i，$t+1$ 时刻状态为 j 的概率，即 $a_{ij} = P(q_{t+1} = j | q_t = i), 1 \leqslant i, j \leqslant N$。

⑤ $\boldsymbol{B}$：符号发出概率矩阵，$\boldsymbol{B} = (b_j(k))_{N \times M}$，其元素 $b_j(k)$ 是指，t 时刻状态为 j，输出观测符号 v_k 的概率，即 $b_j(k) = P(o_t = v_k | q_t = j), 1 \leqslant j \leqslant N, 1 \leqslant k \leqslant M$。这样，可以记一个隐马氏模型为 $\lambda = (N, M, \boldsymbol{\pi}, \boldsymbol{A}, \boldsymbol{B})$ 或简写为 $\lambda = (\boldsymbol{\pi}, \boldsymbol{A}, \boldsymbol{B})$。

更形象地说，隐马氏模型可分为两部分：一个是马尔科夫链，这是基本的随机过程，由初始状态概率向量 $\boldsymbol{\pi}$ 和状态转移概率矩阵 $\boldsymbol{A}$ 描述，产生的输出为状态序列；另一个是可观察随机过程，表示状态和观察值之间的统计对应关系，由符号发出概率矩阵 $\boldsymbol{B}$ 描述，产生的输出为观察值序列。

给定模型参数 $\lambda = (\boldsymbol{\pi}, \boldsymbol{A}, \boldsymbol{B})$，隐马氏模型可以作为一个符号发生器，由它输出符号序列 $O = o_1 o_2 \cdots o_T$ 的运作过程如下：

① 令 $t=1$；

② 根据初始状态概率向量 $\boldsymbol{\pi}$，随机地选取一个初始状态 $q_t \in S$，按照状态 q_t

的符号发出概率分布 $b_{q_t}(k)$，随机地产生一个观察符号 $o_t \in V$；

③ 按照状态 q_t 的状态转移概率分布 $a_{q,j}$ 随机地转移到一个新的状态 $q_{t+1} \in S$；

④ 令 $t = t+1$；

⑤ 按照状态 q_t 的符号发出概率分布 $b_{q_t}(k)$，随机地产生一个观察符号 $o_t \in V$；

⑥ 若 $t < T$，则回到步骤③，否则过程结束。

这样，产生一条可观察符号序列 $O = o_1 o_2 \cdots o_T$ 以及一条不可观察状态序列 $Q = q_1 q_2 \cdots q_T$。为什么这样的模型被称作隐马氏模型？因为下一个占用的状态的选择依赖于当前状态的身份，状态序列形成马尔科夫链，但是这条状态序列是不可观察的，即它是被隐藏的。而由这些隐藏着的状态所产生的观察符号序列能被观察。

隐马氏模型是在马尔科夫链模型的基础上发展起来的。马尔科夫链模型与隐马氏模型的本质区别是，隐马氏模型观察到的符号与状态并不是一一对应，而是通过一组概率分布相互联系。这样，从观察者的角度，只能看到发出符号，不能直接看到状态。因此，不像马尔科夫链模型观察到的符号和状态一一对应。

2. 隐马尔科夫模型解决的问题

知道了隐马氏模型的形式，为了将其应用于实际，必须解决 3 个关键问题，分别是：

问题 1（得分问题），给定隐马氏模型和一条可观察的符号序列，想要知道给定隐马氏模型产生该条可观察符号序列的概率。

问题 2（联配问题），给定隐马氏模型和一条可观察的符号序列，想要知道给定隐马氏模型用以产生该条可观察符号序列的最可能的（或最佳的）状态序列。

问题 3（训练问题），给定一条可观察的符号序列数据，想要找到最能说明该条序列数据的隐马氏模型的构形和参数。

这三个问题可以分别用向前算法或向后算法、Viterbi 动态规划算法和 Baum-Welch 重估计（EM）算法来求解。

为了使隐马氏模型在数学上和计算上易于处理，需要对模型在理论上作如下的假设：

假设 1：对于可观察符号序列 $o_1 o_2 \cdots o_t$ 和状态序列 $q_1 q_2 \cdots q_t$，有

$$P(o_t \mid q_1 q_2 \cdots q_t, o_1 o_2 \cdots o_{t-1}) = P(o_t \mid q_t) \tag{2-39}$$

上式说明，在隐马氏模型中，t 时刻输出的符号仅与此刻的状态有关，而与此前输出的符号和状态无关。

假设 2：对于可观察符号序列 $o_1 o_2 \cdots o_t$ 和状态序列 $q_1 q_2 \cdots q_t$，有

$$P(q_{t+1} \mid q_1 q_2 \cdots q_t, o_1 o_2 \cdots o_t) = P(q_{t+1} \mid q_t) \tag{2-40}$$

上式说明，在隐马氏模型中，$t+1$ 时刻的状态取值仅与 t 时刻的状态取值有关，

而与此前输出的符号和状态无关。

3. 求解得分问题的向前和向后算法

得分问题可归结为，给定可观察符号序列 $O = o_1 o_2 \cdots o_T$ 和隐马氏模型 $\lambda = (\pi, A, B)$，如何有效地计算由隐马氏模型 λ 产生可观察符号序列 O 的概率值（常称为得分 $P(O|\lambda)$。也可以把这个问题看成是一个评分问题，即已知一个隐马氏模型和一条可观察符号序列，怎样来评估这个模型（即模型与给定可观察符号序列匹配得如何）。例如，假设有几个可供选择的隐马氏模型，求解得分问题可以选择出与给定可观察符号序列最匹配的隐马氏模型。

计算得分概率 $P(O|\lambda)$ 值的最直接方法如下：对一条固定的状态序列 $Q = q_1 q_2 \cdots q_T$，根据隐马氏模型假设，有：

$$P(O|Q,\lambda) = \prod_{t=1}^{T} P(o_t | q_t, \lambda) = b_{q_1}(o_1) b_{q_2}(o_2) \cdots b_{q_T}(o_T) \qquad (2\text{-}41)$$

而对于给定的模型 λ，产生状态序列 Q 的概率为：

$$P(Q|\lambda) = \pi_{q_1} a_{q_1 q_2} \cdots a_{q_{T-1} q_T} \qquad (2\text{-}42)$$

因此，由概率论的全概率公式所求概率为：

$$\begin{aligned} P(O|\lambda) &= \sum_{Q \in \Omega} P(O, Q|\lambda) = \sum_{Q \in \Omega} P(O|Q,\lambda) P(Q|\lambda) \\ &= \sum_{q_1 q_2 \cdots q_T} \pi_{q_1} b_{q_1}(o_1) a_{q_1 q_2} b_{q_2}(o_2) \cdots a_{q_{T-1} q_T} b_{q_T}(o_T) \end{aligned} \qquad (2\text{-}43)$$

其中，Ω 是长度为 T 的所有可能的状态路径集合。

概率 $P(Q|\lambda)$ 的值很容易由马尔科夫链参数求得，从公式（2-43）可见，虽然单项概率不难计算，但 Ω 中存在 N^T 条不同的可能的状态序列 Q，使得计算量激增。因此，公式（2-43）的计算量是十分惊人的，数量级约为 $2TN^T$。当 $N=5$，$T=100$ 时，计算量达 10^{72}，这对于超级计算机都是难以实现的。

造成这种计算上"维数灾"的原因，从公式（2-44）的单项概率计算公式

$$P(O, Q|\lambda) = \pi_{q_1} b_{q_1}(o_1) a_{q_1 q_2} b_{q_2}(o_2) \cdots a_{q_{T-1} q_T} b_{q_T}(o_T) \qquad (2\text{-}44)$$

中不难找到答案。在公式（2-44）中，只要路径的一个状态发生变化，例如 q_T，就需要重新计算 $2T-1$ 次乘法，而之前的 $2T-3$ 次乘法则是重复计算。为了避免这种不必要的重复计算，人们设计了向前算法和向后算法来求解得分问题。

（1）向前算法

定义向前变量 $a_t(i) = P(o_1 o_2 \cdots o_t, q_t = i | \lambda)$，$1 \leqslant t \leqslant T$。$a_t(i)$ 是给定模型 λ，在 t 时刻状态为 i 时观察到部分序列 $o_1 o_2 \cdots o_t$ 的概率。

向前算法的具体实现步骤如下：

① 初始化：$a_1(i) = \pi_i b_i(o_1), 1 \leqslant i \leqslant N$；

② 递归计算：$a_{t+1}(j) = \left[\sum_{i=1}^{N} a_t(i) a_{ij}\right] b_j(o_{t+1}), 1 \leqslant i \leqslant T-1, 1 \leqslant j \leqslant N$；

③ 最终结果：$P(O \mid \lambda) = \sum_{i=1}^{N} a_t(i)$。

向前算法的直观图如图 2-10 所示。

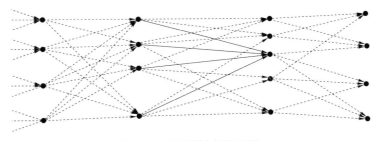

图 2-10　向前算法的直观图

由图 2-10 不难看出，这样设计的向前算法，路径每改变一个状态，只需多做两次乘法，可以大大减少计算工作量。

现在讨论一下向前算法的计算量。第 1 步初始化过程包含 N 次乘法，第 2 步递归计算过程包含 $(N+1)N(T-1)$ 次乘法，第 3 步不包含乘法计算，可忽略不记。因此，向前算法总的乘法次数是 $N+N(N+1)(T-1)$ 次，即数量级为 N^2T 次的乘法。那么，当 $N=5$，$T=100$ 时，只需大约 3 000 次的乘法计算。向前算法的计算量比直接计算的计算量大为减少。

（2）向后算法

定义向后变量 $\beta_t(i) = P(o_{t+1}o_{t+2} \cdots o_T \mid q_t = i, \lambda)$，$1 \leqslant t \leqslant T-1$。$\beta_t(i)$ 是给定模型 λ，在 t 时刻状态为 i 时观察到部分序列 $o_{t+1}o_{t+2} \cdots o_T$ 的概率。

向后算法的具体实现步骤如下：

① 初始化：$\beta_T(i) = 1, 1 \leqslant i \leqslant N$；

② 递归计算：$\beta_t(j) = \sum_{j=1}^{N} a_{ij} b_j(o_{t+1}) \beta_{t+1}(j)$，$t = T-1, T-2, \cdots 1, 1 \leqslant i \leqslant N$；

③ 最终结果：$P(O \mid \lambda) = \sum_{i=1}^{N} \pi_i b_i(o_1) \beta_1(i)$。

向后算法的直观图如图 2-11 所示。

由图 2-11 不难看出，这样设计的向后算法，路径每改变一个状态，只需多做 2 次乘法，同样可以大大减少计算工作量。

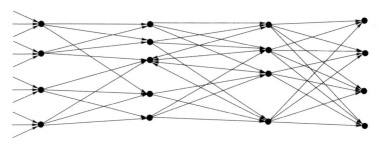

图 2-11　向后算法的直观图

使用 $\beta_t(i)$ 计算概率 $P(O|\lambda)$ 的值，同样大约需要数量级为 N^2T 次的乘法，因此，对于求解得分问题，向前算法和向后算法同样有效。

4. 求解联配问题的 Viterbi 动态规划算法

联配问题可归结为，给定可观察符号序列 $O = o_1o_2\cdots o_T$ 和隐马氏模型 $\lambda = (\pi, A, B)$，在最佳的意义上确定一条状态序列 $Q^* = q_1^*q_2^*\cdots q_T^*$ 的问题。联配问题力图揭露出模型中隐藏着的部分，即找出"正确的"状态序列。"最佳"的意义有很多种，由不同的定义可得到不同的结论。这里讨论的最佳意义上的状态序列 Q^*，是指使概率 $P(O,Q|\lambda)$ 最大的状态序列 Q^*。它等价于求解 $Q^* = \underset{Q\in\Omega}{\arg\max}\, P(O,Q|\lambda)$。

一般利用 Viterbi 动态规划算法求解联配问题。为了将 Viterbi 动态规划算法的思想应用于最佳状态估计问题，需要做一下简单的公式更改。考虑概率 $P(O|\lambda)$ 的表达式，根据隐马氏模型的假设，有：

$$P(O,Q|\lambda) = P(O|Q,\lambda)P(Q|\lambda)$$
$$= \pi_{q_1}b_{q_1}(o_1)a_{q_1q_2}b_{q_2}(o_2)\cdots a_{q_{T-1}q_T}b_{q_T}(o_T)$$

定义 Viterbi 变量 $\delta_t(i) = \underset{q_1q_2\cdots q_{t-1}}{\max} P(q_1q_2\cdots q_{t-1}, q_t = i, o_1o_2\cdots o_t | \lambda)$。$\delta_t(i)$ 是 t 时刻沿一条路径 $q_1q_2\cdots q_t$，且 $q_t = i$，产生出可观察符号序列 $o_1o_2\cdots o_t$ 的最大概率。$\delta_t(i)$ 可通过递归算法计算

$$\delta_t(i) = \underset{1\leqslant j\leqslant N}{\max}\left[\delta_{t-1}(j)a_{ji}\right]b_i(o_t) \tag{2-45}$$

为了实际找到最佳状态序列，需要跟踪使公式（2-45）最大的参数变化的轨迹（对每个 t 和 i 值）。可以通过定义 $\varphi_t(i)$ 来标记 t 时刻的状态 i 最可能由 $t-1$ 时刻的哪个状态转移而来。寻找最佳状态序列 Q^* 的完整过程可陈述如下：

① 初始化：$\begin{cases}\delta_1(i) = \pi_i b_i(o_1), 1\leqslant i\leqslant N \\ \varphi_1(i) = 0, 1\leqslant i\leqslant N\end{cases}$。

② 递归计算：$\begin{cases} \beta_t(i) = \max\limits_{1 \le j \le N}[\delta_{t-1}(j)a_{ji}]b_i(o_t), 2 \le t \le T, 1 \le i \le N \\ \varphi_t(i) = \arg\max\limits_{1 \le j \le N}[\delta_{t-1}(j)a_{ji}], 2 \le t \le T, 1 \le j \le N \end{cases}$。

③ 中断：$\begin{cases} P^* = \max\limits_{1 \le i \le N}[\delta_t(i)] \\ q_T^* = \arg\max\limits_{1 \le i \le N}[\delta_t(i)] \end{cases}$。

④ 路径（最佳状态序列）回溯：$q_t^* = \varphi_{t+1}(q_{t+1}^*), t = T-1, T-2, \cdots, 1$。

现在讨论一下 Viterbi 动态规划算法的计算量。从具体的执行过程可以看到 Viterbi 动态规划算法与向前算法/向后算法具有相似的计算量。不同在于，Viterbi 动态规划算法是寻找最佳状态序列，即使概率 $P(Q, O \mid \lambda)$ 的值最大，而向前算法/向后算法是所有可能的状态序列对概率 $P(Q, O \mid \lambda)$ 的值的求和。因此，Viterbi 动态规划算法大约需要数量级为 $N^2 T$ 次的乘法，比向前算法/向后算法少 NT 次的加法。

5. 求解训练问题的 Baum-Welch 重估计（EM）算法

隐马氏模型的训练问题可归结为，给定可观察符号序列 $O = o_1 o_2 \cdots o_T$，如何估计隐马氏模型的参数 $\lambda = (\boldsymbol{\pi}, \boldsymbol{A}, \boldsymbol{B})$，使得概率 $P(\lambda \mid O) = P(O \mid \lambda)$ 的值达到最大。训练问题是使模型参数最优化，即调整模型参数，使其能最好地描述给定的可观察符号序列。用于调整模型参数使之最优化的可观察符号序列称为训练序列或样本序列。训练问题亦被称为估计问题。估计问题一般可以通过最大似然（Maximum Likelihood，ML）方法研究，也就是求解 $\lambda^* = \arg\max\limits_{\lambda \in \wedge} P(O \mid \lambda) = \arg\max\limits_{\lambda \in \wedge} \lg P(O \mid \lambda)$。式中，$\lambda$ 是隐马氏模型的参数空间。

由于可观察符号序列对应的状态序列是不可观察的，对数似然函数 $\lg P(O \mid \lambda)$ 无法计算，因此可以采用数据添加技巧。这里添加的数据为隐状态。

对于给定的训练序列 O 和模型 A，定义 $r_t(i)$ 为 t 时刻状态序列处于状态 i 的概率，即 $r_t(i) = P(q_i = i \mid O, \lambda)$。利用隐马氏模型假设和向前/向后算法，有

$$r_t(i) = \frac{P(q_t = i, O \mid \lambda)}{P(O \mid \lambda)} = \frac{a_t(i)\beta_t(i)}{P(O \mid \lambda)} = \frac{a_t(i)\beta_t(i)}{\sum\limits_{j=1}^{N} a_t(j)\beta_t(j)}$$

类似地，对于给定的训练序列 O 和模型 A，定义 $\varepsilon_t(i, j)$ 为 t 时刻状态序列处于状态 i 和 $t+1$ 时刻处于状态 j 的概率，即 $\varepsilon_t(i, j) = P(q_t = i, q_{t+1} = j \mid Q, \lambda)$。同样，利用隐马氏模型假设和向前算法/向后算法，有

$$\varepsilon_t(i, j) = \frac{P(q_t = i, q_{t+1} = j, O \mid \lambda)}{P(O \mid \lambda)} = \frac{a_t(i)a_{ij}b_j(o_{t+1})\beta_{t+1}(j)}{\sum\limits_{j=1}^{N} a_t(j)\beta_t(j)}$$

根据 $r_t(i)$ 和 $\varepsilon_t(i,j)$ 的定义，$r_t(i)$ 和 $\varepsilon_t(i,j)$ 之间满足关系：

$$r_t(i) = \sum_{j=1}^{N} \varepsilon_t(i,j)$$

再注意到 $\sum_{t=1}^{T-1} \gamma_t(i)$ 表示从状态 i 转移出去的次数的期望值，而 $\sum_{t=1}^{T-1} \varepsilon_t(i,j)$ 表示从状态 i 转移到状态 j 的次数的期望值。

Baum-Welch 重估计（EM）算法的具体实现步骤如下。

① 设置初值：给定一个初始模型参数 $\lambda^{(0)} = (\boldsymbol{\pi}^{(0)}, \boldsymbol{A}^{(0)}, \boldsymbol{B}^{(0)})$。

② 迭代过程：把模型参数 $\lambda^{(n)} = (\boldsymbol{\pi}^{(n)}, \boldsymbol{A}^{(n)}, \boldsymbol{B}^{(n)})$ 修改为 $\lambda^{(n+1)} = (\boldsymbol{\pi}^{(n+1)}, \boldsymbol{A}^{(n+1)}, \boldsymbol{B}^{(n+1)})$，即

$$\pi_i^{(n+1)} = \gamma_1(i), 1 \leqslant i \leqslant N$$

$$a_{ij}^{(n+1)} = \frac{\sum_{t=1}^{T-1} \varepsilon_t(i,j)}{\sum_{t=1}^{T-1} \gamma_t(i)}, 1 \leqslant i,j \leqslant N$$

$$b_i^{(n+1)}(k) = \frac{\sum_{t=1}^{T} I_{\{o_t=v_k\}} \gamma_t(i)}{\sum_{t=1}^{T} \gamma_t(i)}, 1 \leqslant i \leqslant N, 1 \leqslant k \leqslant M$$

其中，$I_{\{o_t=v_k\}} = \begin{cases} 1, & o_t = v_k \\ 0, & o_t \neq v_k \end{cases}$ 是示性函数。这三个公式被称为 Baum-Welch 重估计公式。

③ 重复这个过程，逐步改进模型参数，直到 $P(O|\lambda^{(n)})$ 收敛，即不再明显增大，此时的 $\lambda^{(n)}$ 即为所求的模型参数。

下面将指出，每一步修改都使上面的迭代算法往"好"的方向发展，也就是说，使得 $P(O|\lambda^{(n+1)}) \geqslant P(O|\lambda^{(n)})$。故希望在 n 充分大时，$\lambda^{(n)}$ 成为最大似然估计 λ^* 的较好的估计。

定理：如果 $Q(\lambda, \tilde{\lambda}) \geqslant Q(\lambda, \lambda)$，那么 $P(O, \tilde{\lambda}) \geqslant P(O, \lambda)$。

由定理可知，对辅助函数 $Q(\lambda, \tilde{\lambda})$，只要能找到 $\tilde{\lambda}$，使 $Q(\lambda, \tilde{\lambda})$ 达到最大值，那么，就能保证 $Q(\lambda, \tilde{\lambda}) \geqslant Q(\lambda, \lambda)$，从而使 $P(O, \tilde{\lambda}) \geqslant P(O, \lambda)$。这样，新得到的模型 $\tilde{\lambda}$ 在表示训练序列 O 方面就比原来的模型 λ 要好。一直重复这个过程，直到某个收敛点，就可以得到根据训练序列 O 估计出的结果模型。

在具体应用隐马氏模型时，首先要建立模型，其中包括设定马尔科夫链的状态集及其规模，即总状态数 N，然后确定相应的观测过程。在学习（训练）过程

中，它是一个不完全数据的参数估计问题，与前面讨论的两个问题相比，是最困难的一个问题。Baurn-Welch 重估计（EM）算法只是解决这一问题的经典方法，被广泛应用，但并不是唯一的，也并非最完善的方法。

2.8　数据处理效果评价

2.8.1　模型的评分函数

1. 基本概念

假如 $Y = aX + b$ 是一种模型结构，其中 a 和 b 是参数。如果确定了模型或者模式结构，就必须根据数据评价不同的参数设定，以便选择出一个好的参数集。根据最小平方原理从不同的参数值中选取最优的参数，包括寻找参数 a 和 b 的值使得函数 Y 的预测值与实际观察值之间的差异平方和最小。在这里，评分函数就是模型的预测值与实际观察值之间的差异平方和。

为什么要重视评分函数呢？从根本上来说，使用评分函数的目的就是以函数的形式来评价一个模型对数据挖掘者的有用程度。然而，在实践中，对于构建模型的人来说，评价的度量模型在实际应用时的"有用"程度是非常有限的。

不同的评分函数具有不同的属性，并且适用于不同的情况。本节的一个目的就是使读者明白这些不同，并理解使用某个评分函数而不使用另一个的真实内涵。正如模型和模式结构中蕴含着一些基本原理一样，不同的评分函数也有一些基本原理。

从两个角度来区分清楚评分函数是很有必要的。一是用于预测性结构的评分函数同用于描述性结构的评分函数之间的差别；二是用于具有固定复杂度的模型的评分函数同用于具有不同复杂度的模型的评分函数之间的差别。

2. 预测模型的评分函数

有时，在训练集上表现好的评分函数不一定在独立的测试集上也有好的表现，通常需要能预测实践中的性能表现的评估方法，这个预测基于所能得到的任何数据上的实验。当数据来源很充足时，这并不是问题，只要在一个大的训练集上建模，然后在另外一个大的测试集上验证即可。预测性能评估有许多不同的技术，其中，重复交叉验证或许是在实践中较为适合大部分有限数据情形的评估方法。比较不同的机器学习方法在某个给定问题上的应用情况也并非易事，需要用统计学测试来确定那些明显的差异并非是偶然发生的。到目前为止，所要预测的是对测试实例进行正确分类的能力。然而，在某些情况下，需要预测分类概率而非类别本身，另外一些情况需要预测数值而非名词性属性值。应视不同情形使用不同方法。

在实际的数据挖掘中，大多数错误分类误差的成本是由误差类型决定的，如错误类型是将肯定的例子归类为否定的。在进行数据挖掘及性能评估时，对这些成本进行考虑也是非常重要的。

预测就是分类问题。分类器对每个实例进行类预测，如果预测正确，则分类成功，反之则分类错误。误差率就是所有错误在整个实例集中所占的比率。误差率是分类器总体性能的一个衡量标准。分类器对未来新数据的分类效果是研究的兴趣点。训练集中每一个实例的类都是已知的，正因为如此才能用它进行训练。通常不对这些实例的分类感兴趣，除非是要进行数据整理而非预测。问题是，从旧数据集上得出的误差率是否可以代表新数据集上的误差率？如果分类器是用旧数据训练出来的，那么答案是否定的。

分类器对训练集进行分类而得出的误差率并不能很好反映分类器未来的工作性能。原因在于，分类器正是通过学习这些相同的训练数据而来的，因此该分类器在此训练数据集上进行的任何性能评估其结果都是乐观的。用训练数据进行测试所产生的误差率称为重新带入误差，因为它是将训练实例重新带入由这些训练实例而产生的分类器计算得到的，虽然不能可靠地反映分类器在新数据上的真实误差率，但仍然是有参考价值的。

为了能预测一个分类器在新数据上的性能表现，需要一组没有参与分类器创建的数据集，并在此数据集上评估分类器的误差率。这组独立的数据集叫作测试集。必须假设训练数据和测试数据都是某特定问题的代表性样本。测试数据无论如何不能参与分类器的创建，这一点非常重要。比如，有些学习方案包括两个阶段，第一阶段是建立基本结构，第二阶段是对结构所包含的参数进行优化，这两个阶段需要使用不同的数据集。后者先用训练数据尝试多种方案，然后用新的数据集对这些分类器进行评估，找出最好的。但是所有这些都不能用于估计未来的误差率。这就是经常提到的三种数据集：训练数据、验证数据和测试数据。训练数据用在一种或者多种学习算法中创建分类器；验证数据用于优化分类器的参数，或者用于选择参数；测试数据用于分类器优化后方法的误差率计算。三个数据集必须保持独立性，验证数据集必须有别于训练数据集以获得较好的优化或者选择性能，同时测试数据集也必须有别于训练数据集以获得对真实误差率的可靠估计。

一旦误差率确定，可以将测试数据合并到训练数据中，由此产生新的分类器应用于实践。同样，一旦验证数据已被使用，就可以将验证数据合并到训练数据中，使用尽可能多的数据重新训练学习方案。

对建立模型来说，要记住的最重要的事是，这是一个反复的过程。需要仔细考察不同的模型以判断哪个模型对问题最有用。为了保证得到的模型具有较好的精确度和健壮性，需要有一个定义完善的"训练-验证"协议也称带指导的学习。验证方法主要分为：

① 简单验证法。

② 交叉验证法：首先，把原始数据随机平分成两份，然后用一部分做训练集，另一部分做测试集计算错误率，做完之后把两部分数据交换，再计算一次，得到另一个错误率，最后，用所有的数据建立一个模型，把上面得到的两个错误率进行平均，作为最后用所有数据建立的模型的错误率。

③ 自举法：是一种适用于较小数据量的评估模型错误率的技术，与交叉验证一样，模型是用所有的数据建立。

模型的评价和解释通常包括如下步骤：

① 模型验证。模型建立好之后，必须评价其结果，解释其价值。从测试集中得到的准确率只对用于建立模型的数据有意义。在实际应用中，随着应用数据的不同，模型的准确率肯定会变化，更重要的是，准确度自身并不一定是选择最好模型的正确评价方法，需要进一步了解错误的类型及由此带来的相关费用的多少。

② 外部验证。无论用模拟的方法计算出来的模型的准确率有多高，都不能保证此模型在面对现实世界中真实的数据时能取得好的效果。经验证有效的模型并不一定是正确的模型。造成这一点的直接原因就是模型建立时隐含的各种假设。在对数据挖掘的结果进行评价时，应选择最优的模型做出评价，运用于实际问题，并要结合专业知识来对结果进行解释。

当提交一个复杂的应用时，数据挖掘可能只是整个产品的一小部分，虽然可能是最关键的一部分。例如，常常把数据挖掘得到的知识与领域专家的知识结合起来，然后应用于数据库中的数据。在欺诈检测系统中，可能既包含了数据挖掘发现的规律，也有人们在实践中总结出的规律。用于预测问题的评分函数都是非常直截了当的。在预测任务中，训练数据具有"目标"值 Y，对于回归来说，Y 是一个数量型变量，对于分类来说，Y 是一个范畴性变量，而且数据集合 $D = \{(x(1), y(1)), \cdots, (x(n), y(n))\}$ 是由输入向量和目标值对偶组成的。

令 $\hat{f}(x(i); \theta)$ 为模型使用参数值 θ 对个体 i 做出的预测，$Y' = f(\sum_{i=1}^{n} W_i(t) X_i + \theta(t))$。令 $y(i)$ 为训练数据集合中对应于第 i 个个体的实际观测值（或称"目标"值）。很明显，评分函数应为预测值 $\hat{f}(x(i); \theta)$ 与目标值 $y(i)$ 的差值的函数。对于 Y 为数量型变量的情况，普遍使用的评分函数有误差评分和等：

$$S_{SSE}(\theta) = \frac{1}{N} \sum_{i=1}^{N} (\hat{f}(x(i);\theta) - y(i))^2$$

对于 Y 为范畴性变量的情况,普遍使用的是误分类率(或称误差率,又叫"0–1"评分函数),也就是:

$$S_{0/1}(\theta) = \frac{1}{N} \sum_{i=1}^{N} I(\hat{f}(x(i);\theta) - y(i))$$

其中,当 a 不等于 b 时, $I(a,b) = 1$。这是分别用于回归和分类的两种应用最广的评分函数。这两种评分函数简单易懂并且经常可以使优化问题变得直接明了。然而需要说明的是,在这些评分函数的定义中有一些很强的假设。例如,在对每个个体误差求和时,假设所有个体的误差都被平等看待。这是一个非常普遍而且通常很有用的假设。然而,如果有一个数据集,其中的测量值是在不同时期测出的,或许希望在预测评分函数中给最近几次的测量值分配更大的权。类似地,如果数据集中有不同条目子集,某些条目子集中对应的目标值可能比另外一些子集中更可靠一些(比如可以根据子集测量误差的某个量化指标来判断),那么就希望在预测评分函数中给那些测量值可靠性较低的条目分配较小的权。

此外,两种评分函数都仅是关于预测值和目标值之间差异的函数,特别是都不依赖于目标值 $y(i)$。例如,如果 Y 是表示某人是否患有癌症这一事件的一个范畴性变量,希望给没有检查出癌症这一误差较大的权,而给误报癌症这一误差较小的权。对于 Y 给出真实值的情况,误差平方可能是不恰当的,而误差绝对值可以更恰当地反映模型的质量(误差平方对 Y 的观察值和 Y 的预测值间的极端差异会比误差绝对值给出更大的权)。

在选择一个用于特定预测性数据挖掘任务的评分函数时,通常要在简单评分函数(如误差平方和)和更复杂评分函数之间进行一些平衡。比较简单的评分函数通常更便于计算并且更容易定义。然而,比较复杂的评分函数可能会更好地反映预测问题的实际情况。非常重要的一点是,许多数据挖掘算法(比如树模型、线性回归模型等)原则上可以使用通用的评分函数,例如,基于交叉验证的算法可以使用任何定义完备的评分函数。当然,在实践中,并不是所有软件都允许数据挖掘者自己定义面向应用的评分函数,尽管在理论上可以这样做。

交叉验证是分析中的一个标准工具,同时也是一项重要的功能,可以开发和优化数据挖掘模型。在创建了一个挖掘结构及其关联的挖掘模型之后,可以使用交叉验证来确定该模型的有效性。交叉验证具有以下应用:验证特定挖掘模型的可靠性;通过一条语句评估多个模型;构建多个模型;然后根据统计,标识最好的模型。

十折交叉验证的英文名叫作 10-fold cross-validation,可用来测试算法准确性,是常用的测试方法。将数据集分成 10 份，轮流将其中 9 份作为训练数据，1 份作为测试数据，进行试验。每次试验都会得出相应的正确率（或差错率）。将 10 个正确率（或差错率）的平均值作为对算法精度的估计，一般还需要进行多次 10 折交叉验证（例如 10 次 10 折交叉验证），再求其均值，作为对算法准确性的估计。

　　之所以将数据集分为 10 份，是因为通过利用大量数据集、使用不同学习技术进行的大量试验表明，10 折是获得最好误差估计的恰当选择，而且有一些理论也可以证明这一点。但这并非最终定论，争议仍然存在。而且似乎 5 折或者 20 折与10 折所得出的结果也相差无几。

　　其他常见的方法有保持方法、留一法、自展法、k–折交叉验证法等。

　　保持方法将给定数据随机地划分成两个独立的集合，即训练集和测试集。通常将 2/3 的数据分配到训练集，其余 1/3 分配到测试集。首先使用训练集导出分类法，然后在测试集上评估精度。随机子选样是保持方法的一种变形，它将保持方法重复 k 次，取每次迭代精度的平均值作为总体精度估计。

　　留一法在每一阶段留出一个数据点，但是数据点是依次留出的，所以最终测试集的大小等于整个训练集的大小。每个仅含一个数据点的测试集独立于所测试的模型。留一交叉验证其实是 n 折交叉验证，其中，n 是数据集所含实例的个数。每个实例依次被保留在外，而剩余的所有实例则用于学习方案的训练。它的评估就是看对保留在外的实例分类的正确性，1、0 分别代表正确、错误。所有 n 格评估结果被平均，得到的平均值便是最终的误差估计。留一方法的魅力在于两方面：第一，每次都是使用尽可能多的数据参与训练，从而增加了获得正确分类器的机会；第二，这个方法具有确定性，无须随机取样。没有必要进行任何重复操作，因为每次的结果都将是一样的。然而它的计算成本也是相当高的，整个学习过程必须执行 n 次，这对一些大的数据集来说，通常是不可行的。不过，留一法似乎提供了一个可行的方法，即最大限度地从一个小数据集中获得尽可能正确的估计。但是，除了计算成本高之外，留一法交叉验证还有一个缺点，即不但不能进行分层，而且一定是无层样本。分层使测试集数据拥有恰当的类比例，当测试集中只含有一个实例时，分层是不可能实现的。举个例子，虽然极不现实，但是却非常戏剧性地描述了由此引起的问题。假设有一个完全随机的数据集，含有数量相等的两个类。面对一个随机数据，所能给出的最好预测便是预测它属于多数类，其真实的误差率是 50%。但在留一法的每一个折里，与测试实例相反的类是多数类，因此，每次预测总是错误的，从而导致估计误差率达到 100%。

　　自展法利用样本和从样本中轮番抽出的同样容量的子样本间的关系，对未知的真实分布和样本的关系进行建模。Jackknife 方法也是每次留出训练集中的一部分数据作为基础，是自展方法的一种近似。自展法是基于统计的放回抽样

（Sampling With Replacement）程序。前面介绍的方法中，一个样本一旦从数据集中被取出放入训练集或测试集，它就不再被放回。也就是说，一个实例一旦被选择一次，就不能再次被选择。这就像踢足球组队，不能选同一个人两次。但是数据集实例不是人，大多数的学习方案还是可以两次使用相同实例的，并且如果在训练集中出现两次，会产生不同的学习结果。

在 k-折交叉验证法中，原始数据被划分成 k 个互不相交的子集或"折" $S_1, S_2, \cdots, S_k$，每个折的大小大致相等。进行 k 次训练和测试。在第 i 次迭代时，S_i 用作测试集，其余的子集都用于训练分类方法。分类精度估计是 k 次迭代正确分类数据数量除以初始数据中的样本总数。在分层交叉验证中，将每个折分层，使得每个折中的样本的类分布与初始数据中的大致相同。

3. 描述模型的评分函数

对于描述模型来说，不存在任何要预测的"目标"变量，所以，定义评分函数时不像预测模型那样明确。一种基本的方法是通过似然函数。令 $\hat{p}(x;\theta)$ 为对观察值数据点 x 的估计概率，和模型 $\hat{p}$ 取参数值 θ 时所定义的相同，其中 x 是范畴型变量（容易扩展到连续变量的情况，需要把 $\hat{p}$ 换成概率密度函数）。如果一个模型很好，则应该对观察到的数据点的 X 值给出较高的概率。因此，可以把函数 $\hat{p}(x)$ 看作评价模型在观察点 X 处质量的尺度，也就是评分函数。这正是最大似然的基本思想，即更好的模型应该为观测到的数据赋予更高的概率。

假设数据点是独立产生的，每个独立数据点的评分函数组合起来就是总的评分函数，组合方法就是将其相乘：

$$L(\theta) = \prod_{i=1}^{n} \hat{p}(x(i);\theta)$$

这就是似然函数，最大化该函数从而求出 θ 的估计值。对数似然函数使用起来通常更加方便。每个数据点对总的评分函数的贡献就是 $\lg \hat{p}(x(i);\theta)$，总的评分函数就是这些贡献的和：

$$\lg L(\theta) = \sum_{i=1}^{n} \lg \hat{p}(x(i);\theta)$$

很多时候取 $\lg \hat{p}(x(i);\theta)$ 的负数，则只需要最小化这个评分函数，因此定义：

$$S_L(\theta) = -\lg L(\theta) = -\sum_{i=1}^{n} \lg \hat{p}(x(i);\theta)$$

对此评分函数的直观解释是：$\lg \hat{p}$ 是误差项（随 $\hat{p}$ 变小而变大），然后对所有数据点的这一误差进行汇总。$\hat{p}$ 的最大可能取值是 1（对于范畴型数据），对应于 $S_L(\theta)$ 的最小值 0。因此，可以把 $S_L(\theta)$ 看成一种熵，它衡量参数 θ 压缩（或者预测）训练数据的好坏程度。

似然的一个特别有用特性就是非常通用。它适用于被表示为概率函数的模型或者模式的所有问题。例如，假设在某个预测模型中，Y 是某个预测变量 X 以及额外随机分布误差的理想线性函数。如果能够找到用于描述这些误差概率分布的参数，就能够利用模型中的参数来计算数据的似然。事实上，如果误差项被假设为均值是 0 的正态分布（关于 X 的确定性函数），那么似然函数就等价于误差平方和评分函数。

尽管似然是一种强有力的评分函数，但也有局限性。特别是在确定参数时，如果赋给某些数据点的概率接近于 0，那么负的对数似然将趋向于负无穷大。因此，总的误差会被部分极端数据点所支配。

如果同一个数据点的实际概率也非常小，模型将会对密度函数末端的预测（可能性非常小的事件）给予惩罚。这对模型的实际效果可能非常小。反过来看，这样做可能会引起某些问题（例如要预测稀有事件的发生情况），有可能预测就位于密度函数的末端。因此，尽管似然函数基于较强的理论基础并且对于评价概率模型一般都是适用的，但是要认识到，它并不一定能反映出模型在特定任务下的实际效果，这一点非常重要。对于定义估计概率 $\hat{p}(x;\theta)$ 和实际概率 $p(x)$ 的误差平方的积分，即 $\int(\hat{p}(x;\theta) - p(x))^2 \mathrm{d}x$，把平方展开，并忽略不依赖于 θ 的项，便得到一个形式为 $\int \hat{p}(x;\theta)^2 \mathrm{d}x - 2E[\hat{p}(x;\theta)]$ 的评分函数，可以根据实验来近似其中的每一项，以估计出关于 θ 的误差平方函数的真实积分。

对于非概率性描述（比如基于分割聚类），可以相当容易地为其找到各种各样的评分函数，比如基于各个聚类的分割程度、紧缩程度等。对于简单的基于原型聚类，一种简单而且应用很广的评分函数就是，对每个聚类内误差平方进行汇总：

$$S_{KSSE}(\boldsymbol{\theta}) = \sum_{k=1}^{K} e_k, e_k = \sum_{i \in \text{cluster}k} \left\| x(i) - \mu_k \right\|^2$$

其中 $\boldsymbol{\theta}$ 是聚类模型的参数向量，$\boldsymbol{\theta} = \{\mu_1, \cdots, \mu_k\}$，$\mu_k$ 是聚类的中心。然而，要使评分函数真正地反映各个聚类与"真实"情况的接近程度是相当困难的。对一种聚类效果的最终裁判依赖于这种聚类的具体应用环境，看它是否从新的角度揭示了数据的内幕，是否可以产生可解释的数据分类，等等。通常仅能根据特定问题的上下文来回答这些问题，无法用单一的评价标准来表征。用于像聚类这种任务的评分函数不一定与用于该问题的真实函数密切相关。

概括来说，对于分类、回归以及估计等任务，都有一些简单的通用评分函数，各有特色，适用于不同的情况。然而，每一种评分函数都有其局限性，最好是把这些评分函数作为基础，然后根据具体应用，设计出更适合的评分函数。

2.8.2 模型的比较与验证

1. 模型比较

评分函数用于衡量观测到的数据与提出模型之间的差异。有人可能认为，接近实际数据的模型（从评分函数的角度来看）就是好的模型，但是，还要看建模的目的。

应区分两种情况。一种情况是，只希望构建一个对数据集合进行概要描述的模型，用来捕捉数据的主要特征。这一背景下的一种通用技术以数据压缩和信息理论为基础，在这种方法中，评分函数通常被分解为：

$$S_I(\theta, M) = 给定模型描述数据所需的二进制位数 +$$
$$描述模型（和参数）的二进制位数$$

其中，第一项衡量了对数据的拟合程度，第二项衡量了模型 M 及其参数的复杂度。实际上，可以使用 $S_L = -\log_2 p(D|\theta, M)$（负的对数似然函数，底数是 2）作为第一项，使用 $-\lg p(\theta, M)$ 作为第二项。直观地讲，把 $-\lg p(\theta, M)$（第二项参数）看作是从某个假设的发送程序以二进制位传输模型及参数中没有说明的那部分数据（误差）所花费的"代价"。通常，这两部分的变化方向是相反的——复杂的模型可以很好地拟合数据，而简单的模型更易于理解。总的评分函数对这两者进行折中，得到可接受的模型。

另一种一般的情况是，实际目的是从现有数据泛化到可能出现的新数据。因此，尽管对观测到的数据的拟合度是评价一个模型好坏的必要条件，但不是全部。特别是，数据不能代表整体，所以，观测到的数据的某些特征（"噪声"）并不是总体的代表属性，反之亦然。一个非常好的拟合观测到的数据的模型也会拟合这些特征，因此不会提供最好的预测。所以，需要修改简单的拟合程度以定义一个全面的评分函数，特别需要附加一个部分来防止模型变得太复杂，避免拟合观察数据的所有特异性。

无论是哪一种，理想的评分函数都是在很好地拟合数据与模型的简洁性之间达到某种折中，只不过实现折中的理论根据有所不同。这种不同意味着，不同的评分函数适用于不同的情况。当目标就是概括数据集合的主要特征时，这种折中必然包含一定的主观成分，关注另一种情况，目的是根据现有数据决定哪一个模型对于未见过的数据会有最好的性能。

如何在灵活性（合理地拟合现有的数据）和过度拟合（拟合了数据中的随机成分）之间选择一种合适的折中方案呢？一种方法是，选择一种封装了这种折中的评分函数，也就是说，选择一种总的评分函数，它由两个部分组成，一部分衡量模型对数据的拟合程度，另一部分用来鼓励简洁性。形式如下：

$$score(model) = error(model) + penalty - function(model)$$

2. 模型验证

如前面指出的，无论用模拟的方法计算出来的模型的准确率有多高，都不能保证此模型在面对现实世界中真实的数据时，能取得好的效果。经验表明，有效的模型并不一定是正确的模型。造成这一点的直接原因就是，模型建立时隐含各种假设。

有时候使用一种不同的策略来选取模型，该策略并不是以增加惩罚项为基础的，而是建立在对模型的外部验证的基础上。它的基本思想就是，将数据（随机地）分为两个互不重叠的部分：设计部分和验证部分。设计部分用来构建模型和参数估计，然后使用验证部分重新计算评分函数，最后用验证分数来选择模型（或模式）。很重要的一点就是，对特定模型分数的估计本身就是一个随机变量，它的随机性既来自用于训练模型的数据集，又来自验证模型的数据集。例如，如果分数是目标值和模型预测值之间的某一误差函数（比如误差平方和），理想情况下应为每一个所考虑的模型的无偏估计。在验证环境中，因为两个数据集是互相独立并随机选取的，所以，对于一个给定模型，验证分数提供了模型在新数据点上的分数值的无偏估计。也就是说，设计中不可避免的估计偏差在独立的验证估计中不会出现。由此（以及期望的线性特征）可以得出，两个模型对于验证数据集的分数差异会有利于较好的模型。因此，可以使用验证分数来选择模型。

目前，验证的一般思想已经扩展为交叉验证。也就是把形成两个独立集合的操作，随机重复很多次，每次根据数据的设计部分估计出符合给定形式的新模型，并根据验证部分得到每个模型的样本性能的无偏估计，然后对这些无偏估计进行平均，得到总的估计。CART 算法就是使用交叉验证的技术来估计误分类损失函数。这种方法先从训练数据中划分出一个子集用于建立树，然后在剩余的验证子集里估计误分类率。随后，针对不同的子集多次重复这种划分，再对得到的误分类率进行平均，从而得到关于特定大小的对于新数据的性能的交叉验证估计。

对于很小的数据集，选择验证子集的过程可能导致不同数据集间有显著的差异，因此，在实践中必须对交叉验证评分的方差进行监控，检查这种差异是不是过高。最后，在使用交叉验证方法对可能有不同参数却具有相同复杂度的模型进行平均时，需要特别注意，也就是，必须保证每次确实是对同一个基本模型进行平均。举例来说，对于不同的训练数据子集，使用的拟合过程可能陷入参数空间中的不同局部最大值，对这些模型的验证分数进行平均，那么意义就不明确了。

2.8.3　模型的性能提升

通常，挖掘所得到的模型是对大量观测数据的泛化，在实际应用中，模型的应用环境是不断变化的，即已经获得的模型很可能遇到未知的信息，在这种情况下，模型很难保证较好的性能。因此，研究者们希望泛化的模型具有更强的适应能力，即模型可以根据数据的变化调整参数，或者多个模型通过一定的方式进行结合，以提升整体性能。模型性能提升的方法有很多种，在生物信息处理领域，主要涉及增量学习和 Boosting 方法。

1. 增量学习

所谓增量学习，是指一个学习系统能不断地从来自环境的新样本中学习到新的知识，并能保留大部分已经学习到的知识。增量学习比较接近人类自身的学习方式。因为，在人的成长过程中，几乎每天都在接受新的事物，学习是逐步进行的；同时，已经学习到的知识，大部分是不会遗忘的。因此，增量学习最早出现在心理学家对人类或其他生物的学习过程的研究中。早在 1962 年，Coppock 和 Freund 就在《科学》上发表了关于增量学习的文章。

随着人工智能和机器学习的发展，人们开发了很多机器学习算法。这些算法绝大部分都是批量学习的，即假设一次可以得到所有训练样本，对这些样本进行学习后，学习过程就终止了，不再学习新知识。然而在现实应用中，训练样本通常不可能一次全部得到，而是随着时间逐步得到的，并且样本反映的信息也可能随着时间发生一定的变化。如果在得到新样本后对全部数据重新进行学习，需要耗费大量的时间，并且随着数据的增加，对空间的需求也逐步增加，因此，批量学习的算法并不能适应这种情况。而增量学习算法，可以渐进地进行知识的更新，修正和加强以前的知识，使得更新后的知识能适应更新后的数据，不必重新学习全部数据。增量学习降低了对时间和空间的需求，更能适应实际要求。

增量学习具有两方面非常重要的意义。一是随着数据库及互联网技术的发展和应用，社会各部门积累了大量的数据，并且这些数据每天都在增加。从这些数据中提取有用信息，并对数据分类是一项艰苦的工作。传统的批量学习方式不能适应这种环境要求，只有通过增量学习的方式才能解决这个问题。另一方面，通过对增量学习模型的研究，可以从系统的层面上更好地了解和模仿人脑的学习原理和生物神经网络的构成机制，为开发仿脑计算机提供新的计算模型和有效的学习算法。

增量学习算法归根结底属于机器学习算法的一种，因此，增量学习方法通常是对普通机器学习方法的改进，使普通的机器学习算法具有增量学习的能力。下面通过不同的机器学习方法讨论增量学习。

（1）主成分分析

主成分分析作为一种基本的特征提取方法，有着广泛的应用，其增量学习方法也有一定的研究。1978 年，Bunch 等提出通过奇异值分解增量学习特征值；1990年，DeGroat 分析了这种方法求解的特征值的累计误差。同时，Murakami 等人从图像处理的角度提出求解增量学习特征值的方法。上面所用的方法都假设原点为样本分布的中心点，而在实际应用中，样本分布的中心点通常是不可知的。1998年，Hall 等提出了一种新的增量学习算法，该方法不仅可以修正中心点，而且可以动态增加主分量的数量。

（2）最近邻方法

由于最近邻算法只记忆样本，因此，只要能够选择合适的样本记忆，很容易具有增量学习的能力。研究人员提出了很多修剪多余样本的算法，但这些算法通常是从如何保持分类精度的角度出发，并不具有增量学习的能力。1991 年，Aha从增量学习的角度提出了基于最近邻的增量学习算法，即 IB1、IB2 及 IB3。这些算法在训练时选出有代表性的样本，在测试时使用最近邻方法检测数据。其中 IBI保留所有新得到的训练样本，也就是保留完全的实例空间，并没有解决样本存储空间太大的问题，不能算是严格意义上的增量学习算法。IB2 只保留被错分的样本，也就是当前时刻位于边界的样本，保留的样本大大减少，但精度受得到样本的顺序的影响较大，对噪声敏感。IB3 在 IB2 的基础上去除训练样本中的噪声，提高了分类精度。

（3）支持向量机

支持向量机自诞生以来得到了广泛的应用，基于支持向量机的增量学习算法也被广泛研究。因为寻找支持向量是一个二次规划问题，时间复杂度是 $O(N)$，空间复杂度是 $O(NZ)$，因此，许多方法都是从降低复杂度的角度出发的，先假设一个支持向量集，再多次遍历所有训练数据，不断增加或去除样本，最终得到所有支持向量。这些方法虽然叫作"增量学习"的支持向量机，但并不具有所讨论的增量学习的功能。如 Mattera 等利用统计力学上的 Adatron 算法训练支持向量机的系数，将其求解过程看成系统由不稳定态到稳定态的变化过程。与传统 SVM 算法相比，这种由 Adatron 算法改进得到的 Kernel-Adatron 算法大大提高了运算速度，但只对可分数据集有效。也有学者讨论的是如何将大数据集分解为若干可以装入内存的子集，以及如何合并等问题。早期的基于支持向量机且具有一定增量学习能力的算法只保留支持向量，抛弃非支持向量，当有新样本进来时，将新样本和以前的支持向量作为训练集，重新训练，得到新的分类超平面。这些算法假设参数 C 和核函数的参数都是固定的，在初始阶段就已经确定。由于支持向量机的成功很大程度上归功于核函数的引入，通过核函数将一个线性不可分问题映射为一个高维空间的线性可分问题，寻找高维空间最优超平面，完成分类任务。而映射到怎样的一个高维空间，通常要在参数集上搜索最佳参数，并由交叉验证决定。因此，一个真正具有增量学习能力的支持向量机应能随着训练数据的增加而调整核函数的参数。

（4）其他分类器

针对其他分类器，一些学者也提出了相应的增量学习算法。如基于贝叶斯网络的增量学习、基于 RBF 网络的增量学习、基于判定树的增量学习等。也有些学者混合多种学习方法得到新的增量学习方法，如混合 RBF 网络与其他分类器，混合贝叶斯网络和其他分类器等。这些方法都只能在一定程度上实现增量学习，没有讨论当新类别出现时如何学习的问题。

2. Boosting

Boosting 是一种提升给定分类器性能的最为强大的技术。虽然 Boosting 可以划分为分类器合并的方法，但其在概念上有别于传统的分类器合并技术。1994 年，Kearns 提出了一个新的问题，即一个"弱"学习算法通过好的误差分析，能否提升为一个"强"学习算法。Boosting 方法的核心即所谓的基分类器，也就是"弱"分类器。一系列分类器通过迭代设计，学习得到分类器 M_i 之后，更新权重，使其后的分类器 M_{i+1} "更关注" M_i 误分类的训练数据子集。最终提升的分类器与每个个体分类器进行组合，其中每个分类器投票的权重是其准确率的函数。可以扩充提升算法，预测连续值。

Boosting 操纵训练数据以产生多个假设，主要包括两个系列：Boost-by-majority 和 AdaBoost。Boosting 在训练数据上维护一套概率分布，在每一轮迭代中，Boost-by-majority 通过重取样生成不同的训练集，而 AdaBoost 在每个样本上调整这种分布。在分类问题中，AdaBoost 用成员分类器在训练样本上的错误率来调整训练样本上的概率分布。权重改变的作用是，在被误分的样本上设置更多的权重，在分类正确的例子上减小其权重。最终分类器由单个分类器加权投票建立起来，每个分类器按照其在训练集上的精度进行加权。算法设计能增强对效果差的样本的学习，但是也有可能使最后的组合算法过于偏向几个特别的样本，导致算法不太稳定。尤其是在样本有噪声的情况下，Boosting 的最终效果可能很差。

Boosting 方法有两种不同的使用方式，即使用带权样本和按概率重取样本。Quinlan 通过实验发现，前者效果优于后者。1996 年，Breiman 提出 Arcing（Adaptive Resample and Combine）的概念，认为 Boosting 是 Arcing 算法族的一个特例。在此基础上，他设计出 Arc-x4 算法，该算法在产生新的学习器时，样本的权的变化与已有的所有学习器都有关。奇怪的是，Bauer 和 Kohavi 通过实验发现，与 AdaBoost 相反，按概率重取样本的 Arc-x4 优于使用带权样本的 Arc-x4。

为了解决 Boosting 算法，必须知道弱学习算法学习正确率的下限的问题，Freund 和 Schapire 于 1995 年提出了 AdaBoost（AdaptiveBoost）算法，该算法的效率与 Boosting 方法的效率几乎一样，却可以非常容易地应用到实际的分类问题中。

AdaBoost 算法的基本流程如下：假设需要提升某种学习方法的准确率。给定数据集 D，包含 d 个类标记的组 $(x_1, y_1), (x_2, y_2), \cdots, (x_d, y_d)$，其中，$y_i$ 是组 x_i 的类标号。初始，Adaboost 对每个训练组赋予相等的权重 $1/d$。产生合并的 k 个分类器需要将算法的其余部分进行 k 轮。在第 i 轮，从 D 中抽样，形成大小为 d 的训练集 D_i。采用有放回抽样，每个组被选中的机会由它的权重决定。从训练组 D_i 得出分类器模型 M_i。然后将 D_i 作为检验集计算 M_i 的误差。如果组正确分类，则它的权重减少。组的权重反映对其分类的困难程度，权重越高，越可能分类错误。然后，分类器使用这些权重产生下一轮的训练样本。其基本思想是，在建立分类器时，希望它更关注上一轮误分类的组。某些分类器对某些不易分类的组可能比其他分类器好，这样可以建立一个互补的分类器系列。

2.9　高维数据处理

在一个平面的或关系数据库中，记录中的每一个字段代表一维。很多生物信息数据具有高维特征，如表达谱数据，根据所分析的情形的个数，可以有几十维；在序列数据分析中，往往将一个单位（如碱基、氨基酸）当作一个维，这样数据就会有几十维、上百维；对于基因芯片的图像处理技术，数据的维数可以高达几万维。

数据之间的相似性有两种表现形式：一种是以数据之间的差异度来衡量，另一种则是以其相似度来衡量。其中，前者的应用更为广泛，也被称为距离度量。但是，总结现有的度量方式不难发现，很多在低维空间中能得到较好结果的距离度量公式，在高维空间中却表现出很差的性能，这就是通常所说的"维度灾难"。在存在高维数据的应用领域，"维度灾难"是一个无处不在的现象，而引起"维度灾难"的原因，则是数据在高维空间中呈现出的稀疏性和空空间现象。

2.9.1　高维数据特点

（1）稀疏性

假设一个 d 维的数据集 D 存在于一个超立方体单元 $\varOmega = [0,1]^d$ 中，数据在空间中均匀独立分布。对于一个边长为 s 的超立方体，某一个点在这个范围内的概率为 s^d，由于 $s<1$，因此，随着维数 d 的增大，这个概率的值会越来越小。也就是说，很有可能在一个很大的范围内不存在任何一个点。例如当 d=100 时，一个边长为 0.95 的超立方体范围只包含 0.59%的数据点。由于这个超立方体范围可以位于数据空间 $\varOmega$ 的任何地方，因此，数据点在该高维空间中是非常稀疏的。

（2）空空间现象

以正态分布的数据为例，一个正态分布可以用期望值 L 和标准差 R 来表示。数据点与期望值之间的距离服从高斯分布，但与期望点的相对方位是随机选取的。应该注意的是，相对于一个点的可能的方向的数目，也是随着维数的增大而呈指数级增长。这样一来，数据空间中的其他数据与中心点之间的距离虽然仍然服从同样的分布，但数据点之间的距离也还会随着维数的增大而增加。如果考虑数据集的密度，就会发现，虽然可能没有一个点离中心点的距离很近，但在中心点还是会出现一个最大值。这种在高维空间中，在空区域中，点的密度可能会很高的现象即被称为"空空间现象"。

（3）维灾

Bellman 第一次提出了"维灾"这一术语。它最初的含义是，不可能在一个离散的多维网格上用蛮力搜索去优化一个有着很多变量的函数。这是因为网格的数目会随着维数也就是变量数目的增长呈指数级增长。随着时间的推移，"维灾"这一术语也用来泛指在数据分析中遇到的由于变量（属性）过多而引起的所有问题。这些问题在信息检索领域主要表现在两个方面：一方面，随着维数的升高，索引结构的修剪效率迅速下降，当维数增加到一定数量时，采用索引结构还不如顺序扫描；另一方面，在高维空间中，由于查询点到其最近邻和最远邻在很多情况下几乎是等距离的，最邻近的概念常常会失去意义。

针对高维数据的特点，主要从以下几个方面对高维数据进行分析：

（1）高维空间中的距离函数或相似性度量函数

距离函数和相似性度量函数在很多数据挖掘算法中扮演着非常重要的角色，常常用来衡量对象之间的差异程度和相似程度。由于"维灾"与传统方法中采用 L_k 范数作为距离函数有关，因此，通过重新定义合适的距离函数或相似性度量函数可以避开"维灾"的影响。

（2）高效的高维数据相似性搜索算法

目前，绝大多数的高维索引结构和相似性搜索算法都是基于数值型数据，并且这些索引结构在应用于数据挖掘时都存在着不同程度的局限性。因此，需要设计更为高效的相似性搜索算法，包括两部分内容：一是对未设计或研究较少的其他类型高维数据相似性搜索方法的研究；二是对现有高维索引结构或搜索算法性能的改进。

（3）高效的高维数据挖掘算法

针对在高维空间中，多数数据挖掘算法效率下降的问题，需要设计更为高效的高维数据挖掘算法。如在高维索引结构失效的情况下，在聚类算法或异常检测算法中采用并行算法、增量算法以及采样技术等，提高算法的效率。根据高维数据的特点，设计新颖的频繁模式挖掘算法，提高算法的执行效率。

（4）在高维空间中对失效问题的处理

如前所述，在高维情况下，最近邻的概念失去了意义，进而导致基于距离的聚类问题和异常检测问题失去意义。这些问题在高维情况下需要重新进行定义，并设计出相应的挖掘算法。

（5）选维和降维

通过选维和降维，可以将高维数据转换为低维数据，然后采用低维数据的方法进行处理。因此，研究有效的选维和降维技术也是解决高维问题的重要手段之一。如在分类算法中，通过选维和降维可以减少冗余属性以及噪声对分类模式造成的影响。

2.9.2　高维数据处理难点

1. 高维对最近邻查询的影响

数据挖掘面对的是海量数据，为了提高最近邻查询的效率，往往需要索引结构的支持。在进行高维数据的最近邻查询时，"维灾"会使索引结构失效或使其性能下降，从而使算法的时间复杂度增加，导致查询效率下降。到目前为止，对高维最近邻查询的研究主要集中在一般数值型数据的选维、降维和高维索引结构等方面，高维数据间的相似性度量仍主要采用 L_k 范数。这些技术目前还存在许多局限性，选维和降维技术只有在数据集的维之间存在较强的相关关系时，效果才较好，而许多数据集是内在高维的，即选维或降维后，剩下的维数仍然很高。课题中实测数据的维数超过了高维索引结构的功能上限，并且某些数据既不是二值型数据，也不是一般的数值型数据，这种数据的相似性度量不适合采用 L_k 范数。更进一步，"维灾"还可能会导致高维空间中最近邻概念失去意义。

2. 高维对聚类和异常检测的影响

目前，在数据挖掘中，聚类和异常的概念大多是基于距离或密度的，快速的聚类或异常检测算法往往依赖于索引结构或网格划分。高维对聚类和异常检测的影响也主要表现在两个方面：一方面，由于在高维空间中，索引结构失效，网格划分的数目随维数呈指数级增长，聚类和异常检测算法的性能下降；另一方面，由于在高维空间中，许多情况下数据点之间几乎是等距离的，聚类的概念失去意义，同样，由于高维空间中数据的高度稀疏性，每个数据点在距离或密度的意义上都可以看作一个异常点，这时，异常的概念也会变得毫无意义。

3. 高维对频繁模式挖掘的影响

在数据挖掘中，最初绝大多数的频繁模式挖掘算法都是基于特征计数的，将特征的组合作为算法的搜索空间。由于特征组合的数目与特征数呈指数关系，当特征数较高时，算法的搜索空间会"爆炸性"地增长，算法的效率会大幅度下降，甚至根本得不到结果，所以这些算法通常不适用于维数非常高的数据。

4. 高维对分类模式挖掘的影响

传统的分类方法有决策树、贝叶斯法、神经网络等，不同的分类方法有不同的特点。有三种评价尺度：预测准确度、计算复杂度和模型描述的简洁度。分类的效果一般和数据对象的特点有关。有的数据噪声大，有的数据分布稀疏，有的数据属性间相关性强，有的数据属性是离散的而有的数据是连续值。目前，普遍认为不存在某种方法能适合于各种特点的数据。一般情况下，传统的分类方法如决策树方法，对低维数据对象，即具有较少特征属性的对象进行分类，可以取得较高的预测精度，分类模型也较为简洁。但对于高维数据对象，传统的分类方法将产生较复杂的分类模型，并会出现分类模型过度拟合数据集的情况。此外，由于决策树方法是一个属性一个属性地考虑，所以算法效率难以提高。

2.9.3 高维数据处理方法

1. 高维数据相似性查询

在高维数据挖掘中，高维数据的相似性查询是最基本也是最重要的操作，主要的算法有以下几种。

（1）RKV 算法

算法采用深度优先的原则访问页，在子节点被装载和处理之前，按照其包含最近邻可能性的大小进行排序，排序的质量对算法的效率至关重要。如果一个子节点的 MINDIST 大于最近邻距离的保守估计，则这个子节点中肯定没有包含最近邻，因为这个节点中与查询点最近的点都比已经发现的点远。因此，这个节点中所有的点都将被修剪。最保守估计是所有已经处理过的点与查询点的距离和已经处理过的所有页的 MINMAXDIST 距离中最小的值。这个算法可以推广到 KNN 查询，开辟一个缓冲区，这个缓冲区中存放当前的最多 k 个最近邻，根据这个缓冲区中最远的邻居进行 MBR 修剪。

（2）HS 算法

与 RKV 算法不同，HS 算法在访问页时不按照索引的分层结构进行深度或广度优先搜索，而是按照与查询点距离的升序对页进行访问。算法管理一个活动页表（APL）。一个活动页是指，它的父节点已经被处理过，但它本身还未被处理的页。由于活动页的父节点已经被处理过，那么所有活动页的对应区域就可以知道，并且查询点与区域之间的距离也可以确定。APL 中存放页的存储地址和页与查询点的距离。HS 算法的处理步骤如下：

① 从 APL 中选择与查询点距离最近的页 p。

② 将 p 装入内存。

③ 将 p 从 APL 中删除。

④ 如果 p 是一个数据页，确定在这个数据页中是否包含一个点，这个点与查询点的距离比迄今发现的最近点（候选点）的距离近。

⑤ 否则，确定所有子页区域与查询点之间的距离，并将所有的子页和对应的距离插入"L"中。重复进行这个过程，直到最近的候选点与查询点之间的距离比最近的活动页的距离短。在这种情况下，没有任何活动页包含有比现已发现的候选点更近的点。

2. 高维数据聚类

在高维空间中进行聚类是一个异常困难的问题。这种困难不仅指聚类算法效率的下降，更重要的是，由于高维空间的稀疏性和最近邻特性，在如此高维的空间中还存在数据簇几乎是不可能的，因为在这样的数据空间中，任何地方点的密度都是很低的，而且许多维或者维的组合还可能存在一些均匀分布的噪声。由此可见，在高维空间中，全空间上的距离函数可能失效。因此，基于全空间距离函数的聚类方法不适用于高维空间。这样，大多数的传统聚类算法在高维空间中会失去作用。

对于高维聚类算法效率下降的问题，可以通过采用更为有效的高维索引结构、并行算法及增量算法等手段进行解决，这里主要研究在全空间中数据簇不存在的情况下，如何对高维数据进行聚类的问题。根据高维空间的特点，高维数据的聚类要么采用非距离函数的相似性度量方法，要么采用非全空间（子空间）的距离函数方法。由此产生了两类高维数据聚类方法：子空间聚类和基于对象相似性的聚类。

在高维全空间中没有簇的存在，也就是说，在这样的高维空间中，并不是所有的维都与给定的簇有关。解决这个问题的方法之一就是，首先拾取密切相关的维，然后在对应的子空间中再进行聚类。传统的特征选择算法可用来确定相关维。然而，在典型的数据挖掘应用中，不同的簇可能对应不同的子空间，并且每个子空间的维数也可能不同。因此，不可能在一个子空间中发现所有的簇。为了解决这个问题，将全空间聚类问题进行推广，称为"子空间聚类"或"投影聚类"，意在发现数据集中的所有的簇以及它所蕴涵的子空间。

（1）子空间聚类

根据子空间聚类算法的特点，将算法划分为重叠划分子空间聚类算法、非重叠划分子空间聚类算法和最优投影聚类算法。

在进行子空间聚类时，可以对全空间包含的所有子空间都进行检查，看其中是否包含簇，最后标识出包含簇的所有子空间及蕴藏于其中的簇，这种聚类算法称为"重叠划分子空间聚类算法"，因为同一个对象可能属于不同子空间中的不同的簇。子空间聚类的算法有 CLIQUE 算法，以及对其进行优化和改进的算法。

给定一个数据集和两个参数：ξ 和 τ，把数据空间 S 的每个维都划分成 ξ 个等长区间，这样就将 S 划分成互不重叠的矩形单元。如果某个单元所包含的数据点的比例高于阈值 τ，则这个单元是稠密的。一个簇就是在一个子空间中相接的稠密单元的并集。需要在不同的子空间中识别稠密单元。CLIQUE 算法可以分成以下三个步骤：寻找稠密单元并识别包含簇的子空间；在选定的子空间中确定簇；用合取范式生成簇的最小描述。虽然从理论上来说，可以在所有的空间中建立密度直方图来识别稠密单元，但当维数很多时，从计算代价上来看这种方法是不可行的。为了缩减搜索空间，CLIQUE 采用一种自底向上的算法，利用一个单调性准则：如果一个点集 D 在 k 维空间 S_k 中是一个簇，那么 D 一定也是 S_k 中任何一个 $k-1$ 维子空间的簇的一部分。算法首先通过数据扫描找到一维的稠密单元，一旦知道 $k-1$ 维稠密单元 D_{k-1}，就可以用一个候选单元生成过程来确定 k 维的候选单元 C_k，然后通过扫描数据，在 C_k 中确定 k 维空间中的稠密单元。算法随着维数的增加重复以上过程，直到没有新的候选单元产生为止。

为了改进 CIJQUE 算法的性能，可以按照数据分布，采用一个自适应的间隔对维进行划分。其过程如下：先对数据进行一遍扫描，在非常小的间隔（如将每个维划分成 1 000 个等间隔单元）上划分、确定每个维的密度直方图，然后将密度相似的区间进行合并，最后得到数目较少的，随数据分布变化的区间划分。注意，这时每个单元的密度阈值要随着单元体积的变化而变化。

无重叠划分子空间聚类算法：如果将一个数据集划分成 K 个互不重叠的子集及对应的 K 个子空间，使得每个数据子集中的对象在其对应的子空间中很紧密地聚集在一起，这种聚类算法称为无重叠划分子空间聚类算法。

PROCLU 算法的基本原理是，用攀山法找到最好的 medoids 集。整个算法分为三步：初始化阶段、循环阶段和聚类提纯阶段。在初始化阶段，先对整个数据集进行随机采样，再用贪婪算法尽可能得到 medoids 集的一个小的超集 M。在循环阶段，先从 M 中随机选取 K 个 medoids，然后不断地用 M 中其他的点替代当前 medoids 集中最坏的点，如果这样得到的 medoids 集比原来的好，就在新得到的 medoids 集上按照上述过程进行下一轮循环，直到经过多次替代都不比当前的 medoids 好为止。同时还计算出对应每个 medoids 的维集。在将点分配到 medoids 时，采用 Manhattan 部分距离。最后在聚类提纯阶段，通过对数据集的一次扫描，使聚类的质量进一步提高。

PROCLUS 算法只能发现轴平行子空间的聚类，但实际上，许多簇存在于非轴平行的子空间中。ORCLUS 采用一个类 K 均值的模型，定义簇就是一个在某个子空间中具有较小的差平方和的点的集合。在算法中，用 SVD 寻找簇蕴藏的子空间，由协方差矩阵中最小的 L 个特征值对应的特征向量组成。算法在开始时建立在大于 L 维的子空间中的多于 K 个的聚类上，然后逐渐减少聚类的数目，同时减少子空间的维数，最终得到 K 个聚类及其对应的 L 维子空间。

最优投影聚类算法：前面两种子空间聚类算法都是要尽量识别数据集中所有的簇和它所在的子空间，但有时只需找出数据集中最好的簇和它所在的子空间即可，称为最投影聚类。

（2）优化的网格分割聚类方法

优化的网格聚类方法关键在于选择合适的切割平面。一个好的切割平面应具备两种特性：一是切割平面位于低密度的区域，二是要尽可能多地分辨数据簇。

在高维空间中确定最优网格分割的一般算法如下：

```
OptiGrid(dataset D,q,min_cut_score)
```
　　//确定一个收缩投影集 $P=\{P_0,...,P_k\}$

　　//计算数据集 D 的所有投影 $P_0(D),...,P_k(D)$

　　//初始化切割平面列表 BEST_CUT<-Φ，CUT<-Φ

```
FOR i= 0 TO k DO
```
　　　　① CUT<-确定 best_local_cuts（$P_i(D)$）

　　　　② CUT_SCORE<-对 best_local_cuts（$P_i(D)$）进行打分

　　　　③ 将所有 score>=min_cut_score 的切割平面放入 BEST_CUT

　　　　如果 BEST_CUT=空，将 D 作为一个数据簇返回

　　　　在 BEST_CUT 中确定 score 最大的 q 个切割平面，并将剩下的删除

　　　　用 BEST_CUT 中的切割平面构造一个多维的网格 G，并将所有的数据点 x 属于 D 都插

入 G 中

　　确定数据簇，即确定含有数据点较多的网格单元，并将其加入数据簇集合 C 中

　　FOR 每个 C_i 属于 C

OptiGrid(C_i,q,min_cut_score)

　　在算法的第①步，需要一个函数为投影产生切割平面的最佳位置。在具体实现时，可以通过扫描将两个密度极大值之间的密度极小值点的位置作为切割平面的最佳位置，同时将每个切割点处的密度值作为该切割平面的 score。注意，在确定切割平面的最佳位置时，应考虑数据集的噪声的水平。另外，在算法中，收缩投影的选择也是一个关键的问题，一般来说，只要是收缩投影，都可以采用，收缩投影可以由 PCA 或 FASTMAP 等技术来确定。最简单的情况是将数据集投影到每个坐标轴上，这时，所有的切割平面都是轴平行的。

　　OptiGrid 算法有两个主要的缺点，一是对输入参数的选择非常敏感，二是没有提供当数据集很大，不能全部放入内存时的处理策略。如将活动采样技术融到网格分割算法中，可以提高算法的可伸缩性，其主要过程如下：

　　① 数据装入缓冲区。如果不能将全部数据装入，则对数据进行随机采样，只将部分数据装入，将这些数据作为一棵树的根部。装入内存的数据称为活动部分。

　　② 计算活动部分的密度直方图。为活动部分确定一个投影集，并计算出沿这些投影的密度直方图。

　　③ 为活动部分找到最佳的分割点。在每个密度直方图中试图找到中间有一个低谷的两个高峰，如果低谷与高峰差别显著，就把这个低谷点作为分割点。统计的显著性用标准的 χ^2 分布进行测试：

$$\chi^2 = \frac{2(\text{observed-expected})^2}{\text{expected}} \geq \chi^2_{\alpha,1}$$

这里，observed 值为低谷处的密度，而 expected 值为低谷处的密度和两个高峰中较低者处的密度的平均值。当置信度为水平 95% 时，$\chi^2_{0.05,1} = 3.843$。

　　④ 标识含糊和"冻结"的部分。如果没有找到合适的分割点，算法检查是否可以在较低的置信度水平（如 90%）上找到分割点，如果找到了，则认为当前的部分是含糊的，需要更多的数据来评估该分割点的质量；如果没有找到，并且该部分也不是含糊的，则将该部分标识为"冻结的"，并且对相关的记录进行标识，将其从活动缓冲区中删除。

　　⑤ 对活动部分进行分裂。如果有分裂点存在，数据点就沿着分割平面分裂成两个新的活动部分，对每个部分再从第②步开始循环执行。

　　⑥ 重新装载缓冲区。重新装载缓冲区发生在当前缓冲区所有递归划分完成以

后，如果所有当前部分都被标识为"冻结的"或者没有更多的数据点可以利用，算法结束。如果某些部分被标识为"含糊的"，并且还有其他没有处理过的数据存在，就执行重新装载缓冲区。新的数据代替属于"冻结"部分的数据。当新的记录被读入时，只有落在"含糊"部分的数据点被放入缓冲区，而落在"冻结"部分的数据不放入缓冲区。如果活动缓冲区重新被填满，或者数据集中的所有数据都已处理完毕，数据读入动作停止。一旦重新装载缓冲区完成以后，算法重新从第②步开始执行。

（3）基于对象相似性的高维数据聚类算法

由于在高维空间中，基于全空间的距离函数会失效，自然想到用其他度量方式，如相似性度量函数来进行聚类。但是一般的相似性度量函数不满足三角不等式，因此，不能将原来基于距离的聚类算法照搬到基于相似性的算法中来。做法是，先将原始的高维特征空间影射到适当的相似空间，生成加权的无向图，然后用图的分割算法对图进行分割，形成聚类。

图 2-12 给出了基于对象相似性的聚类的总体框价。一组原始对象描述（输入空间 I）首先通过特征抽取得到向量空间描述（特征空间 F），再转换到对象关系描述（相似空间 S），最后得到聚类的结果（输出空间 O）。设有 n 个对象，算法的第一步为特征抽取，为每个对象抽取 d 个特征，形成 $n{\times}d$ 的特征矩阵，接下来是采用某个相似性度量函数，将 $n{\times}d$ 的特征矩阵变换为 $n{\times}n$ 的相似性矩阵，根据相似性矩阵构造一个加权联结图，最后采用图的分割算法对对象进行聚类。

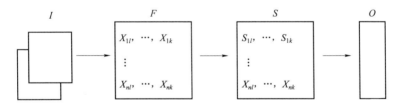

图 2-12　基于对象相似性的聚类算法框架

高维数据对传统的聚类算法提出了挑战。高维不仅影响聚类算法的可伸缩性，而且在低维空间中广泛采用的基于 L_k 距离和密度的聚类的概念由于高维空间的稀疏性也常常失去了意义。因此，除了采取有效的手段提高聚类算法的效率外，更重要的是对原来聚类的概念进行重新定义。本节将高维聚类算法分为子空间聚类、优化的网格分割聚类和基于对象相似性的聚类。子空间聚类在高维全空间不存在有意义簇的情况下，转而在子空间中寻求有意义的簇，这些在子空间中的簇大多还是基于距离或密度的概念。优化的网格分割聚类算法用多个经过认真选择的超平面将数据空间划分成多个分离的区域，每个区域中的数据组成一个数据簇。

而基于对象相似性的聚类算法完全抛弃传统的 L_k 距离和密度的概念，用其他相似性度量函数来衡量对象之间的相似性，然后根据这种相似性对对象进行聚类。

3. 高维数据降维

降维就是，已知高维数据点的 K 个特征，要求从中提取 k（$k \ll K$）个特征来代表这些数据。提取出的特征要尽可能保持这些数据点之间的距离，从而保持其特性。数据降维常用的两类方法是特征选择和特征变换。

特征选择是模式识别与数据挖掘领域的重要的数据处理方法之一。随着模式识别与数据挖掘研究的深入，研究对象越来越复杂，对象的特征维数越来越高。大量高维数据对象的特征空间中含有许多冗余特征甚至噪声特征，这些特征一方面可能降低分类或聚类的精度，另一方面会大大增加学习及训练的时间及空间复杂度。因此，在进行高维数据分类或聚类时，通常需要运用特征选择算法找到具有较好可分性的特征子空间，从而实现降维，降低机器学习的时间及空间复杂度。根据是否依赖机器学习算法，特征选择算法可以分为两大类：一类为 wrapper 型算法，另一类为 filter 型算法。filter 型特征选择算法独立于机器学习算法，具有计算代价小、效率高，但降维效果一般等特点；wrapper 型特征选择算法需要依赖某种或多种机器学习算法，具有计算代价大、效率低，但降维效果好等特点。从优化的观点来看，特征选择问题实际上是一个组合优化问题。解决该问题的方法通常有遍历搜索、随机搜索及启发式搜索等。遗传算法在组合优化问题中也有着广泛的应用，属于随机搜索方法。近年来，随着对特征选择方法研究的深入，基于遗传算法的特征选择问题也得到了广泛的研究及应用。

特征变换是指，将原有的特征空间进行某种形式的变换，以得到新的特征。主成分分析是这类方法中最著名的算法，该算法对许多学习任务都可以较好地降维，但是特征的理解性很差，因为，即使简单的线性组合也会使构造出的特征难以理解，而在很多情况下，特征的可理解性是很重要的。另外，由于特征变换的新特征通常是由全部原始特征变换得到的，从数据收集的角度来看，并没有减少工作量。

高维数据降维的两个主要模型：

（1）过滤模型

过滤模型的基本思想是：根据训练数据的一般特性进行特征选择，在特征选择的过程中并不涉及任何学习算法。早期的过滤算法依赖于标记数据，通过分析标记数据，决定哪些特征在区分类标签时最有用，因此，传统过滤模型只适用于有指导的学习。随着应用领域的扩展，在很多数据挖掘应用中无法获得类标签，因此，将传统过滤模型结合聚类思想，如层次聚类、分割聚类、光谱聚类、矩阵分解算法等，可以产生许多新的适合无指导学习的过滤模型。目前，国际上常用的基于过滤模型的特征选择算法主要有两类，即特征权重和子集搜索。这两类算法的不同之处在于，是对单个特征进行评价还是对整个特征子集进行评价。特征权重算法为每个特征指定一个权值，并按照其与目标概念的相关度进行排序，如果一个特征的相关度权值大于某个阈值，则认为该特征优秀，并且选择该特征。特征权重算法的缺点在于：可以捕获特征与目标概念间的相关性，却不能发现特征间的冗余性。经验证明，不仅无关特征对学习任务有影响，冗余特征同样会影响学习算法的速度和准确性，故应尽可能消除冗余特征。考虑到各种过滤方法各有优劣，可以使用多层过滤模型以消除无关特征和冗余特征。多层过滤模型不仅能够保留各种过滤算法的优点，而且该模型易于理解和执行。对于无关特征和冗余特征的消除次序，模型中没有明确限定，可以根据数据集合的特点以及应用特性，选择适合的过滤算法及过滤步骤。

（2）包裹模型

包裹模型最早由 Kohavi 和 John 提出，最初思想为，依据一个有指导的归纳算法，搜索最佳特征子集。对于每一个新的特征子集，包裹模型都需要学习一个假设（或一个分类器、包裹器），即需要元学习者遍历特征集合空间，并利用该学习算法的性能来评价和决定选择哪些特征。目前的研究中，包裹模型的搜索过程主要依据一个聚类算法。大多数聚类算法都要求用户给出簇的数目，并且只是通过简单的排序选择特征词，而不考虑特征词在聚类过程中的影响。包裹模型包含聚类过程反馈，将聚类执行效果量化为性能指数，通过最大化该性能指数，更好地找出那些更适合预定学习算法的特征，具有较高的学习性能。基于模式选择的聚类有效性算法的主要思想是：首先从整个文档集出现的所有词汇中选择活跃词汇，然后对每一个可能的簇数目值，使用无指导的特征选取算法精炼活跃词汇集，再利用算法对簇结构进行评估，从中选择最满足簇有效性标准的特征子集和簇的个数。

包裹模型需要解决的两个主要问题是：找出与特征选择相关的簇的个数；规范化特征选择标准与维度的偏差。在这方面比较著名的算法有，基于期望值最大化的特征子集选择。该算法使用前序搜索（SFS）对特征集合进行贪婪选择，从零个特征开始依次增添新的特征，新添特征在结合已选特征时，应能够提供最大的评估值。虽然 SFS 不是最优搜索算法，但是因为其简单有效而被广泛使用。可以针对不同的应用，选择更加合适的搜索策略，如穷尽搜索、完全搜索、启发式搜索、概率搜索、混合搜索，以及聚类和特征选择评估标准用于包裹模型中。通常，包裹模型的计算复杂度要比滤模型高得多，在处理现实问题时，特征数量会变得非常大，因此，通常为了计算效率而选择过滤模型。近几年来，随着网络信息资源的研究的发展，包裹模型的应用主要集中在对 Web 数据等半结构化、无结构数据的信息抽取研究等领域。

2.10 本章小结

生物信息处理依赖于强有力的分析技术与工具，数据挖掘、知识发现等技术是生物信息处理的关键技术。本章讨论了数据处理的知识基础，阐述了概率论基础，详细分析了数据分类分析算法，包括 K 近邻算法、决策树算法、SVM 算法、贝叶斯网络算法和 BP 神经网络算法，分析了数据聚类分析算法，包括 K 均值算法、自组织映射算法和主成分分析算法，分析了关联规则发现和隐马尔科夫模型，最后分析了高维数据处理的相关问题。

思考题

1. 数据预处理的目的和意义是什么？主要方法有哪些？
2. 简述数据分类的主要方法及其特点。
3. 支持向量机与统计模型的区别是什么？简述其优缺点。
4. 简述贝叶斯网络的推理过程，分析其与动态贝叶斯的区别和联系。
5. 简述聚类分析和分类分析的区别和联系。
6. 关联规则挖掘常常产生大量规则，讨论可以用来减少产生规则的数据并且仍然保留大部分有趣规则的方法。
7. 简述隐马尔科夫模型解决的三个主要问题。
8. 简述高维数据的特点、难点及其特殊处理方法。

第 **3** 章

序列比对方法

3.1 引言

比对是科学研究中最常见的方法，是通过将研究对象相互比较来寻找对象可能具备的特性。在生物信息处理领域，比对是最常用和最经典的研究手段之一。比较未知序列与已知序列的相似性是生物信息处理的主要研究手段，为研究这些生物大分子在结构、功能以及进化上的联系提供了重要的参考依据。分子生物学家在研究一个新序列时，通常想知道它与已知序列在结构或功能方面的关系，并以此推断新序列的结构和功能，最后通过实验手段来验证这些推断。因此，要将所有相关序列并列排在一起，希望不同序列中的同源残基能排在同一列上，以确定这些序列之间的相似区域，这是理论分析方法中最关键的一步。生物信息处理中常使用序列比对方法来完成这一相似性的比较研究。由此可见，序列比对，特别是多序列比对算法的研究，在生物信息处理领域具有极其重要的意义。

本章主要内容包括序列比对知识基础、双序列比对、多序列比对和应用实例分析。

3.2 序列比对知识基础

组成生物 DNA 序列的是腺嘌呤、鸟嘌呤、胞嘧啶和胸腺嘧啶四种核苷酸，分别记为 A、G、C 和 T。生物的蛋白质是由 20 种氨基酸构成的多肽链，记为 A、R、N、D、C、Q、E、G、H、I、L、K、M、F、P、S、T、W、Y、V。在认识 DNA 和蛋白质的化学性质之后不久，人们发现，用单个字母来代表链的结构是很方便的，这种方式不仅可以节约存储空间，而且为共享信息的序列信息提供了更为简单的形式。它表现出了分子独特性和准确性，并且忽略了实验时无法访问的细节（比如 DNA 和许多蛋白质的原子结构）。序列比对正是在这种基础上建立起来的。

3.2.1　基本概念

序列比对，就是运用某种特定的数学模型或算法，找出两个或多个序列的最大匹配碱基或残基数，比对的结果反映了序列之间的相似性关系及其生物学特征。序列比对的数学定义如下。

定义：序列比对问题可以表示为一个五元组 MSA=(Σ',S,A,F)，其中：

① $\Sigma'=\Sigma\cup\{-\}$ 为序列比对的符号集，"–"表示空位，Σ 表示基本字符集，对于 DNA 序列，$\Sigma=\{a,c,g,t\}$，代表四个碱基；对于蛋白质序列，Σ 由 20 个字符组成，每个字符代表一种氨基酸残基。

② S 为序列集，每个序列由数量不等的字符组成。$S=\{S_i|i=1,2,\cdots,m\}$，$S_i=(c_{i1},c_{i2},\cdots,c_{il})^{\mathrm{T}}$，其中 $c_{ij}\in\Sigma$，L_i 为第 i 个序列的长度。

③ 矩阵 $A=(a_{ij})_{m\times n}$，$a_{ij}\in\Sigma'$ 是序列集 S 的一个比对结果。

其中，矩阵的第 i 行是参与比对的第 i 个序列的扩张序列（即插入空位的序列，如果移去所有的"–"，可得到原来的序列），矩阵中的列不允许同时为"–"。

④ F 是比对 A 的相似性度量函数，用来表示比对 A 中各扩张序列的相似度。

⑤ 序列比对问题 MSA，就是通过适当的空位插入，构建一个使相似性度量函数 $F(A)$ 达到最大的比对 A。

由上述定义可知，序列比对问题就是通过适当的空位插入来模拟生物分子进化过程中的突变现象，从而反映它们间的进化关系。

序列比对是生物信息处理中最基本、最重要的操作，通过序列比对可以发现生物序列功能、结构和进化的信息。序列比对的根本任务，是通过比较生物分子序列，发现其相似性，找出序列之间共同的区域，同时辨别序列之间的差异。

在分子生物学中，DNA 或蛋白质的相似性是多方面的，可能是核酸或氨基酸序列相似，可能是结构相似，也可能是功能相似。一个普遍的规律是，序列决定结构，结构决定功能。

研究序列相似性的目的之一，是通过相似的序列得到相似的结构或相似的功能。这种方法在大多数情况下是成功的。当然，也存在着这样的情况，即两条序列几乎没有相似之处，但分子却折叠成相同的空间形状，并具有相同的功能。这里先不考虑空间结构或功能的相似性，仅研究序列的相似性。另一个目的是，通过考察序列的相似性，判别序列的同源性，推测序列之间的进化关系。这里，将序列看成由基本字符组成的字符串，无论核酸序列还是蛋白质序列，都是特殊的字符串。

3.2.2　基本原理

序列之间存在相似性，序列的相似性可以是定量的数值，也可以是定性的描述。相似度是一个数值，反映两条序列的相似程度。关于两条序列之间的关系，有许多名词，如相同、相似、同源、同功、直向同源、共生同源等。在进行序列比较时，经常使用"同源"和"相似"这两个经常容易被混淆的不同概念。两条序列同源，是指它们具有共同的祖先，在这个意义上，无所谓同源的程度。两条序列不具有共同祖先，就是不同源。而相似则是有一定程度的差别，如两条序列的相似程度达到30%或60%。一般来说，相似性很高的两条序列往往具有同源关系。但也有例外，即两条序列的相似性很高，但可能并不是同源序列，其相似性可能是由随机因素产生的，这在进化上称为"趋同"，这样一对序列可称为同功序列。直向同源序列是来自不同种属的同源序列，而共生同源序列则是来自同一种属的序列，由进化过程中的序列复制产生，如图 3-1 所示。

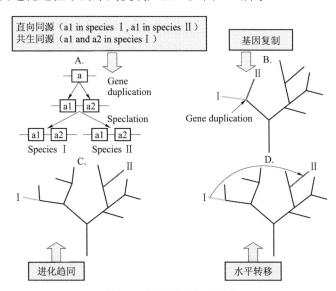

图 3-1　同源序列比对示意

序列比对的基本操作是比对。进行两条序列比对操作，是指对这两条序列中的各个字符建立某种一一对应关系。序列比对是一种对序列相似性的定性描述，反映在什么部位两条序列相似，在什么部位两条序列存在差别。最优比对揭示两条序列的最大相似程度，指出序列之间的根本差异。

3.2.3　序列比对打分

1. 打分规则

为了将生物序列比对结果量化，引入分数机制对序列比对进行打分，以得到最优的序列比对。引入空位后，根据不同的比对情况，可以得到序列比对得分。打分规则定义如下：

$$\text{Score}(s_1, s_2) = \sum_{i=1}^{n} \begin{cases} +k_1, s_1[i] = s_2[2] \\ -k_2, s_1[i] \neq s_2[i] \\ -k_3, s_1[i] = -\text{或}s_2[i] = - \end{cases} \tag{3-1}$$

其中，$k_i \geqslant 0 (1 \leqslant i \leqslant 3)$，分别代表了匹配、失配和空位的情况。从式（3-1）可以看出，匹配将得到一个正的分数，而失配或空位将得到 0 分或负分。由于可能的序列比对情况千变万化，不同的比对可能得到相同的分数。

不同的序列比对算法模型可能取不同的 k_i 值，但值得注意的是，空位罚分比失配罚分要多，这是因为，从生物进化的过程来说，插入和删除是比突变概率更小的事件，从进化路径上应该优先考虑大概率的情况。因此，连续的插入-删除是不被允许的，因为它可以被得分更高的一个失配来代替。具体说明如图 3-2 所示。

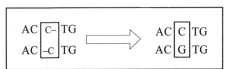

图 3-2　连续插入、删除被一个失配替代

根据式（3-1）基本的打分规则，连续 g 个空位，其罚分为 $\gamma(g) = -gk_i$，即将所有的空位一视同仁，没有差异。然而，在生物序列比对中，新空位的引入是不被鼓励的，更倾向于引入连续的空位，而不是新出现的空位。为了表现对连续空位的鼓励，仿射函数被引入打分规则中，以表明空位罚分，如式（3-2）所示。

$$\gamma(g) = -d - (g-1)e \tag{3-2}$$

其中，$d > 0$ 是起始空位罚分，g 是连续空位的个数，e 是连续空位罚分值，$0 < e < d$。由于 $e < d$，后来连续出现的空位罚分值将小于起始（即新出现）的空位罚分值。例如，设 $d=2$，$e=1$，仍然取 $k_1 = 1$，$k_2 = 0$，则从左至右比对得分将是 -3，-1 和 $+1$，也就是说，对于中间和右边两种不同的比对，更倾向于后者。

2. 替换矩阵

失配发生概率远大于出现空位的概率。在式（3-1）这种简单的打分规则中，每一个失配的字符，其罚分都是相同的，但通过对生物序列进化过程的研究，可以发现，某些替换比其他替换发生的概率更高，这种情况既出现在 DNA 序列上，也出现在氨基酸序列上。显然，替换概率高的失配应有更少的罚分，为了表示这种不同，使用替换矩阵来为每种不同的替换进行单独打分。

DNA 序列的替换矩阵相对比较简单。目前有 3 种常见的 DNA 替换矩阵：单位矩阵、BLAST 矩阵和转换-颠换矩阵。单位矩阵是最简单的替换矩阵，规则为匹配得分为 1，失配得分为 0，表现在矩阵上即为单位矩阵，如图 3-3 所示。

BLAST 矩阵是目前应用最广的序列比对算法，其规则是匹配得分+5，失配罚分−4，如图 3-4 所示。

转换-颠换矩阵是根据 DNA 双螺旋结构中 A 与 G 对应、C 与 T 对应的关系而来，即这两对转换造成的失配罚分（−1）要比其他变化（称为"颠换"）（−5）少，而匹配得分仍然为 1。矩阵形式如图 3-5 所示。

$$
\begin{array}{c}
\begin{array}{cccc}
\text{A} & \text{T} & \text{C} & \text{G}
\end{array}\\
\begin{array}{c}\text{A}\\\text{T}\\\text{C}\\\text{G}\end{array}
\begin{bmatrix}
1 & 0 & 0 & 0\\
0 & 1 & 0 & 0\\
0 & 0 & 1 & 0\\
0 & 0 & 0 & 1
\end{bmatrix}
\end{array}
\qquad
\begin{array}{c}
\begin{array}{cccc}
\text{A} & \text{T} & \text{C} & \text{G}
\end{array}\\
\begin{array}{c}\text{A}\\\text{T}\\\text{C}\\\text{G}\end{array}
\begin{bmatrix}
5 & -4 & -4 & -4\\
-4 & 5 & -4 & -4\\
-4 & -4 & 5 & -4\\
-4 & -4 & -4 & 5
\end{bmatrix}
\end{array}
\qquad
\begin{array}{c}
\begin{array}{cccc}
\text{A} & \text{T} & \text{C} & \text{G}
\end{array}\\
\begin{array}{c}\text{A}\\\text{T}\\\text{C}\\\text{G}\end{array}
\begin{bmatrix}
1 & -5 & -5 & -1\\
-5 & 1 & -1 & -5\\
-5 & -1 & 1 & -5\\
-1 & -5 & -5 & 5
\end{bmatrix}
\end{array}
$$

图 3-3　替换矩阵：　　　　图 3-4　替换矩阵：　　　　图 3-5　替换矩阵：
　　　单位矩阵　　　　　　　　BLAST 矩阵　　　　　　　转换-颠换矩阵

构成蛋白质的氨基酸序列的替换矩阵则较为复杂。两种不同的因素，即化学/物理的相似性和替换概率产生了两种目前使用最广的氨基酸序列替换矩阵 PAM 和 BLOSUM。PAM 矩阵通过统计相似序列比对中替换发生率来进行打分，这种基于统计替换概率的替换矩阵叫作"点接受突变"（Point Accepted Mutation，PAM）。首先构造一个序列相似度很高（一般大于 85%）的比对，接着计算每个氨基酸 j 的相对突变率 m_j。相对突变概率，是指某种氨基酸被其他任意氨基酸替换的次数。然后，对于每对氨基酸 i 和 j，计算 j 被 i 替换的次数 a_{ij}。最后，得到基本 PAM 矩阵（表示为 PAM1）第 i、j 个元素 $R_{ij} = \lg(a_{ij} / m_j)$，显然 PAM 矩阵是一个对称矩阵，且 $R_{ij} \leqslant 0(i \neq j)$，$a_{ij}$ 越大，R_{ij} 越接近于 0，从而出现次数较多的替换将得到较少的罚分。PAM1 适用于亲缘关系非常近、相似度非常高的序列。可以将 PAM1 与自身相乘，得到更高阶的 PAM 矩阵（表示为 PAMn=PAM1$'$），用来比较亲缘关系较远的序列。可以根据序列的长度及序列间的先验相似度来选择特定的 PAM 矩阵。实践中，用得最多同时又比较折中的矩阵是 PAM250，如图 3-6 所示（为方便计算，将 $R_{ij} \times 10$ 并取整处理）。替换矩阵的提出是对打分规则的进一步加强，是任意两个生物序列字符（DNA 或蛋白质）匹配和失配时的得分规则。根据对生物序列同源性的先验估计，可以采用不同的替换矩阵进行打分。

	A	R	N	D	C	Q	E	G	H	I	L	K	M	F	P	S	T	W	Y	V
A	2	-2	0	0	-2	0	0	1	-1	-1	-2	-1	-1	-4	1	1	1	-6	-3	0
R	-2	6	0	-1	-4	1	-1	-3	2	-2	-3	-1	-2	-4	-1	1	0	2	-4	-2
N	0	0	2	2	-4	1	1	0	2	-2	-3	1	-2	-4	-1	1	0	-4	-2	-2
D	0	-1	2	4	-5	2	3	1	1	-2	-4	0	-3	-6	-1	0	0	-7	-4	-2
C	-2	-4	-4	-5	4	-5	-5	-3	-3	-2	-6	-5	-5	-4	-3	0	-2	-8	0	-2
Q	0	1	1	2	-5	4	2	-1	3	-2	-2	1	-1	-5	0	-1	-1	-5	-4	-2
E	0	-1	1	3	-5	2	4	0	1	-2	-3	0	-2	-5	-1	1	0	-7	-4	-2
G	1	-3	0	1	-3	-1	0	5	-2	-3	-4	-2	-3	-5	-1	1	0	-7	-5	-1
H	-1	2	2	1	-3	3	1	-2	6	-2	-2	0	-2	-2	0	-1	-1	-3	0	-2
I	-1	-2	-2	-2	-2	-2	-2	-3	-2	5	2	-2	2	1	-2	-1	0	-3	0	-2
L	-2	-3	-3	-4	-6	-2	-3	-4	-2	2	6	-3	4	2	-3	-3	-2	-2	-1	2
K	-1	3	1	0	-5	1	0	-2	0	-2	-3	5	0	-5	-1	0	0	-3	-4	-2
M	-1	0	-2	-3	-5	-1	-2	-3	-2	2	4	0	6	0	-2	-2	-1	-4	-2	2
F	-4	-4	-4	-6	-4	-5	-5	-5	-2	1	2	-5	0	9	-5	-3	-2	0	7	-1
P	1	0	-1	-1	-3	0	-1	-1	0	-2	-3	-1	-2	-5	6	1	0	-6	-5	-1
S	1	0	1	0	0	-1	0	1	-1	-1	-3	0	-2	-3	1	3	1	-2	-3	-1
T	1	-1	0	0	-2	-1	0	0	-1	0	-2	0	-1	-2	0	1	3	-5	-3	0
W	-6	2	-4	-7	-8	-5	-7	-7	-3	-5	-2	-3	-4	0	-6	-2	-5	17	0	-6
Y	-3	-4	-2	-4	0	-4	-4	-5	0	-1	-1	-4	-2	7	-5	-3	-3	0	10	-2
V	0	-2	-2	-2	-2	-2	-2	-1	-2	4	2	-2	2	-1	-1	-1	0	-6	-2	4

图 3-6　PAM250 矩阵

另一种常用的氨基酸替换矩阵是 BLOSUM 矩阵，如图 3-7 所示。BLOSUM

	C	S	T	P	A	G	N	D	E	Q	H	R	K	M	I	L	V	F	Y	W
C	9	-1	-1	-3	0	-3	-3	-3	-4	-3	-3	-3	-3	-1	-1	-1	-1	-2	-2	-2
S	-1	4	1	-1	1	0	1	0	0	0	-1	-1	0	-1	-2	-2	-2	-2	-2	-3
T	-1	1	4	1	-1	1	0	1	0	0	0	-1	0	-1	-2	-2	-2	-2	-2	-3
P	-3	-1	1	7	-1	-2	-1	-1	-1	-1	-2	-2	-1	-2	-3	-3	-2	-4	-3	-4
A	0	1	-1	-1	4	0	-2	-1	-1	-1	-2	-1	-1	-1	-1	-1	-2	-2	-2	-3
G	-3	0	1	-2	0	6	-2	-1	-2	-2	-2	-2	-2	-3	-4	-4	0	-3	-3	-2
N	-3	1	0	-2	-2	0	6	1	0	0	1	0	0	-2	-3	-3	-3	-3	-2	-4
D	-3	0	1	-1	-2	-1	1	6	2	0	-1	-2	-1	-3	-3	-4	-3	-3	-3	-4
E	-4	0	0	-1	-1	-2	0	2	5	2	0	0	1	-2	-3	-3	-3	-3	-2	-3
Q	-3	0	0	-1	-1	-2	0	0	2	5	0	1	1	0	-3	-2	-2	-3	-1	-2
H	-3	-1	0	-2	-2	-2	1	1	0	0	8	0	-1	-2	-3	-3	-3	-1	2	-2
R	-3	-1	-1	-2	-1	-2	0	-2	0	1	0	5	2	-1	-3	-2	-3	-3	-2	-3
K	-3	0	0	-1	-1	-2	0	-1	1	1	-1	2	5	-1	-3	-2	-3	-3	-2	-3
M	-1	-1	-1	-2	-1	-3	-2	-3	-2	0	-2	-1	-1	5	1	2	-2	0	-1	-1
I	-1	-2	-2	-3	-1	-4	-3	-3	-3	-3	-3	-3	-3	1	4	2	1	0	-1	-3
L	-1	-2	-2	-3	-1	-4	-3	-4	-3	-2	-3	-2	-2	2	2	4	3	0	-1	-2
V	-1	-2	-2	-2	0	-3	-3	-3	-2	-2	-3	-3	-2	1	3	1	4	-1	-1	-3
F	-2	-2	-2	-4	-2	-3	-3	-3	-3	-3	-1	-3	-3	0	0	0	-1	6	3	1
Y	-2	-2	-2	-3	-2	-3	-2	-3	-2	-1	2	-2	-1	-1	-1	-1	-1	3	7	2
W	-2	-3	-3	-4	-3	-2	-4	-4	-3	-2	-2	-3	-3	-1	-3	-2	-3	1	2	11

图 3-7　BLOSUM62 矩阵

是利用统计聚类技术对相关蛋白质的无空位比对进行分析得到的。与 PAM 不同的是，低阶 BLOSUM 用于亲缘关系较远的序列，而高阶用于亲缘关系较近的序列。一般用得比较多的是 BLOSUM62 矩阵，其用于比较具有 62%先验相似度的序列。

3.3　主要技术方法及分析

现有的比对算法有许多种，常见算法包括：隐马尔科夫模型；结合空位罚分函数的全局动态规划双序列比对算法，如 ALIGN；序列与谱相比对的算法，如 PSI-BLAST；基于局部结构预测的双序列比对算法，如 MSA；多序列比对的 Cluster 算法和采用启发式算法的双序列比对的 BLAST 算法。

对单条序列和谱进行比较，通常使用 Smith 和 Waterman 的局部同源方法。而对于点阵图和数据库搜索，使用前向或后向矩阵方法。为了简化对结果的分析，可以省略回溯过程。对于点阵图方法，只有最高的得分或者高于某个阈值的得分被保留下来。

双序列比对按照所比对序列的长度，可以分为全局比对和局部比对。全局比对是比对结果包含所比较序列全长范围内所有位点的比对，适用于相似性水平高的同源序列，是分子系统学中最常用的比对方法。局部多序列比对算法结合了基于统计学的理论方法。局部比对，是指对相似性水平较高的局部片段进行比对的方法，适用于相似性水平较低的同源分子。通过随机取样，可以减少必须搜索的比对区域，通过期望值最大算法可识别保守区域。保守区域指那些虽然有共同序列模式，但其间关系不容易被直观发现的蛋白质序列片段。这种方法经过两步迭代完成。首先，计算在序列任何位置上发现位点的可能性；然后，利用第一步中统计出来的数据更新以前的数据集。易于识别的模体含有较高的信息，即熵。利用这一性质的序列比对方法有 Cluster、COMPASS 以及 MSA 中基于预测局部结构的双序列比对方法。

典型的全局比对算法是 Needleman-Wunsch 算法，适用于全局水平上相似性程度较高的两个序列。局部比对算法的基础是 Smith-Waterman 算法，适用于亲缘关系较远、整体相似性较低而在一些较小区域上存在局部高相似性的两个序列。在生物学中，局部比对比全局比对更具有现实意义。两条 DNA 长序列可能只在很小的区域内（密码区）存在关系。不同家族的蛋白质往往具有功能和结构相同的一些区域。

总体来说，序列对比算法有很多种，如上面介绍的动态规划全局比对算法、

Smith-Waterman 算法、FASTA 算法、BLAST 算法、MUMmer 算法、PatternHunter 算法以及遗传算法等。生物信息处理研究的重点就是从核酸和蛋白质序列出发，分析序列的表达结构和功能等生物信息。而在序列分析中，将未知序列同已知序列进行相似性比较是一种强有力的研究手段，从序列的片段测定、拼接、基因的表达进行分析，到 RNA 和蛋白质的结构功能预测。生物信息处理中，序列比对算法的研究具有非常重要的理论意义和实践意义。

3.4 双序列比对

3.4.1 Smith-Waterman 算法

Smith-Waterman 算法是双序列比对算法中最基本的算法，其他很多双序列比对算法都是在此基础上加入了一些启发式的思想开发的，主要目的是减少序列比对的时间消耗。Smith-Waterman 算法由 Smith 和 Waterman 于 1981 年提出，其基本思想是基于动态规划。

对于两个序列 S 和 T，令[S]和[T]分别为序列 S 和 T 的长度，$S[i]$和 $T[j]$（其中正整数 i，j 满足 $0 < j[S]$和 $0 < j[T]$）都属于字符集 $\Omega=\{A,T,C,G,-\}$，对 Ω 中的全部元素和空符号，设计记分函数，依次计算 $S[i]$和 $T[j]$的记分值来比较序列间的同一性。

记分函数实质上就是动态规划中的指标函数。根据动态规划算法，下面应该在比对过程中递归出两个序列，直到得到整个过程的最佳配对方式和最佳的记分函数值，这里称最佳的记分函数为打分矩阵，实质上是动态规划中的最优指标函数。打分矩阵在(i,j)处的元素为 $F(i,j)$，表示序列 S 的前缀 $S[1]S[2]\cdots S[i-1]S[i]$和序列 T 的前缀 $T[1]T[2]\cdots T[j-1]T[j]$之间的最佳相似性比较的得分。

整个算法的关键是记分函数和基本递归方程。对 Smith-Waterman 算法的改进也主要在这两个方面。该算法的优点是，能够完全地模拟出三种生化操作，得出最为准确的比对结果。其缺点是，由于计算量大，时间和空间的消耗太大。

Smith-Waterman 算法简单描述为：

① 为每一碱基对或残基对赋值。相同或类似的赋正值，不同或有空位的赋负值。

② 用 0 对矩阵边缘单元初始化。

③ 矩阵中得分值相加，任何小于 0 的得分值均用 0 代替。

④ 通过动态规划的方法，从矩阵中的最大分值单元开始，回溯寻找。

⑤ 继续，一直到分值为 0 单元为止，此回溯路径的单元即为最优比对序列。

3.4.2 FASTA 算法

FASTA 算法于 1985 年由 Pearson 和 Lipman 提出，1988 年又做了进一步改进，称为双序列比对启发式算法。其基本思想是：一个能揭示出真实序列关系的比对，至少包含一个两个序列都拥有的字（片段），把查询序列中的所有字编成 Hash 表，然后在数据库搜索时查询这个 Hash 表，以检索出可能的匹配，这样那些命中的字就能很快地被鉴定出来。此算法的优点是计算时间大大减少，能够令人满意，但结果还是不够精准。

FASTA 算法实际上是根据点阵图逻辑，从比对的所有结构中计算出最佳的对角线。使用字符方法进行查询字符和测试序列的精确匹配。在发现所有的对角线之后，通过增加空位来连接对角线。在最佳对角线区域中计算出比对结果。

FASTA 算法过程可简单描述为：

① 根据点阵图逻辑，从比对的所有结构中计算出最佳的对角线。

② 使用字符方法进行查询字符和测试序列的精确匹配。

③ 在发现所有的对角线之后，通过增加空位来连接对角线。

④ 在最佳对角线区域中计算出比对结果。

3.4.3 BLAST 算法

BLAST 算法由 Altschul 等人于 1990 年提出，该算法结合了一种短片段匹配和统计模型，利用有效的统计分析找出目的序列和数据库的最佳局部比对。其基本思想是，通过产生数量更少但质量更高的增强点来提高速度。该算法的实验效果比 FASTA 的略有提高。

BLAST 算法从两个序列中找出一些长度相等且可以形成无空位完全匹配的子序列，即序列片段对。找出两个序列之间所有匹配程度超过一定阈值的序列片段对。将得到的序列片段对根据给定的相似性阈值进行延伸，得到一定长度的相似性片段，即高分值片段对。

BLAST 算法过程可简单描述为：

① 由于生物信息序列是一串无标点标注的字符串，所以，要进行检索，首先应将一条长的序列按有关算法 "断词"，生成词 word，然后用形成的大量 word 去比对分析有关数据库。

② 数据库中的序列如与提交序列的大量的 word 匹配，得分（权重）增加，在排序时列在前面。

③ BLAST 生成 word 的过程也非常简单，即按固定长度（字母个数）对序列

依次分割，生成大量的 word。

④ word 的长度如为 1，即将序列分割成了单个字母进行检索，这样就失去了序列的意义，所以 word 不是单个字母，而必须有一定的长度。由于序列片段具有特异性，片段越长，序列特异性越高，所以 word 越长，搜索命中的概率就越小，命中的灵敏率就越高。

3.4.4　MUMmer 算法

人类基因的 DNA 序列具有几千万甚至上亿个碱基，单个蛋白质的序列具有几万个残基，全基因组序列碱基数目则更为庞大，且基因组序列中有大量较长的删除和插入片段以及各种重复片段和转座子，这些为全基因组序列的比对带来了巨大的挑战，大规模序列比对的主要障碍是计算的时间和空间复杂度。基于此，Delcher 于 1999 年提出了适用于全基因组比对的 MUMmer 算法。

MUMmer 算法是一种基于后缀树数据结构的方法。其基本思想是，首先识别查询序列和目标序列的最大匹配片段（Maximal Unique Matches，MUMs），该片段在基因组 A 和基因组 B 中各仅出现一次，且不包含在其他更长的 MUMs 片段中（利用后缀树的数据结构有效地将算法的时间和空间复杂度由 $O(N^3)$ 降到了 $O(N)$）。然后对识别出的 MUMs 进行排序，采用 LIS（Longest Increasing Subsequnce）算法。最后分别考虑重复片段、单核酸多态性、插入事件和变化较大的区域等，填充空位。

与 BLAST 算法相比，MUMmer 的后缀树法在速度上快得多，且能处理大量的插入和删除片段，能识别重复片段和单核酸多态性等多种全基因组序列中的复杂片段。但是它的最大限制在于，仅能处理具有较高相似性的全基因组序列的比对。

MUMmer 算法过程可简单描述为：

① 识别查询序列和目标序列的最大匹配片段。

② 对识别出的 MUMs 进行排序。

③ 填充空位，分别考虑重复片段、单核酸多态性、插入时间和变化较大的区域。

3.4.5　PatternHunter 算法

2002 年，Bin Ma 等人提出了序列搜索的 PatternHunter 算法，该算法创建了一个新颖的匹配模型，不仅提高了匹配的敏感度，而且大幅减少了同源搜索的匹配时间。

利用 BLAST 进行同源搜索，如果搜索的同源匹配片段较长，就会丢失较多的远源匹配，如果用较短的同源匹配片段，则会急剧降低搜索速度。那么，是否能够提出一种匹配模型，可用于搜索较长的匹配片段且不丢失同源匹配呢？通常 BLAST 的同源匹配长度为 11，MegaBlast 的匹配长度为 28，PatternHunter 引入的匹配模型为非连续的匹配字符，所依据的理论是序列的相似性对比中可以存在空位，并非 100%字符匹配。设计的模型可用 0–1 子串来表示，子串中的 1 表示需要匹配，子串中的 0 表示不管它是否匹配。通过动态规划算法以及经验试验，Bin Ma 等人提出权值为 11，字串长为 18 的 PatternHunter 的最优匹配模型为：1110 1001 0100 1101 11。该模型也是通过动态规划算法得到的。

　　PatternHunter 算法针对比对序列的具体特征，在连续字串的比对中允许存在非匹配字符，因为无论是 DNA 序列还是氨基酸序列，在进化中存在着突变，放松了比对条件，同时提高了比对速度和算法的敏感度。与 MUMmer 算法相比，该算法对序列相似性没有限制，不同物种真核生物全基因组序列的比对能在较短时间内完成，为比较基因组提供了坚实的基础。

3.5　多序列比对

　　与序列两两比对不同，序列多重比对的目标是发现多条序列的共性。如果说序列两两比对主要用于建立两条序列的同源关系，推测其结构、功能，那么，同时比对一组序列对于研究分子结构、功能及进化关系更为有用。例如，某些在生物学上有重要意义的相似性只能通过将多个序列对比排列起来才能识别。同样，只有进行多序列比对，才能发现与结构域或功能相关的保守序列片段。对于一系列同源蛋白质，人们希望研究隐含在蛋白质序列中的系统发育的关系，以便更好地理解这些蛋白质的进化。在实际研究中，生物学家不仅仅分析单个蛋白质，更着重于研究蛋白质之间的关系，研究一个家族中的相关蛋白质，研究相关蛋白质序列中的保守区域，进而分析蛋白质的结构和功能。序列两两比对往往不能满足这样的需要，难以发现多个序列的共性，故必须同时比对多条同源序列。

　　图 3-8 是从多条免疫球蛋白序列中提取的 8 个片段的多重比对。这 8 个片段的多重比对揭示了保守的残基（一个是来自二硫桥的半胱氨酸，另一个是色氨酸）、保守区域（特别是前 4 个片段末端的 Q-PG）和其他更复杂的模式，如 1 位和 3 位的疏水残基。实际上，多重序列比对在蛋白质结构的预测中非常有用。

　　多重比对也能用来推测各个序列的进化历史。从图 3-8 可以看出，前四条序列与后四条序列可能是从两个不同祖先演化而来的，而这两个祖先又是由一个最原始的祖先演化得到。实际上，其中的 4 个片段是从免疫球蛋白的可变区域取出的，而另外 4 个片段则是从免疫球蛋白的恒定区域取出。当然，如果要详细研究进化关系，还必须取更长的序列进行比对分析。

VTISCTGSSSNIGAG—NHVKWYQQLPG
VTISCTGTSSNIGS——ITVNWYQQLPG
LPLSCSSSGFIFSS——YAMYWVRQAPG
LSLTCTVSGTSFDD——YYSTWVRQPPG
PEVTCVVVDVSHEDPQVKFNWYVDG—
ATLVCLISDFYPGA——VTVAWKADS——
AALGCLVKDYFPEP——VTVSWNSG——
VSLTCLVKGFYPSD——IAVEWESNG——

图 3-8　多重序列比对

多重序列比对的定义，实际上是两个序列的推广。设有 k 个序列 $s_1, s_2, \cdots, s_k$，每个序列由同一个字母表中的字符组成，k 大于 2。通过插入操作，使得各序列 $s_1, s_2, \cdots, s_k$ 的长度一样，从而形成这些序列的多重比对。如果将各序列在垂直方向排列起来，则可以在每一列上观察各序列中字符的对应关系，如图 3-8 所示。

通过序列的多重比对，可以得到一个序列家族的序列特征。当给定一个新序列时，根据序列特征，可以判断这个序列是否属于该家族。对于多序列比对，现有的大多数算法都基于渐进比对的思想，在序列两两比对的基础上逐步优化多序列比对的结果。进行多序列比对后，可以对比对结果进行进一步处理，例如，构建序列的特征模式、将序列聚类、构建分子进化树等。

3.5.1　渐进比对算法

渐进比对算法是最常用的、简单而又有效的启发式多序列比对方法，所需时间较短、所占内存较少。这个算法首先由 Hogeweg 和 Hesper 提出，随后 Feng 和 Doolittle 对该算法做了进一步研究和改进。

渐进比对算法的基本思想，是迭代地利用两序列动态规划比对算法，从两个序列的比对开始，逐渐添加新序列，直到所有序列都加入为止。但是，不同的添加顺序会产生不同的比对结果。因此，确定合适的比对顺序是渐进比对算法的一个关键问题。两个序列越相似，人们对它们的比对就越有信心，因此，整个序列的比对应该从最相似的两个序列开始，由近至远，逐步完成。

作为全局多序列比对的一种，渐进比对算法有个基本的前提假设：所有要比对的序列是同源的，即由共同的祖先序列经过一系列的突变积累，并经自然选择遗传下来的。分化越晚的序列，相似程度就越高。因此，在渐进比对过程中，应该对近期的进化事件给予更大的关注。由于同源序列是进化相关的，因此可以按着序列的进化顺序，即沿着系统发生树的分支，由近至远将序列或已比对序列按双重比对算法逐步进行比对（不能有两个以上的序列或已比对序列同时比对），重复这一过程，直到所有序列都已添加到这个比对中为止。

渐进比对算法主要有三个步骤：

① 计算距离矩阵。

② 构建系统发生树。

③ 依据系统发生树进行渐进比对。

这类算法的主要优点是简单、快速，但存在两个主要问题：比对参数选择问题和局域最小化问题。

1. ClustalW 算法

ClustalW 主要针对渐进比对算法的第一个问题，给出了一套比对参数的动态选择方案。对于比对参数的选择，传统做法是选择一个分值矩阵和两个空位罚分（一个为新开辟空位，一个为扩展现存空位，并希望这些参数对数据集中的所有序列都能有效）。如果序列非常相似，则这些参数确实都很有效。因为，首先，所有的分值矩阵对于相同残基都会给出最大的权重，因此，对于高度相似序列的比对，几乎任意的分值矩阵都能找到近似的正确结果。然而，对于分歧较大的序列，这时不同残基的个数要多于相同残基，不同残基之间的置换分值的选择就变得尤为重要。其次，对于高度相似的序列，空位罚分在很大的范围内取值，都可以得到正确的比对结果。然而，随着序列分歧程度加大，空位罚分的精确确定对于比对的准确性也变得十分重要。而且在蛋白质比对中，空位并不是随机出现的（即在所有位置上都等概率出现），而是更容易在主要的二级结构α–螺旋和β–折叠之间出现。ClustalW 采用了一些启发式方法来选择参数，以便最大化地利用序列信息，如，根据残基的具体位置动态地调整空位罚分，根据不同阶段比对序列的相似程度自动选择不同的分值矩阵等。

ClustalW 的时间复杂度为：

$$O(N^2L^2) + O(N^3) + O(NL^2)$$

其中，$O(N^2L^2)$ 是计算距离矩阵的时间复杂度（ClustalW 采用双序列比对中残基对不一致的百分比作为序列之间距离的度量方法）；$O(N^3)$ 为构建邻接法（NJ）发生树的时间复杂度；$O(NL^2)$ 是计算渐进比对的时间复杂度（假设 N 个长为 L 的序列可以构建一个长为 L 的比对）。

渐进比对算法中"一旦空位，永远空位"的基本原则产生的主要不足是，一旦序列被比对，那么这个比对就不能再做修改，即便与后来添加的序列有冲突。

2. T-Coffee 算法

T-Coffee（Tree-based Consistency Objective Function For alignment Evaluation）是另一个有代表性的渐进比对算法。它采用基于相容的优化目标函数，即对于给定的一个序列集，其目标函数描述为理想的多序列比对应该定义为与所有可能的优化双序列比对保持相容。

这样，在比对计算的每一阶段，尤其是比对初期，可以避免一些比对错误，如图 3-9 所示。另外，基于相容的优化目标函数有以下三个特点：

① 既不依赖一个具体的分值矩阵，也不依赖任何双序列比对方法。

② 对于给定的双序列比对集，基于一致的方案中的两个残基的相关分值取决于其在序列中的具体位置，而不是化学性质。

③ 独立观察的试验显示，多序列比对与相应序列的双重比对越相容，则比对就越接近真实。

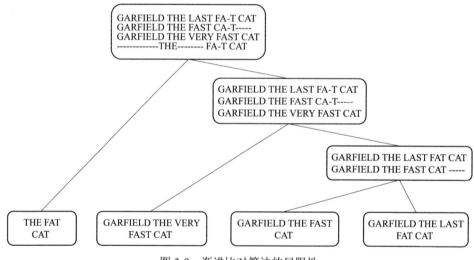

图 3-9　渐进比对算法的局限性

T-Coffee 采用 COFFEE 函数作为它的相容目标函数。COFFEE 函数最初用作基于遗传算法的序列比对算法 SAGA（Sequence Alignment by Genetic Algorithm）的优化目标函数。但是遗传算法效率太低，T-Coffee 是 COFFEE 函数的一种优化的启发式多序列比对算法。

T-Coffee 中 COFFEE 函数主要是利用 FASAT 和 ClusatlW 算法分别计算序列的两两局域比对及全局比对，形成两个最初比对库。T-Coffee 为库内的每一对匹配残基都赋予了一个权重，由被比对的两个序列中相同残基所占百分比决定。然后，将全局比对和局域比对的信息有效地综合起来形成最初比对库。最后，为了增加库内残基对的信息含量，考虑每个残基对与其他比对中相关残基对的一致性问题，即任一残基对的最终权重反映的是所有序列包含的全部相关信息。为此，设计一个附加权重来反映这种相容程度，新权重反映了两个残基的相似性以及与其他序列比对的相容性，是整个库中相关信息的综合。最终建成扩展库。

扩展库中残基对的匹配权重（置换分值）不再像 APM250 或 BLOSUM62 分值矩阵那样，只依赖于残基的化学性质，而是与其在序列中的具体位置也有关系。

T-Coffee 也是一个渐进比对算法，与 ClustalW 的算法步骤基本一致，如图 3-9 所示。它们之间的主要不同在于：在 T-Coffee 中，扩展库取代了 ClustalW 中的替代矩阵进行渐进比对，渐进比对过程中每一步用到的打分信息都取自所有序列之间的关系信息，而不是只考虑当前要比对的序列，从而使渐进比对算法所带来的贪婪性影响最小化，在一定程度上提高了比对准确率，尤其是在比对初期，可以减少比对错误的概率。由于扩展库考虑到局域比对和全局比对两方面的情况，预处理了所有双序列比对数据，较好地处理了来自各种相异资源的比对信息，这样的结果比单一方法更为准确。对于相似水平较低的序列集，尤其是存在大量空位插入的情况，会得到较高的比对准确率。

实质上，这种算法提供了一种运用庞杂的数据源创建多序列比对的简单、易用的方法。扩展库的信息来源还可以是序列结构、已有的经验，甚至是由其他多序列比对程序算得的多序列比对结果。受计算机处理速度、存储能力的限制，目前无法精确地处理多序列比对问题，许多启发式算法不能保证其得到的比对结果位于优化比对的有限范围内，而较差的比对中仍可能包含某些正确子比对的重要信息。T-Coffee 可以将它们合并为一个一致的多序列比对。

T-Coffee 算法的时间复杂度为：

$$O(N^2L^2) + O(N^3L) + O(N^3) + O(NL^2)$$

其中，$O(N^2L^2)$ 是计算双序列比对库的时间复杂度；$O(N^3L)$ 为计算扩展库的时间复杂度；$O(N^3)$ 为构建 NJ 发生树的时间复杂度；$O(NL^2)$ 是计算渐进比对的时间复杂度。T-Coffee 的时间复杂度大约是 ClustalW 的两倍。

3. DiAlign 算法

DiAlign（Diagonal Alignment）算法是另一个使用局域比对信息来指导全局多序列比对的基于相容性的渐进比对算法。该算法的一个显著的、不同于其他比对算法的特点在于：其他比对方法的目标函数基本上都是基于单个残基-残基的相似性，而 DiAlign 的目标函数是基于高度相似的、无空位的、不同长度片段的片段-片段的相似性。特别地，该算法的目标函数不需要任何空位罚分。

自 1970 年 Needleman 和 Wunsch 提出动态规划比对算法以来，很多比对算法都是以最大化相似的比对分值 SP（Sum of Pairs，匹配分值减去空位罚分总和）为目标函数。基于 Needleman-Wunsch 分值策略的比对方法，在序列全长相关且没有太多空位插入的情况下，会产生较好的，具有生物意义的比对结果。这是因为，优化的 Needleman-Wunsch 比对算法是对假设具有共同祖先、并已发生一系列进化事件的序列定义其最大相似性的。目前，绝大多数比对算法都基于该思想。但实际上，许多序列家族，尤其是蛋白质家族，只是共享孤立片段，不可能用单一的进化事件来表示序列的相似程度。在这个问题上，要考虑的是人们能否鉴别出所有序列之间的相似性，而不是自序列分化以来，在哪些位置、有多少突变事件可能已经发生。因此，依赖于 Needleman-Wunsch 分值策略的比对算法不能很好地处理关系较远的序列的比对问题。

在 DiAlign 算法中，首先找出无空位的保守片段对（局域相似），即上文提到的对角线。这些片段对满足相容性准则，可以被排序，而不会相互重叠。然后为每一保守片段对赋予一个权重 W，用以评价其生物意义。再利用贪婪法，将片段对依据权重分值的高低逐步联配成多序列比对。在序列中加入空位，直到所有与保守片段相关的残基都被适当安置。

DiAlign 算法的基本步骤：

① 依据相容片段对，构建所有的优化双重比对。

② 利用贪婪法，将相容片段对依据分值高低逐步联配成多序列比对。

③ 在序列中加入空位，直到所有与对角线相关的残基都被适当安置。

DiAlign 算法一改以往比对算法中目标函数以残基-残基的相似性总和来定义的方式，采用基于片段-片段的比较方法，即在相对保守的片段的基础上再进行多序列比对。由于以保守片段作为考虑问题的出发点，自然地形成比对的空位个数及空位位置，从而避免了序列比对中最令人困扰的问题——空位罚分的设定。

3.5.2　迭代算法

迭代比对是另一类有效的多序列比对策略。它基于一个能产生比对的算法，并通过一系列的迭代改进多序列比对，直到比对结果不再改进为止。这类算法根据改进比对的策略可以分为确定型迭代比对方法和随机型迭代比对方法。最简单的迭代比对类型是确定型。随机迭代方法包括 Prrp、隐马尔科夫模型、模拟退火、遗传算法等。某些方法可能是渐进方法和迭代方法的混合。这类算法的主要优点在于，将优化过程和目标函数在概念上进行了分离。这类算法不能保证获得优化比对结果，但却具有鲁棒性和对比对序列个数不敏感等特性。

1. MultAlin 算法

MultAlin 是一个渐进与迭代混合的多序列比对方法。它以渐进比对方法构造多序列比对，与 ClusatlW 的不同之处在于，它以层次聚类方法来构建发生树。在迭代过程中，不断地利用上一步的多序列比对结果重算距离矩阵，并重建发生树，改善渐进比对结果，直到发生树不再发生变化或是达到某一指定迭代次数为止。

用层次聚类方法为 N 个序列构建发生树，是以双序列比对分值作为两个序列的相似性索引来完成的，其基本原则：从最相似的两个序列开始，创建一个聚类；再将较相似的序列添加进来，形成新的聚类；直到所有序列都聚类在一起。

MultAnli 算法的具体步骤为：

① 初始化：以 FASTA 算法快速完成所有序列的两两比对，记录下所有比对的分值，总计为 $N(N-1)/2$ 个，形成一个分值矩阵。

② 利用这些分值进行层次聚类，形成一棵以序列为叶子节点的树。

③ 沿着这棵树的分支顺序，利用动态规划比对算法对序列进行双重比对，最终获得多序列比对。

④ 由多序列比对得到一个新的分值矩阵，包含有多序列比对中的所有双序列比对（也可视为多序列比对在两个序列上的投影）的分值。

⑤ 利用这个新的分值矩阵，进行一次新的层次聚类，得到一棵新树。

⑥ 如果这个新的聚类不同于以往的聚类结果，则遵循这个新的聚类可以得到一个新的多序列比对（第③步）。这个过程重复进行，直到序列的聚类结果不再发生变化为止。

2. Prrp 算法

Prrp 是一个最完善的，基于动态规划的，著名的迭代比对算法，由 Berger 和 Munosn 于 1991 年提出，其基本思想是：将一个未比对的序列集随机地分为两组，然后用双重动态规划比对算法将这两组序列合并起来，如图 3-10 所示。对于不同的随机分组，重复这种双重比对过程，直到迭代过程收敛或是满足某一停止规则为止，最终得到一个多序列比对。

Prrp 算法是以仿射空位罚分 WSP 为优化目标函数的，双重嵌套的随机迭代策略，如图 3-10 所示。这个算法的新奇之处在于：权重 W 与比对是同时优化的。内层迭代优化的是比对的目标函数 WSP，而外层迭代优化的是权重 W。

具体的 Prrp 算法从一个多序列比对开始（这一比对可以由任意简单方法得到，并作为算法的种子），以该比对中任意两个序列的距离构造一棵系统发生树，并以此计算所有序列的权重 W；以 WSP 分值优化两组比对；再以该比对作为种子重复进行上述过程，直到权重 W 收敛为止。

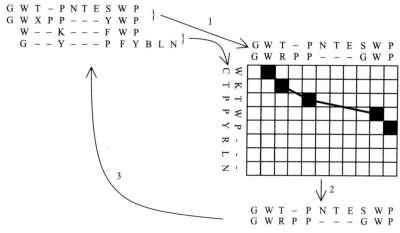

图 3-10   两组序列的动态规划比对算法

3. Muscle 算法

Muscle 是一种新的渐进比对和迭代比对的综合算法，主要由两部分组成：第一部分是迭代渐进比对，先利用渐进比对快速产生一个多序列比对而不强调准确率，以此为基础再对渐进比对进行改良，经过两次的渐进比对，形成一个相对准确的多序列比对。第二部分是迭代比对，该过程类似于 Prrp，经过不断的迭代，逐步优化最终比对结果。

下面详细介绍该算法。在第一部分中，采用两种不同方式计算序列之间的距离。为加速渐进比对的进程，首先用不需要比对的 Kmer 方法来计算未比对序列的距离，从而快速完成距离矩阵的计算，利用渐进比对算法初步、快速地构建一个多序列比对结果 MSA1。然后以这个多序列比对为基础，将多序列比对向其中任意两序列进行投影，计算投影比对中相同残基对的百分比，并将其转换为两序列的距离估计，重新用渐进比对算法构建多序列比对 MSA2。在两次渐进比对过程中，系统发生树都是采用 UPGMA 方式构建的。在第二部分中，采用类似于 Prrp 的分组比对思想进行迭代比对，但与 Prrp 的不同之处在于：分组的方式、组间的比对算法以及迭代停止规则。首先，分组不再是随机产生，而是根据第二轮中渐进比对系统发生树的分支点，将序列分为两组，称为相应序列组的剖析图（profile）；然后，采用新的 LE（Log Expectation）函数作为计算两个 profile 的分值函数，通过重新比对这两个 porfile，构建一个新的多序列比对 MSA3；若该比对的 SP 分值有所改善，则保留，否则删除该比对结果；重复执行第二部分，直到满足事先规定的结束条件为止。

具体比对算法步骤如下。

第一步：渐进比对草图

① 对于输入的每一对序列，计算它们的 Kmer 距离，得到一个距离矩阵 $D1$。

② 利用距离矩阵 $D1$，采用 UPGMA 建树方法构建一个二分树 TREE1。

③ 沿着 TREE1 的分值顺序构造渐进比对 MSA1。

第二步：改良的渐进比对

① 将多序列比对 MSA1 向输入的每一对序列进行投影，根据投影比对中相同残基的百分比转换得到距离矩阵 $D2$。

② 利用距离矩阵 $D2$，采用 UPGMA，以建树方法构建一个新的二分树 TREE2。

③ 沿着 TREE2 的分值顺序构造渐进比对 MSA2。

第三步：改进

① 在 TREE2 上选定一条距离树根较近的边。

② 删除这条边，将 TREE2 分为两棵子树，计算每一棵子树上多序列比对的 profile。

③ 通过比对两个 porfile，产生一个新的多序列比对。

④ 假如比对的 SP 分值得到改进，则保留这个新的比对，否则丢弃这个比对。

⑤ 重复进行①～④，直到收敛或是满足某一个用户定义的结束条件。

在 Muscle 中，前两步的时间复杂度为 $O(N^2L + NL^2)$；第三步的时间复杂度为 $O(N^3L)$。

3.6　应用实例分析

3.6.1　基于片段对和动态规划的双序列比对算法

1. 问题描述

随着生物序列数量和长度的急剧增加，为了能够更加快速地得到精确且具有生物意义的序列比对结果，越来越多的方法被用于序列比对研究中。快速找出序列间片段对来进行序列比对的方法已经被应用在很多程序中，如 FASTA 寻找增强点、BLAST 寻找高分片段对、DiAlign 寻找斜线对等。本应用实例中，BSDP（双状态动态规划）算法是在快速地寻找两序列间片段对的基础上，将精确的动态规划算法递归地使用到序列比对中。该算法使用了快速的字比对策略，在一定程度上加快了比对速度。它可以自动计算出运行时间最少的字长的大小，可以让用户在不知道字长应该设置为多少的情况下快速进行序列比对，一定程度地提高了序列比对的效率。同时，该算法又在短的子序列区使用精确的动态规划算法，这在一定程度上提高了算法的准确性。在整个序列比对过程中，先找出匹配程度高的序列片段，可以保证比对的结果更具有生物学意义。

2. 方法分析

（1）相关定义

字长：在快速寻找片段对构建字典的过程中，根据序列的长度确定出需要匹配的子序列的最小长度（常用 *tuple* 或者 *w* 表示）。具有字长长度的序列也就是字典中的一个字。

片段对：两序列中通过字找到的满足给定条件（通常是两段序列中连续的匹配残基数大于某个值）的最大的匹配子序列，在点阵图上以斜线的形式出现。

片段对相容：令序列 S 和序列 T 中先后出现的两个匹配的片段对的起、终点的位置分别为 (x_{1s}, y_{1s})、(x_{1e}, y_{1e})、(x_{2s}, y_{2s})、(x_{2e}, y_{2e})，如果 $x_{1s} > x_{2e}$ 且 $y_{1s} > y_{2e}$，则这两个片段对相容。

片段对偏移值：若两个的片段对相容，其起、终点位置分别为 (x_{1s}, y_{1s})、(x_{1e}, y_{1e})、(x_{2s}, y_{2s})、(x_{2e}, y_{2e})，那么，这两个片段对的偏移值为 $(((x_{1e} - y_{1s}) - (y_{1e} - y_{1s})) - ((x_{2e} - x_{2s}) - (y_{2e} - y_{2s})))$。

（2）算法基本思想

同源的序列会在一定长度的子序列中出现连续匹配的片段对。一般而言，比对的同源生物序列都具有一定的相似性，而在相似序列中，一般都能找到匹配程度超过一定数值的片段对。因此，只要找出这些匹配的片段对，然后按照一定的规则延长这些匹配片段，就能找出合理的比对结果。

两条序列上的所有碱基都会按原序列中的先后顺序出现在比对后的序列中（即相对位置不变），并且都只出现一次。如 AGC 中的 GC 两个碱基，在比对前 G 出现在 C 前，则在比对后 G 还是出现在 C 前，只不过，比对后 GC 间可能插入了空位。

（3）算法描述

① 确定比对字长的大小。

不同大小的字长所需要的内存和计算时间不同，因此，必须找出一个最佳字长，使算法的时间复杂度和空间复杂度尽可能地降低。Szafranski 等人发现，根据两序列的长度可以计算出采用字策略的算法运算时间最短时对应的字长，对于核苷酸序列，其计算公式见式（3-3）。

$$w = \text{ceil}(\log_4(L_1 + L_2)) \tag{3-3}$$

其中，ceil 表示向上取整；w 为字长；L_1、L_2 分别为两条序列的长度。

② 找出所有匹配长度超过一定值的匹配片段对。

首先，根据字长的大小建立一个字典，并按字典的长度建立一张 Hash 表（对于核酸序列，其字典的大小是 4 的 w 次方）。然后，从第一条序列的第一个位置开始，在每 w 个长度中找出第一条序列的所有碱基组成的字在字典中的位置，并将这些位置存在字典对应的 Hash 表中。为了节省内存，通常建立一个长度与第一条序列长度相等的表，序列位置对应的存储单元中存的是这个字出现 L 次的位置。

建立完这张 Hash 表后，扫描第三条序列（一般是从后面开始）和 Hash 表，找出第二条序列中的字在第一条序列中的所有位置，即找到一个长为 w 的片段对，然后以替换矩阵来延伸这个片段对，从而找到该字附近能够匹配的序列的最大长度。当第二条序列扫描完成时，也就找出了所有相似性程度超过一定值的片段对。

③ 找出匹配片段对中可能出现在最后比对结果中的片段对所组成的一条最佳路径。

因为比对包含了所有碱基，所以，比对的结果至少包含如下三个匹配或与这三个片段对不相容的一个片段对：序列末端的匹配片段对、匹配片段对中在第一条序列上位置最大的匹配片段对、匹配片段对中在第二条序列上位置最大的片段对。因此，可以首先从这些片段对开始，寻找比对结果中应包含的片段对。然后，找出与当前片段对相容且权值最大的一个片段对，称为当前片段对。这个权值既要考虑匹配的得分、片段对的偏移值，又要考虑两匹配片段对的位置关系（可以按照一定的方式进行设置）。该算法采用的函数是，片段对的得分值减去片段对间的偏移值（与未知片段对的偏移值已经确定）乘以偏移权重后与片段对间的距离值（与未知片段对的起始点间的距离值已经确定）之和的差，即公式（3-4）：

$$M_i = S_i - (((((x-x')-(y-y'))-((x_i-x_i')-(y_i-y_i'))) \times W + \sqrt{(x-x_i)^2+(y-y_i)^2}) \tag{3-4}$$

其中，(x,y)、(x',y') 表示路径中已经包含的片段对的起点、终点的位置；(x_i, y_i)、(x_i', y_i') 表示与该路径中已经包含的片段对相容的片段对的起点、终点的位置；S_i 表示这个相容片段对的匹配得分值，S_i 的具体分值由所选用的替换矩阵决定；W 为偏移权重。

而后，再次找出与当前片段对相容且权值最大的下一片段对，并按顺序加入路径中。将这个新的相容的片段对作为当前片段对，然后再找出与当前片段对相容且权值最大的下一片段对，如此循环往复，直到完成所有片段对。在这个过程中，将得到一条由片段对组成的路径及这条路径的总得分值。当找到的路径不止一条时，则比较路径总得分值的大小。得分越高，说明找到的路径越合理。最后得到的是最合理的路径。

④ 递归执行。

在最合理的路径中的片段对间的子序列间递归地执行上述算法，直到字长为 1 或找不到匹配或子序列较短为止。当片段对间子序列的长度比较短时，使用动态规划算法进行比对。连接最佳路径中的片段对和所有已经比对好的子序列，即得到比对的结果。

3. 实验及结果

以 ACAGTGTGGTATTCGG 和 ACATTCGTATGCGG 两条序列为例来说明整个比对过程。

① 计算 w。$L_1 + L_2 = 30$，则依公式（3-3）计算得字长 $w = 3$。

② 建立 Hash 表，找出所有匹配大于等于 3 的片段对（采用的是单位矩阵），结果如图 3-11 所示。找到 ACA、ATTCG、TCGTAT、CGG 四个满足条件的片段对。

③ 根据片段对相容以及片段对间的得分，找出一条最合理路径及出现在最合理路径中的片段对，如图 3-12 所示，图中的最合理路径排除掉了图 3-11 中的 ATTCG 片段对。

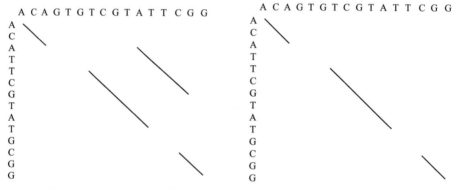

图 3-11　两序列片段对匹配大于等于 3 点阵图　　图 3-12　序列比对结果中出现的片段对

④ 得到片段对间的子序列，检查它们是否可以使用动态规划算法进行比对。如果不满足动态规划算法的比对条件，则在这些子序列间再次进行操作①～③，如图 3-13 所示。如果满足条件，则用动态规划算法对子序列进行比对。在实例中，子序列都较短，直接用动态规划算法进行比对。

⑤ 连接最佳路径中的片段对及已经比对好的所有子序列。最后 ACAGTGTCGTATTCGG 和 ACATTCGTATGCGG 这两条序列的比对的结果为：

ACAGTGTCGTATTCGG

ACA—T—TCGTATGCGG

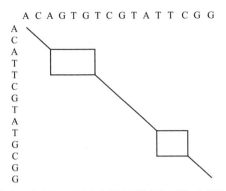

图 3-13 在子序列区（小方块）用动态规划算法进行比对或继续执行步骤①～③

3.6.2 酿酒酵母菌 DNA 序列分析

1. 问题描述

真核生物的基因是不连续的，一个编码序列构成的蛋白质编码基因通常被许多非编码序列所打断，这些非编码序列称为内含子，编码的部分称为外显子。这就是说，基因是由一些长度不等的外显子组成。一般来说，一个内含子的长度要远远大于一个外显子的长度，所以在基因组中，基因之间的距离经常远远大于基因本身的长度。当序列处在 Pre-mRNA 水平时，序列中的外显子不是连接着的，这时基因组的结构是 5′–非编码区（UTR）–编码区域（CDS）–非编码区（UTR）–3′。在基因转录时，内含子和外显子一同被转录下来，然后，RNA 中的内含子被切掉，外显子便连在一起成为成熟的 mRNA，作为指导蛋白质合成的模板。除此之外，在 DNA 上还存在非转录的间隔区、假基因以及大量的重复序列。发现基因和鉴别基因首先要剔除这些无用的信息，这使得基因的计算机分析很难实现。最一般的发现和鉴别基因的方法是与已知的基因进行相似性比较。

核酸序列的预测，就是在核酸序列中寻找基因，即找出基因的位置、功能位点的位置以及标记已知的序列模式等。在此过程中，需要有多个证据来确认一段 DNA 序列是一个基因。一般而言，在重复片段频繁出现的区域里，不太可能出现基因编码区和调控区。如果某段 DNA 片段的假想产物与某个已知的蛋白质或其他基因的产物具有较高的序列相似性，那么这个 DNA 片段就非常可能属于外显子片段。如果在一段 DNA 序列上出现统计上的规律性，即所谓的"密码子偏好性"，也可以说明这段 DNA 是蛋白质编码区。其他证据包括与"模板"序列的模式相匹配、简单序列模式匹配等。一般而言，需要综合运用多种方法来确定基因的位置和结构，而且需要遵循一定的规则：对于真核生物序列，在进行预测之前先要进行重复序列分析，把重复序列标记出来并除去；选用预测程序时要注意程序的物种特异性；要弄清程序适用的是基因组序列还是 cDNA 序列；很多程序对序列长度也有要求，有的程序只适用于长序列，而对 EST 这类残缺的序列则不适用。

本实例给出 DNA 序列的特征序列的一种数值刻画，利用这种数值刻画提出了一个基因识别算法，这种算法用在模式生物酿酒酵母菌基因组中，准确性超过了 95%。另外，还将算法应用于酿酒酵母菌基因组的基因识别，得到了一个酿酒酵母菌基因组，基因总数为 5 897，与普遍接受的酿酒酵母菌基因组中基因数目为 5 800~6 000 的估计相符。

2. 方法分析

（1）基因识别算法

1）酵母菌基因组数据库

与传统的基于假设的研究不同，基因组的研究是以数据为基础的，数据库在研究中占有极其重要的地位。随着越来越多的生物体完全基因组被测定，各种数据库中的信息呈指数增长，综合各种相关基因数据库，挖掘关键数据，已成为生物信息处理研究的必然要求。

在基因组计划中，酿酒酵母菌是一个非常重要的模式生物。在欧洲、北美和日本的大约 600 名科学家的共同合作下，到 1997 年，酿酒酵母菌基因组的测序工作完成成为最早被完全测序的真核细胞的完全基因组之一。酿酒酵母菌是单细胞生物体，其基因组中共有 16 条染色体，总长 12.16 Mbp。这里对酿酒酵母菌基因组的序列进行基因识别，其基因组可以从 Mullich 的蛋白质序列信息中心（MIPS）得到。在 MPS 数据库中，酿酒酵母菌基因组的全部 ORFs（Open Reading Frames）合计共有 6 449 个序列，它们被分成 6 类，分别是已知的蛋白质、不相似类、有问题的 ORFs、相似于或弱相似于已知的蛋白质、相似于未知的蛋白质和强相似于已知的蛋白质。这六类分别包含 3 410（18）、516、471（8）、820（2）、1 003 和 229 个序列，括号里面的数字表示线粒体基因 ORFs 的个数。因为线粒体基因中 ORFs 的个数太少以至于缺少统计的意义，所以，在执行基因识别算法时忽略这些序列。这样，六类 ORFs 序列的个数为 3 392、516、465、515、1 003 和 229。

2）特征序列的数值刻画

可以用一个数值的刻画来提取给定的 DNA 序列的信息。下面对这个过程做出说明。

首先，定义(0, 1)序列的高度为这个序列中 1 出现的个数。在比较 (0, 1) 序列时，定义须考虑要比较序列的长度。对于长度不同的序列，利用这个定义比较显然是不合适的。因此定义另一个概念，即(0, 1)序列的正规高度。给定一个(0, 1)序列 $S = (a_1, a_2, \cdots)$，定义它的正规高度函数 $h_S(p)$（或简称为 $h(p)$）为 q/p，这里

q 是指序列 $S = (a_1, a_2, \cdots)$ 中 1 出现的个数，p 是序列 $S = (a_1, a_2, \cdots)$ 的长度。换句话说，一个 $(0, 1)$ 序列的正规高度函数 $h_S(p)$ 是指，这个序列中 1 出现的频率。这种做法使在比较两个 $(0, 1)$ 序列时不需考虑它们的长度是否一样。

如果一个给定的 $(0, 1)$ 序列 $S = (a_1, a_2, \cdots)$ 的长度为 n，设 k 是一个固定的正整数，将 $S = (a_1, a_2, \cdots)$ 分为 k 个等长片段。接着考虑 k 个长度递增的片段的正规高度函数 $h([n/k]), h([2n/k]), \cdots, h([n])$，这里 $[n/k]$ 表示不大于 n/k 的最大正整数。这样，就可用一个 k 元数组来描述这个 $(0, 1)$ 序列。显然，这种操作使在比较序列时仍不用考虑其长度是否一样。

3）识别算法

大多数基因识别算法都是基于编码区域和非编码区域的不同的统计性质，即在编码区域中，双螺旋结构的一个链的片段中碱基的分布是不均匀的，而在非编码区，它们的分布相对来说是均匀的。这个事实就构成了当前基因识别算法的理论基础。

对一个 DNA 序列，按照序列中碱基所在的位置，将其分为 3 个子序列：首先，从左到右取这个 DNA 序列的 $3i+1(i=0,1,2\cdots)$ 位置上的所有碱基，形成一个特别的片段，称这个片段是这个 DNA 序列的 1–子序列。同样的方法，定义 2–子序列和各子序列分别为这个 DNA 序列 $3i+j$ 位置（$i = 0, 1, 2, \cdots$；$j=2$ 或 3）上的所有碱基所构成的子序列。

对于上面的每一个子序列，都将其看作一个普通的 DNA 序列并且写出它的 3 个特征序列。对于每一个特征序列，取一个正整数并考虑它的数值刻画。这样，对于每一个特殊的子序列，就得到一个与之对应的 $3k$ 维的实向量。可以将第 i 个特殊子序列的 $3k$ 个分量表示为 $R_{ni}^1, R_{ni}^2, \cdots, R_{ni}^k, M_{ni}^1, M_{ni}^2, \cdots, M_{ni}^k, W_{ni}^1, W_{ni}^2, \cdots, W_{ni}^k$，$i = 1, 2, 3$。对这 3 个 $3k$ 维向量做直积运算，可在 $9k$ 维的实向量空间中得到一个点，用来描述一个 ORF 或者一个非编码的 DNA 序列。

为了在计算机上执行这个算法，还需要两个样本集：一个正样本集（由真正的基因序列组成的样本集）和一个负样本集（由非编码基因序列组成的样本集）。用 ρ 表示正样本集，用 $\aleph$ 表示负样本集。用这两个样本集作为算法中的训练集。一般来说，这两个样本集的个数应该是一样的，用 N 来表示。

在正样本集中，第 1 个真正的编码 ORF 可以用 $9k$ 维向量空间中的一个点来表示，即 $(u_{l,1}^\rho, u_{l,2}^\rho, \cdots, u_{l,9k}^\rho)^{\mathrm{T}}$，这里 $u_{l,i}^\rho$ 表示向量的第 $i(i = 1, 2, \cdots, 9k)$ 个分量。同样的，在负样本集中，也能将它的第 1 个非编码的 DNA 序列用 $9k$ 维向量空间的一个点 $(u_{l,1}^\aleph, u_{l,2}^\aleph, \cdots, u_{l,9k}^\aleph)^{\mathrm{T}}$ 来描述。

对于这些向量，做如下处理：用 $\bar{U}^\rho$ 和 $\bar{U}^\aleph$ 来表示在 $9k$ 维向量空间中，正样本集和负样本集对应的向量空间中的点的几何中心，即

$$\bar{\boldsymbol{U}}^{\rho} = (\bar{u}_1^{\rho}, \bar{u}_2^{\rho}, \cdots, \bar{u}_{9k}^{\rho})^{\mathrm{T}}, \quad \bar{\boldsymbol{U}}^{\aleph} = (\bar{u}_1^{\aleph}, \bar{u}_2^{\aleph}, \cdots, \bar{u}_{9k}^{\aleph})^{\mathrm{T}}$$

其中，$\bar{u}_i^{\rho} = 1/N \sum_{l=1}^{N} u_{l,i}^{\rho}, \bar{u}_i^{\aleph} = 1/N \sum_{l=1}^{N} u_{l,i}^{\aleph}, \ i=1,2\cdots,9k$。

同样，用 $9k$ 维向量空间的一个点 $\boldsymbol{U} = (u_1, \cdots, u_{9k})^{\mathrm{T}}$ 来表示一个需要判断的 DNA 列。计算 $\boldsymbol{U}$ 和 $\bar{\boldsymbol{U}}^{\rho}$ 之间，$\boldsymbol{U}$ 和 $\bar{\boldsymbol{U}}^{\aleph}$ 之间的空间距离：

$$d(\boldsymbol{U}, \bar{\boldsymbol{U}}^{\rho}) = [\sum_{k=1}^{9k} (u_k - \bar{u}_k^{\rho})^2]^{1/2}, \quad d(\boldsymbol{U}, \bar{\boldsymbol{U}}^{\aleph}) = [\sum_{k=1}^{9k} (u_k - \bar{u}_k^{\aleph})^2]^{1/2}$$

利用这两个距离定义一个编码指标 Δ：

$$\Delta = d(\boldsymbol{U}, \bar{\boldsymbol{U}}^{\rho}) - d(\boldsymbol{U}, \bar{\boldsymbol{U}}^{\aleph}) + c$$

这里 c 是一个常数，它可以用"在训练集中，且在正集的错误率和在负集的错误率相等"这个原则来确定。

利用指标 Δ，就可以判断一个 DNA 序列是否是一个编码的 ORF，即如果 $\Delta > 0$，把这个 DNA 序列判断成一个编码的 ORF。否则，就认为这个 DNA 序列是一个非编码的 DNA 序列。

（2）算法评估

功能序列分析通常是基于两个集合的辨别：功能序列集和不执行这部分功能的集合（非功能集）。从方法论的角度，应该将初始的数据集分为两个独立的训练集和测试集，其中测试集仅被用于算法的评估。对于正确性的评估问题，由于一般的数据库中通常有很多多余信息且有些序列会被重复许多次，所以，在选取测试集时，一定要注意避免训练集和测试集具有相似的序列或片断，使得它们之间有很强的相互作用。对于基因识别程序来说，训练集一般要大于测试集。

在早期的基因识别程序中，没有一个很好的方法来定义训练集和测试集中序列的选取标准，而且训练集和测试集常常不是选自同一个数据库，所以很难说明这些程序的正确性。

灵敏度和专一性这两个测度经常被用来描述一个算法或一个识别函数的正确度。在这里，采用目前已被广泛使用的 Burset 和 Gulgo 灵敏度、专一性和正确度的定义和符号。

用 TP 表示被正确预测的编码 ORF 的个数，即编码 ORF 被预测为编码 ORF 的个数；FN 表示编码 ORF 被错误预测的个数，即编码 ORF 被预测为非编码 DNA 序列的个数。用 S_n 表示灵敏度，定义为：

$$S_n = \frac{TP}{TP + FN}$$

这就是说，灵敏度 S_n 表示编码基因中被正确预测的部分占编码基因总量的百分率。

同样地，用 TN 表示非编码 DNA 序列被正确预测的个数，即非编码 DNA 序列被预测为非编码 DNA 序列的数目；用 FP 表示非编码 DNA 被错误预测的个数，即非编码 DNA 被预测成编码 ORF 的数目。利用 TN 和 FP，定义专一性，记为 S_p：

$$S_p = \frac{TN}{TN + FP}$$

即专一性表示非编码 DNA 序列中被正确预测的部分占非编码 DNA 总数的百分率。最后定义算法的正确度，用 T 表示，为灵敏度和专一性的平均值。

$$T = \frac{1}{2}(S_n + S_p)$$

重新替换测试和交叉确认测试通常被认为是一种行之有效的用于评估算法的方法。重新替换测试反映了算法自身的一致性，而交叉确认测试反映了算法判断的有效性。在这里，取 MIPS 数据分类库酿酒酵母菌基因组的第一类基因，即已知的蛋白质，共 3 392 个序列作为这个算法的正样本集。然后，从酿酒酵母菌基因组的 16 个染色体中，随机选择 7 691 个长度不小于 300 bp 的基因间的 DNA 序列。

这些序列的选取方法如下：

① 找出 FLPS 数据分类库中被注释为 ORF 的序列的起始位置。

② 计算相邻两个 ORF 之间的 DNA 序列的长度，并舍去那些长度小于 300 bp 的 DNA 序列。

③ 在剩下的所有长度不小于 300 bp 的 DNA 序列中，从第一个碱基开始搜索密码子"ATG"，然后从密码子"ATG"开始往下游方向一个一个密码子地搜索，在第 101 个密码子以后搜索结束，密码子（TAA，TGA，TAG）遇到一个结束密码子时，搜索结束。这样得到的 DNA 序列开始于 ATG 而终止于一个结束密码子，将其作为候选的基因间的 DNA 序列。注意到它们不是编码 ORF，因为它们可能含有几个结束密码子。连续地再往下游方向搜索更多的基因间的 DNA 序列，直到不能找到为止。

④ 对 6 种可能的序列重复上面的步骤。

经过上面的过程，能找到非常多的基因间的 DNA 序列。随机选择 7 691 个基因间的 DNA 序列，再从中随机地选取 3 392 个基因间的 DNA 序列作为负样本集。

对选取出的正样本集和负样本集，分别将其随机地分成两部分，一部分包含 2 000 个序列，另一部分包含 1 392 个序列，分别作为算法的训练集和测试集。这样，在训练集中有 2 000 个正样本（即真正的基因）和 2 000 个负样本（即基因间的 DNA 序列），而在测试集中有 1 392 个正样本和 1 392 个负样本。

利用训练集中的序列，就可以求出向量 $\bar{U}^\rho$ 和 $\bar{U}^\nu$ 的平均值和参数 c。利用这些值就可以得到这个算法应用于训练集和测试集的正确度，以此来评价这个算法的优劣。

分别取 $k = 1, 2, 3$，这样就得到了 3 个算法。对于每一个算法，进行上面的评估。在进行评估时，每一次随机选取过程都重复 6 次，这样对每个算法都执行了 6 次重新替换测试和交叉确认测试。测试的结果见表 3-1～表 3-3，分别对应于 $k = 1$, 2, 3 这 3 个算法。

表 3-1　对 $k = 1$ 算法的测试后三类不同算法评估值　　　　　　　　%

项目	Test1	Test2	Test3	Test4	Test5	Test6
敏感度	96.6	96.1	94.5	96.1	96.9	94.8
专一性	95.0	95.9	96.8	95.1	95.5	97.9
正确度	95.8	96.0	95.65	95.6	96.2	96.35

表 3-2　对 $k = 2$ 算法的测试后三类不同算法评估值　　　　　　　　%

项目	Test1	Test2	Test3	Test4	Test5	Test6
敏感度	95.9	94.6	96.6	95.9	95.7	94.6
专一性	94.8	95.8	94.3	95.0	95.5	96.4
正确度	95.35	95.2	95.45	95.45	95.6	95.4

表 3-3　对 $k = 3$ 算法的测试后三类不同算法评估值　　　　　　　　%

项目	Test1	Test2	Test3	Test4	Test5	Test6
敏感度	95.6	94.3	94.6	95.5	95.5	93.9
专一性	95.1	95.1	95.6	95.0	94.6	95.9
正确度	95.35	94.7	95.1	95.25	95.05	94.9

从表 3-1～表 3-3 中可以看出，$k = 1$ 时，算法的正确度最大，6 个测试的正确度都不小于 96%。其次是 $k = 2$，6 个测试的正确度都不小于 95%。最差的是 $k = 3$ 时，6 个测试的正确度都不小于 94.7%。由此可见，与其他算法相比较，本实例的算法有比较高的正确度。

3. 实验及结果

将上面的算法应用于酿酒酵母菌基因组，判断酿酒酵母菌基因组的第 2～6 类中哪些是基因，哪些不是基因。

从上面的评估看出，虽然当 $k = 1$ 时算法的正确度最大，但它的灵敏度和专一性有时相差比较大。所以，在这一节，选择 $k=2$ 时的算法对酿酒酵母菌基因组的第 $2\sim6$ 类中的 ORF 进行识别。

首先，将正样本的训练集和测试集合并成一个集，共有 3 392 个真正编码的 ORF，把它看作新的训练集的正集，另外再从 7 691 个基因间 DNA 序列中随机选取 3 392 个序列，并将其作为新的训练集的负集。为了消除选取时可能存在的不平衡，重复上面的操作过程 10 次，每一次都计算向量 $\bar{U}^{\rho}$，$\bar{U}^{\aleph}$ 的平均值和参数 c。这样就得到了 10 组三元组（$\bar{U}^{\rho}$，$\bar{U}^{\aleph}$，c）值。

之后，取这 10 个值的平均值，就得到了一个新的三元组，它们的值如下：

$$U^{\rho} = (0.621\,11,\ 0.628\,250,\ 0.547\,478,\ 0.546\,379,\ 0.497\,414,\ 0.491\,468,$$
$$0.489\,876,\ 0.498\,389,\ 0.626\,339,\ 0.631\,903,\ 0.579\,528,\ 0.577\,349,$$
$$0.477\,508,\ 0.477\,835,\ 0.607\,620,\ 0.609\,797,\ 0.482\,486,\ 0.487\,545)$$

$$U^{\aleph} = (0.502\,380,\ 0.499\,246,\ 0.640\,941,\ 0.643\,163,\ 0.503\,068,\ 0.499\,824,$$
$$0.500\,587,\ 0.503\,978,\ 0.640\,636,\ 0.642\,347,\ 0.499\,618,\ 0.502\,517,$$
$$0.508\,980,\ 0.509\,125,\ 0.631\,269,\ 0.636\,060,\ 0.497\,080,\ 0.500\,021)$$

$$c=0.015\,360$$

然后，通过向量 $\bar{U}^{\rho}$、$\bar{U}^{\aleph}$ 和参数 c，逐个判断酿酒酵母菌基因组的第 $2\sim6$ 类中的 ORF。对于每一个需要判断的 ORF，计算向量 $U=(u_1,u_2,\cdots,u_{18})^{\mathrm{T}}$，用向量 U、$\bar{U}^{\rho}$、$\bar{U}^{\aleph}$ 和参数 c，计算每一个需要判断的 ORF 的编码指标 Δ。如果 $\Delta>0$，这个 OFR 被判断成一个编码的 ORF；否则被认为是一个非编码的 DNA 序列。

可进一步利用表 3-1～表 3-3 重新估计酿酒酵母菌基因组中基因的个数。例如，在酿酒酵母菌基因组的第二类中，总共有 516 个 ORF，其中有 126 个 ORF 被预测为非编码的序列。从算法的估计中可以看出，$k=2$ 时算法的灵敏度和专一性都在 95% 左右。所以，假设这个算法的灵敏度和专一性都是 96%，这样就得到一个四元的线性方程组：

$$\begin{cases} TP/(TP+FN)=0.95 \\ TN/(TN+FP)=0.95 \\ TN+FN=126 \\ TP+FN+TN+FP=516 \end{cases}$$

解这个方程组得 $FP\approx6$，$FN\approx20$，$TP\approx384$，$TN\approx106$，所以，酿酒酵母菌基因组的第二类中编码基因的个数应该是 $TP+FN=404$。对于酿酒酵母菌基因组的第 $3\sim5$ 类，可用同样的方法求得所含有的基因的数目。然而，将这种处理方法应用到酿酒酵母菌基因组的第 6 类时出现意外状况，就是在解方程组后得到的解有负值。原因是，预测出来的非编码序列的个数太少，仅有 5 个。对于这种情况，取 $FP=FN=0$，这样有 $TP=224$，$TN=5$。

3.7 本章小结

比对是数据库搜索算法的基础，将查询序列与整个数据库的所有序列进行比对，从数据库中获得与其最相似的序列的已有数据，能快速地获得有关查询序列的大量有价值的参考信息，对进一步分析其结构和功能都有很大的帮助。近年来，随着生物信息处理数据大量积累和生物学知识的整理，通过比对方法可以有效地分析和预测一些新发现的基因的功能。

最常见的比对是蛋白质序列或核酸序列的两两比对，通过比较两个序列的相似区域和保守性位点，寻找二者可能的分子进化关系。进一步的比对是将多个蛋白质或核酸同时进行比较，寻找这些有进化关系的序列共同的保守区域、位点和轮廓，从而探索导致它们具有共同功能的序列模式。此外，还可以把蛋白质序列与核酸序列相比较，来探索核酸序列可能的表达框架；把蛋白质序列与具有三维结构信息的蛋白质相比，从而获得蛋白质折叠类型的信息。

本章阐述了序列比对的知识基础，包括序列比对基本概念、原理以及序列比对打分；分析了双序列比对的各类算法，包括 Smith-Waterman 算法、FASTA 算法、BLAST 算法、MUMmer 算法和 PatternHunter 算法；分析了多序列比对的各类算法，包括渐进比对算法和迭代算法；最后给出碱基匹配和酿酒酵母菌 DNA 序列分析两个应用实例。

思考题

1. 简述序列比对的基本概念和原理。
2. 简述双序列比对的动态规划思想。
3. 为什么说 FASTA 算法是一种启发式的方法？其主要步骤是什么？
4. 简述 BLAST 算法的搜索步骤及其在数据库搜索中的主要作用。
5. MUMmer 算法主要解决序列比对的哪些关键问题？
6. PatternHunter 算法针对比对序列的具体特征做出了哪些调整？
7. 简述渐进比对算法的三个步骤。
8. 与双序列比对相比，多序列比对算法需要增加哪些基本运算？
9. 迭代算法是如何在保证准确性的前提下提高运算效率的？
10. 结合实例总结双序列比对和多序列比对快速算法的区别与联系。

第 4 章

系统发生树构建方法

4.1 引言

在分子水平上，进化是一种伴有突变的过程。自 20 世纪 60 年代，由于分子遗传学资料的迅速积累，分子进化逐渐成为生物信息处理领域的重要组成部分。分子进化分析着重研究不同系统发生树分支上基因和蛋白质的变化方式，其研究方法和方向也在不断发展，最大似然法、模式识别等很多机器识别的方法也被广泛用于系统发生树的构建和同源基因的识别。

本章主要内容为系统发生树知识基础和主要的系统发生树构建方法，包括：基于距离的构建方法，如 UPGMA 法和邻接法；基于离散特征的构建方法，如最大简约法、最大似然法和进化简约法；Quartet 方法等。最后是应用实例分析。

4.2 系统发生树知识基础

4.2.1 基本概念

在研究生物进化和系统分类时，常用一种类似树状分支的图形来概括各种（类）生物之间的亲缘关系，这种树状分支的图形即系统发生树。通过比较生物大

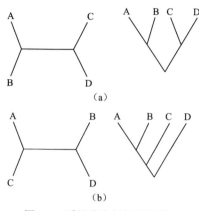

图 4-1　系统发生树的两种类型

分子序列差异的数值而构建出的系统树称为分子系统树。在图 4-1 中，分支的末端和分支的联结点称为节，代表生物类群，分支末端的结代表生物的种类。系统发生树可以有时间比例，或者也可以用两个结之间的分枝长度来表示分子序列的差异数值。树可分为"有根树"和"无根树"两类，如图 4-1 所示。

有根树是具有方向的树，包含唯一的节点，将其作为树中所有物种的最近共同祖先。图 4-1 右图所示即一个有根树。最常用的确定树根的方法是，使用一个或多个无可争议的同源物种作为"外群"，这个外群要足够近，以提供足够的信息，但又不能太近，防止和树中的种类相混。有根树不仅表示出 A、B、C、D 的亲疏，而且反映出它们有共同的起源及进化方向。构建有根的系统树是相当困难的，如在上述例子中，连接 4 种生物的无根树只有 3 种可能，而有根树则存在 15 种可能，有根树去掉根即成为无根树。一棵无根树在没有其他信息（外群）或假设（如假设最大枝长为根）时不能确定其树根。无根树是没有方向的，其线段的两个演化方向都有可能发生。无根树只是简单表示生物类群之间的系统发生关系，并不反映进化途径。例如，图 4-1 左图只简单表示在 A、B、C 和 D 四种生物中，A 与 B 的关系比与 C 或 D 更亲近。

4.2.2　蛋白质分子进化距离

具有共同进化祖先的蛋白质称为同源蛋白质。一般地，同源蛋白质的氨基酸序列具有高度的一致性。通过对同源蛋白质氨基酸序列进行分析，可以推测获得蛋白质的进化历史。对同源蛋白质氨基酸序列进行分析，首先需要将这些序列进行比对。从序列比对结果可以看到，在所有物种中都相同的位点，称为完全保守位点，或不变位点；在不同物种中不完全相同的位点，称为非保守位点，或可变位点。此外，还注意到，在一些序列中，可能存在插入或缺失位点，如图 4-2 所示。

```
E.coli     TGNRTIAVYDLGGGTPDISIIEIDEVDGEKTFEVLATNGDTHLGGEDFDSRLIHYL
B. subtllis DEDQTILLYDLGGGTFDVSILELGDG      TFEVRSTAGDNRLGGDDFDQVIIDHL
                                      └──┬──┘
                                       Gap
```

图 4-2　利用空位进行蛋白质序列比对（图例为 E.coli 和 Bacillus
细菌的 EF-Tu 蛋白质序列）

进化距离的研究对蛋白质进化的研究非常重要，因为进化距离数据可以用来构建系统发生树，并且可用于估算分歧时间。目前有多种估算氨基酸序列间进化距离的方法。

1. 氨基酸差异和 p 距离

估算成对氨基酸序列间进化距离的最简单方法是两个序列间的氨基酸差异数 n_d。如果一个蛋白家族的序列比对中的所有序列含有的氨基酸数目都相同，设为 n，那么，序列间的氨基酸差异数就可以直接用来表征这个家族内成对序列的进化距离或分歧程度。若分析的蛋白家族的序列存在插入或缺失，则要先去掉序列比对中含有插入和缺失的列，再计算总的残基数目和残基的差异数。

成对的序列之间氨基酸差异数在总体氨基酸数目中占的比例是比差异数更有效的度量方法。这个距离称为 p 距离，计算公式为：

$$\hat{p} = n_d / n$$

p 距离可以用来比较长度不同的氨基酸序列对的进化距离。

2. 泊松校正

当同一位点多次发生氨基酸替代时，n_d 与实际的氨基酸替代数的差异就会增大，p 距离与时间 t 就会呈现非线性关系。此时，可以使用泊松分布来对氨基酸替代数进行校正。假设每个位点的氨基酸替代率都相同（为 r），由泊松校正可得，两个序列的每个位点氨基酸替代总数的公式为：

$$\hat{d} = -\ln(1-p)$$

代入 p，就可以获得 d 的估计值 $\hat{d}$。d 简称泊松校正距离。

若已知 t 为两条序列间的分化时间，则氨基酸替代率的估计值为：

$$\hat{r} = \hat{d}/(2t)$$

若已知氨基酸替代率 r，则进化时间的估计值为：

$$\hat{t} = \hat{d}/(2t)$$

3. Γ 距离

上述公式假设氨基酸替代率在所有位点上都是相同的，但是，这个假设在绝大多数情况下都不成立。观察一个蛋白家族的氨基酸序列比对可以很容易地发现，不同位点和区域的保守性明显不同，一些位点和区域的保守性要明显低于另外一些位点和区域的保守性，低保守性的位点替代率高，高保守性的位点替代率低。因此，Uzzell 和 Cothin 建议使用 Γ 分布来估计不同位点的替代率。

当 r 遵循 Γ 分布时，平均每个位点的氨基酸替代总数 d_G 为：

$$d_G = a[(1-p)^{-1/a} - 1]$$

以 $\hat{p}$ 代替 p，d_G 值可以由 $\hat{d}_G$ 估算出来。d_G 称为 Γ 距离。仅在 $p > 0.2$ 或者 $a < 0.65$ 时，替代数的估计值 r 的变异才是相当大的。因此，当 $p < 0.2$ 时，不需要使用 Γ 距离 d_G。在使用 Γ 距离 d_G 计算两序列之间的进化距离时，要先估计 Γ 参数 a。a 值可因所使用的基因的不同而变化，因此，估计 a 值时，必须考虑所使用的具体基因的情况。

泊松校正距离 d 是在所有氨基酸位点的替代速率相同的假设下导出的。如果该假设无效，则泊松校正距离低估了每个位点氨基酸替代数，因此必须使用 Γ 距离。

4.3　主要技术方法及分析

对分子系统进行分析主要分成三个步骤：

① 分子序列或特征数据的分析；

② 系统发生树的构造；

③ 结果的检验。

其中，第①步的作用是，通过分析，产生距离数据或者特征数据，为建立系统发生树提供依据。系统发生树的构建方法有很多种，根据所处理的数据类型，可以将构建方法分为两大类：一种类似于基于距离的构建方法，另一种是基于离散特征的构建方法。

基于距离的构建方法，利用所有物种或者分类单元间的进化距离，依据一定的原则以及算法构建系统发生树，其基本思路是，列出所有可能的序列对，计算序列之间的遗传距离，选出相似度比较大或者非常相关的序列对，利用遗传距离预测进化关系。属于这一大类的方法有：类平均法（又叫使用算术平均的不加权对群法，即 UPGMA 法）、邻接法、最小进化法（ME）、Fitch-Margoliash 法（FM）。UPGMA 来自数值分类学中表征图的构建方法，其基本假设是，各分类群的进化速率相同，因此，从祖先节点分离的两个分类群到该祖先节点的分支长度相等。最小进化法是另一种基于距离矩阵的建树方法，其基本假设是，在所有可能的拓扑结构中，真实树对应的进化过程所需的突变或替代次数最少，即系统树的分支之和具有最小值。为了解决 ME 法的计算量问题，Saitou 和 Nei 提出了邻接法（NJ）。

基于离散特征的构建方法主要利用具有离散特征状态的数据，如 DNA 序列中的特定位点的核苷酸。用此方法建树时，着重分析分类单位或者序列间的特征的进化关系等。最大简约法（MP）、最大似然法（ML）、进化简约法（EP）、相容法等都属于基于离散特征的构建方法。Eck 和 Dayhoff 最早使用最大简约法分析氨基酸序列，重建系统发生树。此后，Fitch 和 Hartigan 发展了该方法。最大简约法较少涉及遗传假设，而是通过寻求物种间最小的变更数来实现。最大似然法对于假设的模型有巨大的依赖性，计算量较大，但为统计推断提供了基础。用最大简约方法搜索进化树，其原理是，用最小的改变来解释观察到的所要研究的分类群之间的差异。Felsenstein 将最大似然法用于系统树的构建。Kishino 等将其用于蛋白质序列数据的分析。

总体来说，序列对比算法有很多种，如上文所述的 UPGMA 法、邻接法、最小进化法、Fitch-Margoliash 法、最大简约法、最大似然法、进化简约、相容法等。本章分别介绍基于距离的构建方法、基于离散特征的构建方法和 Quartet 方法。

4.4　基于距离的构建方法

4.4.1　UPGMA 法

Rohlf 于 1963 提出的类平均法，即 UPGMA，是目前聚类分析中使用最多的一种聚合策略。该策略最早用来解决分类问题。当用来重建系统发生树时，需假设前提条件：在进化过程中，每一世系发生趋异的次数相同，即核苷酸或氨基酸的替换速率是均等且恒定的。UPGMA 法产生的系统发生树可以说是物种树的简单体现，每一次趋异发生后，从共祖节点到 2 个 OTU（Operational Taxonomic Units）的分支长度一样。因此，这种方法较多地用于物种树的重建。

UPGMA 法的基本思想较简单。聚类时，首先将距离最小的 2 个 OTU 聚在一起，形成一个新的 OTU，其分支点位于 2 个 OTU 间距离的 1/2 处；然后计算新的 OTU 与其他 OTU 的平均距离，再找出其中距离最小的 2 个 OTU 进行聚类；如此反复，直到所有的 OTU 都聚到一起，最终得到一个完整的系统发生树。

此方法的步骤如下：先将成对比较的距离排成矩阵，挑出距离最小者，作为第一个距离期望值（该距离期望值等于观察值）。

然后把这两个物种合并为一个新群以构建新的矩阵，找出第二个最小距离。这样逐次归并，直到整个物种合并成一个大群，便完成了树的构建，如图 4-3 所示。这种方法构建的树既有拓扑和分支长度，又有类内方差。UPGMA 法主要用于描述近缘物种或者不同民族间的亲缘关系以及构建分化演变的进化树等。

实际上，当应用了"分子钟"假设且所有序列间的进化距离较大时，UPGMA方法得到正确树的概率较高。目前，由于"分子钟"假设通常并不合法，许多研究者利用相对较短的 DNA 序列，因此，在使用 UPGMA 树时要非常谨慎。因为

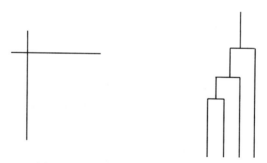

图 4-3　UPGMA 法构建的分子进化树

此方法假设进化速率是恒定的，所以分析结果可以出现一个有根树，但在必要时，可以将根节点移除。此方法在不同谱系间的进化速率有较大差异或有同源序列平行进化时，经常得出错误的拓扑结构，而且当系统发生树的状态空间较大时，该方法的可操作性极差，因而使用较为有限。

UPGMA 法包含这样的假设：沿着树的所有分枝的突变率为常数。Fitch 和 Margoliash 于 1967 年所发展的方法去除了这一假设。该法的应用过程包括插入"丧失的" OUT 作为后面 OUT 的共同祖先，且每次使分枝长度拟合于 3 个 OTU 组。

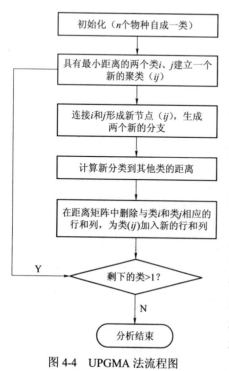

图 4-4　UPGMA 法流程图

Margoliash 担心利用他们的法则所得到的拓扑结构可能是不完全正确的，并建议考察其他拓扑结构。可以采用被 Fitch 和 Margoliash 称为"百分标准差"的一种拟合优度来比较不同的系统树，最佳系统树应具有最小的百分标准差。根据百分标准差选择系统树，其最佳系统树可能与由 Fitch-Margoliash 法则所得到的不相同。当存在分子钟时，可以预期，这一标准差的应用，将给出类似于 UPGMA 方法所产生结果。如果不存在分子钟，则不同世系（分枝）中的变更率是不同的，那么，Fitch-Margoliash 标准就会比 UPGMA 好得多。通过选择不同的 OUT 作为初始配对单位，就可以选择其他系统树进行考察。具有最低百分标准差的系统树即可认为是最佳的，并且这个标准是建立在 Fitch-Margoliash 算法的基础上的。

算法的基本步骤如图 4-4 所示。

① 找出关系最近的序列对，如 A 和 B，将剩余的序列作为一个简单复合序列，分别计算 A、B 到所有其他序列的距离的平均值。

② 用这些值来计算 A、B 间的距离。

③ 将 A、B 作为一个单一的复合序列 AB，计算其与每一个其他序列的距离，生成新的距离矩阵。

④ 确定下一对关系最近的序列，重复前面的步骤，计算枝长。

⑤ 从每个序列对开始，重复整个过程。

⑥ 对每个树计算每对序列间的预测距离，发现与原始数据最符合的树。

4.4.2 邻接法

邻接法是另一种快速的聚类方法，该方法由 Saitou 和 Nei 于 1987 年首次提出，是目前最为常用的基于距离的方法。在构建系统发生树时，它取消了 UPGMA 法所做的假设，不需要关于分子钟的假设，在进化分支上，发生趋异的次数可以不同，通过确定距离最近（或相邻）的成对分类单元来使系统树的总长达到尽可能小。与 UPGMA 法相比，邻接法在算法上相对较复杂，它跟踪的是树上的节点而不是分类单元。

邻接法的基本思想：在进行类的合并时，不仅要求待合并的类是相近的，同时还要求待合并的类远离其他类。在聚类过程中，根据原始距离矩阵和所有节点间的平均趋异程度，对每两个节点间的距离进行调整，即将每个分类单元的趋异程度标准化，从而形成一个新的距离矩阵。重建时，将距离最小的两个叶节点连接起来，合并这两个叶节点所代表的分类，形成一个新的分类。在树中增加一个父节点，并在距离矩阵中加入新的分类，同时删除原来的两个分类。随后，新增加的父节点被看作叶节点，进行循环。在每一次循环过程中，都有两个叶节点被一个新的父节点所取代，两个类被合成一个新类。整个循环直到只剩一个类为止。从得到的系统发生树来看，两个聚在一起的分类单元其所在的叶节点到父节点的距离并不一定相同。在每一次循环中，在树中寻找两个分类单元的直接祖先。节点 x 到其他节点的距离 d_x 按下式进行估算：

$$d_x = \frac{1}{n-2} \sum_{x \neq y} D_{xy}$$

这里，D_{xy} 是分类 x 和分类 y 之间的距离，是动态更新的距离矩阵 $\boldsymbol{D}$ 中的元素。为了使所有分支长度的和最小（或称最小进化原则），选择 $D_{xy}-d_x-d_y$ 最小的一对节点 x 和节点 y 进行归并，如图 4-5 所示。

邻接法的一般步骤：

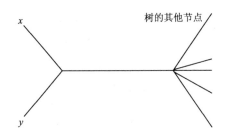

图 4-5　寻找一对节点 x 和 y，使这两个节点靠近，但同时远离其他节点

① 计算第 i 个终端节点（即分类单元 i）的净分歧度 r_i：

$$r_i = \sum_{k=1}^{N} d_{ik}$$

其中，N 为终端节点数；d_{ik} 是节点 i 和节点 k 之间的距离，有 $d_{ik} = d_{ki}$。

② 计算并确定最小速率校正距离 M_{ij}：

$$M_{ij} = d_{ij} - \frac{r_i + r_j}{N-2}$$

③ 定义一个新节点 u，u 节点由节点 i 和 j 组合而成。节点 u 与节点 i 和 j 的距离为：

$$S_{iu} = \frac{d_{ij}}{2} + \frac{r_i + r_j}{2(N-2)}$$
$$S_{ju} = d_{ij} - S_{iu}$$

节点 u 与系统发生树其他节点 k 的距离为：

$$d_{ku} = \frac{d_{ik} + d_{jk} - d_{ij}}{2}$$

④ 从距离矩阵中删除列节点 i 和 j 的距离，N 值（总节点数）减去 1。

⑤ 如果尚余 2 个以上的终节点，返回步骤①继续计算，直至系统发生树完全建成，如图 4-6 所示。

以上每一步可以产生一个中间节点，并最终画出系统发生树。图 4-6 中各分支的角度是随意的。

邻接法的运算速度最快，但该方法每次迭代运算均只搜索最近邻居配对，对其他可

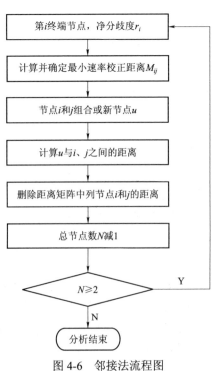

图 4-6　邻接法流程图

能的配对不加以考虑，最终只生成单一的最优树，因此可能会遗漏一些拓扑结构更合理的次优树。

4.5 基于离散特征的构建方法

4.5.1 最大简约法

最大简约法是为满足形态特征分类的需求而发展起来的，具体的算法有许多版本，其中有些已被广泛地用于分子进化研究中，其思想是，根据离散特征数据构建系统发生树。最大简约法的目标是构造一棵反映分类单元之间最小变化的系统发生树。最大简约法利用简约分析提供的信息特征，如在 DNA 序列数据中，利用的是存在核苷酸序列差异（至少有两种不同类型的核苷酸）的位点，这些位点称为简约信息位点。具体来说，信息位点指能产生把一棵树与其他树区分开来的突变数目的位点。如果对于某个位点，所有序列都有同样的字符，则将这个位点称为不变位点。显然，不变位点是非信息位点。如果一个位点是信息位点，那么它至少有两种不同的核苷酸，并且这些核苷酸至少出现两次。所有的简约法程序在开始时都将这条简单的规则应用于输入数据集。

对于系统发生树，最直观的代价计算就是沿着各个分支累加特征变化的数目，而所谓简约，就是使代价最小。利用最大简约方法构建系统发生树的过程，实际上就是比较给定分类单元的所有可能的树的过程。针对某一个可能的树，首先对每个位点祖先序列的核苷酸组成做出推断，然后统计每个位点，用于阐明差异的核苷酸最小替换数目。在整个树中，称所有简约信息位点最小核苷酸替换数的总和为树的长度或树的代价。通过比较所有可能的树，选择其中长度最小、代价最小的树作为最终的系统发生树，即最大简约树。

最大简约法的处理过程如下：

① 针对待比较的物种，选择核酸或蛋白质序列。有些分子的变化速率比其他分子的稳定，适合进行进化分析，例如哺乳类动物的线粒体 DNA、管家蛋白质等。

② 比较各个序列，产生序列的多重比对，确定各个序列字符的相对位置。

③ 根据每个序列比对的位置（即多重序列比对的每一列），确定相应的系统发生树。该树用最少的进化动作产生序列的差异，最终生成完整的树。

4.5.2 最大似然法

前面介绍的系统发生分析方法隐含地使用了各种概率模型来说明生物分子序

列是如何进化的，并通过系统发生树研究序列之间的进化关系。最大似然法明确地使用概率模型，其目标是，寻找能够以较高概率产生观察数据的系统发生树。最大似然法是完全基于统计的系统发生树重建方法的代表。该方法在序列比对中考虑了每个核苷酸替换的概率。例如，转换出现的概率大约是颠换的三倍。在一个三条序列的比对中，如果发现其中有一列为一个 C、一个 T 和一个 G，则有理由认为，C 和 T 所在的序列很有可能关系更近。由于被研究序列的共同祖先序列是未知的，概率的计算变得复杂；又由于，在一个位点或多个位点可能发生多次替换，且不是所有的位点都相互独立，概率计算的复杂度进一步加大。尽管如此，还是能用客观标准来计算每个位点的概率，计算表示序列关系的每棵可能的树的概率。然后，根据定义，概率总和最大的那棵树最有可能是反映真实情况的系统发生树。

在基于 DNA 或蛋白质序列的系统发生分析方面，与最大简约法相似，最大似然法依赖于一个合理可靠的多重序列的比对，需要检测每一列的变化。对于每一棵可能的树，计算在每一列发现真实序列变化的可能性，将排列位置的概率相乘，其结果即作为每棵树的可能性。具有最大似然值的树就是最可能的树。

在实际使用 MP 和 ML 法重建系统发生树时，当给定的 OTU 数量 m 较小时（比如 $m < 10$），可利用计算机对所有可能的树做彻底搜索，确定最理想的树。这样做虽然非常耗时，但还是可行的。当 m 大于 10 时，就不可能对所有的树进行比较，则解决这个问题的办法有两种：

① 分支和界限法：忽略长度明显大于已比较树的长度的树，通过分支和界限法，从一组具有潜在可能的树中确定最理想树。该法能保证获得最理想树，但当 m 大于或等于 20 时，仍然很耗时。

② 启发式搜索法：该法在分析时只对少部分的可能树进行比较，故 m 可取较大值，但此法不能保证发现最理想的树。

4.5.3　进化简约法

进化简约法又称不变量法、无标度法。该方法基本思路为，在进化过程中，转换和颠换有着完全不同的生物学意义，从而排除了平行进化和返祖进化对构建单系类群进化树的干扰。

该方法的具体步骤如下：

① 每四个序列为一组进行选择。

② 分别寻找两个具有嘌呤和两个具有嘧啶的位点。

③ 考虑三种可能的树形组合，如图 4-7 所示，分别称为树形 X、Y 和 Z。

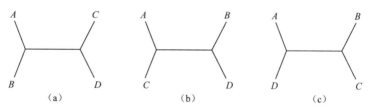

图 4-7　四个序列的三种树形组合

（a）X；　（b）Y；　（c）Z

④ 找出序列 A、B 均为嘌呤或者均为嘧啶的位点（C、D 则相反），并计算支持位点的数目和相反树枝 X 顺序的总数，分别记为 X^+ 和 X^-；同样，用序列 A、C 和 B、D 计算 Y^+ 和 Y^- 的总数，用序列 A、D 和 B、C 计算 Z^+ 和 Z^- 的总数。

⑤ 计算对树形 X、Y 和 Z 的净支持率：

$$X = X^+ - X^-$$

$$Y = Y^+ - Y^-$$

$$Z = Z^+ - Z^-$$

⑥ 用自由度 $f = 1$ 的 χ^2 检验来估计统计显著性：

$$\chi(X^2) = \frac{X^2}{X^+ + X^-}$$

$$\chi(Y^2) = \frac{Y^2}{Y^+ + Y^-}$$

$$\chi(Z^2) = \frac{Z^2}{Z^+ + Z^-}$$

4.6　Quartet方法

Quartet 方法是通过观察 quartet 集合来描述系统的一种混合方法，也是一种将问题分解为多个小的重叠集合，然后将这些小的独立集合利用经典系统发生分析方法进行解决，最后最优化合并独立集合，从而解决全局问题的方法。

一个 quartet 是由四个序列组成的集合，一个 quartet 拓扑就是这四个序列的简单系统发生描述。需要阐述的一个问题是，为什么将四个序列组合在一起，即一个 quartet。假设将一个序列集合 S 分成足够多的由 k 个元素组成的小集合，那么就将这个序列集合 S 分成了 $\binom{|S|}{k}$ 个子集。从感觉上来说，k 越大，需要考虑的

子集越多，所以，需要让 k 尽可能的小。能够得到的最小的 k 值为 4，因为对于一个有四个枝叶的无根树，只有唯一的一个拓扑结构。

一个给定的 quartet(a, b, c, d) 有四种可能的拓扑结构，即 $ac|bd$，$ab|cd$，$ad|bc$，$abcd$，如图 4-8 所示。

$$D(a,b) + D(c,d) < \min\{D(a,c) + D(b,d) + D(a,d) + D(b,c)\} \Rightarrow ab|cd$$
(4-1)

$$D(a,c) + D(b,d) < \min\{D(a,d) + D(b,c) + D(a,b) + D(c,d)\} \Rightarrow ac|bd$$
(4-2)

$$D(a,d) + D(b,c) < \min\{D(a,b) + D(c,d) + D(a,c) + D(b,d)\} \Rightarrow ad|bc$$
(4-3)

$$\text{else} \Rightarrow abcd$$
(4-4)

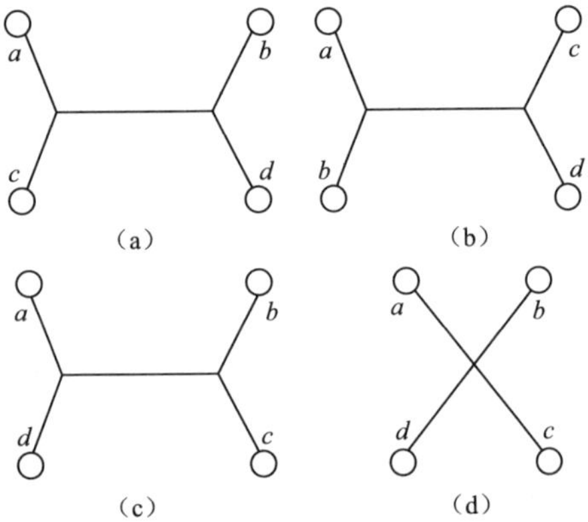

图 4-8　quartet 集合

(a) $ac|bd$；(b) $ab|cd$；(c) $ad|bc$；(d) $abcd$

Quartet 方法的步骤：

① quartet 集合推理过程（QI）：对于包含有 n 个序列对象的数据集 S，推导出其全部的 $\binom{n}{4}$ 个 quartet 拓扑。任何已知的经典系统发生方法都可以用来求解 quartet 拓扑结构。

② quartet 再组合或者系统发生树推理过程（TI）：根据 QI 提供的信息，通过未知的系统发生 T 的一个估价 T' 来组合这些 quartet。绝大多数已存在的 quartet 方法在重组 quartet 时使用一种建树方案来复原或者推导未知系统发生的边。

为了更好地了解 Quartet 方法，还要引入几个定义和理论。

定义 1：设 S 是一个树 T 的叶子集合，一个二分对称非空集合 (X,Y)，使

得 $X \cup Y = S$ 且 $X \cap Y = \varnothing$，就可以说，这样一个二分（X,Y）描述出了这个树 T 的一个边 β，其中，二分中的 X 描述的是树 T 去掉边 β 的一部分集合，Y 为剩下部分集合，并将这个边 β 和二分（X,Y）记作 $\beta=(X,Y)$。

定义 2：设 S 是一个树 T 的叶子集合，那么形如 $|X|=1$ 或 $|Y|=1$ 的边（X,Y）为一条无价值边。

定义 3：给定一个边 $\beta=(X,Y)$，定义 Q_β 是跨越边 β 的 quartet 集合。例如，$Q_\beta = \{ab|cd : a,b \in X, c,d \in Y\}$，那么跨越这条边 $\beta=(X,Y)$ 的 quartet 集合 Q_β 所包含的 quartet 数量为：

$$\binom{|X|}{2}\binom{|Y|}{2} = \frac{|X|(|X|-1)}{2}\frac{|Y|(|Y|-1)}{2} = \frac{|X|(|X|-1)|Y|(|Y|-1)}{4} \quad (4\text{-}5)$$

定义 4：定义集合的差 $Q_1 - Q_2$ 为 $Q_1 - Q_2 = \{q : q \in Q_1, q \notin Q_2\}$，则 $|Q_1 - Q_2|$ 表示属于 Q_1 而不属于 Q_2 的 quartet 的数量。

由于跨越不同边的 quartet 数量不同，则可以描述 quartet 距离的概念如下。

定义 5：定义 quartet 距离 δ 为属于跨越边 (X,Y) 的 quartet 集合 $Q_{(X,Y)}$，却不属于树 T 的 quartet 估计 Q 的 quartet 的数量与跨越边 β 的 quartet 集合所包含的 quartet 数量的比，即：

$$\delta(Q,(X,Y)) = \frac{|Q_{(x,y)} - Q|}{\dfrac{|X|(|X|-1)|Y|(|Y|-1)}{4}} = \frac{4|Q_{(x,y)} - Q|}{|X|(|X|-1)|Y|(|Y|-1)} \quad (4\text{-}6)$$

需要解决的问题：

Quartet 误差，对于输入 S，给定一个推导 quartet 集合 Q，假如有 $ab|cd \notin Q_T$，则 quartet 拓扑 $ab|cd \in Q$ 就是一个 Quartet 误差。这里的 Q_T 是未知系统发生 T 的推导 quartet 集合。

（1）最大 Quartet 一致性问题

最大 Quartet 一致性问题（Maximum Quartet Consistency，MQC）条件：给定一个涵盖输入集合 S 的推断 quartet 拓扑集合 Q。目标：为输入 S 寻找一个进化树 T'，使得 $|Q_{T'} \cap Q|$ 最大。Incomplete 和 Complete MQC 是 NP 难题，需要通过启发方式解决。启发式方法主要有 Quartet Puzzling 方法、WO 方法、Short Quartet 方法。

（2）最小 Quartet 误差

最小 Quartet 误差（Minimum Quartet Error，MQE）条件：给定一个涵盖输入集合 S 的推断 quartet 拓扑集合 Q。目标：寻找一个进化树 T'，使得 $|Q_{T'} - Q|$ 最小。

Quartet 误差问题解决的主要方法：

Quartet Puzzlin 方法，由 Strimmer 和 von Haeseler 于 1996 年提出，是一种推断进化树的实用的启发式 quartet 方法，如今已被广泛应用，主要使用最大似然法在 quartet 重组（Quartet Recombination）过程中解决 MQE 问题。

Semi-Definite Programming（SDP）方法，由 Ben-Dor 提出，通过几何来解释 quartet 组合问题，是一种将 quartet 拓扑信息转换为序列距离信息的启发式方法。

Short Quartet 方法，由 Erdos、Rice、Steel、Szekely 和 Warnow 提出，利用 Q_T 的 quartet 拓扑子集来复原进化树 T。这个方法既不是一种非启发式的方法，也不能解决优化问题，但能为严密地复原未知进化树提出必要条件，是一种快速汇聚方法。

Hypercleaning 方法，一个进化树拓扑可以被描述为其本身的边-诱导二分集合，通过两个步骤解决 MQE 问题，复原进化树的逼近可描述为：先通过序列数据复原所有的二分，然后从中选择一个一致的集合。Hypercleaning 方法是一种精确的非启发式算法。

4.7 应用实例分析

4.7.1 线粒体 NADH 脱氢酶的发生树分析

1. 问题描述

先把蛋白质序列用图形表示，然后对得到的图形表示进行数值刻画，最后得到蛋白质序列的相似性结果，也就是进化距离矩阵。根据进化距离矩阵，用 PHYLIP 软件包中的 UPGMA 方法来构建进化树。

2. 方法分析

（1）PHYLIP

PHYLIP 是目前使用较多的网上软件包，由美国华盛顿大学的 Joseph Felsenstein 发明，可完成许多系统发生分析。PHYLIP 的功能极其强大，主要包括六种的功能软件：DNA 和蛋白质序列数据的分析软件；序列数据转变成距离数据后，对距离数据进行分析的软件；对基因频率和连续的元素进行分析的软件；把序列的每个碱基/氨基酸独立看待（碱基/氨基酸只有 0 和 1 的状态）时，对序列进行分析的软件；按照 DOLLO 简约算法对序列进行分析的软件；绘制和修改进化树的软件。这些软件都以源程序形式提供，可以在很多平台上运行。

（2）PUZZLE 软件

这是用最大可能性的方法来构建进化树的一个软件，并可对树进行 bootstrap

评估。该软件在搜寻进化树时用的算法是 quartet puzzling，这个算法相对较快，但如果分析的序列较多，也相当耗时。另有 Linux 版，运行起来相对较快。PUZZLE 的输入格式为 PHYLIP INTERLEAVED，ClustalW 可以生成此类格式文件。

3. 实验及结果

蛋白质序列之间的关系可以用进化树来表示，拓扑结构和分支长度是树的两个因素。其中，拓扑结构反映了序列之间的进化距离，分支长度与进化距离成正比。一棵进化树构建得正确与否，取决于各序列之间的相似性距离值是否合适。

第一种构建进化树的作法如下。

① 图形表示：以 20 个氨基酸的理化性质分类得到的循环顺序为基础，把它们均匀分布在单位圆上，由 CGR 方法分别得到 9 个物种的线粒体 NADH 脱氢酶（ND5）序列的 2 维图形表示。

② 数值刻画：利用两两蛋白质序列产生的图形对应点的距离差累积和进行序列比对，从而得到 9 个物种的 ND5 序列的进化距离矩阵。

③ 构建进化树：根据进化距离矩阵，用 PHYLIP 软件包中的 UPGMA 方法构建其进化树，如图 4-9 所示。

从生物进化关系可以把这 9 个物种分为 4 组：第一组由 Gorilla、Human、PigChimpanzee 和 Common Chimpanzee 组成，它们属于人亚科；第二组由 Fin Whale 和 Blue Whale 组成，属于须鲸属；第三组由 Rat 和 Mouse 组成，属于啮齿目；第四组为 Opossum，属于双门齿目。

从图 4-9 中可以看到，Opossum 单独处在一个分支上，另外还有两个大分支，其中一个分支由 Gorilla、Human、Pig Chimpanzee、Common Chimpanzee、Fin Whale 和 Blue Whale 组成，另一个分支由 Rat 和 Mouse 组成。而第一子分支又分为两个分支，Gorilla、Human、Pig Chimpanzee 和 Common Chimpanzee 在一个分支上。Fin Whale 和 Blue Whale 在另一个分支上。此进化树得到的物种之间的进化关系与实际进化关系完全相符。

图 4-10 是用 ClustalW 算法对 9 个物种的 ND5 序列进行序列比对，然后用 PHYLIP 软件包中的 protdist 得到它们的距离矩阵，最后根据此矩阵，应用 PHYLIP 软件包中 UPGM 方法构建得到的进化树。图 4-9 得到的拓扑结构与用 ClustalW 算法得到的拓扑结构完全一样。图 4-9 和图 4-10 所示的 9 个物种的进化树可以说明，基于理化性质分类的，以 2 维图形表示的图形比对方法所得到的相似性，可以有效地比较蛋白质序列，并且用这种数学描述方法可以很好地表现蛋白质序列内在的结构和功能。

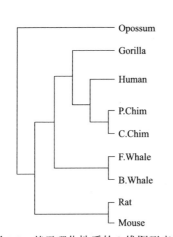

图 4-9 基于理化性质的 2 维图形表示的
图形比对方法得到的进化树

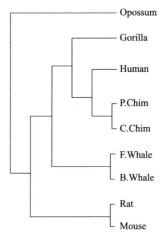

图 4-10 基于序列比对（ClustalW
算法）的进化树

第二种构建进化树的作法如下。

① 图形表示：利用 6 阶反射 Gray 编码得到 20 个氨基酸的 24 种不同的循环顺序，把它们均匀分布在单位圆上，由 CGR 方法分别得到 9 个物种的线粒体 NADH 脱氢酶（ND5）序列的 24 种不同的三维空间表示。

② 数值刻画：对产生的每一个图形构造 LL 矩阵，提取 LL 矩阵的最大特征值，这样，每一蛋白质序列就得到了由 24 个最大特征值组成的 24 维向量，通过比较向量得到 ND5 序列的进化距离矩阵。

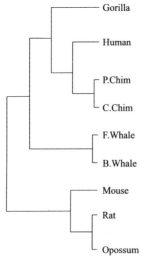

③ 构建进化树：根据进化距离矩阵，用 PHYLIP 软件包中的 UPGMA 方法构建 ND5 序列的进化树，如图 4-11 所示。

图 4-11 基于 Gray 编码的 3 维图形表示对应的最大特征值下的进化树

如图 4-11 所示，此进化树分为两个大分支，Gorilla、Human、Pig Chimpanzee、Common Chimpanzee 和 Fin Whale、Blue Whale 在一个大分支上，Mouse、Rat、Opossum 在另一个大分支上，而第一个大分支又有两个分支，Gorilla、Human、Pig Chimpanzee 和 Common Chimpanzee 在一个分支上，Fin Whale 和 Blue Whale 在另一个分支上。另外一个大分支也有两个分支，Rat 和 Opossum 在一个分支上，Mouse 单独在一个

分支上。与图 4-10 相比，Opossum 与 Rat、Mouse 在一个大分枝上，也就是在进化关系中，它们属于同一类，因为 Opossum 也是一种鼠，可能在某些区域与 Rat 和 Mouse 也是相似的。

从得到的进化树可以很直观地看到物种的进化关系以及是否与实际进化关系相符合。图 4-10、图 4-11 与图 4-9 相比，可以看到，基于理化性质得到的进化树与目前使用的 ClustalW 算法的结果具有更好的一致性，因为氨基酸的理化性质反映了蛋白质序列的内在结构和功能。而基于 Gray 编码的进化树与 ClustalW 算法的结果基本一致，有些物种之间的进化关系与 ClustalW 得出的进化关系稍有不符。因为这里比较的只是这两个物种的一个蛋白，并不是全部，所以这种进化关系可能是存在的，也可能是计算方法的不同所致。

4.7.2　完全变态昆虫系统发生分析

1. 问题描述

由于大多数昆虫在不同的发育阶段，形态结构变化很大，而不同地理分布的同种昆虫，有时形态也有差异，因此，根据形态特征进行昆虫推定有时会比较困难，特别是亲缘关系较近的昆虫在早期阶段（卵、幼虫、蛹），形态非常相似，很难对其进行快速、准确的鉴定。为此，需要借助分子生物学技术，以解决形态分类上不能解决的问题。

应用于昆虫分子系统学研究的分子标记主要有细胞核 DNA、线粒体 DNA（mtDNA）和 rDNA，其中线粒体 DNA 的应用最为广泛。线粒体是真核细胞中的一种具有半自主性的胞质细胞器，存在于真核生物的所有细胞中，是细胞进行呼吸活动、产生能量的主要场所，具有独特的遗传系统。与细胞核 DNA 不同，mtDNA 是个封闭的环状双链，以高拷贝数目存在于线粒体内。mtDNA 进化速率较核内 DNA 的快，基因顺序和组成总体上保守，在遗传过程中几乎不发生基因重组、倒位、易位等突变，并且可以通过母性方式遗传。这些特点有利于分子进化和分子系统学研究。mtDNA 已被广泛用于分析昆虫系统发育关系。随着大量线粒体基因组测序的完成，已经可以基于线粒体全基因组对昆虫系统发生分析进行研究。

2. 方法分析

采用 NCBI 中 32 个完全变态类昆虫线粒体全基因组中的所有氨基酸序列。参与进化分析的物种包括鳞翅目 7 个、双翅目 18 个、鞘翅目 4 个、膜翅目 3 个，见表 4-1。

表 4-1　昆虫全变态群

目	科	名字	索取号
鳞翅目 Lepidoptera	卷蛾科 Tortricidae	Adoxophyes honmai	NC_008141
	天蚕蛾科 Satumiidae	Antheraea pernyi	NC_004622
	蚕蛾科 Bombycidae	Bombyx mandarina Bombyx mori	NC_003396 NC_002355
	灰蝇科 Lycaenidae	Coreana raphaelis	NC_007976
	草螟科 Crambidae	Ostrinia furnacalis Ostrinia nubilalis	NC_003368 NC_003367
双翅目 Diptera	蚊科 Culicinae	Aedes albopictue Anopheles gambiae Anopheles Quadrimaculatus A	NC_006817 NC_002048 NC_000875
	灾蝇科 Tephritidae	Bactrocera dorsalis Bactroceraoleae	NC_008748 NC_005333
	丽蝇科 Calliphoridae	Chrysamya putoria Cochilomyia hominiworux	NC_002697 NC_002660
	虻科 Tabanidae	Cylistomyia duplonotata	NC_008756
	狂蝇科 Oestridae	Dermatobia hominis	NC_006378
	果蝇科 Drosophilidae	Drosophila mauririana Drosophila melanogaster Drosophila sechellia Drosophila simulans Drosophila yakuba	NC_005779 NC_001709 NC_005780 NC_005781 NC_001322
	蝇科 Muscidae	Haematobia irritans irritans	NC_007102
	贪蚜蝇科 Syrphidae	Simasyrphus grandicornis	NC_008754
	网翅虻科 Nemestrinidae	Trichophthalma punctate	NC_008755
鞘翅目 Coleoptera	天牛科 Cerambycidae	Anoplophora grandicornis	NC_008221
	叶甲科 Chrusomelidae	Crioceris duodecimpunctata	NC_003372
	萤科 Lampyridae	Pyocoelia rufa	NC_NC003970
	拟步甲科 Tenebrionidae	Tribolium castaneum	NC_003081
	蜜蜂科 Apidae	Apis melifera ligustica Melipona bicolor	NC_001566 NC_004529
膜翅目 Hymenoptera	离鄂细蜂科 Vanhomiidae	Vanhornia eucnemidarum	NC_008323

　　考虑氨基酸前后的顺序关系，采用基于物理化学参数的多尺度步长关联方法计算距离矩阵。本实例采用了 19 个理化参数，分别是（Z1、Z2、Z3、ISA、ECI、MSWHIM-1、MSWHIM-2、MSWHIM-3）、（VSTV1、VSTV2、VSTV3）和（VHSE1、VHSE2、VHSE3、VHSE4、VHSE5、VHSE6、VHSE7、VHSE8），包括氨基酸的侧链表面积、亲水性、立体形状大小和电性特征等多个参数，见表 4-2。

表 4-2 氨基酸的多种理化参数

氨基酸	Z1	Z2	Z3	ISA	ECI	MSW HIM-1	MSW HIM-2	MSW HIM-3	VSTV1	VSTV2	VSTV3	VHSE1	VHSE2	VHSE3	VHSE4	VHSE5	VHSE6	VHSE7	VHSE8
AlaA	0.07	-1.73	0.09	62.93	0.05	-0.73	0.20	-0.62	-1.33	0.41	-0.10	0.15	-1.11	-1.35	-0.92	0.02	-0.09	0.36	-0.48
ArgR	2.88	2.52	-3.44	52.98	1.69	-0.22	0.27	1.00	1.22	-0.55	2.31	-1.47	1.45	1.24	1.27	1.55	1.47	1.30	0.83
ASnN	3.22	1.45	0.84	17.87	1.31	0.14	0.20	-0.66	-0.20	1.05	0.61	-0.99	0.00	-0.37	0.69	-0.55	0.85	0.73	-0.80
AspD	3.64	1.13	2.36	18.46	1.25	0.11	-1.00	-0.96	-0.21	1.34	0.64	-1.15	0.67	-0.04	-0.01	-2.68	1.31	0.03	0.56
CysC	0.71	-0.97	4.13	78.51	0.15	-0.66	0.26	-0.27	-1.02	-0.32	-0.69	0.18	-1.67	-0.46	-0.21	0.00	1.20	-1.61	-0.19
GlnQ	2.18	0.53	-1.14	19.53	1.36	0.30	1.00	-0.30	0.20	0.41	1.02	-0.96	0.12	0.18	0.16	0.09	0.42	-0.20	-0.41
GluE	3.08	0.39	-0.07	30.90	1.31	0.24	-0.39	-0.04	0.18	0.71	1.04	-1.18	0.40	0.10	0.36	-2.16	-0.17	0.91	0.02
GlyG	2.23	-5.36	0.30	19.93	0.02	-0.31	-0.28	-0.75	-1.66	0.78	0.24	-0.20	-1.53	0.63	2.28	-0.53	-1.18	2.01	-1.34
HisH	2.41	1.74	1.11	87.38	0.56	0.84	0.67	-0.78	0.61	0.93	-0.80	-0.43	-0.25	0.37	0.19	0.51	1.28	0.93	0.65
HeI	-4.44	-1.68	-1.03	149.77	0.09	-0.91	0.83	-0.25	-0.12	-1.27	-0.38	1.27	-0.14	0.30	-1.80	0.30	-1.61	-0.16	-0.13
LeuL	-4.19	-1.03	-0.98	154.35	0.10	-0.74	0.72	-0.16	-0.17	-1.24	-0.02	1.36	0.07	0.26	-0.80	0.22	-1.37	0.08	-0.62
LysK	2.84	1.41	-3.14	102.78	0.53	-0.51	0.08	0.60	0.39	-1.42	1.46	-1.17	0.70	0.70	0.80	1.64	0.67	1.63	0.13
MetM	-2.49	-0.27	-0.41	132.22	0.34	-0.70	1.00	-0.32	-0.24	-2.48	-0.28	1.01	-0.53	0.43	0.00	0.23	0.10	-0.86	-0.68
PheF	-4.92	1.30	0.45	189.42	0.14	0.76	0.85	-0.34	1.07	0.10	-0.36	1.52	0.61	0.96	-0.16	0.25	0.28	-1.33	-0.20
ProP	-1.22	0.88	2.23	122.35	0.16	-0.43	0.73	-0.60	-0.54	-0.33	-1.73	0.22	-0.17	-0.50	0.05	-0.01	-1.34	-0.19	3.56
SerS	1.96	-1.63	0.57	19.75	0.56	-0.80	0.61	-1.00	-0.94	0.90	0.03	-0.67	-0.86	-1.07	-0.41	-0.32	0.27	-0.64	0.11
ThrT	0.92	-2.09	-1.40	59.44	0.65	-0.58	0.85	-0.89	-0.58	0.51	-0.30	-0.34	-0.51	-0.55	-1.06	-0.06	-0.01	-0.79	0.39
TrpW	-4.75	3.65	0.85	179.16	1.08	1.00	0.98	-0.47	2.42	0.49	-1.87	1.50	2.06	1.79	0.75	0.75	-0.13	-1.01	-0.85
TyrY	-1.39	2.32	0.01	132.16	0.72	0.97	0.66	-0.16	1.51	0.56	-0.11	0.61	1.60	1.17	0.73	0.53	0.25	-0.96	-0.52
ValV	-2.69	-2.53	-1.29	120.91	0.07	-1.00	0.79	-0.58	-0.58	-0.57	-0.71	0.76	-0.92	-0.17	-1.91	0.22	-1.40	-0.24	-0.03

首先根据氨基酸的理化参数将一条长度为 L 的氨基酸序列 S 转化为一条数字序列：$R_1, R_2, \cdots, R_i, \cdots, R_L$，式中 R_i 为与第 i 个残基相对应的理化参数值，定义自相关方程：

$$r_n = \frac{1}{2(L,n)} \sum_{i=1}^{L-n} (R_i, R_{i+n})^2 \quad (n = 1, 2, \cdots, m)$$

式中，m 为一个待定的参数，即步长。故蛋白质序列也可表示为如下特征向量：$N = (r_1, r_2, \cdots, r_i, \cdots, r_n)$。因此，特征值向量 N 包含了氨基酸残基对之间的关联作用。自相关方程中氨基酸指数的选择和 m 的确定，都与所研究的问题及所选取的数据集相关。

3. 实验及结果

从全蛋白质组序列出发来研究完全变态昆虫的系统发生关系，其过程可分为三步：第一步，通过基于物化参数的多尺度步长关联方法获得特征向量；第二步，基于特征向量获得距离矩阵；第三步，基于距离矩阵构建系统发生树。

获得距离矩阵后，采用 MATLAB 中的 UPGMA 方法来构建系统发生树。图 4-12 中树枝的长度不与进化距离成比例，这里只关心亲缘树的拓扑结构。

采用完全变态类昆虫线粒体全蛋白质组，由基于物理化学参数的多尺度关联方法得到的系统发生树如图 4-12 所示，对应尺度为 1，步长为 20，此树共包含 32 个全变态昆虫。从图中看到，全变态昆虫共分为四大组：鳞翅目 7 个、双翅目 18 个、鞘翅目 4 个、膜翅目 3 个，且相同科的物种也聚在了一起，说明基于全蛋白质组采用多尺度步长关联方法构建系统发生树可获得较好的聚类效果。在目阶元上，首先双翅目昆虫和鞘翅目昆虫聚在一起，然后又与鳞翅目昆虫聚在一起，最后同膜翅目昆虫聚在一起，而传统分类一般支持双翅目昆虫与鳞翅目昆虫聚为一大类。目以下的分类，相同目的物种都聚在了一起；科及科以下阶元上的分类，双翅目与果蝇科共有 5 个物种：Drosophila mauritians、Drosophila melanogasterer、Drosophila sechellia、Drosophila simulans、Drosophila yakuba 聚在了一起，蚊科的物种 Ades albopictus、Anopheles gambiae、Anopheles quadrimaculatus 较好地聚在了一起，丽蝇科的物种 Chrysomya putoria、Cochliomyia Hominivorax 聚在了一起，实蝇科物种 Bactrocera dorsalis、Bactrocera oleae、Ceratitis capitata 聚在一起，Ceratitis Capitata 则与果蝇科物种聚在了一起。其他目以下的科级分类则非常好。

本方法以全基因组的氨基酸序列为基本数据，避免了由于非编码区基因突变率较高，不能真实地反映进化过程而导致的误差，还无须考虑序列的长度、基因含量以及特定基因选取等在多序列基因比对时所遇到的诸多问题。另外，本方法考虑了氨基酸的物理化学性质，且把全蛋白质组序列信息考虑在内，为后基因组时代进化关系的研究提供了一个新的方向。

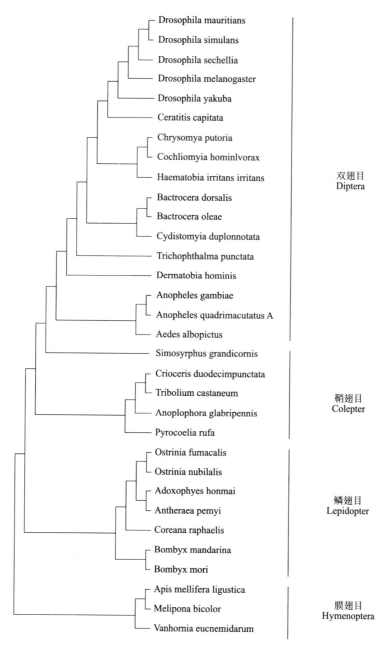

图 4-12　完全变态类昆虫的系统发生树

4.8　本章小结

由于序列数据的爆炸性增长，分子进化领域快速发展。分子进化分析已经从单一基因、蛋白质的进化分析扩展到蛋白质网络的进化分析。一个可靠的系统发生的推断，将揭示出生物进化过程的顺序，有助于了解生物进化的历史和机制。根据蛋白质的序列信息，可以推断物种之间的系统发生关系。

本章阐述了系统发生树的知识基础，包括系统发生树基本概念和蛋白质分子进化距离；详细分析了构建系统发生树的各类方法，包括 UPGMA 法、邻接法和进化简约法等；最后给出了 9 个物种的线粒体 NADH 脱氢酶的发生树和完全变态昆虫系统发生分析两个应用实例。

思考题

1. 简述系统发生树的基本概念。

2. 如何计算蛋白质分子进化距离？计算进化距离的主要目的是什么？

3. 两棵树间的最近邻交换距离定义为将一棵树转化为另一棵树的最小交换数，设计一个计算最近邻交换距离的近似算法。

4. 简述分子系统发生分析的步骤。

5. 基于离散特征的系统发生树构建方法有哪些？分别简述其原理和方法。

6. 用邻接法进行系统发生树比较时，采用的标准是什么？该标准如何构成最小进化树？

7. 进化简约法与其他系统发生树构建方法所能处理的数据有何区别？

8. 结合实例总结分析系统发生树构建方法。

第5章

基因芯片数据处理方法

5.1 引言

基因芯片或称微阵列，是自 20 世纪 90 年代，随着计算机技术和基因组测序技术的发展而产生的一种新型的生物技术。它能够并行、高通量地检测成千上万的基因转录的表达水平，为系统检测细胞内 mRNA 分子的表达状态并推测细胞的功能状态提供了可能。

本章主要内容包括基因芯片知识基础、基因芯片数据预处理、基因芯片数据聚类分析、基因芯片数据分类分析等，最后是应用实例分析。

5.2 基因芯片知识基础

5.2.1 基本概念

基因芯片技术是分子生物学领域中具有里程碑式意义的一项重大技术革新，基因芯片属于生命科学的技术范畴，虽然它与计算机中的芯片存在着很大的差别，但仍被广泛地称为基因芯片。作为一种新的分子生物学技术，基因芯片的优点在于，它是一种高通量检测设备，可以同时检测几十万个生物大分子的表达水平，改变了传统实验每次只能检测一个的情况，因此能大大提高检测效率，为获取内在、未知而有意义的生物学知识提供了可能。

20 世纪 90 年代初期，人类基因组计划和分子生物学相关学科的发展也为基因芯片技术的出现和发展提供了有利条件。1992 年，Affymetrix 公司的 Fodor 领导的小组运用半导体照相平板技术，对原位合成制备的 DNA 芯片作了首次报道，这是世界上第一块基因芯片。1995 年，斯坦福大学的 P. Brown 实验室发明了第一块以玻璃为载体的基因芯片，标志着基因微芯片技术进入了应用与研究阶段。

基因芯片是将生命科学研究所涉及的不连续的分析过程（如样品制备、化学反应和分析检测），利用微电子、微机械、化学、物理技术、计算机技术在固体芯片表面构建微流体分析单元和系统，使之连续化、集成化、微型化。其基本制作原理是，首先把探针分子原位合成于载体上，交联并固定，制备成为微阵列；其次是使用同位素或者荧光分子标记分析的样品；然后将样品与制备好的芯片进行分子杂交反应；最后检测杂交后的信号，分析其强弱变化与样品的关系。

这一研究领域主要的挑战在于，开发生物信息处理工具来搜集分析数据。基因芯片实验技术十分复杂，一般包括组织制备、序列探针设计、点样、杂交、洗涤等多个步骤。任何一个步骤产生的实验误差，对最终芯片数据的可靠性都会造成一定的影响，即数据噪声。此外，芯片数据中噪声产生的原因还有许多，如，与研究内容无关的冗余基因、专家的主观判断等。基因芯片实验的目的在于其后续的分析，得到有利于疾病诊断的信息。然而，数据噪声的存在使数据分析的难度增加，甚至会引起错误的分析与判断。开发有效的基因芯片噪声识别技术，是基因芯片技术发展道路上必不可少的一个重要步骤，对人类了解生物大分子表达水平，对疾病防治与治疗，对人类了解自身等具有重要的理论意义和实用价值。

目前，基因芯片的信息挖掘已成为生物信息处理研究的热点之一，特别是高密度的 DNA 芯片，荷载了成千上万个 DNA 片段，可用于高通量的生物学检测，其开发和利用已进入商业化阶段。

1. 基因芯片技术原理

基因芯片技术大致可以分为 5 个基本部分：芯片制备、样本制备、杂交反应、信号检测以及数据挖掘，如图 5-1 所示。

（1）芯片制备

目前制备的芯片主要以玻璃片或硅片为载体，采用原位合成和离片合成的方法将寡核苷酸片段或 cDNA 作为探针，按顺序排列在载体上。DNA 芯片主要包括 cDNA 芯片和寡核苷酸芯片。探针微点阵的合成主要有两种方式：

① 离片合成法。首先制备单个探针，这些探针可以是克隆探针（如 DNA 探针、cDNA 探针等），也可以是化学合成的寡核苷酸探针，再由阵列复制器、阵列

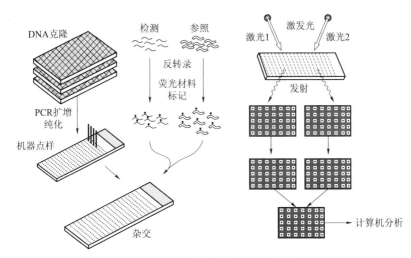

图 5-1　cDNA 微阵列的实验操作过程

机或电脑控制的机器人，准确快速地将不同探针样本定量点样于带正电荷的尼龙膜或硅片等载体的相应位置上，最后由紫外线交联固定，即得到 DNA 芯片。离片合成法制备芯片的最大优点是操作简便，但是总体来说，合成点阵中探针的密度不高。

② 原位合成法。在常规的 DNA 合成技术的基础上，直接在活化过的固相载体表面合成众多的寡核苷酸探针，以 Affymetrix 公司所用的光指导合成技术和 Icye Pharmaceuticals 公司开发的压电打印法为代表。光指导合成技术的原理是：首先在固相合成载体表面经衍生化连接上接头，接头上参与合成反应的活性基团（如—NH₂、—OH 等）被光敏保护基团保护。在进行合成时，根据设计要求，利用光射脱保护，暴露出活性基团，再加入带有光敏保护基团的核苷酸，经过偶联反应将它连接上去。重复以上过程，直到合成完成，如图 5-2 所示。压电打印法的原理类似于喷墨打印机的原理，就是将事先制备好的寡核苷酸探针喷射到芯片的指定位置来制作 DNA 芯片。

用于制备芯片的固相介质有玻片、硅片、聚丙烯酰胺凝胶、尼龙膜等。在选择固相介质时，应考虑其荧光背景的大小、化学稳定性、结构复杂性、对化学修饰作用的反应、表面积、承载能力以及非特异吸附的程度等因素。较为常用的支持介质是玻片，无论是原位合成法还是离片合成点样法，都可以用玻片作其固相介质，制备芯片前的预处理也相对简单易行。

此外，为了使芯片上的探针能够与相应的基因进行特异性杂交，必须对探针进行专门设计，使得每个探针序列具有相近的熔解温度、合适的长度、无稳定的发夹环结构，并与其他的基因序列无明显的相似性。

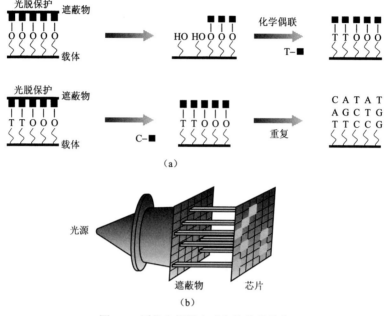

图 5-2 原位光指导合成寡核苷酸芯片

(a) 原理；(b) 压电打印

（2）样本（DNA 或 mRNA）制备

生物样本往往是复杂的生物分子混合体，除少数特殊样本外，一般不能直接与芯片反应。所以，必须将样本进行提取、扩增，获取其中的蛋白质、DNA 或 RNA，然后使用荧光标记、生物素标记或同位素标记等标记法。由于目前 DNA 芯片的灵敏度有限，从血液或组织中得到的生物样本（DNA 或 mRNA）通常要进行一定程度的扩增，而且要求对样本中的靶序列进行高效而特异的扩增。但目前，DNA 样本扩增一般是通过液相反应来完成的，由于低浓度核酸很难检测到，在溶液中通过 PCR（聚合酶链式反应）反应获得线性扩增很困难；另外，不同的靶 DNA 对引物的竞争，意味着某一序列的扩增会优于其他序列。许多公司正设法解决这个问题，如 Mosaic Technologies 公司发展了一种固相 PCR 系统，在靶 DNA 上设计一对双向引物，将其排列在聚丙烯酰胺薄膜上，既无交叉污染，又省去液相处理的烦琐工序。待测样本标记主要采用荧光标记法，也可用生物素、放射性同位素等标记。样本的标记在其 PCR、反转录 PCR 扩增过程中进行。

（3）杂交反应

杂交反应是一个复杂的过程，受很多因素的影响，而杂交反应的质量和效率直接关系到检测结果的准确性。影响杂交反应的因素有寡核苷酸探针密度、支持介质与杂交序列间的间隔、杂交序列长度、GC 含量、探针浓度、核酸二级结构等。所以应根据探针的类型和长度以及芯片的应用来选择、优化杂交反应的条件。

（4）信号检测

杂交后的芯片要经过严格的洗涤，除去未杂交的一切残留物。携带荧光标记的样本结合在芯片的特定位置上，在激光的激发下，含荧光标记的 DNA 片段发射荧光。样本与探针严格配对的杂交分子，其热力学稳定性较高，所产生的荧光强度最强；不完全杂交（含单个或两个错配碱基）的双链分子的热力学稳定性低，荧光信号弱；不能杂交则检测不到荧光信号或只检测到芯片上原有的荧光信号。不同位点信号被激光共聚焦显微镜或落射荧光显微镜等检测到，并由计算机记录下来，如图 5-3 所示。

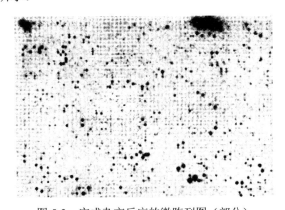

图 5-3　完成杂交反应的微阵列图（部分）

（5）数据挖掘

通过计算机软件的处理分析，从高密度杂交基因芯片中提取杂交点的荧光强度信号进行定量分析，通过有效的数据筛选和相关的统计分析，就可以得到有关样本的生物信息。

2. 基因芯片分类

基座上附着 DNA 或 RNA 分子的基因芯片统称为核酸微阵列（Nucleic Acidmicroarray），这种微阵列生物芯片制造工艺成熟、造价相对便宜，在系统生物学研究中逐步占据了主导地位（90%以上的基因芯片都是核酸微阵列生物芯片）。本章主要讨论核酸微阵列芯片的数据处理问题。核酸微阵列生物芯片按制备方式不同，分为 cDNA 微阵列生物芯片和寡核苷酸微阵列生物芯片。

cDNA 微阵列芯片出现较早，芯片上每个 cDNA 是通过 mRNA 反转录获得的，能够同这个 mRNA 发生特异性杂交，可以同时探测基因组内各基因的转录水平，进而推断基因的表达量。cDNA 微阵列芯片的每个点样点上通常附着 500～2 500

个碱基的单链核酸分子，这些单链核酸分子被称为探针。

寡核苷酸微阵列芯片上附着的探针序列长度为 15～70 个碱基，它们是在各自的靶序列上，根据特异性原则设计的。同 cDNA 微阵列芯片一样，寡核苷酸微阵列芯片也可以用于检测基因的转录水平。针对每个基因在各个基因序列上，根据特异性原则设计一组寡核苷酸探针，就能够检测一个基因的转录水平。用于分析基因表达模式的寡核苷酸探针序列长度多为 50～70 个碱基。具有很强特异性的较短的寡核苷酸探针，可以用来检测基因型，15 个碱基的寡核苷酸探针甚至可以检测单核苷酸的多态性。

核酸微阵列生物芯片也可以按用途分为检测型基因芯片、表达谱基因芯片等。检测型基因芯片主要用于检测样品中的目标核酸分子上是否存在某种特异性片段，而表达谱基因芯片主要用于分析样品中各种目标核酸分子的相对丰度。

3. 微阵列基因表达谱

随着人类基因组以及多种模式生物全基因组测序计划的完成，人类已进入了后基因组时代。现在，基因组研究的主要焦点已经从测序转向功能研究。利用基因芯片技术，人们可以同时观察成千上万个基因在某一生命现象中的表达情况，通过对基因表达谱进行某种统计分析，即可得到基因功能的有关信息。微阵列基因表达谱的数据挖掘可分为 3 个主要步骤：图像处理、标准化处理以及数据分析。

（1）图像处理

这一阶段的工作主要是利用输入计算机的图像文件，通过网格划分确定杂交点范围，并通过信号强度提取等步骤，得到基因表达的荧光信号强度值并以列表形式输出（基因表达谱）。目前在芯片图像处理过程中面临的主要问题有：

① 样点的重叠，高强度的样点可能会影响邻近的样点，如图 5-4 所示；

② 由于实验类型的不同，可能产生不同的样点外形，如图 5-5 所示；

③ 实验过程中的污染所产生的噪声干扰。

图 5-4 重叠的样点　　　　　　图 5-5 不同外形的样点

为了有效地解决上述问题，需对基因芯片进行图像处理。图像处理一般包含 3 个步骤，即网格划分、样点范围确定和信号强度提取。

（2）网格划分

对输入计算机的基因芯片图，需要了解每行每列的样点个数，此外，还需要了解相邻样点间的距离，但由于芯片设计的不同、实验情况的不同，所以，不可能有规范化的数据，因此，要对图片进行网格划分，以便了解这些信息。此步骤的关键在于自动处理各种不同的杂交阵列。目前主要使用离散傅里叶变换、Mann-Whitney 检验等方法。

网格划分的方法很多，其中之一是在每张图中设置一个标准点，其过程如下：

① 自动搜寻标准点作为网格的起始位置；

② 根据给定的样点之间的理论距离和样点大小确定初始网格；

③ 由于图像可能存在倾斜等问题，所以，初始网格通常不能精确地分隔点阵，因此，应对每个样点的初始位置进行调整。

由于理论样点大小已知，因此可知每个样点含有 n 个像素，每个像素的位置为 p_i，强度为 z_i，则样点的精确位置 μ 就可以按照式（5-1）计算：

$$\mu = \frac{1}{T} \sum_{i=1}^{n} z_i p_i \tag{5-1}$$

式中，$T = \sum_{i=1}^{n} z_i$。重复该算法 4～5 遍即可找出准确的样点中心位置。

（3）样点范围确定

杂交阵列图像处理工作的一个难点是，从网格中鉴别样点区域。每个样点近似环形，这是机器手在玻片上放置 cDNA 的方式及处理玻片的方式所致。目前已有许多方法可用来对基因芯片图像进行分割，如固定周长法、可变周长法等。但由于 cDNA 沉积或杂交处理所引起的各种变化，样点可能只是近似环形，所以比较好的方法是可变外形的分割方法，主要有 Mann-Whitney 检验和 SRG（Seeded Region Growing）法等。

下面简要介绍 SRG 方法。设有 n 个区域 A_i，$i = 1, \cdots, n$，每个区域都由一些像素组成，这些像素称为种子，且每个区域都分配到一个标记。区域可以有不同的大小，且其中的像素不一定邻接。与任一区域邻接的所有像素都存放在集合 T 中：

$$T = \{x \notin \bigcup_{i=1}^{n} A_i \mid N(x) \cap \bigcup_{i=1}^{n} A_i \neq 0\} \tag{5-2}$$

T 中的像素按 ε 的升序排列，其中 ε 为该像素的强度同相邻区域像素强度平均值之差的绝对值。若像素 x 的强度为 $I(x)$，其邻接区域为 U，U 中包含 N 个像素，则有：

$$\varepsilon(x) = |I(x) - \frac{1}{N} \sum_{y \in U} I(y)| \tag{5-3}$$

```
BBOOOOOOOOBB          BBBBBBBBBBBB
BOOOOOOOOOOB          BBBBBSBBBBBB
OOOOSSOOOOOO          BBBBSSSSBBBB
OOOOSOOOOOOO          BBBBSSSSBBBB
OOOOOOOOOOOO          BBBBSSBBBBBB
BOOOOOOOOOOB          BBBBBBBBBBBB
BBOOOOOOOOBB          BBBBBBBBBBBB
```

每一次循环将 T 中的第一个像素加入其邻接的区域，并重新计算 ε，按升序排列。若某一像素有多个邻接区域，可将其设定为边界。如果所有像素都已标记，循环结束，整个过程如图 5-6 所示。

图 5-6　SRG 算法

B 为背景；O 为未标记；S 为样点

（4）信号强度提取

此步骤包括估计背景强度、饱和补偿以及信号强度值的提取。由于每点像素的强度都是背景强度与实际信号强度之和，所以，必须对背景强度进行估计。一般用边缘像素的平均值作为背景强度，但是这种方法并不太精确，而且容易受到噪声的干扰。所以更多的是采用周长法、局部山谷法以及高斯曲线法。

由于高值样点存在饱和与重叠干扰的问题，所以不能简单地将当前位置的样点强度值作为信号强度，否则可能产生较大的误差。为此，需要建立精确的样点理论模型，并在此基础上进行样点的饱和补偿和干扰校正，实现精确的信号强度的提取。

高斯参数模型是经典的样点理论模型。设有一包含 n 个像素的样点，p_i 为每一像素的位置，z_i 为该像素的强度，$i=1,\cdots,n$，$S=\{(p_i,z_i),p\in\mathbf{R}^2,z_i\in\mathbf{R}\}$ 为相应的集合。

记高斯函数为 $G(p,\mu,\boldsymbol{\Sigma}=\exp\left[-\dfrac{1}{2}(p-u)'\boldsymbol{\Sigma}^{-1}(p-u)\right]$，则高斯参数模型可定义为：

$$Z(p)=Z(a,p,\mu,\boldsymbol{\Sigma},b)=aG(p,\mu,\boldsymbol{\Sigma})+b \tag{5-4}$$

式中，a、b 和 μ 分别为比例系数、背景参数值和均值；$\boldsymbol{\Sigma}=\begin{pmatrix}\sigma_x^2 & \sigma_{xy} \\ \sigma_{xy} & \sigma_y^2\end{pmatrix}$ 为协方差矩阵。

高斯参数模型中的参数可以通过极大似然估计或最小平方误差来计算，也可采用 M 估计。在基因芯片图像上选取若干个互相干扰较小或孤立的样点，根据其数值计算出优化的参数，即得到一个标准的样点模型。利用标准样点，可由饱和值换算出真实值，也可用其进行干扰校正。

完成背景强度估计与饱和补偿之后，就可进行信号强度值的提取了，信号强度值等于样点平均强度值减去背景强度。

（5）标准化处理

由于样本差异、荧光标记效率和检出率的不平衡，若在此情况下直接比较多个芯片的表达结果，可能会产生错误的结论。因此，需对原始提取信号进行均衡和修正才能进一步分析实验数据，而这正是标准化处理的目的。在双色荧光标记实验中，可采取如下方法进行标准化处理。选取等量的来自不同状态的样本，其中一种为参考样本，另一种为实验样本。在反转录过程中，实验样本和参考样本分别用 Cy5 和 Cy3 标记，并将它们混合，与基因芯片上的探针序列进行杂交，洗涤除去未杂交的残留物后，用激光扫描仪对芯片进行扫描，获得每种荧光对应的荧光强度图，利用图像分析软件，即可获得微阵列上的每个样点的红（Cy5）、绿（Cy3）荧光强度值，并将其比值作为该基因在实验样本中的表达水平。为了反映某个基因表达水平在实验样本和参考样本中的倍数关系，有时可以对上述比值进行以 2 为底的对数变换 $\log_2(\text{Cy5}/\text{Cy3})$。虽然此方法可以消除各实验之间的差异，达到标准化的目的，但是仍难以对各个实验室所得的基因表达数据进行标准化处理。

（6）数据处理

一块基因芯片往往含有成千上万个基因，一次可以同时检测到这些基因的表达。将同一种芯片在不同条件下进行基因表达实验，把收集的表达数据放在一起，可形成一个数据矩阵，作为进一步分析的初始资料，见表 5-1。

表 5-1 基因表达数据矩阵 $N \times P$（N 个样本，P 个基因）

项目	基因 1	基因 2	基因 3	⋯	项目	基因 1	基因 2	基因 3	⋯
Breast1	0.18	0.09	0.77	⋯	Lung1	0.47	−0.78	0.33	⋯
Breast2	0.86	0.92	−0.2	⋯	Colon2	0.02	0.25	0.7	⋯
Colon1	−0.75	0.45	−0.35	⋯	⋮	⋮	⋮	⋮	⋯

基因表达实验产生的表达谱是一个规模巨大的数据集合，通常涉及数以千计的基因以及数十个样本，因此，具有数据量大、维数高的特点。同时，由于生物体本身的复杂性，各个基因的表达水平可能相差极大，也可能具有高度的相似性，呈现出分散而无序的状态。然而，这些数据背后隐藏着丰富的信息，因此需要通过细致的生物信息处理来揭示这些信息，得到有用的结果，最终将生物检测数据转化为人们能直观理解的生物信息。当前统计学、机器学习及人工智能等领域的许多方法已经应用于基因表达谱数据处理，如图 5-7 所示。

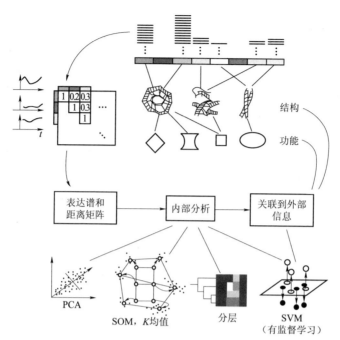

图 5-7　基因表达谱数据处理示意图

5.2.2　差异表达分析

基因芯片的应用之一是比较，目的是比较两种条件下的基因表达差异，从而识别出与条件相关的特异性基因。通常情况下，两个芯片，一个为实验组样本，另一个为对照组样本。判断基因是否发生差异表达，常用的方法是倍数法和 t 检验，下面简要分析 t 检验。

t 检验是一种单变量的统计检验，要求数据服从正态分布。

t 检验的零假设为 $H_0 : u_{g1} = u_{g2}$，即假设两个条件下的表达水平是相同的，与之对应的备选假设是 $H_0 : u_{g1} \neq u_{g2}$，即假设两个条件下的表达水平是有差异的。t 统计量的计算公式如下：

$$t_g = \frac{\overline{x}_{g1} - \overline{x}_{g2}}{\sqrt{s_{g1}^2 / n_1 + s_{g2}^2 / n_2}} \tag{5-5}$$

其中，$\overline{x}_{gi} = \sum_{j-1}^{n_i} x_{gij} / n_i$；$s_{gi}^2 = \dfrac{1}{n_i - 1} \sum_{j-1}^{n_i} (x_{gij} - \overline{x}_{gi})^2$，$n_i$ 为某一条件下的重复试验次数；x_{gij} 是基因 g 在第 i 个条件上第 j 次重复试验的表达水平测量值。

根据统计量 t_g 值，可以得到 p 值，它表示在零假设成立的情况下出现该数据的概率。如果 p 值小于给定的显著水平，就拒绝零假设，即认为基因 g 在两个条件下的表达差异是显著的。

5.3　主要技术方法及分析

1. 预处理

由于获得的芯片原始数据来自不同的芯片平台，数据信息会有差异。往往需要经过前期的数据预处理后才能进行深层次的数据处理。预处理主要包括数据提取、数据对数化、数据过滤、弥补缺失值和标准化处理等。

2. 聚类分析

要从芯片测定结果的大量数据中获取有用的生物学信息，统计学的处理分析是必不可少的。统计学分析已广泛用于大规模基因表达的分析，可以帮助生物学家发现新的基因、DNA 序列、基因的突变位点等。目前应用于基因芯片表达的主要数据统计分析的方法是聚类分析。聚类分析所依据的原则是：直接比较样本中事物之间的性质并将性质相近的归为一类，而将性质差别较大的归在另一类。聚类分析根据其聚类指标或计算方法不同分成许多种。在基因芯片表达数据分析中，应用最为广泛的是层次聚类分析，此外还有贝叶斯聚类分析、K 均值聚类分析、自组图分析、二向聚类分析、神经网络聚类分析、主成分分析、多维标度分析等分析手段。

层次聚类（Hierarchial Clustering）分析法是将芯片表达的数据点分配到有严格等级的层层嵌套的子集。最为接近的数据点分成一组，并用一个新点来替换，该新点的值为这两点的平均值，其他点同样处理。然后用同样的方法进行下级处理，直至最终成为一个点，这样，数据点就形成一个家谱的树状结构，树枝的长度表示两组数据的相似程度。层次聚类分析适用于具有真正等级下传的数据结构，不适用于基因表达谱可能相似的复杂数据集。

Bayesian 聚类分析是一种高度结构化的方法，适用于事先能够分配的数据集。自组图分析允许将部分结构强加于簇中，结果直观，易于理解，适用于复杂的数据。二向聚类分析适用于高度组织化的基因表达数据。标度分析可以显示二维欧氏距离，即实验样品间的大概相关程度。主成分分析可以去除数据变化较大的点。

聚类分析是基因芯片数据分析的重要方法，其目的就是将基因按其表达模式分组。从数学角度讲，聚类得到的基因分组，组内各成员的数学特征彼此相似，但与其他组中基因特征不同。从生物学角度讲，聚类得到的基因分组，组内各基因的表达模式相似，但与其他组中的基因表达模式不同。在生物学中有这样的假设：表达模式相似的基因，可能具有相似的分子功能。也就是说，被聚类算法分到同类中的基因可能具有相似的分子功能。因此，利用聚类分析可以推测基因功能的相似性。

总之，在基因表达数据分析中，常用的聚类算法有层次聚类、K 均值聚类、自组织映射算法、主成分分析算法等。

3. 分类分析

对于基因芯片数据，分类分析一般是单向的，即以基因为属性，构建分类模式对样本的类别进行预测。因此，分类分析可以构建 mRNA 分子层面的预测模型，从而为疾病的预测提供新的手段。另外，参与分类模型的基因往往是对样本判别有重要作用的基因，所以在分类过程中还可以同时进行疾病相关基因的挖掘。

常用的分类方法有线性判别分析、K 近邻分类法、支持向量机（SVM）分类法、贝叶斯分类法、人工神经网络分类法、决策树与决策森林法，以及基因芯片数据分析中常用的 PAM 分类器。

通过上述方法，可以对从基因芯片高密度杂交点阵图中提取的杂交点荧光强度信号进行定量的分析，通过有效数据的筛选和相关基因表达谱的聚类，最终整合杂交点的生物学信息，发现基因的表达谱与功能可能存在的联系。

▌ 5.4 基因芯片数据预处理

5.4.1 基本原理

基因芯片的信号是通过检测芯片上标记物的含量得到的，常用的标记物有放射性同位素、生物素、荧光染色剂等，目前使用最为广泛的是荧光染色剂。被激光照射后，荧光染色剂会发出荧光，荧光的强度反映了荧光染色剂的含量，从而能够定量检测出目标核酸分子的含量。

对于检测型基因芯片和表达谱基因芯片，数据处理的过程各有不同，如图 5-8 所示。但是，这两种芯片得到的荧光图像都需要经过预处理。基因芯片上各点尽管是规则排列的，并且形状大小接近，但在制造过程中，不可能保证这些要求完全满足，而且芯片上的背景信号也会影响到荧光信号的检测，因此，对基因芯片实验得到的荧光图像进行预处理是有必要的。一般来说，基因芯片图像预处理主要包括 3 个步骤：一是图像配准，即将事先根据基因芯片型号所确定的网格覆盖到芯片上，以确定点样点的中心位置；二是图像分割，作用是将配准的图像中荧光信号像素与背景像素分开；三是荧光强度提取，包括提取荧光信号强度和背景信号强度。通过预处理之后，就得到了每个点样点上的荧光强度值。

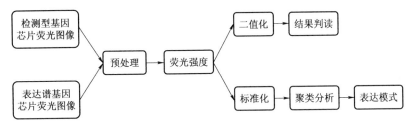

图 5-8　基因芯片数据处理过程

对于检测型基因芯片来说，得到各点的荧光强度值之后，只需要根据预先设定的阈值或阳性对照点的荧光强度值对数据进行二值化处理，就能够准确判断样本中是否存在特定的目标核酸。这样的数据处理过程相对简单，特别是阳性对照点的加入，使信号判读更为容易。

对于表达谱基因芯片来说，荧光信号强度反映的是各个基因的转录水平。然而，由于基因芯片平台的复杂性，实验中的系统误差将对测量结果产生重要影响。在基因芯片实验中，能够引起系统误差的因素有很多，包括两种荧光染色剂的物理和化学性质的差异、扫描仪的设置对荧光信号检测的影响、不同点之间的差异、芯片表面物理性质的差异等，这些因素使测量的荧光强度不能真实地反映样本的生物学特性。对基因芯片数据进行标准化处理能够有效减小系统误差的影响。在对表达谱数据进行标准化时，首先需要选择非差异表达基因，也就是在不同生物学样本中表达相同的基因。选择非差异表达基因来进行表达谱数据标准化，能够真实地反映非生物学因素产生的系统误差。通常有以下几种非差异表达基因的选择方案：一是全部基因。选择全部基因进行标准化是有条件的，要求芯片上的绝大多数基因都是非差异表达的，而且上调和下调基因的平均表达水平具有对称性，对于全基因组表达谱基因芯片来说，数据标准化大多采用这个方法。二是看家基因。在各种条件下具有稳定表达的基因即看家基因，实际上，找出一组在各种条件下表达都不发生改变的看家基因是非常困难的，但是找到一组特定实验条件下的看家基因还是可行的。三是对照。包括使用外源性对照和使用对照序列的滴定系列两种。四是秩不变基因。对一张芯片上所有点的荧光强度进行排序，每个点的序次称为该点的秩，所谓秩不变基因，是指秩相同或非常接近的基因。对数据标准化后，就可以对各个基因按照表达模式进行聚类分析，表达模式相同的基因可能受到同种调控因子的共调控作用，据此，就可以在这些基因的上游调控区寻找调控因子绑定位点，也可以分析不同生物学样本在表达模式上的差异，将表达谱作为分类的一种特殊标记。

5.4.2　数据对数转换

芯片图像分析软件提取的基本数据是像素的荧光强度，而在后续的分析中，通常使用荧光强度的对数值表示基因的表达量。对荧光强度进行对数转换，可以使原始数据的分布满足正态分布或近似正态分布，从而满足常用的统计分析方法的要求。此外，经过以 2 为底的对数转换后，对于点样法芯片，可以非常直观地看出实验组相对于对照组的表达量上升或下降的倍数。

5.4.3　数据过滤

数据过滤的目的是去除表达水平是负值或很小的数据或者明显的噪声数据。通过简单的数据处理软件得到的基因表达谱数据，每个点的荧光信号强度通常为前景信号值减去背景信号值。在某些情况下，如过闪耀现象，由于邻近基因背景的强信号辐射得到了较大的背景信号值，而该点对应基因的表达量很低或表达得到的前景信号值较小，就会导致该点基因的荧光信号值为负，另外，芯片也会存在物理因素导致的信号污染，如划伤、手指印等。由于这些因素导致的不真实数据会给后期的处理带来噪声，所以需要对数据进行过滤处理。

5.4.4　遗失数据处理

值得注意的是，目前所公布的微阵列基因表达谱数据，有很大一部分存在数据遗失的现象，即某些基因在某些条件下的表达数据缺失。遗失数据的产生有很多原因，如不完全溶解、图像污染或者仅仅是因为灰尘的污染，有时点样过程中的微小误差也可能导致系统地出现遗失数据。然而，当前应用于基因表达数据分析的很多算法都需要一个完整的表达数据矩阵，因此，一个稳健的遗失数据估计方法是必需的。在早期的表达数据分析过程中，人们只是简单地用"0"代替遗失数据，或仅仅是用基因表达水平的平均值替代，有时也用一个样本中所有基因的表达水平的平均值替代，显然这些方法都是不稳健的。为此，Troyan-skaya 等人提出了权重 K 近邻法以及基于单值分解的方法，以解决遗失数据的估计问题。

① K 近邻填充法：基本思想与最近邻分类法相似，也就是选取与所研究的基因表达最相似的基因来估计基因某个序列中表达的缺失值。如果基因 A 在实验 1 中含有一个缺失值，对该缺失值进行填充时，K 近邻法将发现其他 k 个在实验 1 中没有缺失值的基因，且这 k 个基因对实验 2 到实验 n 中的表达与基因 A 最为相似，其中，N 为实验总数。实验 1 中这 k 个最邻近基因的加权均值就作为基因 A 的缺失估计值。在计算加权平均值时，每个基因根据其表达水平与 A 的相似程度进行加权。

② 类均值填充法：功能相似的基因在相同的基因芯片实验中会产生相似的表达模式。因此，依据实验序列，同类基因，表达模式极为相似。而在分类方法中，往往已知基因的某些类别。因此，可以用不同的实验点下，同类中所有基因表达水平的均值对某些基因的缺失值加以填充。对于那些不属于任何类的基因，用除了已知类别的基因之外的该实验点下所有基因的均值填充。

5.4.5　数据标准化

基因芯片实验中的变异来源很多，如荧光标记效率、扫描参数的设置、空间位置的差异等，都可能对基因表达水平的测量产生影响。因此，原始数据需进行标准化，以消除由系统变异引起的误差，确保基因表达数据真实地反映测量样品的生物学差异。常规标准化包括：

（1）均数或中位数中心化

包括基因中心化和序列中心化。通常，在实验中使用的共同参照样本与实验本身是独立的，故分析时也应该把参照样本表达水平的影响去除，基因中心化就可以实现这一目的。基因中心化是将每个基因在各实验中的表达值减去该基因在各实验中表达值的均数或中位数。基因中心化后的值反映了该基因在不同序列下的变异。而当参照基因是实验的一部分，或要了解基因差异表达的程度时，不宜进行中心化。

序列中心化也很重要，可以消除某些类型的偏倚，如基因在芯片的不同空间位置所造成的影响，背景的差异造成的影响等。

消除不同实验间偏移的常用方法还有"管家基因"法。这些基因在所研究的生物学过程中具有恒定的表达。

（2）除以标准差

其作用是，把数据的变异设定在与感兴趣的基因变异相同的范围内，放大弱信号而抑制强信号，但同时存在把噪声纳入真实信号的危险。

有研究表明，系统误差与点的荧光强度和空间位置相关。消除强度依存偏移一般采用强度依存散点图平滑法对表达比拟合非线性回归模型，如局部加权回归方法（Locally Weighted Linear Regression，LWLR）。回归分析是一种非参数回归方法，也称平滑方法，在计算两个变量的关系时采用开放式算法，不套用现成的函数公式，所拟合的曲线可以很好地描述变量间关系的细微的变化。比如在分析某一点 (x, y) 的变量关系时，LWLR 回归的步骤如下：

① 首先确定在以 x 为中心的一个区间内参加局部回归的观察值的个数 q。q 值设得越高，得到的拟合曲线越平滑，但对变量关系的细微变化越不敏感。小的 q 值会对细微的变化很敏感，但是得到的拟合曲线很粗糙。

② 定义区间内所有点的权数，权数由权数函数来决定，任一点的权数是权数函数的曲线的高度。

③ 对每个区间内的 q 个散点拟合一条曲线，拟合曲线描述这个区间内的变量关系。

④ 拟合值 y 值就是在 x 点处 y 的拟合值。

依照上面四个步骤，计算所有点的拟合值，最终得到平滑曲线的一组平滑点，最后在把这些平滑点用短直线连接起来，就得到了 LWLR 的回归曲线。

还可以对数据进行变换，使不同序列荧光强度的分布相同。消除空间偏倚通常是把点分为空间上的亚组，对每一亚组进行独立的标准化。

5.5 基因芯片数据聚类分析

聚类分析是对样本或变量（基因）进行分类的一种多元统计方法。其基本思想是，认为所研究的样本或变量之间存在着程度不同的相似性。基本步骤是，根据一批样本的多个观测变量，具体找出一些能够度量样本或变量之间相似程度的统计量，然后以这些统计量为划分类型的依据，把性质相似的样本或变量归成一类，而把性质不同的分成不同的类。

5.5.1 层次聚类算法

层次聚类法是目前在实际应用中使用最多的一种方法，是将类由多变少的一种方法。层次聚类法的基本思想是：首先定义样本间的距离或相似系数以及类与类间的距离，一开始将 N 个样本各自看成一类，此时，类间的距离与样本间的距离是等价的。然后计算各类之间的距离，选择其中距离最小的两类合并成为一个新类。计算这一新类与其他各类之间的距离，再合并其中距离最小的两类。如此反复进行，每次减少一类，直到所有样本归成一类。

根据类与类之间距离定义的不同，又可得各种不同的层次聚类法，常用的有如下几种。

① 最短距离法。定义类 G_p 与类 G_q 中两个最近的元素之间的距离为类间距离：

$$D(p,q) = \min\{d_{ij} \mid i \in G_p, j \in G_q\} \tag{5-6}$$

② 最长距离法。两个类之间的距离定义为两类中元素间的最大距离：

$$D(p,q) = \max\{d_{ij} \mid i \in G_p, j \in G_q\} \tag{5-7}$$

③ 类平均法。定义两类中任意两个元素间距离的平均值为两类的类平均距离。

在聚类分析中，如何确定类的个数是一个十分困难的问题。下面介绍确定类个数的几种常见方法。

① 由适当的阈值确定，按系统聚类的步骤并类后，得到聚类谱系图。规定一个临界相似性尺度来分割谱系图，从而得到样本或变量的分类。

② 如果考察的变量只有 2 个或 3 个，则可通过数据点的散布图直观地确定类的个数。如果变量个数在 3 个以上，可以由这些变量综合出 2 个或 3 个综合变量后再确定分类个数。

③ 根据一些统计量如伪 F 统计量、R^2 统计量等近似地判断如何选择类个数更合适。

④ 采用某种根据谱系图确定分类个数的准则以确定类数，例如，各类重心之间的距离必须很大，类的个数必须满足实用需求，若采用几种不同的聚类方法处理，则在各自的聚类图中应发现相同的类等。

应该指出的是，到目前为止，关于类个数如何确定，仍然没有一个合适的标准，也就是说，对任何观测数据都没有唯一的正确的分类方法，应具体问题具体分析。

5.5.2　自组织映射算法

人工二维自组织映射网络的总体连接结构与两层前馈网络相似，一层为输入层，另一层具有计算单元。两层前馈网络属于监督学习模型，需要同时提供输入样本和相应的理想输出。引进竞争机制（在输出层加上了交互作用函数）的前馈网络可以实现无监督学习，完成聚类任务。

自组织映射算法的主要步骤如下：

① 初始化权值向量。可以用小随机数给权向量赋值，也可以将输入样本随机地赋值给初始权向量，迭代次数 $t=0$。

② 从输入数据集中随机地选取一个样本 $\boldsymbol{y}^t$。

③ 搜索与选定样本最相似的权值向量 $\boldsymbol{c}_j^t$，通常采用欧氏距离进行相似判别。

④ 对每个权值向量采用如下公式进行调整：

$$c_i^{t+1} = c_i^t + h_{ij}^t (\boldsymbol{y}^t - \boldsymbol{c}_i^t) \tag{5-8}$$

式中，$h_{ij}^t = \alpha^t D^t(i,j)$；$\alpha^t$ 为学习速度函数，是关于 t 的减函数；$D^t(i,j)$ 为交互作用函数。

在对基因芯片数据进行分析时，采用高斯函数作为交互作用函数：

$$D^t(i,j) = \exp\left[-\frac{d_{ij}}{2\sigma^2(t)}\right] \tag{5-9}$$

式中，d_{ij} 为在神经元平面上两单元之间的距离；$\sigma^2(t)$ 是关于 t 的减函数。

⑤ $t=t+1$，并重复步骤④，直到达到预定次数或每次学习权值改变量小于一个阈值。自组织特征映射是输入的高维向量空间向两维平面的映射，因此映射不是唯一的，学习结果与权值、初始值以及样本顺序有关。自组织映射神经网络算法同普通聚类算法不同的是，所得的聚类之间仍保持一定的关系，即在自组织网络节点平面上相邻或相隔较近的节点对应的类别之间的相似性要比相隔较远的类别大。即使识别时把样本映射到了一个错误的节点，也会倾向于把样本识别成相近的节点。

5.5.3　双向聚类算法

上述的聚类算法都是基于基因表达谱的行和列的全局相似性，但是从生物学角度讲，一组基因表达上的相似性可能只局限于某些实验条件内，运用所有试验样本对基因进行聚类，会因为引入噪声而影响基因表达相似性的度量，而样本的相似性也常常不需要运用所有基因来计算。双向聚类的目的就是识别基因表达谱矩阵中同质的子矩阵，运用特定的基因子类识别样本子类。

下面介绍双向聚类方法，该方法以样本和基因两个方向同时进行迭代聚类。

设基因表达谱矩阵为 M，定义初始的样本集和基因集分别为 S_1 和 G_1，$S_j(G_i)$ 表示以 G_i 为特征对样本集 S_j 聚类的结果。同理，$G_i(S_j)$ 表示以 S_j 为特征对基因集 G_i 聚类的结果。其详细的分析流程如下。

① 初始化过程：首先以芯片上所有的基因 G_1 为特征，对 S_1 聚类：$S_1(G_1)=(S_j)$，$j=2,3,\cdots$；再将数据集中所有的样本 S_1 作为特征对所有基因 G_1 进行聚类：$G_1(S_1)=\{G_i\}$，$i=2,3,\cdots$，此时聚类深度为 0。

② 识别稳定的样本类和基因类：发现稳定的基因簇 G_i（$i=2,3,\cdots$）和稳定的样本子集 S_j（$j=2,3,\cdots$），进一步计算 $S_j(G_i)$（包括 S_1）和 $G_i(S_j)$（包括 G_1），这样又得到许多样本子集 $S_j(G_i)$ 和基因簇 $G_i(S_j)$，此时聚类深度为 1。

③ 重复步骤②，直至达到一定的阈值（聚类深度）或没有新的稳定基因簇或样本子集出现。

总之，聚类分析方法在基因表达谱数据中具有重要的地位，即使没有类别结构的随机样本，也可以得到类别结构。一方面，聚类方法可以检测聚类所发现的类别是否为潜在的分组；另一方面，对于基因表达谱数据而言，mRNA 分子层面的分型只有与临床差异相吻合，才更具有临床诊断治疗意义。聚类分析在基因表达谱数据中的应用，为复杂疾病的亚型识别、致病机制及分子标记的识别提供了有效的工具。

5.6　基因芯片数据分类分析

5.6.1　Fisher 线性判别算法

线性判别函数是最简单的判别函数，相应的分类面是超平面 $g(x)$：

$$g(x) = w^{\mathrm{T}} x + b \begin{cases} > 0, & L_1 \\ < 0, & L_2 \end{cases}$$

其中，w 是分类面的法向量；b 是分类面的偏移；L_1 和 L_2 分别是两类别的类标签。设计线性分类器的关键，是估计 w 和 b，选择合适的 w 就是寻找最佳投影方向，投影后，问题变成一维数据的分类问题，如图 5-9 所示。

Fisher 线性判别的基本思想是，寻找一个最佳的投影方向，使样本在投影后的一维空间内满足类间离散和类内紧致的特点，分别运用离散度和均值衡量投影后的数据类内和类间的数据特点。

投影前数据的均值向量和离散度矩阵分别为：

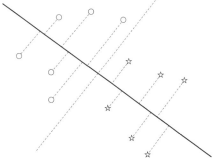

图 5-9　线性判别函数的分类思想

$$m_i = \frac{1}{n} \sum x \qquad (i = 1, 2)$$

$$S_i = \sum (x - m_i)(x - m_i)^{\mathrm{T}} \qquad (i = 1, 2)$$

其中，m_1 和 m_2 分别是两类原始数据的均值向量；S_1 和 S_2 分别是两类原始数据的离散度矩阵。

原始数据与投影后的数据统计量之间的关系是：

$$\mu_i = w^{\mathrm{T}} m_i$$

$$\begin{aligned} \sigma_i^2 &= \sum (w^{\mathrm{T}} - \mu_i)^2 \\ &= w^{\mathrm{T}} \sum (x - m_i)(x - m_i)^{\mathrm{T}} w \\ &= w^{\mathrm{T}} S_i w \end{aligned}$$

其中，μ_1 和 μ_2 分别是两类投影后的数据的均值；σ_1 和 σ_1 分别是两类投影后的数据的离散度。

Fisher 准则函数为：

$$J_F(w) = \frac{(\mu_1 - \mu_2)^2}{\sigma_1^2 + \sigma_2^2}$$

Fisher 准则函数的分母衡量了总类内离散度，分子衡量了类间距。找到最佳的投影方向使得 $J_F(w)$ 最大，从而使投影后的样本满足类间离散和类内紧致的要求。

$$w_{\text{opt}} = \arg\max J_F(w)$$

$J_F(w)$ 只与投影方向有关，求解 w 的最优解 w_{opt}，通过一系列的计算得到：

$$w_{\text{opt}} = (S_1 + S_2)^{-1}(m_1 - m_2)$$

以两类均值的重心作为分类阈值 b：

$$b = -\frac{\mu_1 + \mu_2}{2}$$

也可以投影后数据的均值作为分类阈值 b：

$$b = -\frac{n_1\mu_1 + n_2\mu_2}{n_1 + n_2}$$

对于样本 x，若 $w^T x + b > 0$，则判断为 L_1 类；若 $w^T x + b < 0$，则判断为 L_2 类。

5.6.2　决策树算法

决策树是一种多级分类器，利用决策树分类器可以将一个复杂的多类别分类问题转化成若干个简单的分类问题来解决。决策树分类器呈树状结构，内部节点选用一个属性进行分割，每个分叉都是分类的一个部分，叶子节点可表示样本的一个分布。

图 5-10 为一颗二叉分支的决策树，根节点 1 包含 40 个肿瘤样本和 22 个正常样本。用基因 M26383 进行分割，当 M26383 的基因表达水平大于 60 时，样本被分至右子节点 3，否则被分至左子节点 2，左子节点 2 包含 14 个正常样本、0 个肿瘤样本，表示该节点内的样本已经分纯，不需要再继续进行分割，定义其为叶子节点。节点 3 的样本继续进行分割，用基因 R15447 进行分割，当 R15447 的表达水平大于 290 时，样本被分至节点 5，否则被分至节点 4，节点 5 已分纯，不需要再进行分割。节点 4 继续用基因 M28214 分割，最后得到两个叶子节点 6 和 7。

所以，决策树方法采用自上而下的递归分割，采用贪婪算法，从根节点开始，如果训练集中的所有观测是同类的，如都为正常样本，则将其作为叶子节点，节点内容即该类标记。否则，根据某种策略选择一个属性（如基因），按照属性的各个取值，把训练集划分为若干个子集合，使得每个子集中的所有例子在该属性上具有同样的属性值。然后再一次递归处理各个子集，直到符合某种停止条件。

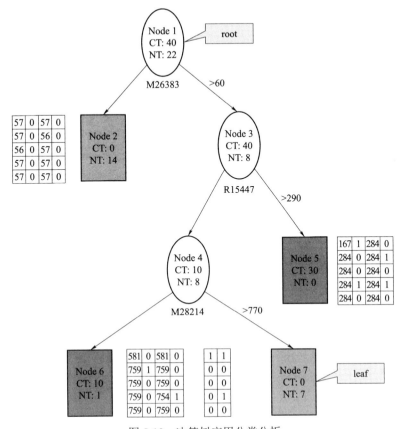

图 5-10　决策树应用分类分析

在构造决策树的过程中，最重要的一点是，在每一个分割节点确定哪个基因，以及该基因以什么分割方式对样本进行分割，这需要通过分割准则来衡量使用哪个基因更合理。分割准则主要包括 Gini 指数、信息增益等。在 2.2.4 节中已详细分析了 Gini 指数，这里只分析信息增益。

该指标以分割前后熵值的变化来衡量节点纯度的变化。对于某节点 N，信息熵的定义为：

$$H(N) = -\sum_{i=1}^{k} p_i \log_2 p_i$$

其中，p_i 是指第 i 类在某节点 N 的概率；k 指分类变量的类别。熵值越大，说明节点越不纯。

如果节点 N 分成两个节点 N_1 和 N_2，则信息增益为：

$$\text{Gain} = H(N) - \left[\frac{n_1}{n} H(N_1) + \frac{n_2}{n} H(N_2) \right]$$

选择信息增益最大的作为分割的基因并确定对应的分割方式。

通过上述方法生成的决策树对训练集的准确率往往可达 100%，但其结果却会出现过拟合，建立的树模型不能很好地推广到总体的其他样本，因此，需要对树进行剪枝。剪枝方法主要有前剪枝和后剪枝。前剪枝即在树的生长过程中，通过限定条件停止其生长；后剪枝即在长成一棵大树后，从下向上进行剪枝。

5.7　应用实例分析

5.7.1　不同胰岛素敏感状态下基因表达数据处理

1. 问题描述

本实例分析大鼠胰岛素敏感基因表达数据的特征，并针对此数据集的特征，采用 SOM 算法设计、实现大鼠不同胰岛素敏感状态下基因表达数据处理、分析系统。系统实现的主要功能有：基于数理统计的基因表达散点图分析、不同基因芯片间的差异分析以及基因表达的 SOM 聚类分析等，其结果均以图表方式展现。

2. 方法分析

（1）材料和方法

1）芯片制备

大鼠芯片（BioStaR-40S）由上海博星基因芯片有限公司提供。芯片所用的 4 000 个靶基因的 cDNA 用通用引物进行 PCR 扩增，PCR 产物长度为 1 000～3 000 bp（少数例外）。PCR 反应及产物纯化用标准方法实行，通过琼脂糖电泳监控 PCR 质量。靶基因以 0.5 μg/μL 溶解于 3×SSC 溶液中，用 Cartesian 公司的 Cartesian 7 500 点样仪及 TeleChem 公司的硅烷化玻片进行点样。点样后，玻片经水合（2 h）、室温干燥（0.5 h）、UV 交联（能量设定为 65 mJ/cm），再分别用 0.2% SDS、水及 0.2%硼氢化钠溶液处理 10 min，晾干备用。

2）探针准备

① 动物模型。北京医院老年医学研究所提供的动物模型，是经过分别喂饲的对照组大鼠（雄性 SD 大鼠，200 g/只，一般商品饲料，自由进食）、高脂膳食诱导胰岛素抵抗组大鼠（高脂饲料，热量超过对照饲料 40%）、限食提高胰岛素敏感性组大鼠（一般商品饲料，60%进食量），每组各 40 只。三个月后，每组 7 只大鼠进行正常血糖高胰岛素钳夹试验，获取胰岛素敏感状态数据；另每组 7 只进行葡萄糖耐量试验，获取胰岛素分泌数据，另每组 7 只用于血生化标本检测（血糖、血脂、激素水平等）。

② 组织样本制作。基线表达组织样本分别从上述三组动物（每组 7 只）的肝脏和骨骼肌二种组织样本中提取。刺激表达组织样本是在糖耐量试验后，分别从上述三组动物（每组 7 只）的肝脏和骨骼肌二种组织中提取。

③ 探针制作。对不同条件下的组织样本，分别用 Piotr Chomczynski 等提出的一步法加以修改，抽提总 RNA。用 Oligotex mRNA Midi Kit（Quagen 公司）纯化 mRNA。参照 M. Schena 的方法，反转录标记 cDNA 探针并纯化。用 Cy3-dUTP 标记基线组织 mRNA，用 Cy5-dUTP 标记受激后的组织 mRNA。经乙醇沉淀后，溶解在 20 μL 的 5×SSC + 0.2% SDS 杂交液中。

3）杂交及洗涤

将基因芯片和杂交探针分别在 95 ℃水浴中变性 5 min，将探针加在基因芯片上，用盖玻片封片，置于 60 ℃杂交液中 15～17 h。然后揭开盖玻片，分别用 2×SSC+ 0.2% SDS、0.1%×SSC + 0.2% SDS、0.1%×SSC 洗涤 10 min，室温晾干。

4）检测及数据存储

用 General Scanning 公司的 ScanArray 3000 扫描基因芯片，将结果存储于 Excel 文件中，每次芯片实验对应一个特定的文件。最终得到 12 次实验结果，其对应关系见表 5-2。

表 5-2　各次基因芯片实验结果与文件对照表

试验项目	对照组	肥胖组	限食组
肝脏	L-CL-1.XLS(Cy3,Cy5)	L-OL-1.XLS(Cy3,Cy5)	L-RL-1.XLS(Cy3,Cy5)
	L-CL-2.XLS(Cy3,Cy5)	L-OL-2.XLS(Cy3,Cy5)	L-RL-2.XLS(Cy3,Cy5)
肌肉	M-CM-1.XLS(Cy3,Cy5)	M-OM-1.XLS(Cy3,Cy5)	M-RM-1.XLS(Cy3,Cy5)
	M-CM-2.XLS(Cy3,Cy5)	M-OM-2.XLS(Cy3,Cy5)	M-RM-2.XLS(Cy3,Cy5)

表格中的每个 XLS 文件对应于一次芯片实验。*-1. XLS 和*-2. XLS 文件是为了减少误差和偶然性错误，在相同实验条件下对同样的组织样本 mRNA 进行的重复实验的结果。括号中的 Cy3、Cy5 表示每个文件中均包含 Cy3 和 Cy5 的信号强度，其中 Cy3 信号强度表示在基线情况下不同的基因的表达程度，而 Cy5 信号强度表示经刺激后不同的基因的表达程度。

（2）数据特征

在基因芯片实验结果的 XLS 文件中，行表示不同的基因，列表示某个基因的相关属性及其表达的程度。每个 XLS 文件中有 4 096 条记录，表示 4 096 条基因。每个基因的属性见表 5-3。

表 5-3　数据处理结果中基因的属性

序号	属性名称	说　　明
1	Row	基因在芯片中的行坐标
2	Column	基因在芯片中的列坐标
3	Gene_ID	基因的标识
4	Genbank_ID	基因在 GenBank 数据库中的标识
5	UniGene	基因在 UniGene 数据库中的标识
6	NCBI 网上数据库链接	NCBI 网上数据库链接
7	Selected	是否已选择
8	Cy3	Cy3 信号强度值
9	Cy5	Cy5 信号强度值
10	Cy3*	Cy3 修正后的信号强度值
11	Ratio	Cy5 与 Cy3*的比值
12	Definition	基因的描述，用于说明基因的名称和功能

对于所有的基因，Gene_ID 始终存在，它将不同的基因区分开来。但并非所有的基因都存在 Genbank_ID。如果基因不存在 Genbank_ID，说明此基因尚未登记在 GenBank 的数据库中，目前人们尚未对该基因的功能有所了解。

基因的 Selected 属性为布尔变量，1 表示有效，0 表示出错。如果出错，表示此基因可能在杂交或者扫描的过程中出现了错误，其 Ratio 的值为 Error，在后续的数据处理中，应该忽略这些出错的数据。

在全部的 4 096 条基因中，有 56 条基因为管家基因，是为了保证芯片实验的成功而特地设置的，实验中，只有它们的表达程度达到一定的水平，才能够确保此次芯片实验的成功。因此，在后续的数据处理中，应将这些管家基因从数据集中剔除（注：所有管家基因的 Gene_ID 均以 con*开头，在数据处理的时很容易将其剔除）。

综上所述，在基因表达数据处理、分析中，首先要清理掉出错基因和管家基因表达的数据，只处理在 GenBank 数据库中登录的基因。此外，本实例所述的基因芯表达数据，首先假定所有被选择的基因与胰岛素抵抗相关，因此，系统无需进行相关基因的选择处理。本实例所用基因表达的部分数据见表 5-4。

表 5-4 部分基因表达数据

Row	Column	Gene_ID	Genbank_ID	UniGene	NCB 网上数据库链接	Seiected	Cy5	Cy3	Cy3#	Ratio	Defintion
1	1	n0001a02	X86561	Rn 5500	点击链接	1	50 872	43 319	44 414.5	1.145	Rat gene
2	1	n0002f12	NM_053500	Rn. 64630	点击链接	1	1 209	1 300	1 332.9	0.907	Rattus no
3	1	n0019g06	NM_012839	Rn. 2202	点击链接	1	7 880	5 497	5 636.0	1.398	Rattus no
4	1	n0037h08	BI285105	Rn. 12994	点击链接	1	6 180	5 789	5 935.4	1.041	UI-R-DB0
5	1	n0042a04	BG379340	Rn. 22157	点击链接	1	419	704	721.8	0.580	UI-R-CS0
6	1	n0070f11	AB072907	Rn. 3593	点击链接	1	3 664	6 206	6 362.9	0.576	Rattus no
7	1	n0092a03	AW141073	Rn. 15203	点击链接	0	200	66	200.0	Error	EST29109
8	1	n0103a09	NM_031723	Rn. 13070	点击链接	1	3 203	3 435	3 521.9	0.909	Rattus no
9	1	n0138f10	BE110959	Rn. 14943	点击链接	1	480	456	467.5	1.027	UI-R-BJ1-
10	1	n0180f06	AA858849	Rn. 16864	点击链接	1	10 535	10 881	1 1156.2	0.944	UI-R-A0-b
11	1	n0187d05	AI764680	Rn. 40746	点击链接	1	2 409	2 547	2 611.4	0.922	UI-R-Y0-a
12	1	n0253e06	BE113228	Rn. 12999	点击链接	1	1 833	1 559	1 598.4	1.147	UI-R-BJ1-
13	1	n0302f07	NM_022498	Rn. 1495	点击链接	1	961	1 078	1 105.3	0.869	Rattus no
14	1	n0311d12	AI102502	Rn. 7410	点击链接	1	4 274	4 579	4 694.8	0.910	EST21179
15	1	n0096e06				1	5 255	6 674	6 842.8	0.768	
16	1	n0052b07				1	224	274	280.9	0.797	
17	1	n0008b04	NM_031502	Rn. 74039	点击链接	1	7 214	10 885	11 160.3	0.646	Rattus no
18	1	n0010d06	BG673602	Rn. 3182	点击链接	1	7 185	11 077	11 357.1	0.633	DRNAAE1
19	1	n0028c01	NM_053416	Rn. 8562	点击链接	1	5 919	4 780	4 880.4	1.213	Rattus no
20	1	n0051e08	AW918614	Rn. 7493	点击链接	1	1 774	1 967	2 016.7	0.880	EST3499

3. 实验及结果

（1）散点图结果及分析

散点图分析是为了说明，在同一个芯片实验中，基线表达水平（Cy3）和刺激后表达水平（Cy5）两者之间的差异。在本实例实现的系统中，用户既可以直接选择 Cy3 与 Cy5 的强度值来进行比较，也可以使用 lg(Cy3)和 lg(Cy5)来进行比较。试验可知，使用 lg(Cy3)和 lg(Cy5)来进行比较，能够更清楚地说明问题。

图 5-11 显示的就是对照组（L-CL-1）的散点图。图中，x 轴为 lg(Cy5)，y 轴为 lg(Cy3)，每个点表示某个基因对应于（lg(Cy3)，lg(Cy5)）的值。可以看出，所有的点在图中近似均匀分布。图 5-12 显示的是肥胖组（L-OL-1）的散点图，其横

坐标、纵坐标定义与图 5-11 的相同。可以发现图 5-11 与图 5-12 有明显区别。L-OL-1 的散点图中，有部分区域点明显分散开来，这说明在肥胖状态下，有部分基因对糖刺激有明显反应。

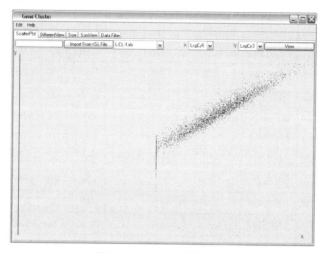

图 5-11　L-CL-1 的散点图

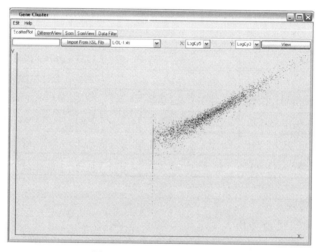

图 5-12　L-OL-1 的散点图

（2）差异图结果及分析

散点图仅仅是比较了同一基因芯片自身的 Cy3 和 Cy5 之间的强度差异，而差异图则反映在不同的实验条件下，基因表达之间的差异。在差异图中，x，y 坐标为基因在基因芯片中的位置（x，y）；z 上的线段则表示两个芯片间特定基因的表达水平的差异，红色表示基因表达水平增加，而蓝色表示基因表达水平降低。

　　比较 L-CL-1（对照组）与 L-CL-2（对照组）的 Cy3 差异图结果（图 5-13）、L-CL-1（对照组）与 L-OL-1（肥胖组）的 Cy3 差异图结果（图 5-14）、L-CL-1（对照组）与 L-RL-1（限食组）的 Cy3 差异图结果（图 5-15），可以发现，L-CL-1 和 L-CL-2，L-CL-1 和 L-RL-1 的基因表达的差别很小，而 L-CL-1 和 L-OL-1 的基因表达的变化差异很大。这与实验的已知条件相吻合。L-CL-1 和 L-CL-2 是为了减少偶然性和出错风险而对同一肝脏组织提取的 mRNA 进行的重复实验。因此，如果没有错误发生，二者之间的差异应该很小。L-CL-1 和 L-CL-2 分别对应对照组和限食组，因此，二者均处于相对健康的状态下，所以基因表达差异较小。而 L-CL-1 和 L-OL-1 则是在不同的实验条下进行的实验，从理论上讲，如果基因芯片上选择的基因与胰岛素抵抗相关，则应该在较大范围内产生基因表达的变化。

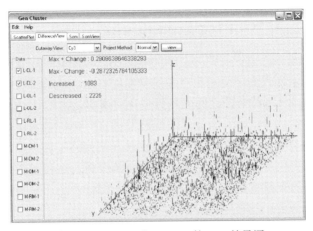

图 5-13　L-CL-1 和 L-CL-2 的 Cy3 差异图

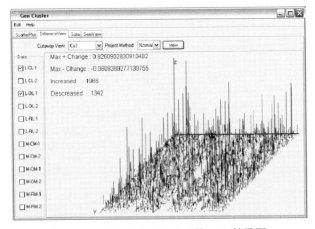

图 5-14　L-CL-1 和 L-OL-1 的 Cy3 差异图

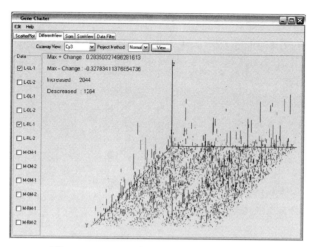

图 5-15　L-CL-1 和 L-RL-1 的 Cy3 差异图

　　结合其他基因芯片表达的两两之间的差异图比较结果可以发现，对照组和肥胖组的基因表达差异较大，而对照组和限食组的基因表达差异很小。以上的结果对比只考察了 Cy3（基线）值之间的差异变化，事实上，对于 Cy5 也有着同样的变化趋势，只是 Cy5（刺激）的变化幅度稍大。

　　对于 Cy5 变化更为明显可以得知，大鼠胰岛素敏感基因在糖刺激下，对于不同的实验条件，变化更为明显。通过对差异图的分析，还可以得到这样的结论，即本实例中使用的大鼠基因芯片所选择的 cDNA 探针中，有大量的基因与胰岛素抵抗相关。

（3）SOM 聚类结果分析

　　散点图和差异分析运用的是统计学的方法，没有考虑基因表达谱内部隐藏的变化模式，因此，得到的结论只能是描述性质的。SOM 聚类分析正是为解决这一问题而出现的算法。通过聚类分析，可以将整个基因表达数据集划分为几个模块（类），各个模块内的基因表达模式趋于一致。表 5-5 是本实例中采用的 SOM 算法的配置参数。

表 5-5　SOM 算法的配置参数

参数名称	参数值
X-dimension	3
Y-dimension	3
Lattice type	Hexagonal
Neighborhood function	Bubble

续表

参数名称	参数值
Cutaway	Cy3
Data	L-CL-1，L-OL-1，L-RL-1
Steps	50 000
Learning-rate（Exp，Linear，Invert Time）	0.1（Exp）
Radius	4

　　图 5-16、图 5-17 均为在表 5-5 训练参数下，对基因表达数据进行训练所得到的结果。在图中，左侧的 3×3 矩阵图，每块表示一个分类，右侧的表格为隶属于

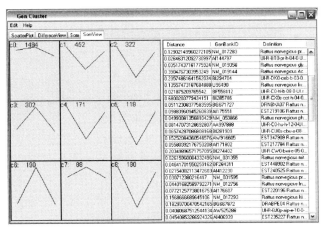

图 5-16　SOM 聚类结果一

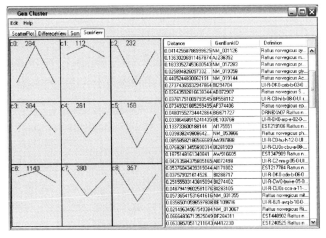

图 5-17　SOM 聚类结果二

当前分类的基因信息列表。点击左侧分类图中的任一类，可以查看所有属于此类的基因的信息。

从图中可以看出，二者并不完全相等。这是由 SOM 网络中的随机因素造成的。SOM 网络中的随机因素包括两个方面：一是初始权重向量的随机初始化；二是网络训练过程中随机样本向量的选取。尽管如此，依旧可以看出，在两个结果中，基因表达水平均值先增长后减少的分类的个数均为 4 个，先减少后增加的有 5 个。

本实例设置的 SOM 训练参数中的输入向量的数据域仅选择了（L-CL-1,L-OL-1,L-RL-1）三组数据的 Cy3 的信号强度。这与本实例的数据源紧密相关。这三组代表了大鼠胰岛素敏感基因在三种状态下的不同表达水平，而其余的数据均可以认为是这一组数据的重复实验或是对照组。当将数据区域换成（L-CL-2,L-OL-2,L-RL-2），（M-CM-1,M-OM-1,M-RM-1），（M-CM-1,M-OM-1,M-RM-1），实验依旧可以得到类似的结果。类似的，如选择 Cy5 的信号强度，得到的结果也类似。

尽管可以通过简单观测的方法，初步认为当前的分类是准确的，有助于理解生物学方面的意义，但仍需要从定量分析的角度来验证分类有效性。

本实例选用（L-CL-1,L-OL-1,L-RL-1）的 Cy3 信号强度作为训练集 $G(g_1,g_2,\cdots,g_n)$，将（M-CM-1,M-OM-1,M-RM-1）的 Cy5 信号强度作为测试集 $G'(g'_1, g'_2,\cdots,g'_n)$，$g_i$ 和 g'_i 一一对应。SOM 训练完成后的分类为 $C(c_1,c_2,\cdots,c_m)$。当分类完全有效时，对于 $\forall g_i$，$g_i \in c_j$，则有 $g_i' \in c_j$。使用统计量 λ 作为评判分类有效的标准。

λ=(对于所有的基因，g_i 和 g_i' 同属于 c_j 的基因的个数)/(G 中基因的个数)

根据上述定义，对不同的 SOM 网络拓扑结构，其 λ 为：

$$2\times2, \quad \lambda \approx 90\%$$
$$2\times3, \quad \lambda \approx 85\%$$
$$3\times3, \quad \lambda \approx 80\%$$

考虑到芯片间的差异、杂交过程中存在的差异以及样本组织本身所存在的差异，可以认为，当前的分类是有效的。

5.7.2 人类恶性肿瘤样本分类

1. 问题描述

当前高密度的 DNA 微阵列，由于其荷载了成千上万个 DNA 片段，可一次同时检测数以千计的基因表达水平，因此，有越来越多的生物学家将其应用于肿瘤识别方面。但是，对微阵列表达数据进行分析面临着两个主要的问题：

① 采用微阵列技术同时检测表达水平的基因个数远远大于所检测的样本个数 N，若直接采用标准的统计方法，效果不佳。

② 微阵列表达数据经常存在干扰噪声，其中有很大一部分来自探针标记过程以及实验条件的不稳定性（湿度、温度、杂交模式等），采用基于正态分布假设的参数统计方法存在一定的风险。

目前，诊断中所使用的模式识别方法的某些步骤已采用了一些非参数统计方法以减少噪声对预测结果的影响，但仍然没有一个完整的非参数模式识别方法应用于肿瘤识别。针对目前模式识别中存在的问题，研究者提出一种基于非参数方法的模式识别方法。该方法使用微阵列基因表达数据对人类恶性肿瘤样本分类，并不对微阵列数据进行总体分布假设，从而大大减小了噪声对预测结果的影响。该方法不但可以用于两总体样本的模式识别问题，还可以用于多总体的识别（多种肿瘤类型）。

2. 方法分析

（1）材料

为检验算法对两总体肿瘤数据与多总体数据的识别效果，采用两个真实的，包括不同人类恶性肿瘤样品的微阵列数据：Leukemia，SRBCT。

（2）方法

1）基因选择

高密度芯片可以同时检测成千上万个基因的表达水平，然而在很多情况下，只有一小部分是有价值的，而且相对于样本数来说，过多的基因（特征）个数对以后使用的统计方法也会产生不良的影响。因此，在判别分析之前，需要进行基因筛选，采用假设检验方法检验每个基因，选取那些在不同总体样品中表达差异显著的基因。在这里，采用 Wilcoxon 秩和检验对两总体微阵列数据进行基因筛选，采用 Kruskal-Wallis 秩和检验对多总体数据进行基因选择，筛选出在各总体中表达差异最显著的 P^* 个基因，供后续的判别分析使用。

2）判别分析

在这里，采用非参数判别方法，对数据进行分类。设有 k 个总体 $G_1, G_2, \cdots, G_k$，其先验概率分别为 $q_1, q_2, \cdots, q_k$，各总体的密度函数分别为 $f_1(x), f_2(x), \cdots, f_k(x)$。在观测到样本 x 的情况下，可用贝叶斯公式计算它来自 G_1 的后验概率，并且当 $P(G_l \mid x) = \max_{1 \leqslant i \leqslant k} P(G_i \mid x)$，$(i = 1, \cdots, k)$ 时，判 x 来自 G_1。

若假设各总体服从多元正态分布，且 k 个总体的协方差阵相同，据此推导出判别函数，则此分类方法就是参数判别方法。但是，由于所分析的微阵列表达数据存在干扰噪声，某些数据的正态分布假设并不成立，若在此情况下仍然采用参数判别方法，则可能存在较大误差。为此，采用非参数方法。非参数判别方法是

基于各类概率密度 $f_i(x)$ 的非参数估计，采用近邻法估计概率密度 $f_i(x)$，根据欧氏距离找出离样本 x 最近的 k 个样本（在此选定 $k=5$），据此估计各类概率密度 $f_i(x)$，并用贝叶斯公式计算它来自 G_i 的后验概率，当 $P(G_l \mid x) = \max\limits_{1 \leqslant i \leqslant k} P(G_i \mid x)$，$(i = 1, \cdots, k)$ 时，判 x 来自 G_l。

3）判别效果评估

由于选用的两个实验数据都已经将样本分为测试集与训练集，因此，采用样本划分法对判别效果进行评估：将已知类别的 N 样本分为两类，使用其中一部分样品 N_1 建立分类器，对剩余的 $N-N_1$ 个样品进行分类，将正确识别的样品个数作为此分类器判别效果的评估标准，具体算法步骤如下：

① 算法 A_0。

● 基因筛选：对给出的微阵列数据 S、$N \times P$，采用非参数检验方法筛选出 P^* 个表达差异最显著的基因，得数据子集 X、$N \times P^*$。

● 判别分析：将 N 个样品分为两部分 N_1、N_2，其中 N_1 个样品构造分类器，对剩余的 N_2 个样品分类，将正确识别的样品个数作为算法的评估标准。

可以看出，如果采用算法 A_0 对非参数方法的识别效果进行评估，由于基因筛选时利用了所有的样本对基因进行筛选，即测试集的分类信息也已被使用，那么，最后检测的分类效果可能会优于实际的分类效果。为了更加准确地对算法识别效果进行评估，需要对算法进行改进。

② 算法 A_1。

● 基因筛选：对给出的微阵列数据 S、$N \times P$，将 N 个样品分为两部分 N_1、N_2，并根据其中 N_1 个样本筛选出 P^* 个表达差异最显著的基因，得训练子集 X_1、$N_1 \times P^*$ 以及测试子集 X_2、$N_2 \times P^*$。

● 判别分析：根据训练集 X_1，采用非参数判别方法对测试集 X_2 进行分类，并将正确识别的样本个数作为算法的评估标准。

3. 实验及结果

通常人们分析的微阵列数据样本数都较小，大多在 70 个左右，因此，对于这些小样本的数据还应考虑过度拟合的问题，即最后所得的分类器对训练集有较好的识别效果，但是对其他数据，分类效果较差。为此，要对算法的每一步进行检验。在判别分析过程中，要检验使用的分类器是否会产生较强的过度拟合现象，可以通过对测试集的识别效果进行直接的评判。但是，对于基因筛选过程，并没有一个直接的评判标准，因此，设计了如下方法，即通过测试集的正确识别个数间接检验基因筛选过程是否存在过度拟合问题。基本步骤是，采用算法 A_0、算法 A_1 对微阵列数据分别计算测试样本的正确识别个数，若非参数检验所筛选的结果有较严重的过度拟合现象，则两种算法计算出的正确识别个数也会有较为显著的差异。下面将此方法分别应用于 Leukemia 与 SRBCT 数据。

（1）Leukemia 数据

白血病是造血系统的一种恶性肿瘤，其特征是骨髓、淋巴结等造血系统中的一种或多种血细胞成分出现恶性肿瘤，并浸润体内各脏器组织，导致正常造血细胞受抑制，产生各种症状。其病因尚未完全阐明，公认的因素有病毒感染、遗传因素、电离辐射、化学品和药物等（均与再生障碍性贫血相似）。根据自然病程和白血病细胞的成熟程度，可分为急性白血病和慢性白血病，以急性白血病为多。急性白血病是儿童肿瘤中发病率最高的疾病，发病率为 3/10，在我国，每年约有 1 万名左右的新发白血病儿童。该病起病急，如不治疗，一般病程不超过 6 个月，是造成 5 岁以上儿童死亡的主要原因之一。临床上，根据白血病细胞的形态及组织化学染色表现，可将此病分为急性淋巴细胞性白血病（Acute Lymphoblastic Leukemia，ALL）和急性髓细胞性白血病（Acute Myeloid Leukemia，AML）两大类。急性白血病不论属于何种细胞类型，主要临床表现大致相似，且初期症状可能不明显，与一般常见的儿童疾病症状类似。因此，准确识别急性淋巴细胞白血病与急性髓性白血病，对急性白血病的早期诊断和针对性治疗、提高生存率和生存质量都有很大的帮助。

美国麻省理工学院的 Golub 等人，使用高密度寡核苷酸阵列检测了 7 129 个基因表达水平，原始训练集包含 38 个骨髓样本，其中有 27 个 ALL 和 11 个 AML（来自成年病人）；测试集包含 20 个 ALL 与 14 个 AML，其中有 4 个 AML 样本来自成年病人，其他测试集数据都来自儿童。Golub 等人筛选出 50 个基因，并利用 38 个样本构造了一个分类器，将其应用于 34 个新收集的样本，结果有 29 个样本被正确分类。目前，国际上使用多少基因来构造分类器仍没有一个确定的最优值，本实例分别筛选出 P^* 为 25 个、50 个、100 个、200 个基因来构造分类器，并采用非参数判别方法对测试集进行分类。对 Leukemia 数据，根据其 38 个训练集，分别采用算法 A_0 与算法 A_1 对 34 个测试集进行分类计算，计算结果见表 5-6。

表 5-6　Leukemia 数据的分类结果

P^*	A_0 算法正确识别样本个数	A_1 算法正确识别样本个数
25	33	33
50	33	33
100	33	33
200	33	33
A_1 算法下错判的样本： P^*=25 #66，P^*=50 #66，P^*=100 #66，P^*=200 #66。		

测试集的分类结果显示，基于非参数的模式识别方法只错分了一个样本#66，这个预测结果较为令人满意。值得指出的是，在 CAMDA（2000）国际会议上，各国与会者还专门分析了此样本是否可能存在错误标记的问题。

（2）SRBCT 数据

目前，病理学家主要通过研究显微镜下细胞的大小、形状和颜色来确定癌症的起源。但是，对于那些看起来相似的癌细胞，如统称为小圆蓝色细胞瘤（SRBCT）的 4 种罕见儿童肿瘤而言，这一鉴定工作相当困难。

小圆蓝色细胞瘤通常发病于儿童中，得此疾病的人很少能活过 30 岁。SRBCT 实际上包含了 4 种不同的肿瘤：成神经细胞瘤、横纹肌肉瘤、伯基特淋巴瘤和尤因肉瘤。在显微镜下，这些肿瘤细胞看起来非常相似，因此，传统的诊断方法很难做出快速准确的判断。Kahn 等人检测了 2 308 个基因的表达水平，并将其中的 63 个样本作为原始训练集，20 个样本作为测试集。与 Leukemia 数据分析过程一样，分别筛选出 P^* 为 25 个、50 个、100 个、200 个基因构造分类器，并对训练集进行分类，所得结果见表 5-7。总体来说，基于非参数方法的识别算法识别率较高，尤其在 $P^*=100$ 的情况下，采用 A_1 算法可对测试集样本实现完全正确识别。

表 5-7　SRBCT 数据的分类结果

P^*	A_0算法正确识别样本个数	A_1算法正确识别样本个数
25	19	18
50	18	18
100	18	20
200	19	19
A_1 算法下错判的样本： $P^*=25$ # T20，$P^*=50$ # T21，$P^*=100$ # T20，$P^*=200$ # T21。		

将算法 A_0 与算法 A_1 应用于 Leukemia 与 SRBCT 数据，得到的结果显示，人们使用的基于非参数检验的基因选择方法并没有产生较为显著的过度拟合现象。两算法对 Leukemia 与 SRBCT 数据测试集的识别个数没有出现明显的差异。

目前，许多人提出，在基因选择中选择的基因个数仍大于样本个数，这会影响分类器的性能，因此，需要使用某种降维方法，如偏最小二乘法来降低算法复杂度，并提高算法的识别精度。但是，当前选用的降维方法，很多都是利用训练集的分类信息，将基因筛选后的变量综合成几个主成分或在此基础上再做一次变量筛选。研究者认为，目前所分析的微阵列数据样本数仍然偏小，进一步利用训练集的分类信息很容易导致过度拟合的问题。Leukemia 与 SRBCT 数据的实际计算结果表明，非参数识别方法的预测效果较为理想，因此这里并不采用降维方法对数据进行降维处理。

（3）参数敏感性分析

为检验非参数检验过程中，选择不同的 P^* 是否会对算法的判别效果产生较大的影响，下面对参数的敏感性做进一步的分析。本实例设计了如下方法：首先采用 A_1 算法，在 P^* 为 25、50、100、200 情况下对 Leukemia 与 SRBCT 数据的初始测试集进行分类，计算结果如图 5-18 所示。随后，采用随机重复的方法检验在不同 P^* 情况下算法的识别结果，将 Leukemia 数据集中全部 72 个样本随机划分成 38 个样本的训练集与 34 个样本的测试集。采用 A_1 算法对此测试集进行分类，重复 50 次并计算平均正确识别个数。对 SRBCT 数据，同样采取上述随机重复的方法，将 83 个样本随机划分为 63 个样本的训练集与 20 个样本的测试集，同样采用 A_1 算法进行分类，重复 50 次并计算平均正确识别个数。对 Leukemia 与 SRBCT 数据集采用随机重复方法，并用 A_1 算法计算测试集的平均正确识别个数，所得结果列于表 5-8。

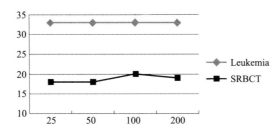

图 5-18　A_1 算法对 Leukemia 与 SRBCT 数据的分类结果

表 5-8　A_1 算法对随机测试集的平均正确识别个数

P^*	Leukemia 数据	SRBCT 数据
25	32.22	19.06
50	32.42	19.26
100	32.50	19.54
200	32.58	19.52

在 P^* 为 25、50、100、200 的情况下，采用基于非参数统计方法的识别算法计算 Leukemia 数据随机测试集得到的平均正确识别个数在 32.22～32.58 之间，而对于 SRBCT 数据随机测试集，平均正确识别个数在 19.06～19.54 之间。结果显示，非参数识别算法的识别效果较为稳定，不因参数 P^* 的变化而产生剧烈波动。

即在 P^* 为 25、50、100、200 的情况下，非参数识别算法对参数 P^* 并不敏感。算法对 Leukemia 与 SRBCT 数据初始测试集的识别结果也证实了这一点。

（4）算法稳定性分析

除了研究算法对选择的参数的敏感性外，分类结果的稳定性也是一个重要的研究课题，特别是对于小样本的微阵列肿瘤数据的分析。在这里，算法的稳定性主要体现在，对于不同的训练集与测试集，最后的预测结果没有较大的波动。

对算法稳定性的分析同样采用随机重复的方法，将 Leukemia 数据中全部 72 个样本随机划分 38 个样本的训练集与 34 个样本的测试集，采用 A_1 算法对此测试集进行分类，重复 50 次。同样，对于 SRBCT 数据，将 83 个样本随机划分为 63 个样本的训练集与 20 个样本的测试集，采用 A_1 算法进行分类，并重复 50 次。A_1 算法对随机划分的 Leukemia 数据的分类结果如图 5-19 所示，A_1 算法对随机划分的 SRBCT 数据的分类结果如图 5-20 所示。

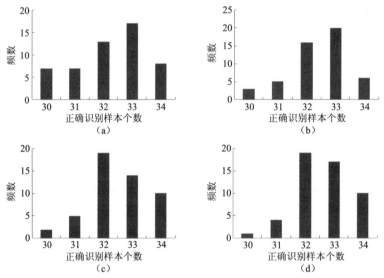

图 5-19 A_1 算法对随机划分的 Leukemia 数据的分类结果

(a) P^*=25；(b) P^*=50；(c) P^*=100；(d) P^*=200

从最后的预测结果来看，非参数识别方法对 Leukemia 数据的 34 个样本的测试集的正确识别个数主要集中在 30~34 个之间；而对于 SRBCT 数据，算法对 20 个样本的测试集的正确识别个数在 17~20 个之间。总体而言，此算法的预测结果较为稳定，最后预测结果并没有因为训练集的变化而产生剧烈波动。

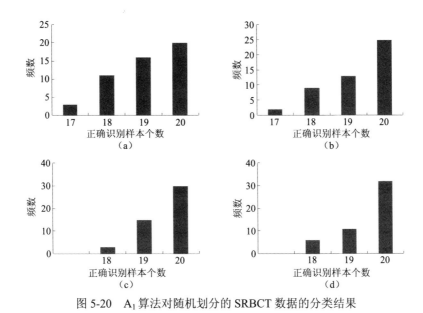

图 5-20　A_1 算法对随机划分的 SRBCT 数据的分类结果

（a）$P^*=25$；（b）$P^*=50$；（c）$P^*=100$；（d）$P^*=200$

5.8　本章小结

　　基因芯片技术的出现本身就是多学科交叉的结果，信息技术为其应用和发展提供了有力的支撑，同时它也极大地丰富了生物信息处理的研究内容。尤其是基因芯片的设计和数据分析，随着基因芯片技术的不断成熟，集成化水平的不断提升，其发展越来越依赖于生物信息处理研究方面的突破。

　　本章阐述了基因芯片知识基础，包括基因芯片基本概念和差异表达分析；详细分析了基因芯片数据预处理，包括数据对数转换、数据过滤、遗失数据处理和数据标准化；详细介绍了基因芯片数据聚类分析，包括层次聚类算法、K 均值聚类算法、自组织映射算法和双向聚类算法；以及基因芯片数据分类分析，包括 Fisher 线性判别算法、K 近邻分类算法、决策树算法和贝叶斯分类算法；最后给出不同胰岛素敏感度状态下基因表达数据处理和人类二型肿瘤样本分类两个应用实例。

思考题

1. 简述基因芯片出现的历史背景和意义。

2. 常见的基因芯片有哪些？分别简述这些基因芯片的作用。

3. 与传统的数据预处理方法相比，基因芯片数据预处理有哪些特点？

4. 标准化处理后的基因芯片数据为什么还需要进行差异表达分析？

5. 层次聚类可分为哪几种方法？每种方法是如何形成不同类别的？

6. K 均值算法和自组织映射算法有哪些相似之处？其各自的优缺点有哪些？

7. 简述主成分分析算法的原理及特点。

8. 基因芯片聚类分析可以划分为几类？其分析的对象分别是什么？

9. 结合应用实例数据，试利用贝叶斯、SVM 和 BP 神经网络算法构建一种疾病预测模型。

第6章

RNA 结构预测方法

6.1 引言

研究 RNA 结构的复杂情况要比研究它的序列编码结构更为重要，特别是对一些非编码的 RNA 结构的研究更是如此。换句话说，这些 RNA 能够在结构上具有高度的相似性，不是由某一段具有稳定性的序列链决定的，主要是因为其独有的二级结构存在稳定性，因此，它们具有的功能特点也是由这段特有的二级结构决定的。所以，为了更好地了解 RNA 结构的复杂性以及各个细胞的运行机理，必须要对 RNA 结构的复杂性进行剖析，这样，不仅能够提供更多的生物分析的信息，还能为蛋白质分子的结构分析及预测提供一定的参考信息。因此，RNA 结构的研究对于帮助人们分析 RNA 分子及生物存亡的整个过程都有着很重要的意义，能够促进人类后基因组计划的发展，促进基因治疗、新药开发，为癌症、遗传病等疾病的治疗开辟新的途径，对医学、生物学的发展具有深远影响。

本章主要内容包括 RNA 知识基础；RNA 结构预测主要方法，包括比较序列分析方法、动态规划算法、组合优化算法和启发算法；最后是应用实例分析。

6.2　RNA知识基础

6.2.1　基本概念

RNA 分子对细胞生命的组成起着巨大的作用，其作为传递遗传信息的中心媒介或直接作为遗传信息的载体，只是人们广为熟知的一方面。自 20 世纪 80 年代中期，具有催化性质的 RNA 被发现以来，RNA 所起的各种重要的生物化学作用引起人们的关注。从担当 FNA 病毒的遗传信息载体到参与构建核糖体和信号识别颗粒，从催化肽转移酶的活性、剪接 mRNA 到协助 mRNA 进行编辑，从与蛋白质相互作用到小分子 RNA 在转录和翻译水平上的调控机制，人们发现 RNA 是如此的"多才多艺"。尤其是各种非编码 RNA 及其所具有的复杂三维结构在这些生命活动中所扮演的重要角色，使得人们不再像过去那样，仅仅把 RNA 看成 DNA 与蛋白质之间的一种信息传递中介，认识到，它与蛋白质一样具有丰富的种类、功能和复杂的结构。进入 21 世纪以来，生物学家在 RNA 领域又取得了重大突破，RNA 干扰现象的发现以及在此基础上发展起来的 RNA 干扰技术被誉为生物学中最重要、最惊人的进展。这种 RNA 干扰技术可用作基因功能分析和基因改造的利器，同时也为攻克病毒和治疗癌症开辟了新的途径。

跟蛋白质一样，RNA 的各种功能与其特定的结构紧密相关，要想进一步挖掘、探索其众多的功能，就要从了解其结构入手。对许多非编码 RNA 或结构 RNA 来说，其结构上的保守性要大于其在序列上的保守性。了解它们的具体结构，不仅能更细致地了解各类 RNA 在细胞中的运作机制，而且可以为在基因组中寻找新的非编码 RNA 基因提供帮助。更为重要的是，掌握 RNA 结构知识，为研究开发靶向核糖体或病毒 RNA 药物建立了基础，某些 RNA 二级结构的折叠算法已被广泛用于药物设计。

由于 RNA 分子具有降解速度快、难以结晶等特点，故利用 X 射线晶体衍射和核磁共振等实验方法来测定 RNA 分子的立体结构十分困难。这样做费时费力，代价高昂，虽然测得的结果比较精确可靠，但是，面对海量的生物序列，这种方法显然跟不上要求。因此，像蛋白质结构研究一样，借助于计算机和各种数学方法从理论上去预测 RNA 的空间结构，是提高对 RNA 空间结构的认识的一个捷径，也是主要的方法。目前，直接从 RNA 一级序列预测 RNA 的三级结构仍然是生物信息处理中的一个难题。二级结构预测是进行三级结构建模的第一步，因为二级结构的碱基配对关系是三维立体结构中所有碱基相互作用的主体，另外，二级结构只需考虑序列在二维平面上的分布，这使得预测算法模型大大简化且容易实现。

RNA 结构预测研究起步较早，1981 年由 Zuker 提出的最小自由能算法是早期国际上使用最广泛的 RNA 二级结构预测方法。然而，一方面，由于它的平均预测精度只有 50%～70%，还不够高；另一方面，由于算法本身的限制，不能预测假结和更复杂的三级结构，因此，满足不了 RNA 结构预测的更高要求。为了能够预测假结和三级结构，一批新的算法被提出来。

6.2.2　RNA 结构与功能

RNA 功能通过两个方面表现：一个是从序列上，另一个是从结构上，有时候两者兼而有之。mRNA 从 DNA 序列中剥离出基因，作为模板指导蛋白质的合成，这是从序列层次上行使其传递遗传信息的功能。rRNA 与蛋白质相互作用，共同构建核糖体，同时在进行蛋白质翻译时催化肽键的形成，这主要是从结构层次上来表现。tRNA 一方面通过反密码来识别 mRNA 上的三联体，一方面又与氨酰-tRNA 合成酶相互作用来携带氨基酸，可以说是两者兼具。相对于 DNA 主要由其序列来行使其功能、蛋白质主要由其立体结构行使其功能而言，RNA 的这种特性是独有的，也是由其处于中心法则的中心环节所决定的。

1. RNA 的组成

RNA 是以核糖和磷酸二酯键为骨架链，A（腺嘌呤）、G（鸟嘌呤）、C（胞嘧啶）、U（尿嘧啶）4 种碱基连接其上，并以某种特定顺序排列而成的一条多核苷酸序列。少则几个或者十几个碱基，多则成千上万个碱基。A 和 U、G 和 C 之间能分别通过氢键连接起来，如图 6-1 所示，构成碱基互补配对，A 和 U 之间可以形成两个氢键，G 和 C 之间能形成三个氢键。除了极少数的 RNA 病毒外，绝大多数 RNA 是以单链形式存在的，但也不是随机的，它们趋向于采取右手螺旋构象，这是由碱基堆积造成的。通常，单链中的某些片段会通过碱基互补配对使自身折叠，形成较短的双螺旋区，这种双螺旋区与未配对单链相间，虽不如 DNA 的双链双螺旋结合得那么稳定，但也使 RNA 具有了复杂多变的三维结构。

与 DNA 相比，RNA 以尿嘧啶 U 替换了胸腺嘧啶 T，组成 RNA 骨架链的戊糖环还比 DNA 多了一个游离的 2′-羟基，如图 6-2 所示。尿嘧啶比胸腺嘧啶少了一个甲基，这不影响它同腺嘌呤 A 通过氢键连接，形成碱基配对，而且少了这个基团的影响，RNA 在空间中弯曲折叠时，比 DNA 多了分支或者套索结构。此外，由于 2′-羟基的存在，RNA 主链构象角因羟基（或其上的修饰基团）的立体效应而不同于 DNA 的主链构象角，导致 RNA 呈现出复杂多样的折叠结构。所以，虽然 RNA 不是理想和称职的稳定的遗传信息存储载体，但与 DNA 相比有更大的多样性，从而使其在生物体中能够行使更多的功能。从根本上说，是 RNA 的组成以及单链形态决定了它在序列和结构上的多样性，从而决定了它的功能的多样性。

相对于一维线形结构的多样性，其单链自身回折形成的特征性二级结构和高级结构的多样性更具有吸引力，更富于挑战性。

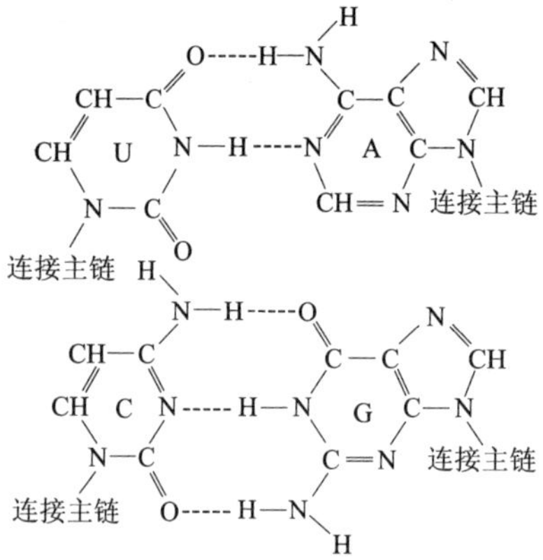

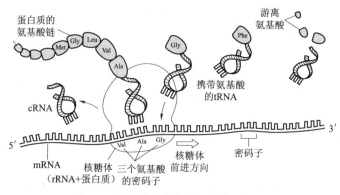

图 6-1　RNA 碱基配对中的氢键构成 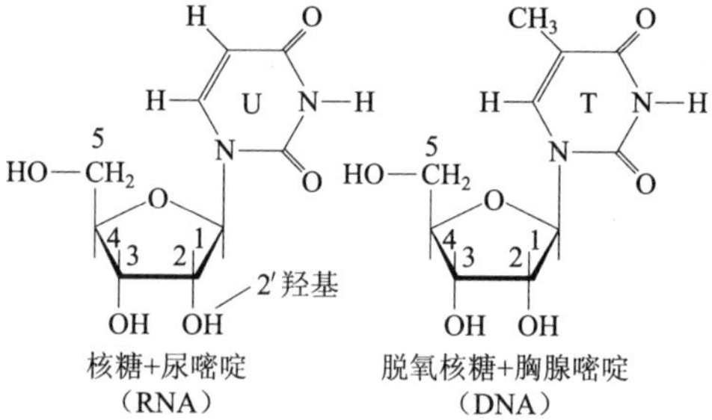　　　　图 6-2　RNA 与 DNA 的分子组成差别

2. RNA 的分类与功能

mRNA、tRNA 和 rRNA 是细胞质中参与蛋白质合成的三类主要的 RNA，如图 6-3 所示。mRNA 是遗传信息从 DNA 流向蛋白质的"中转站"，主要任务就是在蛋白质合成时，控制氨基酸的正确顺序；tRNA 是合成蛋白质的"适配器"，专门负责转运特定的氨基酸，并按 mRNA 上密码顺序所决定的位置对号入座，进入核糖体；rRNA 与蛋白质结合，构成核糖体，是蛋白质合成的"工厂"，在蛋白质合成的不同阶段均有重要的作用。mRNA 的基本特点：

图 6-3　蛋白质合成中的三种主要 RNA

① 在细胞中含量较少，往往不到 RNA 总量的 5%；
② 相对分子质量高度不均一，平均分子长度为 1.8～2 kb；

③ 都具有合成蛋白质的"模板"功能，合成方向是从 5′端到 3′端；

④ 核糖残基中有游离的 2′-羟基，使其对酸碱敏感，因此稳定性比 DNA 的差，而 mRNA 又不像 rRNA 与蛋白质结合得那样紧密，所以在生物体内极易被可溶解性核酸酶或多核苷磷酸化酶降解。

tRNA 分子平均结构功能都很统一，相对其他两种 RNA 来说最简单。一般来说，RNA 刚转录出来的是一种 RNA 前体，还需要经过一定的剪接、加工和碱基修饰才能形成成熟的有功能的 RNA，对于 tRNA、rRNA 这种结构的 RNA 更是如此。如 tRNA 前体就需要在核酶的作用下切去 5′端一段多余的核苷酸，在 3′端添加产生 CCA 的末端序列，最后还要进行一些碱基修饰，包括甲基化、脱氨、还原等，才能形成成熟的 tRNA。

rRNA 在其前体自剪接和催化肽键形成过程中所表现出来的催化性能，不仅打破了"酶一定是蛋白质"的传统观念，更令人启发性地提出了一个原初生命是一个"RNA 世界"的假说。

对于真核生物细胞来说，除了根据 RNA 的结构和功能把它分为 mRNA、tRNA、rRNA 外，还可以根据 RNA 在细胞核中的分布分为细胞核 RNA、细胞质 RNA、线粒体 RNA 和叶绿体 RNA 等。细胞核 RNA 又可分为核仁 RNA 和核质 RNA。核仁 RNA 是细胞核 RNA 总前体，是直接由 DNA 转录出来的初级产物。核质 RNA 根据其特点又可进一步分成不均一核 RNA（hnRNA）、细胞核小分子 RNA（snRNA）和染色质 RNA（chRNA）。另外，还有一些根据性质或功能命名的 RNA，如翻译控制 RNA（tcRNA）、具有 tRNA 和 mRNA 双重功能的 RNA（tmRNA）、反义 RNA（antisense RNA）、双链 RNA（dsRNA）、小分子 RNA（MicroRNA、miRNA）等。其中，反义 RNA、dsRNA 和 MicroRNA 的功能及应用是当前生物学中最为热门的研究课题之一。这些 RNA 的长度一般在 21～28 nt（核苷酸）之间，作为反义 mRNA 抑制物，通过结合于 mRNA 的特定序列来阻止转录进行或抑制 mRNA 的翻译，从而关闭了基因的表达或降低了表达水平。这种使基因"沉默"的方法即 RNA 干涉。反义 RNA 也可以与 RNA 结合，形成双螺旋结构，使之成为内切酶的特异底物，引起 RNA 降解。另外，它们还被证实与发育时间的调控有关，有些 miRNA 是高度进化保守的，其表达在某些情况下是阶段和组织特异性的，这种调控表达模式加上 RNA 干涉作用，预示了一种发育控制途径。

概括起来，RNA 具有的功能大致有以下几种：

① 参与蛋白质的生物合成（mRNA、tRNA、rRNA）；

② 储存和传递遗传信息（病毒 RNA）；

③ 作为结构物质（rRNA、chRNA 等）；

④ 调节基因的表达（反义 RNA、dsRNA 等）；

⑤ 催化作用（第一类内含子、RNA 酶 P 等）；

⑥ 其他，如作为 DNA 复制或反转录的引物，帮助 mRNA 进行编辑等，如图 6-4 所示。

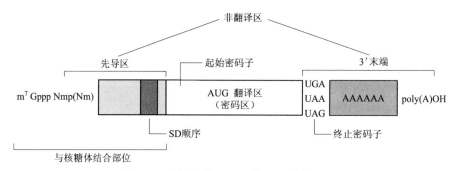

图 6-4　真核生物 mRNA 的一级结构图

3. RNA 的结构特性

RNA 结构同蛋白质的类似，具有一级结构、二级结构和三级结构甚至四级结构等多种形式。一级结构，是指 RNA 序列中四种核苷酸的不同排列顺序；二级结构，是指 RNA 序列通过自身回折形成碱基配对的茎区、茎区之间不配对的环区以及末端的单链区等；三级结构，则是由各二级结构单元相互作用并在空间中形成稳定的定位和取向而构成。mRNA 的功能主要体现在一级结构上，而 tRNA、rRNA 的一级结构则主要决定了它们的二级或更高级结构，间接决定了它们的功能。mRNA 的一级结构模型如图 6-5 所示。原核生物和真核生物的 mRNA 一级结构差别很大，原核生物多为多顺反子结构，即一条 mRNA 能编码几种蛋白质，而真核生物则基本上都是单顺反子，但它们都含有翻译区（密码子区）和非翻译区（翻译控制区）。起始密码

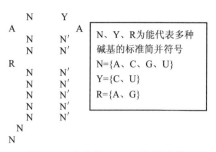

图 6-5　噬菌体 R17 衣壳蛋白的
一类 RNA 结合位点

子前的一段先导序列都含有能与核糖体相结合的特殊序列，即交感顺序（Shine-Dalgarn 顺序），可使核糖体识别 mRNA 的翻译起始位置，并使起始密码子 AUG 恰好处于核糖体的 P 位点，从而开始翻译。真核生物比原核生物还多了一个 5′端帽子结构和一个 3′端 poly（A）尾巴，添加这两种特殊结构都是真核生物 mRNA 转录后加工的一部分。5′端帽子结构由一个 N7 甲基化鸟嘌呤核苷三磷酸

结合核糖核酸 5′端构成，也是核糖体在 mRNA 上定位翻译起始位置时的一个识别标志，同时，它还和 3′端 poly（A）尾巴一头一尾，保护 mRNA 免受酶的降解，对维护 mRNA 的稳定性起重要作用。

在很多情况下，RNA 的结构构成的生物学意义要大于它的序列组成，尤其是对于非编码 RNA 或结构 RNA。如，很多同源的 RNA 有着相同或相似的二级结构或三级结构，然而在一级结构上却很少有有意义的相似序列。只要能维持其原来的碱基互补状况，即使对序列进行很大程度的补偿突变，也是可以容忍的。也就是说，这些 RNA 的同源性更多的是因为其特定的二级结构具有保守性，而不是具有某一段保守的序列，它们所具有的功能活性也是由其特定的结构所决定的。

图 6-5 所示的是噬菌体 R17 衣壳蛋白的一类 RNA 结合位点，衣壳蛋白结合该位点来抑制复制酶的翻译，这是 R17 细胞溶解循环的一步程序。其中，只有四个位点是特定的（其中两个还是简并的），其余的只要维持其特有的二级结构不变，R17 衣壳蛋白就都能识别并结合上去。所有的 tRNA 分子都有着几乎相同的二级（三叶草形）和三级（倒 L 形）结构，正是这种结构上的一致决定了它们功能上的一致。RNA 酶 P 是能使 tRNA 产生成熟的 5′末端的酶。各种成熟的 tRNA 在 5′端序列没有同源性，但 RNA 酶 P 均能使之产生正确的 5′末端，因此，RNA 酶 P 识别的是 tRNA 的空间构象，特别是 5′端的构象，而不识别切点附近的序列。该酶的专一性很强，只作用于 tRNA 前体，但没有种属特异性。这里，tRNA 在二级结构和三级结构上的保守性就显得非常重要。第一类、第二类内含子的自我剪接也是由于内含子或 RNA 本身形成了特定的二级结构，构成了自剪接所需的活性位点或催化活性区域，才使得转酯反应得以顺利进行。在研究酵母 tRNA 剪接过程时也发现，内含子的序列和大小对剪接无太大影响，很多突变并不影响正常剪接，而有一些改变内含子碱基配对状态的突变则会影响剪接，这些现象说明，tRNA 一级结构对剪接的影响不大。研究表明，tRNA 剪接时主要识别其二级结构上的特征，如，接受茎与 D 茎间的距离，TVIC 茎的长度，特别是反密码子茎的长度。mRNA 的二级结构在基因表达调控方面也扮演着重要的角色。在转录时，某些位置 mRNA 形成特殊的二级结构，参与对转录终止的调控。在翻译水平上，mRNA 通过自身折叠来调节核糖体在其上的翻译速率，因此，在新生肽链共翻译折叠时，间接影响了蛋白质二级结构单元以及蛋白质最终构象的形成。

RNA 一级结构折叠成三级结构一般分两步：

① 通过碱基配对，核苷酸链折叠成二级结构；

② 二级结构中的结构单元通过氢键长程关联或发生其他三级相互作用，折叠成三级结构。

在折叠过程中，首先是双螺旋区的成核作用，进而是二级结构单元之间的"缩合"，最后形成具有较低自由能、具有生物学功能的三维构象。RNA 主链的成分（核糖、磷酸）对于 RNA 的三级相互作用影响很大。另外，水分子、金属离子等，对三级相互作用也会产生影响。在各种 RNA 的三级结构中，人们对 tRNA 的三级结构了解得最多。从图 6-6 可以看到，酵母苯丙氨酸 tRNA 中相邻连续的碱基配对使之形成了三叶草形状的二级结构，一些远程的碱基之间的氢键相互作用，包括一些非标准碱基配对甚至是三联碱基配对，使"叶子"进一步卷曲、贴近，形成倒 L 形的三级结构。从结构分子生物学的角度来看，酵母苯丙氨酸 tRNA 的三级结构特征有以下三个方面。

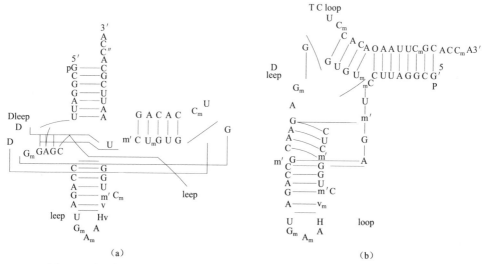

图 6-6　酵母苯丙氨酸 tRNA 的二级、三级结构及其中的远程氢键的相互作用

（a）二级结构；（b）三级结构

（1）三级氢键相互作用

其中大多数为非标准碱基配对、三联碱基配对或碱基与骨架链中的核糖或磷酸以氢键连接。如 G4-U69 为 GU 配对，处于接受茎中，并不破坏双螺旋，只是使磷酸主链稍微突出。

m^2G26-A44 是嘌呤-嘌呤碱基对，比一般碱基对长，因为 2 个嘌呤间的空间排斥而不构成共平面，故造成反密码子茎和 D 茎的连接处纽结。m^2G10-C25-G45 为三联碱基配对，A21 的 NI 与 U8 的核糖上的氧、U33 的 N3 与 A36 的磷酸基氧形成氢键。此外，在倒 L 形分子的转角中，三级相互作用更为复杂。大多数三级氢键相互作用发生在不变的碱基之间（或半不变碱基之间），这些不变和半不变碱基之间的三级氢键对三级结构起稳定作用，使得所有的 tRNA 的三级结构几乎都是同样的倒 L 形。

（2）碱基堆积相互作用

实质上是一种疏水相互作用。碱基堆积，是指相邻碱基的苯环相互平行层叠，使其对外疏水面积达到最小而内部接触更加紧密，它与氢键作用一样，是稳定 RNA 结构的一个主要因素。两个嘌呤之间的堆积作用比嘌呤与嘧啶之间、嘧啶与嘧啶之间的堆积作用更强，因此，如果两个嘌呤基之间夹着一个嘧啶，嘧啶碱基常常被挤出堆积而使两个嘌呤相互作用。酵母苯丙氨酸 tRNA 分子的 76 个碱基中，有 71 个碱基处于相互堆积之中，即使是看来不太稳定的反密码子区域，也由于堆积相互作用而维持相当的刚性。

（3）糖环折叠的变化、π 转折和存在磷酸-碱基堆积的环

这都属于立体化学的内容。总之，一旦谈论到三级结构，无论是蛋白质还是 RNA，都是相当复杂的，尤其是当相对分子质量大的时候。

6.2.3　RNA 二级结构

1. RNA 的二级结构与假结

不管是蛋白质还是 RNA，直接对其三级结构进行理论预测，是当前结构预测的难点。而对 RNA 二级结构预测的方法经过近 30 年的发展，已渐趋成熟，有些算法已能达到很高的精确度，如最小自由能算法，其预测精确度有时能达到 90% 以上。因为 RNA 二级结构只需考虑序列在二维平面上的排布，这使得模型大大简化，所以，后面要讨论的方法主要还是针对 RNA 二级结构预测。

图 6-7 给出了一个构造的 RNA 的二级结构模型，其中包含了 RNA 二级结构中的各种基本单元，通常只考虑 AU、GC、GU 三种碱基配对。连续的碱基配对相互堆积而构成茎，在三维空间中，茎就是一段 A 型双螺旋，若中间出现少数不配对的碱基，则会形成突环或内环。相邻连续的一段序列因两端互补而回折，形成像发卡一样的结构，连茎带环，形象地将其称为发卡环。有些算法就把发卡环看成 RNA 最基本的二级结构单元，认为 RNA 二级

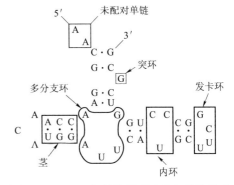

图 6-7　RNA 二级结构模型及其各结构单元

结构就是由一系列大小不一的发卡环拼接而成。连接各发卡环而未能配对的区域叫作多分支环，序列末端没有形成配对的单链叫作自由单链。这些基本结构单元又可称为 RNA 二级结构的模体。

一般来说，只有配对的茎区对结构的稳定性起促进作用的，这主要是由于碱基配对的氢键力，而各种环区的形成都会破坏结构的稳定性。所以，茎区的自由能大都是负值，而环区的自由能多半都是正值。然而，在进行二级结构的三维展开时发现，稳定二级结构的力主要还是库仑力，其次是色散力，最后才是氢键力。而且氢键力中，非碱基配对的氢键力占了很大一部分，这其中包含上下碱基间、糖环与碱基间、磷酸与碱基间以及磷酸与糖环间的氢键相互作用。因此，氢键对RNA 二级结构的稳定作用不仅限于碱基间的配对。然而，为了方便 RNA 二级结构预测建模，必须要对问题进行简化，不可能把相互作用考虑得那么细致，这就需要一定的综合和概括。自由能参数其实就是考虑了 RNA 结构中各种物理化学性质而给出的一种综合参考值。有些像 CUUCGG 这样的短序列常常存于 RNA发卡环的末端，能够形成特别结实和稳定的环，其能量就有可能是负值，这种特征片段对于结构预测来说是非常有用的信息。

RNA 二级结构中的碱基配对通常是以嵌套的形式出现的，如图 6-8 所示，即对于二级结构中的任意两对配对碱基 i–j 和 i'–j'，它们的位置关系应当满足 $i<i'<j'<j$ 或 $i<j<i'<j'$（假设 $i<i'$）。当非嵌套情形或者说交叉现象出现时，有 $i<i'<j<j'$，称为假结。人为设想的假结共有 14 种类型，10 种是环与环相互作用形成的，还有 4种是环或发卡环的茎部与自由单链相互作用而形成的。不过在现实情况中，因为结构化学和热力学上的原因，其中某些是不太可能出现的。最简单、最常见的是 H 型假结，它是发卡环与一自由单链配对，形成一段新的茎区，与发卡环的

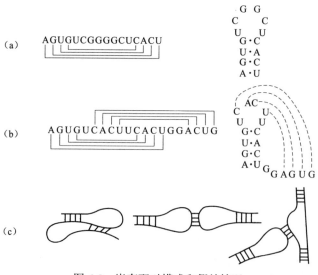

图 6-8　嵌套配对模式和假结情况

（a）嵌套模式；（b）非嵌套模式；（c）假结类型举例

茎部相邻，造成两段茎区同轴堆积而扭曲成一个近似 A 型的超螺旋。这实际上就是三级结构当中的远程氢键相互作用，以前的算法为了简化模型或者为了提高搜索效率，一般都把这种情况给忽略了。相对于嵌套的碱基配对数来说，假结配对数在总体数量中是相当少的，这也是以前的算法敢于牺牲它的原因。现在，为了提高预测的准确性并向三级结构进军，一些新算法以及改进算法都纷纷加强自己在预测假结方面的能力，这也成为评价一个新的二级结构预测算法是否成功的一个方面。

除假结之外，还有些更为特殊的折叠结构类型，如碱基错配三联碱基配对、四联碱基配对和 U 转折等。关于错配现象，目前已有一些实验报道，例如锤头状 ribozyme 中的 A-G、U-C 错配在其折叠结构中比较常见。碱基错配似乎对结构的稳定性不利，不过有研究表明，这有可能通过水分子、金属离子和碱基堆积的相互作用来得到弥补。

2. RNA 二级结构的图形表示方式

RNA 二级结构的图形表示有以下几种方式：多边形图或曲线图、括号图、圆顶图、圆圈图、山峰图以及表示所有可能螺旋区的点阵图等，如图 6-9 所示。多边形图和曲线图就是 RNA 二级结构直观明了的表示，直接显示了碱基序列的折叠及配对情况，各种茎环结构一目了然。括号图以一对对括号来表示碱基配对和嵌套关系。圆顶图是把 RNA 序列排成一条直线，用一条弧线把线上配对的碱基对连接起来。圆圈图则把 RNA 序列弯成一个圆圈，在圈内用弧线或直线把配对

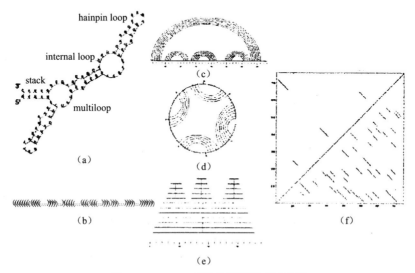

图 6-9　RNA 二级结构的图形表示方法

（a）多边形图；（b）括号图；（c）圆顶图；（d）圆圈图；（e）山峰图；（f）螺旋区点阵图

碱基连接起来。山峰图也是把 RNA 序列排成一条线作为最底层，从两端开始，每遇到一对配对碱基就在线上重新画一条直线把这两个碱基连接起来。这样，每多一对碱基，配对就会多一条直线，一条条直线层叠起来且向中间缩短靠拢，看起来就像一座山峰。其中，如遇上连续的碱基配对，还要把它们的直线用一根中垂线串起来以明示。螺旋区点阵图则是把 RNA 序列同时作为横坐标和纵坐标，只要构成碱基配对，就在其相应坐标上画一个点，其中能够以 45° 斜对角连成直线的就是可构成连续配对的茎区。前两种图形象直观，可以作为计算结果的效果图输出，后几种图可用于结果的分析比较。

用实验方法测定 RNA 的二级结构通常有物理方法、化学（酶）方法和突变分析方法等。

物理方法的基本思想，就是通过测量原子之间的距离来推断 RNA 的结构。X射线晶体衍射是一种具有高解析度的物理方法，可以揭示结构中原子之间的距离信息，很多 tRNA 的结构就是用这种方法测定出来的。但由于很难获得适合做 X射线衍射的 RNA 分子晶体，这种方法的应用受到很大的限制。还有一种物理方法就是核磁共振，可以根据分子中氢核的磁性来判断详细的局部构象。

化学（酶）方法是在一些特定条件下使用酶或化学探针来修改 RNA 分子，再利用其结果来分析 RNA 的结构，通过比较使用探针前后 RNA 的性质可以获得RNA 的结构信息。然而，当一个 RNA 聚合体无法接触到探针时，这种方法就无能为力了。另外，实验温度是影响化学反应和酶作用性能的一大因素，温度偏高就可能导致 RNA 结构变性，那么此时测出来的结构可能就不准确了。

突变分析方法是对 RNA 序列进行特定的突变，然后测试突变后序列同某些蛋白质的结合能力。如果突变后的序列的结合能力与原始序列相比有了差异，则可以断定，突变序列有了结构上的改变。通过这些信息可以推断 RNA 的二级结构。

6.3　主要技术方法及分析

鉴于 RNA 二级结构的复杂性，人们在解决问题时总是从各种不同的角度尽可能尝试各种可行的方法去考察它，以期找到更好的办法，因此也就产生了各种各样的方法。总的趋势就是，相互之间取长补短，尽可能把各种有用的信息都利用上，在尽量减小计算复杂度的情况下，使自己的计算结果更接近于真实情况。从算法立意的角度看，一些主流算法大致可分成以下几类。

① 比较序列分析方法。这类方法的原理是，先对几条序列中的互补碱基进行配对，然后在已知的序列中查找与被分析的序列结构相似的序列，用来预测未知

序列的二级结构。常用方法有 Eddy 建立的共变模型和 Sakakibara 建立的随机上下文无关语法模型。

② 动态规划算法。最小自由能算法作为这类方法的典型代表，发展至今已经相当成熟，尤其对小分子的 RNA。Nussinov 曾在此算法之前，给出一个非常简单的 RNA 二级结构折叠算法——最大碱基配对算法；McCaskil 提出一种配分函数算法：使用 Gibbs-Boltzmann 方程把自由能转变成概率，从而考察各结构单元的概率；Mathews 等利用一组最近邻参数计算 RNA 二级结构在 37 ℃时的自由能。为了解决 RNA 二级结构预测中的假结问题，Rivas 和 Eddy 提出隔空矩阵，Uemura 提出基于邻接树的算法。

③ 组合优化算法。最为典型的是李伍举等提出的螺旋区堆积法。Cary 和 Stormo 提出的基于图论中非二分图的最大权重匹配算法，建立了 RNA 的最大权重匹配算法模型，能够解决包括假结和三联碱基配对在内的 RNA 结构预测。

④ 智能化的启发式算法，如遗传算法、神经网络算法、蒙特卡罗抽样算法等。启发式算法能够解决大规模的问题，不过这种算法还是有缺点的，无法保证结果是最优解，同时因为精确度不高，实现过程又很复杂，通常只是作为参考，或是与其他方法同时使用。

从采用的数据量出发，这些算法又可被划分为两类：一是从头预测的方法，如最小自由能算法，这类方法只需一条序列；二是比较序列分析方法，这类方法需要若干条具有类似结构的同源 RNA 序列。另外，从是否考虑和预测假结来看，还可以分为不带假结的预测算法和带假结的预测算法。

从上述的分析来看，这些算法都或多或少存在着这样或那样的缺点，没有一个算法能一劳永逸地解决 RNA 二级结构的预测问题。这一方面是由于生物序列复杂多样，涉及的参数多，数据量大；另一方面是受到当前计算机计算能力的限制。相信在以后的较长时间内，结构预测仍然会是生物信息处理中的一道难题。因此，多种算法平行发展，结合使用，在结果上相互印证、相互补充将是以后 RNA 二级结构预测方法发展的总趋势。同时，还可看到，要评价一个 RNA 二级结构预测算法的好坏，主要可以考察以下几个方面：

① 算法的有效性和复杂度，包括预测结果的准确性、可计算序列的长度以及在计算时间和存储空间上的耗费等。

② 能否预测假结或更复杂的三级结构。

③ 能否充分利用已有的实验数据，在利用这些数据时，算法是否有着方便简易的可扩充性。

④ 能否充分利用各种合理信息，如热力学信息、序列统计分析信息、系统发生信息等。

当前的预测方法都是在体外对 RNA 序列进行的理论预测，都没有考虑 RNA 所处溶剂环境。实际上，RNA 中的碱基堆积能就是一种疏水作用，是与水环境相互作用的结果。要想进一步提高 RNA 二级结构预测的真实性，也应该适当考虑这一外部因素。RNA 分 tRNA、rRNA、mRNA 等多种类型，它们各有特性，一个算法不可能对所有类型的 RNA 都有一样的预测效果，所以，把不同的 RNA 对象细分，分析它们各自的特性并发展专门化的算法和软件，是目前也是将来算法发展的又一方向。另外，尽可能采用高性能并行计算机，并发展相应的并行计算方法，也是提高 RNA 结构预测准确率的一个途径。

总体来说，RNA 结构预测方法有很多种，如上面介绍的比较序列分析方法、动态规划算法、组合优化算法以及一些智能化的启发式算法，如遗传算法、神经网络算法、蒙特卡罗抽样算法、从头预测的方法等。

6.4 比较序列分析方法

1. 模型的分类

比较序列分析是对多条序列进行互补碱基的共变联配，在已知序列数据库中搜寻被考察序列的相似序列，以此来推断未知序列的二级结构。它通过多序列联配并结合各类统计分析和序列上下文语义分析，对这一系列相关序列构建出一个通用二级结构模型，并经过多次训练，使之更加优化。通常采用的方法模型有两种：一种是共变模型，另一种是随机上下文无关语法模型。它们都涉及多序列联配的问题，但又不同于 DNA 或蛋白质的多序列联配，不仅要寻找序列之间的残基相似性，而且还要考虑某一列上的碱基同另一列上的碱基是否具有共同的互补配对性。

作为一个结构预测理论方法，比较序列分析是最值得信赖的一种方法，其预测结果仅次于实验上用 X 射线或 NMR 测定的结构，对假结和其他一些三级结构也能有效地预测。目前大多数研究得比较透彻的 RNA 的一致公认的结构都是通过比较序列分析得出的。但由于它是一种基于已有序列的先验知识的方法，因此，首先要有一定数量的相关序列样本，并且假设这些序列应该具有一致的二级结构和一些共同的基本结构单元。另外，多序列联配在目前来说还是一个比较棘手的问题，联配的好坏直接影响着后面的预测结果，而这是一个相当耗时和耗内存的过程。因此，这些不足限制了比较序列分析方法在 16 kb、23 kb 等 RNA 之类长序列上的应用。

共变模型实际上就是隐马氏模型的一个推广，可以看作生成一组 RNA 序列簇的代表序列的概率，只是比隐马氏模型多了一个分叉和一个描述共变配对状态的情况，如图 6-10 所示。一个 RNA 的共变模型直观上可以用一棵有序树来表示，

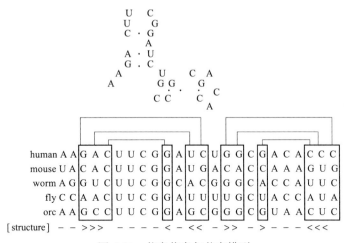

图 6-10　共变信息与共变模型

如图 6-11 所示。树上的节点除了哑元的始端、末端和分叉节点外，其余的节点代表序列的配对碱基和单链碱基，树的每一条分支都代表一段茎环结构。这棵树既表示了一个多序列联配的二级结构，也描述了它们的一级序列，其中，一级序列可由对该树进行一次从根节点到叶节点从左到右的遍历而重新得到。为了使有序树能表征一簇 RNA 序列，可以设想树中每一节点代表了多序列联配中的每一列，而不是仅仅代表了某单条序列的一个碱基，每一节点上可能有 20 种符号出现——碱基（A、U、G、C）两两配对的 16 种组合以及 4 种成单链碱基（始端、末端和分叉哑元节点除外）。节点上出现某种符号的概率称为符号发生概率。再把这些符号分类归结为"匹配"态、"插入"态、"删除"态等状态，则从一个节点到下一个节点，发生状态的迁移就会有一个状态转移概

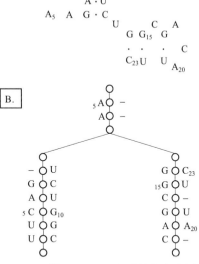

图 6-11　描述 RNA 二级结构的有序树

率。对于一簇 RNA 序列，一旦确定了它的有序树各节点之间的稳定的状态转移概率，就可以确定这组 RNA 序列的共有的二级结构模型。

　　对于给定的序列，可以由不同的树来表示，但最终要找的是最能表示其二级结构的"最好的"树，因此，共变模型方法分三个步骤来完成：序列联配、模型

建立和参数修正。模型建立起来之后，还要利用模型在数据库中搜索相似结构的 RNA 序列。整个计算过程涉及符号发生概率矩阵 P 和状态转移概率矩阵 T 两个核心矩阵，如果再加上给定的一组状态集合 M，就构成了一个初始的共变模型。状态集合是有序树中所有节点状态的指标集，包括"匹配"态（MATP，MATL，MATR）、"插入"态（INSL，INSR）、"删除"态（DEL）以及分叉（BIF）和开始（BEG），共 7 种状态，其中，MATL 和 MATR 分别与 INSL 和 INSR 结合起来，可以把单链碱基表示成与一个插入的空位相配对的匹配状态。

2. 随机上下文无关语法模型

随机上下文无关语法模型把 RNA 序列看成具有一定语法规则的"语句"，通过这些语法规则来分析 RNA 序列中碱基的配对关系，也就是它的语义，从而得到该序列的二级结构。在这一领域里，有一个关于符号串建模的一般理论，叫作 Chomsky 转换语法分层结构，它按照语义复杂度和可表述能力由低到高地把一条相关字符串的生成语法分成四类：正则语法、上下文无关语法、上下文相关语法、无限制重写语法。

通常生物序列分析算法都把 DNA、RNA 和蛋白质序列看作碱基或氨基酸残基的字符串，并假设字符之间是不相关的，即假设不同位点的碱基或残基彼此互不影响。这种假设就对应着 Chomsky 语法层次中的最低层——正则语法。然而这种假设在分析 RNA 序列时就明显不成立，因为构成 RNA 二级结构的碱基配对关系使 RNA 序列字符之间存在着很强的长程关联，这就需要用上下文无关语法或更高层的语法来描述。但是，由于涉及上下文相关语法的计算是 NP 完全的，无限制语法更没有一个可行的算法，因此，在计算可行的条件下，采用上下文无关语法并引入随机参数，可以较好地为 RNA 这种具有长程关联和约束的序列建立一个全概率模型。另外，RNA 的语句大多数是以嵌套模式出现的两两配对关系，对于这种类似回文的字符间关系，很容易利用上下文无关语法生成。

随机上下文无关语法模型与共变模型有着同样高的计算复杂度，而且在算法的具体实施过程当中还有许多问题，仅使用该模型来进行 RNA 二级结构预测或数据库搜索在目前来说还不太可行。但作为一种从语义分析角度看待 RNA 序列的模型，它还是有可取之处的。目前，它的一些改进算法主要都是利用设定的生成规则和统计出的生成概率，并与其他一些 RNA 二级结构预测方法相结合。此外，上下文无关语法只能描述嵌套的 RNA 二级结构，不能预测假结。为此，Rivas 和 Eddy 专门发展了一种语法形式来描述包括假结在内的 RNA 语句，避免使用上下文相关语法，而是通过引入少量的辅助符号并采用上下文无关语法来解决这个问题。

6.5 动态规划算法

1. Nussinov 算法

Nussinov 算法基于这样的假设：RNA 二级结构应该使碱基配对数目最大化。应该说，这样的假设与实际情况是不相符的，但是，自 1978 年 Nussinov 等人提出这个算法以来，其动态规划思想影响了后来许许多多的算法，包括著名的基于最小自由能的 Zuker 算法。

基于动态规划思想的算法首先得到小的子序列的优化结构，然后逐渐得到大的子序列的优化结构，最后得到整个序列的优化结构。给定一条长为 L 的 RNA 序列 $x=(x_1,\cdots,x_n)$，如果 x_i 与 x_j 互补配对，则 $R(i,j)=1$，否则为 0。记 $R(i,j)$ 为子序列 $(x_i,\cdots,x_j)$ 可构成的最大碱基配对数，则有如下的递推公式：

$$R(i,j)=\max\{R(i,k)+R(k+1,j) \quad i<k<j-1, R(i,j-1), R(i+1,j-1), R(i+1,j-1)+1\}$$

其中初始值设定为，对于 i 从 1 到 n，$R(i,i)=0$；对于 i 从 2 到 n，有 $R(i,i-1)=0$。公式中的四项分别对应着 i，j 可能出现的四种配对情况：

① x_i 未与任何碱基构成配对，则 (i,j) 之间的最大配对数就等于 $(i+1,j)$ 之间的最大配对数；

② x_j 未与任何碱基构成配对，则 (i,j) 之间的最大配对数就等于 $(i,j-1)$ 之间的最大配对数；

③ x_i 与 x_j 恰好构成配对，则 (i,j) 之间的最大配对数就等于 $(i+1,j-1)$ 之间的最大配对数加 1；

④ x_i，x_j 分别与 (i,j) 内部的碱基构成配对，即出现分叉情形，则 (i,j) 之间的最大配对数就是所有分叉情形中碱基配对数之和最大的那一种。

每次迭代，取这四种情况中的最大值，计算到最后，$R(1,n)$ 的值即为最大碱基配对结构的碱基配对数。再从 $R(1,n)$ 开始，回溯该矩阵，表现为对角线形的连续线段，即为配对碱基所构成的茎，如图 6-12 所示。

2. Zuker 最小自由能算法

因为碱基配对可以使 RNA 分子的能量降低，结构更加稳定，因此，最小自由能算法认为，在一定温度下，RNA 分子通过构象调整达到某种热力学平衡，其自由能达到最小，形成最稳定的状态，此时的二级结构即被认为是 RNA 的真实二级结构。其基本思想就是，针对各种不同的 RNA 基本结构单元，根据不同的碱基组成，分别用实验方法测出它们的自由能，建立一张完整的自由能参数表。假设这些基本结构单元的自由能具有可加性和相对独立性，也就是说，一

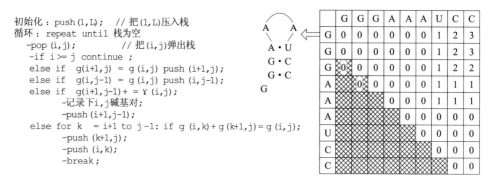

```
初始化：push(1,L);    // 把(1,L)压入栈
循环：repeat until 栈为空
  -pop(i,j);             // 把(i,j)弹出栈
  -if i >= j continue;
  else if  g(i+1,j) = g(i,j) push(i+1,j);
  else if  g(i,j-1) = g(i,j) push(i,j-1);
  else if  g(i+1,j-1)+ = γ(i,j);
            -记录下i,j碱基对；
            -push(i+1,j-1);
  else for k  = i+1 to j-1: if g(i,k)+g(k+1,j)= g(i,j);
            -push(k+1,j);
            -push(i,k);
            -break;
```

图 6-12　最大碱基配对算法的回溯过程

个二级结构的自由能是组成它的各基本结构单元的自由能之和，且这些自由能之间是互不影响、互不关联的。然后用下面的递推公式来算出总体能量的全局最小值。

$$E_{ij} = \min[E_{i+1,j-1} + a_{ij}, \min(E_{i+k,j} + \beta_k), \min(E_{i,j-k} + \beta_k), \min(E_{i+k,j-1} + \gamma_{k+1}),$$
$$\min(E_{i+k,j} + E_{i,j-1} + \varepsilon_{k+1,i-j}), \delta_{j-i}]$$

其中，a_{ij} 表示 i，j 配对时的堆积能，具体又可分为突环、内环、多分支环和发卡环的能量。计算出 E_{ij}，就得到了 RNA 序列的最小自由能，同样，通过回溯就可得到它的二级结构，其回溯原理同最大碱基配对算法的回溯原理基本类似。

6.6　组合优化算法

　　螺旋区堆积法和最大权重匹配算法是这一类算法的代表。前者是一种以统一的结构单元来看待 RNA 二级结构组成的算法，后者则是一种图论算法。

1. 螺旋区堆积法

　　螺旋区指的就是茎区。该算法把 RNA 二级结构看成是由一个个大小不等的螺旋区拼接串联而成的。对于给定的序列，它首先列出其中所有可能的螺旋区，然后根据中心极限定理，用蒙特卡罗随机试验的方法估计出每一螺旋区出现的概率，然后在每一步迭代中，挑选螺旋区列表中概率较大、自由能最小的那一个加到当前结构上，并消除产生冲突的情况，直到再也没有螺旋区可加，则当前结构就是 RNA 序列的最终二级结构。

　　这个算法的优点就是，能够给出一条 RNA 序列最可能的二级结构，也可以加入已知的实验数据，如有关假结的热力学参数，稍微改进一下，就可以预测假结。不过，最稳定的螺旋区也许并不是以最大概率出现的，因此，总选择能量最小的螺旋区不一定是好策略。基于结构单元组合观点来预测 RNA 二级结构的方法还有一些，它们首先都是采用一种全新的定义来描述 RNA 二级结构的组成，然后再使用相应的搜索算法来找出一个最优组合。这些算法对假结或更复杂的三级结构都有很强的表达能力，虽然仍存在一些问题，可是其中的思想却是非常新颖和有参考价值的。

2. 最大权重匹配算法

虽然没有证明过，但人们普遍认为假结预测是一个 NP 问题。最大权重匹配算法的最大亮点就是，能够在多项式时间内（$O(N^3)$的时间和 $O(NZ)$的空间）实现包括假结和三联碱基配对在内的 RNA 结构预测，且所得的结果是全局最优的，而其算法思路却非常简洁明了。RNA 结构实际上就是一组特定的碱基配对关系，给定一条 RNA 序列，一旦确定其碱基配对关系，它的结构也就可以确定了。假结和三联碱基配对只是两种特殊的碱基配对关系，因此，它们也被包含在其中。最大权重匹配算法首先把 RNA 序列围成一圈，每一碱基就是一个顶点，然后根据一张事先设定好的包括各种碱基配对权重分值的得分表，依据权重，把序列中的配对碱基从大到小依次连接起来，直到该图的总权值达到最大，不再增加为止。迭代过程中，必须保证每一步当前已被连接的总权值为最大，且图中的顶点最多只能与一个其他顶点相连，即保证碱基配对是一对一的，一旦某个顶点构成配对，则在后面的迭代过程中，它必须始终保持配对状态，而不能被重新置回单链状态，但把它拆散后与另外的顶点再重新连接是允许的。至于三联碱基配对，则需对原图稍加改造，将原图中的各顶点分裂成若干点，在外围分别添加两个点，并引入内边、外边的概念，使之能表示一对二的碱基配对关系即可。

碱基配对权重的得分表是整个算法的核心和"瓶颈"。一张合理的得分表应尽可能考虑各种理论或实验因素，使得依据它预测出来的最优结构尽量与实际一致。构造得分表主要有三种途径：采用比较序列分析中的共有信息值、利用最小自由能算法中的能量参数以及螺旋区作图得分。要使用共有信息值，就必须先对一组序列进行多序列联配，容易使最大权重算法忽略掉很多很直观、很明显的碱基配对，如高保守配对。利用自由能参数虽可预测最小自由能算法无法预测出的假结，但预测的总体质量不高。螺旋区作图得分综合了前两种方法，但它也需要进行多序列匹配，而这也不是一件容易的事。最大权重匹配算法也可以很轻易地加入已知的实验数据，如已确定序列中某碱基为单链，则把连到该顶点的边权值赋 0，若已确定序列中两碱基构成配对，则把这两碱基连接并固定不动，而将其他顶点连接到这两碱基的边权值都赋 0。

6.7　启发式算法

1. 遗传算法

遗传算法是受到自然界生物种群优胜劣汰法则的启发而产生的一种优化算法。它把各种可行解或非可行解进行某种形式的编码，构成一个"生物"群体，然后基于某个适应函数，模拟生物进化的行为，对这些解进行交换、突变、选择等一系列操作，产生一个进化了的新群体，这样一代一代进化下去，最终获得期望的优化解。给定一条 RNA 序列，首先找出其中可能存在的各种茎区，使之形成一个茎区池，然后用螺旋区堆积法构造出它的一个初始结构。第一个茎区随机选取，后面按自由能和 Metropolis 接受准则来逐步添加茎区，同时要注意添加上的茎区与当前结构的相容性。这样一步步添加，直到再也没有茎区可被选上，便完成了一个初始结构的构造。用此法反复构造出 RNA 序列的一个固定数量的初始结构群体，遗传算法从这个初始群体出发，以自由能作为适应标准，使其一代代进化下去，直到其平均自由能低于一个预设的 A 值且群体中所有结构都达到稳定为止。

交换就是把作为父本的两个结构从一个位点、两个位点或多个位点进行交换，可使子代尽可能继承父代中较好的、能使结构更稳定的结构单元。这里是把两个父本的组成茎区合并，形成一个茎区池，然后重新构造一个新的结构。茎区是依据它们的自由能分值按轮盘旋转方法来选取的。用于交换的两个父本也是依据适应度进行选择的，适应度越高的结构被选取的概率就越高，但两个父本不能是同一个结构，即自己不能与自己进行交换。突变是把父代结构中的某些茎区移出，然后再从茎区池中挑出一个加进去，这是产生新个体的另一种方式，它使得对解的搜索有机会跳出局部最小。开始时移出的茎区是自由能为正值的茎区，若都为负值，则仍然按轮盘旋转法则进行选择，自由能越大的基区越有可能被移出。加进去的茎区则完全是从茎区池中随机挑选的，只要它与当前结构相容。一般还要求新加茎区使新结构具有一定程度的稳定性。假设初始群体的个体数为 n，交换操作产生 n 个新个体，突变操作再产生 n 个新个体，则就有 $3n$ 个候选个体，选择操作根据适者生存的机制从中选出 n 个个体作为下一代群体，然后开始新一轮循环。适应度高的个体将会有更多的后代，并有更高的机会存活到下一代。选择时，如何避免过早收敛而陷入局部最小，是遗传算法重点考虑的问题，不同的具体实现都有不同的措施。

2. 模拟退火算法

在解决组合优化问题时，采用模拟退火算法是相当合适的。模拟退火算法有着比较强的局部检索能力，正因为如此，任清华等人提出了遗传模拟退火算法，该算法是遗传算法和模拟退火算法相结合的算法。

利用该算法，可以把 RNA 序列分成一些茎区，这些茎区可用来表示个体，另外，交叉算子和变异算子也被设计出来。在遗传模拟退火过程中，按照 Metropolis 准则，对茎区进行取舍，在种群中，个体的变异和它们之间的交叉与 Boltzmann 分布是非常接近的，为了更有效地跳出局部最小并达到最优解，可以通过降低温度遗传算法来解决。遗传算法在模拟计算时，初始种群规模为 N，在茎区池中，随机选取 N 组茎区来集合 KS，每组茎区集合中的茎区是否相容都需要检查，检查之后把互不相容的茎区删掉，这样构成的二级结构较为合理。

个体的突变操作，可以通过替换集合中的茎区来完成。移除茎区时，可以采用轮盘旋转法则，自由能越大，则该茎区被移出的可能性就会越大。首先在茎区池中随机挑选茎区，将其加入，然后判断其是否是按照 Metropolis 准则加入，如果没有办法加入，那么就需要重新开始，再进行随机挑选，这样就完成了替换。在替换的过程中，需要考虑到各个茎区是否相容。例如：N 个母个体，再加上突变后产生的 N 个新的个体，这样就构成了 $2N$ 个候选个体。将 $2N$ 个个体进行混合，在此基础上，重新构成一个茎区池，进行杂交操作，按照 Metropolis 准则，构造一个新的个体。在构造的过程中，仍要确保茎区之间的相容性。按照轮盘旋转法则，对父代到子代进行选择操作，也就是按照自由能大小，对所有的二级结构按照升序排列，依据与自由能成比例的概率来选出新一代的种群。在迭代过程中，自由能最小的 RNA 二级结构直接进入下一代。

以下是基于遗传模拟退火算法对 RNA 二级结构进行预测的步骤。

种群的生成过程是，首先建立茎区池，同时将 RNA 序列分成茎区，然后再进行遗传模拟退火操作步骤：

① 对种群中的个体执行突变操作。首先，对个体进行分析，如果都是负值，则按照轮盘旋转法则进行选择；需创建相适应的相容茎区列表；然后，随机选择一个茎区加入当前个体中，如果个体自由能变换$\Delta E<0$，则使用新的结构，如果 $\Delta E\geqslant0$，且 $\exp(-\Delta E/t)>\mathrm{random}(0,1)$，也使用新的结构。不断地进行该步骤，当茎区列表为空或替换成功完成时，该步骤停止操作，如果没有成功进行替换，则还是需要维持原来的结构。

② 对种群的杂交进行操作。在前面的操作中，需产生一个临时种群茎区列表；从茎区列表中，人为地选择茎区，并且逐步地添加，从而构成一个新的结构。可以随机地选择第一个茎区，在后面的过程中，都按照 Metropolis 准则来添加茎区。如果添加一个茎区后，能量变化$\Delta E<0$，那么新的结构就应被接受；如果$\Delta E\geqslant0$，那么，可以按照 $\exp(-\Delta E/t)$的概率来决定是否取舍。另外，当前结构中的茎区与

每次添加的茎区，二者必须是相容的。不断地进行这个过程，当茎区列表为空时，该过程结束。

③ 对于前面产生的候选群体，可以按照个体的自由能的大小来对其进行相关的排序，自由能最小的个体被选定并进入下一代中，随后的 $N-1$ 个个体按照轮盘旋转法则挑选出来，由此构成包含 N 个个体的新一代的群体。

④ 降低退火温度 t，并反复执行步骤①～④，当达到总迭代次数时，算法迭代停止。

通常，初始群体个数 N 定为 5～7，如果数量比较少，那么搜索能力就会下降，如果数量比较多，计算时间就会增加，但是搜索能力不会出现很大的改善。$t=\alpha t_0$ 为温度的下降函数，初始温度 t_0 可以设为 1 000 ℃～1 800 ℃，下降速率为 $\alpha=0.95$ ℃/s，可以设定最低温度为 0.5 ℃。最大迭代次数为 10×[(n–2)/7]2，n 为序列的长度。

如果群体中，连续 10 次迭代的最大自由能变化都低于 5 个百分点，那么计算就需要提前结束了。这里的计算参数仅作为一个参考，在具体的计算过程中，可以依据不同的 RNA 序列和不同的环境来适当地进行优化及调整，主要是根据计算的结果和积累的经验。在运行算法的时候，可以逐步地对折叠进行延长或中心成核折叠等，目的是使模拟 RNA 折叠的过程更加真实。前者先从 RNA 序列的 5′端一小段序列开始，随后对序列长度大一点的序列进行计算，直到全序列，计算结束。

3. Hopfield 神经网络算法

人工神经网络是基于生物学中神经网络的基本原理建立起来的。它用一系列输入值及其相关加权以及一个激活函数来模拟一个神经元的判别或反应行为，输入值及其关联权的内积表示神经元的接受信息，激活函数的值为神经元的反应输出。若神经元分层排列，同层神经元之间没有信息交流，计算按一层一层同步进行，则是前馈型神经网络，主要用于分类或判定识别等问题。若神经元之间相互作用成一个网络，计算按整体进行，则称之为反馈型神经网络，实质上是一个动力系统问题，可应用于组合优化问题或更复杂的问题。

Hopfield 神经网络是反馈型神经网络中应用于组合优化问题的典型。Hopfield 神经网络可看作一个连续动力系统，有相应的 Lyapunov 能量函数。随着系统的运动，其存储的能量随时间的增长而衰减，直至趋于能量极小的平衡状态。针对实际的组合优化问题，Hopfield 神经网络方法首先构造出一个适当的能量函数，然后根据能量函数求解相应的动力系统方程，最后用数值计算方法求出动力系统方程的平衡点，而平衡点就是所求的最优解。

应用这种方法进行 RNA 二级结构预测时，可考虑从组合优化的角度来解决，下面的能量函数将会在 Hopfield 神经网络中得到应用。

$$E = \sum_{1 \leq i \leq n} \mathrm{nei} V_i + \lambda \max(|\,ei\,|)/2 \times \sum_{1 \leq i \leq n, 1 \leq j \leq n} C_{ij} V_i V_j$$

如果茎区被选择，那么 V_i 是 1，反之为 0；如果两个茎区相容，那么 C_{ij} 为 1，反之为 0；另外，稳定茎区和非稳定茎区之间的相对率还需要不断地进行调整。为了对支持发卡环和假结进行预测，可以扩展这个能量函数。

6.8　应用实例分析

6.8.1　基于隐马尔科夫模型的 RNA 二级结构预测

1. 问题描述

生命最重要的物质基础是核酸（DNA 与 RNA）和蛋白质。自人类基因组计划开展以来，人们已经获取了大量的 DNA、RNA 及蛋白质序列的数据。同时，很多借助计算机处理序列数据的方法和程序也不断出现。例如，在 20 世纪 80 年代末，有学者将 HMM 应用于生物信息处理领域，并取得了令人瞩目的成果。将 HMM 应用于核酸与蛋白质研究是生物信息处理研究的新思路，其基础是计算机技术、统计学和分子生物学。由于 HMM 具有牢固的统计学基础和有效的训练算法，因此，可以根据实际问题，构建不同的模型。

本实例即研究隐马尔科夫模型在 RNA 二级结构预测中的应用。通过对隐马尔科夫模型进行研究，建立 RNA-HMM，寻找茎区能量最小的最优组合，得到 RNA 的最优结构。

2. 方法分析

（1）RNA-HMM

HMM 的无后效性、平稳性、便利性等特点与 RNA 空间结构进化特点非常类似，本实例就是研究隐马尔科夫模型在 RNA 二级结构预测中的应用。下面将详细介绍在 RNA 二级结构预测中建立 RNA-HMM、生成最优茎区组合、得到 RNA 二级结构的过程。

首先，应用于 RNA 二级结构预测的隐马尔科夫模型（RNA-HMM）可以定义为：

① RNA-HMM 初始状态集合 N：S 表示 RNA-HMM 模型中的状态，N 是 RNA-HMM 的状态数。利用前后缀匹配算法，可以得出一条 RNA 序列可能生成的所有茎区的集合，该集合构成 RNA-HMM 模型的状态集合，可记为 $S=\{S_1, S_2, \cdots, S_N\}$，定义 t 时刻的状态为 q_t。

② RNA-HMM 初始状态分布矢量 π：在 RNA-HMM 中，将 $t=1$ 时刻出现状态 S_i 的概率定义为 $\{\pi=\pi_i\}$，也就是处于 3′端或 5′端的茎区出现状态 S_i 的概率。在 RNA-HMM 的初始状态集合中，计算各个茎区的能量 E_i，求出各个状态（茎区）在整个集合中出现的概率，构成 RNA-HMM 模型的初始状态概率向量。可记为：$\pi_i=P(q_1=S_i)=P(3′$端或 5′端的茎区出现状态 $S_i = E_i / \sum E_i)$。

③ RNA-HMM 状态转移概率矩阵 A：在公开发表的资料中，可发现类似于 37 ℃时相邻配对碱基之间的自由能表（如 Zuker 的主页 http://www.bioinfo.rpiedu/～zukerm/rna/），见表 6-1。

表 6-1　自由能表

	AU	UA	GC	CG	GU	UG
AU	−0.9	−1.1	−2.1	−2.2	−0.6	−1.4
UA	−1.3	−0.9	−2.1	−2.4	−1.0	−1.3
GC	−2.4	−2.2	−3.3	−3.4	−1.5	−2.5
CG	−2.1	−2.1	−2.4	−3.3	−1.4	−2.1
GU	−1.3	−1.4	−2.1	−2.5	−0.5	1.3
UG	−1.0	−0.6	−1.4	−1.5	0.3	−1.5

因此，根据自由能表可以计算各个茎区的自由能 E，定义茎区 i 转移到茎区 j 生成的合成茎区 W_{ij} 的自由能为 E_{ij}，定义 $A=\{A_{ij}\}$，此矩阵中各元素在 RNA-HMM 中表示某一茎区向其他各个茎区转移的概率：

$$a_{ij} = P_{ij}(q_{t+1} = s_j / q_t = s_i) = \begin{cases} 0 & \text{不相容区间转移概率为0} \\ E_{ij} / \sum E_{ij} & \text{茎区}i\text{转移到茎区 } j \text{ 的概率} \end{cases}$$

从中可见：$\sum P_{ij} =1(j=1,2,3,\cdots)$，自由能越低（$E_{ij}$ 值越小），对应的转移概率就越大。

④ RNA-HMM 观察值概率矩阵 B：在 RNA-HMM 中，另一随机过程是与茎区状态对应的符号集合，是描述状态是否稳定的参数，这里定义为茎区稳定度集合。

记每个状态对应的可能的观察值数目为 M，每个茎区的自由能为 E_i，计算出每个茎区转移到其余 $n-1$ 个茎区生成合成茎区 W_{ij} 的自由能 E_{ij}。

记观察值概率分布矩阵 $B=\{b_j(k)\}$，则 $b_j(k)$ 表示，在状态 S_j 下，t 时刻合成茎区 W_{ij} 出现的概率，称它为茎区稳定度概率，即

$$b_j(k) = P(t\text{时刻合成茎区} W_{ij}\text{出现} / q_t = S_j) = E_{ij} / E_i$$

将各个能量的概率值记为茎区稳定度概率，对应的茎区稳定度概率矩阵即为 RNA-HMM 的观察值概率矩阵。

⑤ 具有随机扰动的 RNA-HMM：针对 HMM 可能收敛到局部极小的情况，对矩阵每行元素添加基于离散型二项分布的随机小扰动，达到预测得到的 RNA 二级结构全局最优的目的。

（2）算法分析

1）算法步骤

① 设初始生成的状态转移概率矩阵为 $A=(a_{ij})$，其中 $1 \leqslant i \leqslant n$，$1 \leqslant j \leqslant n$。

② 根据隐马尔科夫过程得到 RNA 序列的二级结构的自由能，记为 E_0。

③ 对得到的初始矩阵 A 的每行元素按照由大到小的顺序排序，例如第一行元素排序后可能为：$a_{151}, a_{172}, \cdots, a_{1jm} \cdots, a_{14n}(1 \leqslant m \leqslant n)$，其中，下标的最后一个数字表示排序后该元素对应的位置。对每行元素添加基于离散型二项分布 $P\{X=k\}=\binom{n}{k}P^k(1-P)^{n-k}$ 的随机小扰动：$a^{ijm}=(a^{ijm}+\partial_i{}^*P\{X=m\})/(1+\partial_i)$，$1 \leqslant j \leqslant n$，其中 P 表示概率，X 表示随机变量，k 取整数且 $1 \leqslant k \leqslant n$，$p \in [0,1]$，参数 ∂_i 为区间 $[0,0.1)$ 中的随机值。利用新得到的矩阵重复步骤②，如果新得到的序列的自由能小于 E_0，则更新 E_0 的值。

④ 重复步骤③，直到 E_0 的值不再变化或达到初始给定的迭代次数为止。

2）算法流程

算法的伪代码如下：

```
Coding()//编码

{

FileDataToSequence();//将文件数据转换为字符型的序列

DoCoding();//将字符型序列编码

SequenceToSet();//将编码序列转化为茎区

//用三元组的形式来表示(起始位置,结束位置,长度)

LoadRules();//从文件中读取已经定义好的规则脚本,动态载入内存中

ReduceSet();//根据规则约减茎区

}

InitState();//创建与茎区的数量相等的状态

InitTransitionProbability()//初始化状态转移概率矩阵

{

InitTPSet();//根据茎区状态创建适合的 n→n 的状态转移概率的空矩阵

CalculateP();//计算 n→n 的状态转移概率 P_{ij}
```

```
}
InitObservationProbabilityMatrix()//初始化观测概率矩阵
{
InitBset()//根据状态转移矩阵创建合适的 m→m 的观测矩阵的空矩阵
initat()//初始化前向值
Calculateat()//计算前向值
initbt()//初始化后向值
Caculatebt()//计算化后向值
}
RandomDisturbance()
{
InitRandomMatrix();//初始化扰动矩阵
ran = DoRandom();//根据扰动算法计算出结果,填充结果
if(ran < E)
{
UpdataMatrix();//更新矩阵
}
}
Prediction()
{
UpDataBSet();//更新观测值概率
UpDataPSet();//更新状态转移概率
while(CurStep < MaxStep)
{
GetMaxB();//获得全局最大的观测值概率
SetMaxB();//设置全局观测值概率,并选择茎区
UpDataSelectedSet();//更新已选茎区
UpDataBSet();//更新观测值概率
UpDataPSet();//更新状态转移概率
}
}
```

3. 实验及结果

选取 PseudoBase（http://www.bio.leidenuniv.nl/~Batenburg/PKB.html）中 6 条 RNA 序列进行预测，将得到的结构与 RNA-ML 预测的结构进行比较；并应

用 pknotsRG 软件进行同样的预测，将得到的结构与本方法得到的结构进行比较。

　　目前，学术界大多使用敏感性、特异性和马休兹相互作用系数这 3 个参数来度量预测准确度。通常，正确预测碱基对的个数用 TP（True Positive）表示；在真实结构中存在，但没有被正确预测出的碱基对个数用 FN（False Negative）表示；在真实结构中不存在，但是却被错误预测出的碱基对个数用 FP（False Positive）表示；正确预测，但是不配对的碱基的个数用 TN（True Negative）表示。一般情况下，TN 要远远大于 TP、FN 和 FP，因此，在实际衡量中很少用到 TP、FN、FP。在真实结构中，被准确预测到的碱基在所有碱基对中所占百分比就是敏感性（X）；而被准确预测到的碱基在所有预测到的碱基对中所占百分比就是特异性（Y）。一般的预测方法很难做到两者兼顾，总是会偏向于一边，在本实例中，实验结果主要就是通过敏感性和特异性来总结。计算公式如下：

$$X = \frac{TP}{TP + FN}, \quad Y = \frac{TP}{TP + FP}$$

　　对于数据库中的 6 条 RNA 序列，应用本方法和 RNA-ML 进行预测，得到的结果比较见表 6-2。

表 6-2　RNA-HMM 和 RNA-ML 预测结果比较

序号	名称	长度	w(RNA-ML)/%		w(RNA-HMM)/%	
			X	Y	X	Y
1	NGF-L2	49	70	72	100.00	100.00
2	NGF-H1	48	97.17	98.58	100.00	100.00
3	Ec_PK2	59	62.21	65.43	66.67	70.00
4	Ec_16S-PK505/526	46	91.34	93.31	100.00	94.12
5	TrV_IRES-PKI	43	61.21	65.88	66.67	71.43
6	ORSV-S1_PKbulge3	50	85	77	83.33	78.95

　　通过 pkontsRG 软件对从 PseudoBase 中选取的 6 条 RNA 序列进行预测，得到的结构与本方法预测的结构比较如图 6-13 和图 6-14 所示。

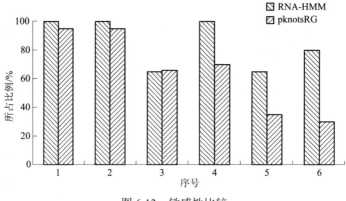

图 6-13 敏感性比较

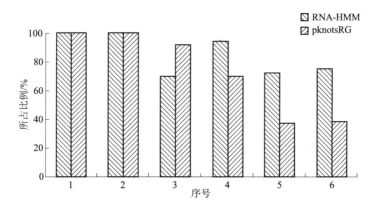

图 6-14 特异性比较

敏感性值：本方法的结果准确率比 pknotsRG 的有所提高，性能优于 RNA-ML，说明通用性比较好。

特异性值：本方法的结果准确率与 pknotsRG 的总体上比较接近，性能优于 RNA-ML。可见，本方法的准确率比较令人满意，在预测结果中也确实发现存在假结，同时，本方法缩短了预测时间，提高了敏感性和特异性。

6.8.2 随机上下文无关语法预测 RNA 二级结构

1. 问题描述

预测 RNA 二级结构具有重要意义，知道了 RNA 的二级结构就可以获得许多有益的信息，不仅能更细致地了解各类 RNA 在细胞中的运作机制，而且可以为寻找新的基因、治疗疾病提供帮助。本实例就用上下文无关语法模型来描述 RNA 二级结构。

2. 方法分析

（1）随机上下文无关语法模型

在上下文无关语法（Context-Free Grammar，CFG）中，G 可以定义为四元组 G=（N,E,P,S）。其中，N 是非终结符集合，E 是终结符集合，S 是初始符号，P 是重写规则，形式为：A→B，规则左部的 A 是单独的非终结符号，规则右部的 B 是符号串，它可以由终结符号组成，也可以由非终结符号组成，还可以由终结符号和非终结符号混合组成。

概率上下文无关语法（Probabilistic Context-Free Grammar，PCFG）又叫作随机上下文无关语法（Stochastic Context-Free Grammar，SCFG），最早由 Booth 提出。上下文无关语法可以定义为四元组{N,E,P,S}，而概率上下文无关语法则是在每一个生成规则 A→B 上增加一个条件概率 P：A→B[P]，这样，上下文无关语法就可以定义为一个五元组 G=(N,E,P,S,D)，其中，D 是为每一个生成规则指派概率 P 的函数，即对于某个非终结符号 A 生成符号串 B 的概率 P。这个规则可写为：P(A→B)。从一个非终结符号 A 生成 B 时，应考虑一切可能的情况，并且其概率之和应该等于 1。

本实例用上下文无关语法模型来描述 RNA 二级结构。非终结符 S 表示整条 RNA 序列，非终结符 W 代表一段 RNA 子序列，首先有 S→W。对于每个 W 来说，起始碱基不同，结束碱基不同，长度也不能相同，如果 W 的长度为 1，此时 W 就表示只有一个碱基的 RNA 子序列，此时有 W→BASE；如果 W 代表的子序列可以形成一个并列的结构，则有 W→W.W，如图 6-15（a）所示；如果 W 代表的子序列能够形成一个封闭的发夹环，则有 W→HAIRPIN，如图 6-15（b）所示；如果 W 代表的子序列能够形成一个假结，则有 W→PSEUDOK1，如图 6-15（c）所示，其中 PSEUDOK1 表示最常见的 H 型假结。非终结符号 BASE 表示一个碱基，有 BASE→A|U|G|C|ε；非终结符号 HAIRPIN 表示一个发夹环的结构，对于一段 RNA 子序列，通过搜索茎区池可以找到这个发夹环的茎区，有 HAIRPIN→STEML.W.STEMR，非终结符号 STEML 和 STEMR 分别表示一个茎区的前段和后段；非终结符号 PSEUDOK1 表示 H 型假结，一个典型的 H 型假结如图 6-15 所示，PSEUDOK1 的生成规则是 PSEUDOK→STEML.UNPAIR. STEML.UNPAIR.STEMR.UNPAIR.STEMR；STEML、STEMR 和 UNPAIR 都表示一段未配对的 RNA 单链区。

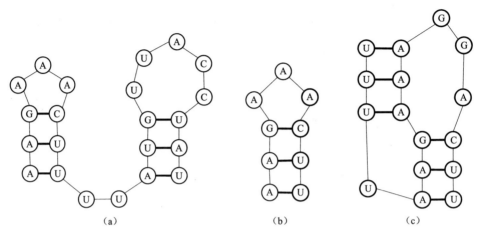

图 6-15　一段 RNA 序列在进行语法推测时三种不同的情况

（a）W→W.W；（b）W→HAIRPIN；（c）W→PSEUDOK1

本实例中使用的上下文无关语法 G 具体描述如下：

```
G=(N,E,P,S,D);
N={S,W,BASE,HAIRPIN,PSEUDOK1,STEML,STEMR,UNPAIR};
E={A,U,G,C,ε};
```

生成规则及对应的语义见表 6-3。

表 6-3　上下文无关语法的生成规则及其对应的语义

生成规则	语　　义
S→W	一条 RNA 序列是其本身的一段子序列
W→BASE	当 W 长度为 1 时，是由一个碱基组成的子序列
W→W.W	一段子序列可能会被划分成具有独立结构的两段子序列
W→HAIRPIN	这段子序列可能形成一个 H 型假结
W→PSEUDOK1	一个碱基可能是 A、U、G、C 四种碱基，也可能是一个空串
BASE→A|U|G|C|ε	发卡环由一个封闭的茎区和一段单链区组成
HAIRPIN→STEML.W.STEMR	H 型假结，由两个非嵌套的茎区和三段单链区构成
PSEUDOK1→STEML.UNPAIR.STEML. UNPAIR .STEMR. UNPAIR.STEMR	

续表

生成规则	语　义
STEML→BASE	
STEMR→BASE.STEML	
STEMR→BASE	
STEMR→STEMR.BASE	
UNPAIR→BASE	
UNPAIR→BASE.UNPAIR	

（2）语法生成概率

非终结符号 W 表示一段子序列，不同的子序列对应的生成概率也不同。上下文无关语法的生成概率可以人工设定，也可以通过经验学习获得，在本实例中，通过人工设定的方法来设置上下文无关语法的生成概率，并结合各子序列结构的自由能来调整概率，比如一段子序列可以形成一个发卡环结构，则构成的发卡环自由能越小，其对应的转移概率 $P(W→HAIRPIN)$ 就越大。对于任意一段 RNA 序列 S_{ij}，可以按照如下方法计算其转移概率 P：

首先，如果 S_{ij} 的长度为 1，即$|S_{ij}|=1$，此时 W 必定会按照 W→BASE 的生成规则生成一个碱基，因此 $P(W→BASE)=1$，其他生成规则 $P=0$。

其次，对于其他情况，按照如下步骤来设置非终结符号 W 的生成概率。在茎区池中搜索所有以第 i 个碱基为起始的茎区和所有以第 j 个碱基为结尾的茎区。对于每个以第 i 个碱基为开头的茎区 H1 和每个以第 j 个碱基结尾的茎区 H2 进行如下的操作：

① 如果不存在这样的 H1，说明第 i 个碱基不可能与其他的碱基形成茎区，也就说明碱基 i 肯定不能形成配对碱基，此时有 $P(W→W.W(pos=i))=1$；同样，如果不存在这样的 H2，说明第 j 个碱基不可能形成茎区，此时有 $P(W→W.W(pos=i))=1$，其中，pos 指明了按照 W→W.W 这条生成规则，将一条序列分成两条子序列的分割点。

② 设三个变量 minHairpinEnergy、minSplitEnergy、minPseudokEnergy，分别用来记录可能的发卡环、并列结构和假结的最小自由能。这段子序列可能形成多种形式的发卡环，minHairpinEnergy 就记录了这些发卡环中自由能最小的一个，也就是最稳定的发卡环结构。同样，minSplitEnergy 和 minPseudokEnergy 分别记录这段序列所能形成的并列结构和假结结构的最小自由能。

③ 对于计算出来的 minHairpinEnergy、minSplitEnergy 和 minPseudokEnergy，值越小，表明可能产生的结构越稳定，因此，相应的转移概率就越大，第 i 个碱基和第 j 个碱基不形成配对碱基的概率就越小。可以按照公式（6-1）～式（6-5）来计算 W 的转移概率，其中，scale 是一个放缩的参数。

$$P(\text{W} \to \text{W.W(pos}=i)) = 1/((\text{minHairpinEnergy}+\text{minSplitEnergy}+ \text{minPseudokEnergy}) \times \text{scale} \times 2) \tag{6-1}$$

$$P(\text{W} \to \text{W.W(pos}=j)) = 1/((\text{minHairpinEnergy}+\text{minSplitEnergy}+ \text{minPseudokEnergy}) \times \text{scale} \times 2) \tag{6-2}$$

$$P(\text{W} \to \text{HAIRPIN}) = \text{minHairpinEnergy}/(\text{minHairpinEnergy}+\text{minSplitEnergy}+ \text{minPseudokEnergy}) \times (1 - P(\text{W} \to \text{W.W(pos}=i)) \times 2) \tag{6-3}$$

$$P(\text{W} \to \text{W.W(pos}=k)) = \text{minSplitEnergy}/(\text{minHairpinEnergy}+\text{minSplitEnergy}+ \text{minPseudokEnergy}) \times (1 - P(\text{W} \to \text{W.W(pos}=i)) \times 2) \tag{6-4}$$

$$P(\text{W} \to \text{PSEUDOK1}) = \text{minPseudokEnergy}/(\text{minHairpinEnergy}+\text{minSplitEnergy}+ \text{minPseudokEnergy}) \times (1 - P(\text{W} \to \text{W.W(pos}=i)) \times 2) \tag{6-5}$$

（3）寻找最优二级结构

对于确定性的上下文无关语法模型，可以用压栈自动机算法模型来识别；对于非确定性的随机上下文无关语法模型，则需要采用一种更加复杂的、多项式时间的 CYK（Cocke-Younger-Kasami）算法来解决。CYK 是一种自底向上的动态规划剖析算法。

本实例在计算好上下文无关语法生成概率后，使用 BestFirstSearch 树搜索算法来求概率最大的 RNA 二级结构。图 6-16 所示为一段 RNA 序列的结构及其对应的语法推导树。

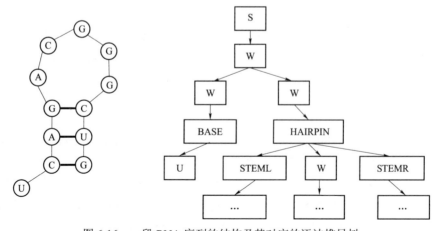

图 6-16　一段 RNA 序列的结构及其对应的语法推导树

使用 BestFirstSearch 树搜索策略来求概率最大的 RNA 二级结构，以开始符 S 作为根节点，然后搜索所有可能的推导路径，使用 BestFirstSearch 策略，利用最大堆来保证每次推导的都是最优的选择，最终得到一条概率最大的推导路径，也就求出了 RNA 序列可以构成的概率最大的二级结构。

推导树中的每一个节点 T 都保存有一个 cost 值，表示从根节点开始到当前节点的语法推导路径的概率。根节点 $T_{1, n}$ 代表了 RNA 序列，其初始概率为 1，即 $T_{1, n\text{.cost}}=1$。随着生成规则的不断推导，树节点 cost 也不断减小，可以使用最大堆来保证每次的选择都使当前的推导路径概率最大。对于当前节点 $T_{i, j}$，根据每一个生成规则创建一个子节点 $T_{m, n}$，$T_{m, n\text{.cost}}=T_{i, j\text{.cost}}*P(W_{i, j} \to W_{m, n})$。当所有的碱基都被推导出来时，则表明，已经找到了概率最大的推导路径，通过回溯可以得到概率最大的二级结构。

算法接收一条 RNA 序列，输出概率最大的二级结构，具体流程如下：

第一步，初始化语法生成概率矩阵。对于任意一段 RNA 子序列 $S_{i, j}$（$1\leqslant i<j\leqslant n$），按如下步骤初始化其语法转移概率 P：

① 若 $i=j$，则 $P(W \to BASE)=1$；

② 如果不存在以第 i 个碱基为起始的茎区，则 $P(W \to W.W(pos=i))=1$；如果不存在以第 j 个碱基为结尾的茎区，则 $P(W \to W.W(pos=j-1))=1$；其中，pos 指明了按照 $W \to W.W$ 这条生成规则，将一条序列分成两条子序列的分割点。

③ 搜索茎区池，minHairpinEnergy、minSplitEnergy、minPseudokEnergy 分别记录这段子序列所能形成的发卡环、并列结构和假结的最小自由能，并按照如下公式设置生成概率：

$$P(W \to W.W(pos=i))=1/((\text{minHairpinEnergy}+\text{minSplitEnergy}+\text{minPseudokEnergy})\times\text{scale}\times 2)$$

$$P(W \to W.W(pos=j))=1/((\text{minHairpinEnergy}+\text{minSplitEnergy}+\text{minPseudokEnergy})\times\text{scale}\times 2)$$

$$P(W \to HAIRPIN)=\text{minHairpinEnergy}/(\text{minHairpinEnergy}+\text{minSplitEnergy}+\text{minPseudokEnergy})\times(1-P(W \to W.W(pos=i))\times 2)$$

$$P(W \to W.W(pos=k))=\text{minSplitEnergy}/(\text{minHairpinEnergy}+\text{minSplitEnergy}+\text{minPseudokEnergy})\times(1-P(W \to W.W(pos=i))\times 2)$$

$$P(W \to PSEUDOK1)=\text{minPseudokEnergy}/(\text{minHairpinEnergy}+\text{minSplitEnergy}+\text{minPseudokEnergy})\times(1-P(W \to W.W(pos=i))\times 2)$$

第二步，根据语法生成概率矩阵，使用 BestFirstSearch 树搜索算法按如下步骤找出概率最大的推导路径：

① 首先建立一个空堆 H，将推导树根节点 $T_{1,n}$ 插入堆中。

② 如果堆不为空，则一直循环如下操作：从堆中选择 cost 值最大的节点 $T_{i,j}$，判断节点 $T_{i,j}$ 的所有的碱基是否都已经推导完毕。如果已经推导完毕，则跳出循环；否则，对 $T_{i,j}$ 的每一个生成规则，创建一个子节点 $T_{m,n}$，$T_{m,n}.\text{cost}=T_{i,j}.\text{cost}*P(W_{i,j}\rightarrow W_{m,n})$。

③ 最后，找到概率最大的 RNA 二级结构，输出到文件，算法结束。

对 SCFG 算法的时间复杂度进行分析，第一步计算语法生成概率矩阵，计算每一个子序列的生成规则概率，耗时 $O(n^2)$，对于每一个子序列来说，搜索茎区池寻找各个子结构的最小自由能需要耗时 $O(k^2)$，其中，k 为茎区池中以某个固定碱基为起始的茎区的个数。因此，第一步总的时间复杂度是 $O(k^2n^2)$，在实验过程中发现 $k^2 \approx n$，则第一步的时间复杂度大约为 $O(n^3)$。第二步使用 BestFirstSearch 查找概率最大的语法推导路径，使用动态规划思想来计算每一段子序列的推导路径，耗时 $O(n^3)$。因此，算法总的时间复杂度为 $O(n^3)$。

（4）后处理

实验表明，算法运行时，参数 scale 对预测结果的影响很大，大致表明了一段 RNA 序列形成单链或构成茎区的概率偏向。如果 scale 值偏大，则 RNA 序列的预测结果更倾向于构成单链区，可能产生一些比较长的 RNA 单链，而丢掉了真实结构中的茎区；如果 scale 值偏小，则茎区的生成概率增加，RNA 序列的预测结果更倾向于构成茎区，可能产生一些茎区数目较多但茎区长度较小的二级结构，也偏离了真实的 RNA 二级结构。详细结果见表 6-4。

表 6-4 SCFG 算法取不同 scale 值时，d.5.e.C.carpio 的不同预测结果

scale	TP	FN	FP	TN	X	Y	MCC
2.2	27	10	10	38	0.73	0.73	0.52
2.1	27	10	10	38	0.73	0.73	0.52
2.0	24	13	10	38	0.71	0.71	0.45
1.9	27	10	10	38	0.73	0.73	0.52
1.7	27	10	10	38	0.73	0.73	0.52
1.6	16	21	22	32	0.42	0.42	0.02
1.4	16	21	22	32	0.42	0.42	0.02

实验结果表明，参数 scale 对算法的预测精度影响较大，并且对于不同的 RNA，

其最合适的 scale 值可能也不同，因此，如何选取一个大小适中的 scale 值就成为
一个关键问题。

3. 实验及结果

实验一：为了验证本实例提出的上下文无关语法在不包含假结的情况下预测
RNA 二级结构的有效性，从 Gutell 实验室提供的数据库中随机选取了长度不等的
10 条 RNA 序列，用本实例中的算法和当前比较权威的 RNA 二级结构预测软件
RNAStructure4.4 同时进行预测，然后将预测的结果与真实结构进行比对。采用敏
感性（X）、选择性（Y）和马休兹相互作用系数（MCC）对预测精度进行度量，
实验结果见表 6-5。

表 6-5　SCFG 算法和 RNAStructure4.4 预测结果对比（不含假结）

RNA 名称	长度	RNAStructure4.4			SCFG 算法			
		X	Y	MCC	X	Y	MCC	Scale
d.5.e.O.sativa.1.ct	119	0.70	0.70	0.44	0.76	0.88	0.68	2.5
d.5.e.A.tabira.ct	120	0.35	0.34	−0.09	0.73	0.71	0.50	203
d.5.a.P.occultum.ct	130	0.91	0.86	0.72	0.89	0.85	0.71	2.5
d.5.e.D.melanogaster.2.ct	135	0.51	0.53	0.18	0.65	0.67	0.45	3.0
a.11.e.L.dispersa	218	0.08	0.06	−0.39	0.20	0.16	−0.28	2.3
a.11.e.P.inouyei	390	0.44	0.39	0.06	0.53	0.51	0.22	2.4
a.11.e.A.stipitatus	408	0.55	0.52	0.52	0.54	0.57	0.21	2.9
a.11.e.A.adeninivorans	450	0.58	0.43	0.20	0.58	0.47	0.26	2.9
a.11.e.A.cherimola	494	0.18	0.07	−0.20	0.39	0.17	0.03	2.6
b.11.e.H.rubra	543	0.40	0.35	0.01	0.44	0.37	0.03	2.4

图 6-17～图 6-19 分别是 SCFG 算法与 RNAStructure4.4 在不含假结情况下对
RNA 进行预测时，敏感性、选择性和马休兹相互作用系数的对比图。从实验结果
可以看出，本实例采用的 SCFG 算法对不含假结的 RNA 进行的预测能达到比较
好的精度，特别是对长 RNA 序列的预测也有比较好的精度。在实际分析一个长
RNA 序列的结构时，本算法可作为一个有效的辅助工具。

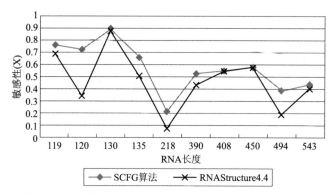

图 6-17 SCFG 算法与 RNAStructure4.4 预测结果敏感性对比

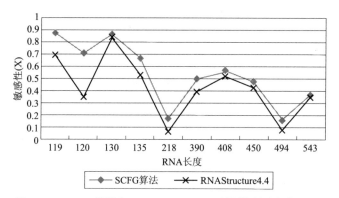

图 6-18 SCFG 算法与 RNAStructure4.4 预测结果选择性对比

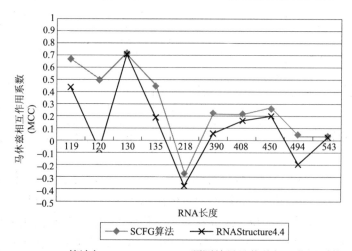

图 6-19 SCFG 算法与 RNAStructure4.4 预测结果马休兹相互作用系数对比

实验二：为了验证 SCFG 算法对假结的预测能力，从 PseudoBas 假结数据库中抽取长度不等的 8 条 RNA 序列，用本实例中的算法进行预测，并将预测结果与真实结构进行比对，采用敏感性（X）、选择性（Y）和马休兹相互作用系数（MCC）对预测精度进行度量，结果见表 6-6。

表 6-6　SCFG 算法对假结的预测结果

RNA 名称	长度	改进的动态规划算法		
		X	Y	MCC
Other-viral-3′-UTR-4	21	1.00	1.00	1.00
Other-viral-3′-UTR-6	26	1.00	1.00	1.00
tmRNA-2	30	1.00	1.00	1.00
Aptamers_6	40	1.00	1.00	1.00
Viral-ribosomal-frameshifting-signals-3	47	1.00	1.00	1.00
Viral-ribosomal-frameshifting-signals-4	50	1.00	1.00	1.00
mRNA-2	63	1.00	1.00	1.00
Viral-others-2	73	1.00	1.00	1.00

本实例中的算法在实现的时候，只设定了预测 H 型假结的语法推导规则，实验结果表明，SCFG 算法能够把 H 型假结完全正确地预测出来。通过增加语法的推导规则，也可以使 SCFG 算法能够预测其他类型的假结。

6.9　本章小结

随着 RNA 研究的逐步深入，在进化以及遗传过程中，RNA 的重要作用已经受到越来越多的关注，而 RNA 的功能与其结构密切相关，因此，深入研究 RNA 的具体结构，对发掘、阐明其功能有重要意义。

本章阐述 RNA 知识基础，包括 RNA 基本概念、RNA 结构和功能、RNA 二级结构；详细分析了 RNA 结构预测的各种方法，包括比较序列分析方法、动态规划算法、组合优化算法和启发式算法等；最后给出了基于隐马尔科夫模型的 RNA 结构预测和基于随机上下文无关语法的 RNA 二级结构预测两个应用实例。

思考题

1. RNA 与 DNA 结构有什么区别？为什么说进行 RNA 结构预测具有重要的意义？

2. 简述 RNA 二级结构的特点。

3. 随机上下文无关语法模型同共变模型主要解决哪类预测问题？简述其原理。

4. 比较序列分析方法主要有哪两种常用模型？试比较两种模型的异同。

5. 简述 RNA 结构预测所采用的动态规划算法的流程。

6. 简述组合优化算法在预测假结时所做的改进。

7. 简述组合优化算法的代表算法。

8. 简述三种典型的启发式 RNA 结构预测算法及其特点。

9. 简述隐马尔科夫模型在 RNA 二级结构预测中的应用。

第7章

蛋白质结构预测方法

7.1 引言

　　蛋白质是一切生命的物质基础，机体中的每个细胞和所有重要组成部分都含有蛋白质，它与生命及各种形式的生命活动紧密联系。作为在生命活动中起重要作用的生物大分子，蛋白质的生物活性与蛋白质分子的一级结构密切相关，其在生物体内的各种功能也都由其空间结构决定。异常的蛋白质空间结构很可能导致蛋白质的生物活性降低、丧失，甚至会导致疾病。对蛋白质空间结构进行研究，不仅有利于认识蛋白质的功能，也有利于认识蛋白质的生物功能以及蛋白质之间的相互作用。所以，确定蛋白质的结构无论是对于生物学还是对于医学或者药学都具有重大意义。

　　基因组测序计划产生了大量的蛋白质大分子氨基酸序列，提供了丰富的蛋白质一级结构资源。蛋白质的三级结构主要依靠实验手段，如 X 射线晶体学方法或者核磁共振方法来测定，但蛋白质三级结构数量的增长速度还远不能与其序列数量的增长速度相比，这主要因为，基因组的大规模测序比测定蛋白质三维结构容易得多。通过实验方法确定蛋白质结构在目前仍较为复杂，且代价高昂，因此，实验测定的蛋白质结构比已知的蛋白质序列要少得多。而且，随着基因自动测序方法的发展，蛋白质序列与结构的数量上的差距将会越来越大，故发展一种不需要复杂实验手段，简单、易行的蛋白质结构确定方法就显得十分重要。基于氨基酸序列的蛋白质结构预测方法就是为满足这种需要而发展起来的。

本章主要内容包括蛋白质结构知识基础、蛋白质二级结构的主要预测方法、蛋白质三级结构的主要预测方法，最后是应用实例分析。

7.2　蛋白质结构知识基础

7.2.1　基本概念

蛋白质结构预测与其应用紧密相关。进行蛋白质结构预测的前提是，准确描述并表达蛋白质的结构。为便于分析，通常将蛋白质结构划分为一级、二级、三级、四级共四个组织层次。蛋白质分子的氨基酸序列即一级结构。蛋白质分子内通过氢键产生的有规则的、重复的局部构型即二级结构。二级结构是多肽链的空间三维排列中的一个高级组织层次。蛋白质的三级结构或折叠模式是指，多肽链通过各种非共价键（或非共价力）弯曲、折叠，形成致密结构域的方式，反映了多肽链的总体外形。许多蛋白质只有一条多肽链，但更多的蛋白质包含多条多肽亚基，这些亚基在空间上的相互关系和结合方式就决定了蛋白质的四级结构。

下面将对蛋白质的四级结构进行详细介绍。

（1）蛋白质一级结构

蛋白质分子中氨基酸的排列顺序即蛋白质的一级结构，也称初级结构。一级结构中的主要化学键是肽键。

（2）蛋白质二级结构

常见的二级结构有 α-螺旋、β-折叠和 β-转角。

α-螺旋：蛋白质中常见的二级结构，肽链主链绕假想的中心轴盘绕成螺旋状，一般是右手螺旋结构，螺旋靠链内氢键维持。每个氨基酸残基（第 n 个）的羧基与多肽链 C 端方向的第 4 个残基（第 $4+n$ 个）的酰胺氮形成氢键。对于古典的右手 α-螺旋结构，螺距为 0.54 nm，每一圈含有 3.6 个氨基酸残基，每个残基沿螺旋的长轴上升 0.15 nm。

β-折叠：蛋白质中常见的二级结构，由伸展的多肽链组成。折叠片的构象靠一个肽键的羧基氧和位于同一个肽链的另一个酰氨氢之间形成的氢键来维持。氢键几乎垂直于伸展的肽链，这些肽链可以是平行排列的（由 N 到 C 方向），也可以是反平行排列的（肽链反向排列）。

β-转角：也是多肽链中常见的二级结构，是连接蛋白质分子中的二级结构（α-螺旋和 β-折叠），改变肽链走向的一种非重复多肽区，一般含有 2～16 个氨基酸残基。含有 5 个以上的氨基酸残基的转角又常被称为环。常见的转角含有 4 个氨基酸残基，分为两种类型：转角Ⅰ的特点是，第一个氨基酸残基的羧基氧与第四个残基的酰氨氮之间形成氢键；转角Ⅱ的特点是，第三个残基往往是甘氨酸。这两种转角中的第二个残基大都是脯氨酸。

（3）蛋白质三级结构

即蛋白质分子处于它的天然折叠状态的三维构象。三级结构是在二级结构的基础上进一步盘绕、折叠形成的。三级结构主要靠氨基酸侧链之间的疏水相互作用、氢键、范德华力和离子键维持。此外，共价二硫键在稳定某些蛋白质的构象方面也起着重要作用。

范德华力：中性原子之间通过瞬间静电相互作用产生的一种弱的分子间的力。当两个原子之间的距离为其范德华力半径之和时，范德华力最强。强的范德华力的排斥作用可阻碍原子相互靠近。

二硫键：两个（半胱氨酸）巯基的氧化所形成的共价键。二硫键在稳定某些蛋白的三维结构方面起着重要的作用。

（4）蛋白质四级结构

即多亚基蛋白质的三维结构。实际上，其是由具有三级结构的多肽（亚基）以适当方式聚合成的三维结构。

7.2.2　蛋白质折叠

蛋白质可通过相互作用，在细胞环境（特定的酸碱度、温度等）下，由未折叠态转变为构象能量最低的折叠状态，这个自我组装的过程即蛋白质折叠。

蛋白质折叠问题被列入"21 世纪的生物物理学"重要课题，是分子生物学中心法则尚未解决的一个重大生物学问题。遗传信息从 DNA 到 RNA 再到蛋白质的过程是分子生物学的核心，通常被称为分子生物学的中心法则。经过多年的研究，人们对从 DNA 到 RNA 再到多肽链的过程已基本清楚，但通过一级序列预测蛋白质分子的三级结构，并进一步预测其功能，是极富挑战性的工作。研究蛋白质折叠，尤其是折叠的早期过程，即新生肽段的折叠过程，将是全面的、最终阐明中心法则的根本途径。

阐明蛋白质的折叠机制能够揭示生命体的第二套遗传密码，这是它的理论意义。蛋白质折叠的研究，比较狭义的定义，就是研究蛋白质特定三维空间结构的形成规律、稳定性及与生物活性的关系。在概念上可分为热力学的问题和动力学的问题、蛋白质在体外折叠和在细胞内折叠的问题、理论研究和实验研究的问题。这里，最根本的科学问题就是，多肽链的一级结构到底如何决定它的空间结构。既然前者决定后者，那么，一级结构和空间结构之间肯定存在某种确定的关系，这是否也像核苷酸通过"三联密码"决定氨基酸顺序那样有一套密码呢？有人把这种可通过一级结构来决定空间结构的密码叫作"第二遗传密码"。

基因工程和蛋白质工程是生物技术发展的产物和先导，但人们发现，通过基因工程和蛋白质工程获得的多肽链有时并不能自身卷曲成有一定空间结构和完整生物学功能的蛋白质，其原因就是多肽链在折叠时出现问题。因此，基因工程和蛋白质工程产物的翻译后加工也需要人们了解蛋白质折叠的机理。

7.3 主要技术方法及分析

蛋白质结构的预测问题，从数学上讲，是寻找一种从蛋白质的氨基酸线性序列到蛋白质所有原子三维坐标的映射。普通的蛋白质含有几百个氨基酸、上千个原子，而大蛋白质（如载脂蛋白）中的氨基酸个数超过 4 500。所有可能的序列到结构的映射，其数目随蛋白质氨基酸残基个数的增加而呈指数增长，是天文数字。然而幸运的是，自然界中实际存在的蛋白质是有限的，而且还有大量的同源序列，可能的结构类型也不多，序列到结构有一定的规律可循，因此，蛋白质结构预测是可能的。

蛋白质结构预测主要有两大类方法：

① 理论分析方法或从头算方法：通过理论计算（如分子力学、分子动力学计算）进行结构预测，该类方法假设折叠后的蛋白质的构象能量最低。从原则上来说，可以根据物理、化学原理，通过计算来进行结构预测。

② 统计方法：该类方法对已知结构的蛋白质进行统计分析，建立序列到结构的映射模型，进而根据映射模型直接从氨基酸序列对未知结构的蛋白质进行预测。映射模型可以是定性的，也可以是定量的，是可以较为成功地预测蛋白质结构的一类方法。这一类方法包括经验性方法、结构规律提取方法、同源模型化方法等。

经验性方法根据一定序列形成一定结构的倾向来进行结构预测。例如，根据不同氨基酸形成特定二级结构的倾向进行结构预测。通过对已知结构的蛋白质（如蛋白质结构数据库 PDB、蛋白质二级结构数据库 DSSP 中的蛋白质）进行统计分析，发现各种氨基酸形成不同二级结构的倾向，形成一系列二级结构预测的规则。

与经验性方法相似的另一种方法是结构规律提取法，是一种更一般的方法。该方法从蛋白质结构数据库中提取关于蛋白质结构形成的一般性规则，指导建立未知结构的蛋白质的模型。有许多提取结构规律的方法，如通过视觉观察的方法、基于统计分析和序列多重比对的方法、利用人工神经网络提取规律的方法等。

同源模型化方法通过同源序列分析或者模式匹配来预测蛋白质的空间结构或者结构单元（如锌指结构、螺旋-转角-螺旋结构、DNA 结合区域等）。其原理基于下述事实：每个自然蛋白质具有一个特定的结构，但许多不同的序列会采用同一个基本的折叠，也就是说，具有相似序列的蛋白质倾向于折叠成相似的空间结构。一对自然进化的蛋白质，如果它们的序列具有 23%～30%或者更多的等同部分，则可以假设这两个蛋白质折叠成相似的空间结构。这样，如果一个未知结构的蛋白质与一个已知结构的蛋白质具有足够的序列相似性，那么，可以根据相似性原理为未知结构的蛋白质构造一个近似的三维模型。如果目标蛋白质序列的某一部分与已知结构的蛋白质的某一结构域区域相似，则可以认为，目标蛋白质与已知蛋白质具有相同的结构域或功能区域。在蛋白质结构预测方面，预测结果最可靠的方法是同源模型化方法。

蛋白质的同源性比较通常借助于序列比对来进行，通过序列比对，可以发现蛋白质之间的进化关系。在蛋白质结构分析方面，通过序列比对，可以发现序列的保守模式或突变模式，这些序列模式中包含着非常有用的三维结构信息。利用同源模型化方法可以预测 10%～30%的蛋白质的结构。然而，许多具有相似结构的蛋白质是远程同源的，其等同序列不到 25%，也就是说，具有相似空间结构的蛋白质序列的等同程度可能小于 25%。这些蛋白质的同源性不能通过传统的序列比对方法来识别。如果按照一个未知序列搜索一个蛋白质序列数据库，且搜索条件为序列等同程度小于 25%，那么，将会得到大量不相关的蛋白质。因此，搜索远程同源蛋白质就像在干草堆里寻找一根针。寻找远程同源蛋白质是一项困难的任务，处理这个困难任务的技术被称为"线索技术"。对于一个未知结构的蛋白质，只有当找不到等同序列大于 25%的已知结构的同源蛋白质时，才通过线索技术寻找已知结构的远程同源蛋白质，进而预测其结构。找到远程同源蛋白质后，利用远程同源建模方法来建立蛋白质的结构模型。如果既没有找到一般的同源蛋白质，又没有找到远程同源蛋白质，那么，一种可行的结构预测的办法就是，充分利用现有数据库中的信息，包括二级结构和空间结构的信息，首先从蛋白质序列预测及其二级结构入手，然后再从二级结构出发，预测蛋白质的空间结构。也可采用从头算方法进行结构预测。蛋白质结构预测流程如图 7-1 所示。

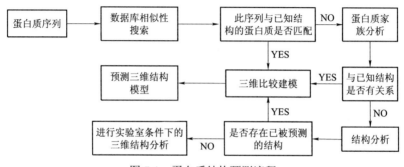

图 7-1　蛋白质结构预测流程

由于人们逐渐认识到蛋白质结构研究的重要性，越来越多的方法被用来研究蛋白质结构，如图 7-2 所示。

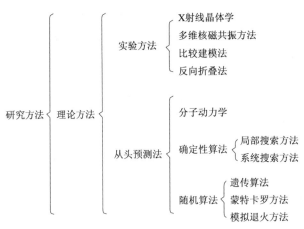

图 7-2 研究蛋白质结构的各种方法

在各种实验方法中，X 射线晶体学和多维核磁共振方法是比较有效的蛋白质结构测定方法。利用 X 射线晶体学方法测定蛋白质分子的构象，结果比较可靠，精度比其他方法的高。但是，与在溶液中的构象相比，蛋白质分子在晶体中的构象是静态的，所以，不能利用蛋白质晶体测定不稳定的过渡态的构象。而且，很多蛋白质很难结晶，或者很难得到可用于结构分析的足够大的单晶。另外，该方法的工作流程较长。核磁共振，是指核磁矩不为零的核，在外磁场的作用下，核自旋能级发生塞曼分裂，共振吸收某一特定频率的射频辐射的物理过程。多维核磁共振方法可用于测定小蛋白的三维结构。该方法不需要制备蛋白质晶体，但仅限于分析长度不超过 150 个氨基酸残基的相对分子质量较小的蛋白质，并且对样品的需求量大、纯度要求高，且蛋白质结构中不能有很多重复单元。随着已知结构的蛋白质数量和已知序列的蛋白质数量的差距越来越大，如何用理论的方法来进行蛋白质结构预测已经成了生物信息处理研究领域的热点。

蛋白质结构预测的理论方法总体上可分为三大类，即比较建模法、反向折叠法和从头预测法。比较建模法和反向折叠法的研究都已取得重要进展，一些商品化计算机应用软件也已投入使用，并不断得到改进。

比较建模法是基于知识的蛋白质结构预测方法，又称同源结构模建，它是在目标蛋白质有同源结构可以参考的情况下使用的一种技术，是目前最为成熟的预测方法。按照目前的定义，若目标蛋白质序列与模板序列经比对，序列同源性在 40%（也有人认为是 35%）以上，则它们可能是同源蛋白质，从而可以用同源蛋白模型预测其三维结构。因为它们可能是由同一种蛋白质分化而来，具有相似的空间结构、相同或相近的功能，因此，若知道了同源蛋白家族中某些蛋白质的结构，就可以预测其他序列已知而结构未知的同源蛋白的结构，可以用构建同源模型的方法预测目标蛋白质的三维结构。比较建模法有 6 个主要步骤，即目标蛋白序列与模板序列的匹配、确定蛋白质的结构保守区、保守区的主链模建、结构变异区的主链模建、侧链的安装和优化以及对模建结构的优化和评估。

反向折叠法是一种比较新的方法，可以应用于有同源结构的情况，且不需要预测二级结构，即直接预测三级结构，从而可以消除现阶段二级结构预测准确率低的缺点，是一种很有潜力的预测方法。反向折叠法的主要原理，是把目标蛋白的序列和已知的结构进行匹配，找出一种或几种匹配最好的结构作为目标蛋白质的预测结构。它的实现过程，是总结出已知的独立的蛋白质的结构模式作为目标构象进行模板的匹配，然后将经过对现有的数据库进行学习，总结出的可以区分正误结构的平均势函数作为判别标准来选择出最佳的匹配方式。

比较建模法和反向折叠法的缺点是，在预测目标蛋白质的结构时都要利用已知的结构数据，当目标蛋白质找不到同源蛋白质或同源性过低时，这些方法都不奏效。相比较而言，从头预测法仅利用氨基酸序列所具有的信息来预测目标蛋白质的空间结构，因此挑战性更大。从头预测方法又可以细分为预测二级结构、预测超二级结构、预测结构类型、预测折叠模式以及预测三级结构。本章主要讲述蛋白质三级结构的预测，更确切地说，是蛋白质折叠结构的预测，即主要考虑蛋白质主链的折叠构象，而不考虑侧链的结构或者仅考虑简化了的侧链结构。

前面说过，分子动力学（MD）方法是从头预测方法中被深入研究的方法之一。用该方法来解决蛋白质构象的搜索问题可以看成是蛋白质折叠这一真实的物理化学过程的再现。在笛卡儿空间中，使用全原子力场和外部溶剂描述的分子动力学方法所建立的时间函数，被认为能够可靠地再现多肽链的运动状况。如果上述理论成立，那么，从一个随机结构出发，只要产生的轨道足够长，就可以找到功能构象。但是，目前计算机的能力很难满足"足够长"这一条件。即使是一个短肽，搜索其构象空间的计算量也是十分巨大的。特别是随着蛋白质序列中残基数目的增加，构象空间数目呈几何级数增加。一条多肽链的所有可能的构象实在是太多了，不可能用穷举法，这就构成了 NP 难题。目前使用的加快模拟速度的两种手段为：简化多肽链模型，或者在搜索时采取较大的步长。但是，大的搜索步长一般由蒙特卡罗（MC）方法在二面角空间中产生，而不是在笛卡儿空间中。对构象中个别的或一小组的扭角进行较大改变的试验，并计算由此造成的系统能量的改变。如果能量值减小，则接受新构象；反之，则根据基于 Metropolis 试验的接受准则判断是否接受新构象。MD 和 MC 方法都可以看成是试图再现蛋白质折叠这一真实的物理化学过程。其他还有许多方法可用来解决蛋白质折叠预测问题，包括确定性方法（局部搜索方法、系统搜索方法等）以及各种随机算法（模拟退火方法、遗传算法等）。

局部搜索方法的主要思想是，从一个随机的初始解开始，在这个解的邻域中搜索一个更好的解，然后转到这个新解，再在它的邻域中寻找更好的解。算法反复执行，直到无法找到更优解。显然，该方法的缺点是，解的好坏依赖于初始解和邻域的选择。当该方法找到一个局部最优解后，算法就终止了。改进的局部搜索方法的思想是，不仅接受更好的解，而且在一定程度上接受较差的解，以便跳出局部最优解。

系统搜索方法的主要思想是，系统地搜索整个构象空间，寻找能量最小值。最基本的系统搜索方法是在构象空间中逐点搜索，即变量以很小的幅度改变，如果改变足够小，就有可能搜索到所有的点，从而找到全局最小值。但是，这样的方法类似穷举法，计算量实在太大。

确定性方法由于其自身的问题，并不能很好地解决蛋白质折叠问题。随着各种智能化随机算法的兴起并逐步应用到各个领域，人们发现，这些随机算法在解决蛋白质折叠问题时有其独特的优点。

■ 7.4　蛋白质二级结构预测

7.4.1　Chou-Fasman 预测法

Chou-Fasman 方法是一种基于单个氨基酸残基统计的经验参数方法，由 Chou 和 Fasman 于 20 世纪 70 年代提出。通过统计分析，获得每个残基出现在特定二级结构构象中的倾向性因子，进而利用这些倾向性因子预测蛋白质的二级结构。每种氨基酸残基出现在各种二级结构中的倾向或者频率是不同的，例如，Glu 主要出现在 α 螺旋中，Asp 和 Gly 主要分布在转角中，Pro 也常出现在转角中，但是绝不会出现在 α 螺旋中。因此，可以根据每种氨基酸残基形成二级结构的倾向性或者统计规律来进行二级结构预测。另外，不同的多肽片段有形成不同二级结构的倾向。例如，肽链 Ala（A）-Glu（E）-Leu（L）-Met（M）倾向于形成 α 螺旋，而肽链 Pro（P）-Gly（G）-Tyr（Y）-Ser（S）则不会形成 α 螺旋。通过对大量已知结构的蛋白质进行统计，确定每个氨基酸残基的二级结构倾向性因子。在 Chou-Fasman 方法中，这几个因子是 P_α、P_β 和 P_t，分别表示相应的残基形成 α 螺旋、β 折叠和转角的倾向性。另外，每个氨基酸残基同时也有四个转角参数，$f(i)$、

$f(i+1)$、$f(i+2)$ 和 $f(i+3)$，分别对应于每种残基出现在转角第一、第二、第三和第四位的频率。例如，脯氨酸约有 30% 的概率出现在转角的第二位，而出现在第三位的概率不足 4%。根据 P_α 和 P_β 的大小，可将 20 种氨基酸残基分类，如谷氨酸、丙氨酸是最强的螺旋形成残基，而缬氨酸、异亮氨酸则是最强的折叠形成残基。除上述各参数之外，还有一些其他统计经验，如脯氨酸和甘氨酸倾向于中断螺旋，而谷氨酸则通常倾向于中断折叠。

表 7-1 显示了 Chou-Fasman 预测方法用到的各种参数，其中，参数值 P_α、P_β 和 P_t 是原有相应倾向性因子分别乘以 100 而得到的。

表 7-1　**Chou-Fasman 预测方法所用到的各种参数**

氨基酸	P_α	P_β	P_t	$f(i)$	$f(i+1)$	$f(i+2)$	$f(i+3)$
丙氨酸（A）	142	83	66	0.060	0.076	0.035	0.058
精氨酸（R）	98	93	95	0.070	0.106	0.099	0.085
天冬酰胺（N）	67	89	756	0.161	0.083	0.191	0.091
天冬氨酸（D）	101	54	046	0.147	0.110	0.179	0.081
半胱氨酸（C）	70	119	119	0.149	0.050	0.117	0.128
谷氨酸（E）	151	37	74	0.056	0.060	0.077	0.064
谷氨酰胺（Q）	111	110	98	0.074	0.098	0.037	0.098
甘氨酸（G）	57	75	156	0.102	0.085	0.190	0.152
组氨酸（H）	100	87	95	0.140	0.047	0.093	0.054
异亮氨酸（I）	108	160	47	0.043	0.034	0.013	0.056
亮氨酸（L）	121	130	59	0.061	0.025	0.036	0.070
赖氨酸（K）	114	74	101	0.055	0.115	0.072	0.095
甲硫氨酸（M）	145	105	60	0.068	0.082	0.014	0.055
苯丙氨酸（F）	113	138	60	0.059	0.041	0.065	0.065
脯氨酸（P）	57	55	152	0.102	0.301	0.034	0.068
丝氨酸（S）	77	75	143	0.120	0.139	0.125	0.106
苏氨酸（T）	83	119	96	0.086	0.108	0.065	0.079
色氨酸（W）	108	137	96	0.077	0.013	0.064	0.167

在统计得出氨基酸残基倾向性因子的基础上，Chou 和 Fasman 提出了二级结构的经验规则，其基本思想是，在序列中寻找规则二级结构的成核位点和终止位

点。在具体预测二级结构时，首先扫描待预测的氨基酸序列，利用一组规则发现可能成为特定二级结构成核区域的短序列片段，然后对成核区域进行扩展，不断扩大成核区域，直到二级结构类型可能发生变化为止，最后得到的就是一段具有特定二级结构的连续区域。下面是 4 个简要的规则：

（1）α 螺旋规则

沿着蛋白质序列寻找 α 螺旋核，如果相邻的 6 个残基中有至少 4 个残基倾向于形成 α 螺旋，即有 4 个残基的 $P_\alpha > 100$，则可认为这是螺旋核。然后从螺旋核向两端延伸，直至四肽 α 片段 P_α 的平均值小于 100 为止。如果按上述方法找到的片段的长度大于 5，并且 P_α 的平均值大于 P_β 的平均值，那么，这个片段的二级结构就被预测为 α 螺旋。此外，Pro 不容许出现在螺旋内部，但可出现在 C 末端以及 N 端的前三位，这也用于终止螺旋的延伸。

（2）β 折叠规则

如果相邻的 6 个残基中有 4 个倾向于形成 β 折叠，即有 4 个残基的 $P_\beta > 100$，则可认为这是 β 折叠核。折叠核向两端延伸，直至 4 个残基的 P_β 的平均值小于 100 为止。若延伸后，片段的 P_β 的平均值大于 105，且 P_β 的平均值大于 P_α 的平均值，则该片段被预测为 β 折叠。

（3）转角规则

转角的模型为四肽组合模型，要考虑每个位置上残基的组合概率，即特定残基在四肽模型的各个位置的概率。在计算过程中，对从第 i 个残基开始的连续 4 个残基片段，将上述概率相乘，根据计算结果判断是否为转角。如果 $f(i) \times f(i+1) \times f(i+2) \times f(i+3) > 7.5 \times 10^{-5}$，四肽片段 P_t 的平均值大于 100，且 P_t 的均值同时大于 P_α 的均值和 P_β 的均值，则可以预测这样连续的 4 个残基形成转角。

（4）重叠规则

假如预测出的螺旋区域和折叠区域存在重叠，则按照重叠区域 P_α 均值和 P_β 均值的相对大小来进行预测。若 P_α 的均值大于 P_β 的均值，则预测为螺旋；反之，预测为折叠。

Chou-Fasman 预测方法的原理简单明了，二级结构参数的物理意义明确，该方法中的二级结构的成核、延伸和终止规则基本上反映了真实蛋白质二级结构的形成过程。该方法的预测准确率在 50%左右。

7.4.2 GOR 预测法

GOR 是一种基于信息论和贝叶斯统计学的方法，其名称由三个发明人姓名的首字母组合而成（Garnier、Osguthorpe、Robson）。

GOR 方法将蛋白质序列当作一连串的信息值来处理，不仅考虑了被预测位置本身的氨基酸残基种类的影响，还考虑了相邻的残基种类对该位置构象的影响。GOR 对长度为 17 的残基窗进行二级结构预测。对序列中的每一个残基，GOR 方法将残基与和它 N 端紧邻的 8 个残基以及和它 C 端紧邻的 8 个残基放在一起进行考虑。与 Chou-Fasman 方法一样，GOR 方法也是通过对已知二级结构的蛋白样本集进行分析，计算出中心残基的二级结构分别为螺旋、折叠和转角时，每种氨基酸出现在窗口中的各位置的频率，从而产生一个 17×20 的得分矩阵。然后利用矩阵中的值来计算待预测的序列中每个残基形成螺旋、折叠或者转角的概率。GOR 方法是基于信息论来计算这些参数的，下面介绍 GOR 方法的数学基础。

首先考虑两个事件 S 和 R 的条件概率 $P(S/R)$，即在 R 发生的条件下，S 发生的概率。定义信息为

$$I(S;R)=\lg[P(S/R)/P(S)]$$

若 S 和 R 无关，即 $P(S/R)=P(S)$，则 $I(S;R)=0$；若 R 的发生有利于 S 的发生，即 $P(S/R)>P(S)$，则 $I(S;R)>0$；若 R 的发生不利于 S 的发生，即 $P(S/R)<P(S)$，则 $I(S;R)<0$。

使用对数的优点在于，可将概率的乘积变为信息值的和。在二级结构预测过程中，S 表示特殊的二级结构类型，R 代表氨基酸残基，$P(S/R)$ 就是残基 R 处于二级结构类型 S 中的概率。$P(S)$ 是在统计过程中观察到二级结构类型 S 的概率。

根据条件概率的定义：

$$P(S/R) = \frac{P(S,R)}{P(R)}$$

$P(S,R)$ 是同时观察到 S 和 R 的联合概率，而 $P(R)$ 是 R 出现的概率。对现有的蛋白质序列数据库和二级结构数据库进行数学统计分析，很容易得到 $I(S;R)$。如果令 N 为数据库中总的氨基酸残基的个数，f_R 为残基 R 的总个数，f_S 为处于二级结构类型 S 中的残基的总数，$f_{S,R}$ 为处于二级结构类型 S 中的残基 R 的总数，则

$$P(S,R) = f_{S,R}/N, P(R) = f_R/N, P(S) = f_S/N$$

R 处于二级结构类型 S 中的信息值按下式计算：

$$I(S;R) = \lg[(f_{S,R}/f_R)/(f_S/N)]$$

Robson 提出一种信息差的计算公式：

$$I(\Delta S;R) = I(S;R) - I(S';R) = \lg(f_{S,R}/f_{S',R}) + \lg(f_{S'}/f_S)$$

这里，S' 表示除 S 之外的其他所有二级结构类型。例如，如果 S 代表 α 螺旋，则在三态情况下，S' 代表 β 折叠或者转角。上述公式从正反两个方面给出氨基酸残基 R 与二级结构 S 关系的信息值。

若 R 可分为两个较简单的事件 R_1 和 R_2，则有

$$I(S;R) = I(S;R_1,R_2) = \lg[P(S/R_1,R_2)/P(S)]$$
$$= \lg[P(S/R_1,R_2)/P(S/R_1)] + \lg[P(S/R_1)/P(S)]$$

式中，第一项表示在 R_1 发生的条件下，R_2 对事件 S 的影响；第二项表示 R_1 对 S 的影响。上式可改写为

$$I(S;R) = I(S;R_2/R_1) + I(S;R_1)$$

同理，若 R 可分解为一系列的简单事件 $R_1,R_2,\cdots,R_n$，则有

$$I(S/R) = I(S;R_1) + I(S;R_2/R_2,R_1) + \cdots + I(S;R_n/R_{n-1},\cdots,R_2,R_1)$$

这里，$R_1,R_2,\cdots,R_n$ 代表蛋白质序列中的一组连续的残基，预测的对象是中心残基，判断其处于什么样的构象态，其他残基作为环境。GOR 方法只考虑待预测残基以及两侧各 8 个残基。

最早期的 GOR 方法采用了独立事件近似，即

$$I(\Delta S;R) = I(\Delta S;R_1) + I(\Delta S;R_2) + \cdots + I(\Delta S;R_n)$$

后来改进的 GOR 方法考虑了中心残基 R_1 的影响，信息计算公式如下：

$$I(\Delta S;R) = I(\Delta S;R_1) + I(\Delta S;R_2/R_1) + I(\Delta S;R_3/R_1) + \cdots + I(\Delta S;R_n/R_1)$$

通过统计，可以得出残基 R 处于中心残基周围各位置 i 时的信息值 $I(\Delta S;R_i)$ 或 $I(\Delta S;R_i/R_1)$，反映了周边残基对中心残基形成特定二级结构的影响。再通过上述近似公式，就可计算出 $I(\Delta S;R)$。对于一条肽链中任一位置的残基 r 的构象进行预测的过程包括三个步骤：

① 以 r 为中心，取其左右两侧共 17 个残基作为计算的窗口（记为 R）。

② 取窗口内每个残基的信息值 $I(\Delta S;R_i)$，并按照上述近似公式加和，得 $I(\Delta S;R)$。

③ 中心残基 r 的二级结构预测为 $I(\Delta S;R)$ 最大的二级结构类型 S。

假设数据库中有 1 830 个残基，780 个处于螺旋态，1 050 个处于非螺旋态。库中共有 390 个丙氨酸（A），有 240 个 A 处于螺旋态，其余 150 个 A 处于非螺旋态。可得

$$f_H = 780/1830$$
$$f_{H'} = 1\,050/1830$$
$$f_{H,A} = 240/390$$
$$f_{H',A} = 150/390$$

根据公式 $I(\Delta H;A) = \lg(f_{H,A}/f_{H',A}) + \lg(f_{H'}/f_H)$，有 $I(\Delta H;A) = 0.765\,0$。

这里，H 代表二级结构螺旋态，而 H' 代表除 H 以外的其他类型二级结构。$I(\Delta H;A)$ 就是丙氨酸 A 处于中心位置时螺旋的信息值。

早期 GOR 方法假设窗口内的 17 个残基（包括中心残基及左右两侧各 8 个残基）是相互独立的，每个残基独立地影响中心残基的二级结构。在此基础上统计了 75 个蛋白质的结构，共 12 757 个残基，统计结果为：螺旋 29.7%、折叠 19.7%、转角 12.2%、无规卷曲 38.3%。由得到的信息值 $I(\Delta S; R_i)$ 发现，有些残基的信息值中心对称，在窗口中心处其值取最大或者最小。例如，A 的螺旋信息值、I 的折叠信息值在窗口中心处取最大，这类残基越靠近窗口中心，中心残基就越容易形成特定二级结构；又如，G 的螺旋信息值、L 的转角信息值在窗口中心处取最小，这类残基离窗口中心越近，中心残基形成特定构象的机会越小。有些残基的信息值是不对称的，在一端为正，而在另一端为负。有的残基的信息值在 N 端为正，在 C 端为负，这类残基位于 N 端时有利于中心残基形成特定构象，例如，E 对于螺旋的支持程度属于这种情况；有的残基的信息值在 N 端为负，在 C 端为正，当这类残基位于 C 端时，有利于中心残基形成特定构象，比如，K 对于螺旋的支持程度属于这种情况。

GOR 方法中的信息值构成了 20 种氨基酸出现在不同位置的直接信息量表，根据该表和相关计算公式，就可以对肽链中任一位置的残基的构象进行预测。GOR 方法的物理意义明确，数学上比较严格，但计算过程较为复杂。应用 GOR 方法预测蛋白质的二级结构为螺旋、折叠或者转角的准确率大约为 65%。

7.4.3　最邻近预测法

早期，由于数据的缺乏，预测方法多基于单条序列。随着序列和结构数据的增加，研究转向同源序列分析，隐藏在同源序列中的结构信息的充分利用，使结构预测的准确率得到了较大的提高。同源分析的基础是序列比较，通过序列比较发现相似的序列，根据相似序列具有相似结构的原理，将相似序列（或者序列片段）所对应的二级结构作为预测的结果。在 Levitt 等人建立的相似片段方法中，将待预测的片段与数据库中二级结构已知的片段进行相似性比较，利用打分矩阵计算出相似性得分，根据相似性得分以及数据库中的构象态，构建出待预测片段的二级结构。这一方法对数据库中存在的同源序列非常敏感，若数据库中有相似性大于 30% 的序列，则预测准确率可以大幅提升。另一种更为合理的方法，是将待预测二级结构的蛋白质 U 与多个结构已知的同源序列 T_i 进行多重比对，对于 U 的每个残基位置，其构象态由多个同源序列对应位置的构象态决定，或取出现次数最多的构象态，或对各种可能的构象态给出得分值。

基于上述的策略，最邻近方法在预测二级结构时两个过程，一是学习过程，二是预测过程。在学习阶段，用一个滑动窗口（例如长度为 15）扫描结构已知的训练序列，序列个数为几百个，并且这些序列彼此之间的相似性很小。窗口扫形成大量的短片段（称为训练片段），记录这些片段中心氨基酸残基的二级结构。在预测阶段，利用同样大小的窗口扫描给定序列 U，将处于每一个窗口位置下的序列片段 U′与上述训练片段相比较，找出 50 个最相似的训练片段。假设这些相似片段中心残基的各种二级结构的出现频率分别为 f_α、f_β 和 f_c，用它们预测片段 U′中心残基的二级结构，可以取频率最高的构象态作为 U′中心残基的二级结构，或者直接以 f_α、f_β 和 f_c 反应 U′中心残基各种构象态可能的分布。根据处理过程的特点，最邻近方法又称相似片段法。

7.4.4　人工神经网络预测法

科学家也将神经网络用于生物信息处理，包括二级结构的预测、蛋白质结构的分类、折叠方式的预测以及基因序列的分析等。最早提出将神经网络用于二级结构预测的是 Qian 和 Sejnowskit，他们受到神经网络在文字语言处理方面的应用的启发，将蛋白质序列看作由各种氨基酸字符组成的字符序列，将氨基酸残基片段作为输入的语言字符，二级结构即为对应的输出。神经网络可以有效地学习蛋白质二级结构形成的复杂规律或模式，提取更多的信息，并利用所掌握的信息进行预测。利用神经网络方法可以提高二级结构预测准确率。

用于蛋白质二级结构预测的基本神经网络模型为三层前馈网络，包括输入层、隐含层和输出层。每一层由若干神经元组成，输入层神经元与隐含层的神经元是完全连接的，即任何一个输入层的神经元都与任何一个隐含层的神经元连接。同样，隐含层的神经元与输出层的神经元也是完全连接的，如图 7-3 所示。

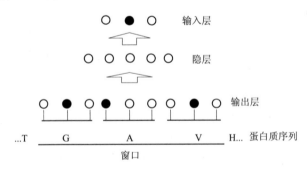

图 7-3　用于蛋白质二级结构预测的人工神经网络模型

输入层用于接收蛋白质窗口序列数据。沿蛋白质的氨基酸序列依次取一定大小的窗口，对窗口内的序列片段进行编码，窗口包括中心氨基酸残基及左右 m 个（共 $2m+1$ 个）残基，每一个残基用 21 个神经元编码，因此，输入层共有 21×（$2m+1$）个神经元。输出层有 3 个神经元，分别对应于窗口中心残基的 H、E、

C 三态。输入层中，编码一个残基的 21 个神经元，只有一个处于激发状态，即设置为 1，其余为 0，对应一种氨基酸残基。类似的，代表中心残基二级结构状态的输出单元的期望输出为 1，其他两个单元为 0。在这样一种神经网络模型中，隐含层的神经元是完成从氨基酸序列到蛋白质二级结构的映射的关键，这种映射是非线性的。通过对隐含层的信息进行处理，可以揭示出残基及所处环境与二级结构的复杂关系。隐含层的神经元个数一般为两个到几十个，隐含层的神经元越多，神经网络对训练实例的记忆能力越强，但是神经网络的推广能力也就越弱，对新蛋白质的二级结构的预测准确率越低。因此，在实际应用时，需要通过大量实验，选择合适的隐含层神经元个数。在实际应用中，窗口的大小也会影响预测结果，Qian 和 Sejnowskit 的实验结果表明，窗口的大小以取 13 个残基为佳。

神经网络通过神经元的相互连接来存储信息或知识，因此，神经网络的学习过程实际上是调整网络中各连接权值的过程。调整神经网络中各层之间的连接权值采用反向传播算法。在训练或学习过程中，将结构已知的蛋白质序列由输入层输入，不断调整神经元之间的连接权重及网络节点的偏置，直至实际输出与期望值差别最小为止。在训练过程的每一步中，取一个窗口中的序列及窗口中心氨基酸所对应的二级结构作为已知的映射结果，调整网络映射行为，使之与已知映射关系相一致。训练完毕后，得到一个参数确定并且可以进行结构预测的实际神经网络。

与其他方法相比，神经网络具有应用方便、计算能力强、预测准确率较高的特点，网络一旦训练完毕，就可以进行快速预测。目前，二级结构预测识别率不高的主要因素是许多预测方法没有使用足够的进化信息和全局信息。蛋白质序列家族中氨基酸的替换模式是高度特异的，如何利用这样的进化信息是二级结构预测的关键。

7.5　蛋白质三级结构预测

生物信息处理研究的一个主要目标是了解蛋白质序列与三维结构的关系，但是序列与结构之间的关系是非常复杂的。人们已经了解了一些蛋白质序列与二级结构之间的关系，但是对蛋白质序列与空间结构之间的关系了解得比较少。预测蛋白质的二级结构只是预测折叠蛋白的三维形状的第一步。一些结构不是很规则的环状区域与蛋白的二级结构单元共同堆砌成一个紧密的球状天然结构。在蛋白质折叠过程中，一系列不同的力都起着重要作用，包括静电力、氢键和范德华力；

疏水作用也是影响蛋白质结构的重要因素；半胱氨酸之间的共价键对蛋白构象的形成也起了决定性的作用；在一类被称为伴侣蛋白的特殊蛋白质的作用下，蛋白折叠问题变得更复杂。伴侣蛋白通过一些未预知的方式改变蛋白质的结构，而这些改变方式是很重要的。

7.5.1　同源模型化预测法

1. 模型基础

同源模型化方法是蛋白质三维结构预测的主要方法。对蛋白质数据库 PDB 进行分析可以得到这样的结论：任何一对蛋白质，如果两者的序列等同部分超过 30%（序列比对长度大于 80），则它们具有相似的三维结构，即两个蛋白质的基本折叠相同，只是非螺旋和非折叠区域的一些细节部分有所不同。蛋白质的结构比蛋白质的序列更保守，如果两个蛋白质的氨基酸残基序列有 50% 相同，那么，约有 90% 的 α 碳原子的位置偏差不超过 3%。这是同源模型化方法能够成功预测结构的前提条件。

2. 模型的基本思想

同源模型化方法的基本思想：对于一个结构未知的蛋白质，首先通过同源分析找到一个结构已知的同源蛋白质；然后，以该蛋白质的结构为模板，为结构未知的蛋白质建立结构模型。这里的前提是，必须要有一个结构已知的同源蛋白质，这可以通过搜索蛋白质结构数据库来完成，如搜索 PDB。同源模型化方法是目前比较成功的一种蛋白质三维结构预测方法。从上述的方法介绍也可以看出，因为预测新结构要借助于结构已知的模板，选择不同的同源蛋白质，则可能得到不同的模板，因此，最终得到的预测结果并不唯一。

3. 模型预测的基本步骤

假设待预测三维结构的目标蛋白质为 U（Unknown），利用同源模型化方法建立结构模型的过程包括 6 个步骤：

① 搜索结构模型的模板（T）：同源模型化方法假设两个同源的蛋白质具有相同的骨架。为待预测的蛋白质建立模型时，首先按照同源蛋白质的结构建立模板 T。所谓模板是一个结构已知的蛋白质，该蛋白质的序列与目标蛋白质 U 的序列非常相似。如果找不到这样的模板，则无法运用同源模型法。

② 序列比对：将目标蛋白质 U 的序列与模板蛋白质的序列进行比对，使 U 的氨基酸残基与模板蛋白质的残基匹配。比对中允许进行插入和删除操作。

③ 建立骨架：将模板结构的坐标复制到目标 U，仅复制匹配的残基的坐标。在一般情况下，通过这一步建立目标蛋白质 U 的骨架。

④ 构建目标蛋白质的侧链：可以将模板上相同残基的坐标直接作为目标蛋白

质的残基坐标，但是，对于不完全匹配的残基，其侧链构象是不同的，需要进一步预测。侧链坐标的预测通常使用结构已知的经验数据，如 ROTAMERS 数据库。ROTAMERS 含有所有已知结构的蛋白质中的侧链的取向，按下述过程来使用 ROTAMERS：从数据库中提取 ROTAMER 分布信息，取一定长度的氨基酸片段（对于螺旋和折叠，取 7 个残基，其他取 5 个残基）；在 U 的骨架上平移等长的片段，从 ROTAMERS 库中找出那些中心氨基酸与平移片段中心相同的片段，并且两者的局部骨架要求尽可能相同，在此基础上，从数据库中取出局部结构数据。

⑤ 构建目标蛋白质的环区：在第②步的序列比对中，可能会加入空位，这些区域常常对应于二级结构元素之间的环区，对于环区，需要另外建立模型。一般也是采用经验性方法，从结构已知的蛋白质中寻找一个最优的环区，复制其结构数据。如果找不到相应的环区，则需要用其他方法。

⑥ 优化模型：通过上述过程，为目标蛋白质 U 建立了一个初步的结构模型，在这个模型中，可能存在一些不相容的空间坐标，因此，需要进行改进和优化，如利用分子力学、分子动力学、模拟退火等方法进行结构优化。

当然，如果能够找到一系列与目标蛋白相近的蛋白质的结构，得到更多的结构模板，则能够提高预测的准确性。通过多重序列比对，发现目标序列中与所有模板结构都有较高保守性的区域，同时也能发现保守性不高的区域。将模板结构叠加起来，找到结构上保守的区域，为要建立的模型形成一个核心，然后再按照上述方法构建目标蛋白质的结构模型。

4. 预测结果的准确性及改进

对于具有 60%等同部分的序列，用上述方法建立的三维模型非常准确。若序列的等同部分超过 60%，则预测结果将接近于实验得到的测试结果。一般如果序列的等同部分大于 30%，则可以期望得到比较好的预测结果。当然，这种计算方法需要大量的计算时间，主要是由于第④步的数据库搜索过程耗时较多。

如果序列的等同部分小于 30%或更少，那么，随着 U 和 T 的相似度降低，比对这两个蛋白质序列需要插入较多的环。为环区建立精确的三维模型意味着能够进行精确的结构预测。有许多具体的方法可用于建立环区的三维模型，其中最好的方法在一些情况下能够得到环区的正确的取向。为环区建立三维模型的一种方法是分子动力学模拟。由于环区一般来说相对比较短，可以用分子动力学方法来模拟，但动态模拟过程所需要的计算时间随着多肽链的残基数的增长呈指数增长。然而，即使序列等同部分下降到 25%～30%，同源模型化方法也能产生出未知结构蛋白质整体的粗糙模型。可对这种初始模型进行优化，如常用分子动力学技术来进行优化，以提高精度。通过分子动力学的进一步模拟，往往能够得到较好的结果。

在实际研究中，对蛋白质结构的分析和预测往往着眼于某些关键部位或者功能区域。通过对蛋白质序列进行分析可以发现，在一个蛋白质家族中，存在着保守的氨基酸序列片段，这些保守的序列片段被称为氨基酸序列模式。在蛋白质家族进化的过程中，序列模式的变化被强制约束，以保证蛋白质的主要结构和功能不变。一个序列模式与蛋白质特定的局部空间结构相对应，分析序列模式与局部空间结构之间的关系有助于了解蛋白质的功能区域的结构，而详细地分析这些关键的结构部分，有助于认识蛋白质作用的机理，了解蛋白质与其他生物分子之间的相互作用，甚至为新药设计提供依据。

5. 同源模型的其他方法

也可以用人工神经网络（如 BP 网）来预测同源蛋白质的空间结构。Bohr 等人曾利用 BP 网预测同源蛋白质的折叠模式，该方法用距离点矩阵来表示蛋白质的结构，同源蛋白质的距离矩阵相似。沿水平轴和垂直轴画出蛋白质序列，如果两个氨基酸 C 原子之间的距离小于指定的距离，则在矩阵 α 对应的位置打上点标记。与预测二级结构的神经网络方法相似，将一个窗口在蛋白质序列上移动，把窗口内蛋白质序列、二级结构类型、反映空间结构信息的点距离矩阵作为神经网络的输入/输出数据。其中，在网络的输入层输入一个窗口内氨基酸的序列信息，在中心氨基酸两侧分别取 30 个氨基酸，窗口大小为 61。网络的输出层有 33 个节点，其中 30 个节点对应于中心氨基酸的前 30 个氨基酸，其值为 0 或者 1，取决于该氨基酸与中心氨基酸的距离是否小于给定的值（如 8），这与点距离矩阵相对应。另外，3 个输出节点用于表示二级结构类型（螺旋、折叠、卷曲）。利用结构已知的同源蛋白质训练该网络，然后用训练好的网络对属于同一家族的蛋白质进行结构预测。该模型可以同时进行二级结构和空间结构的预测。

7.5.2 线索化模型预测法

1. 线索化模型产生的背景及发展

两个自然进化的蛋白质如果具有 30%的等同序列，则它们是同源的蛋白质，具有基本相同的三维结构。那么，其余的是否就不是同源的呢？事实并非如此。在最新的蛋白质数据库 PDB 中，有上千对蛋白质具有同源的空间结构，但它们的序列等同部分小于 25%，即远程同源。许多结构相似的蛋白质都是远程同源的。对于这类蛋白质，很难通过序列比对找出它们之间的关系，必须设计新的分析方法。

对于一个结构未知的蛋白质（U），如果找到其一个结构已知的远程同源蛋白质（T），那么，可以根据 T 的结构模板通过远程同源模型化方法建立 U 的三维结构模型。一个成功的远程同源模型化方法要解决三个问题：

① 检测远程同源蛋白质（T）。

② U 和 T 的序列必须被正确地比对或对比排列。

③ 修改一般的同源模型化方法，以适用于相似度非常低的情况，即处理更多的环区，建立合理的三维结构模型。

检测远程同源蛋白质是一个基本问题，而正确比对 U 和 T 的氨基酸序列则是更为复杂的问题。目前，有许多方法声称能够解决这两个问题，其基本思想是：建立一个从 U 到 T 的线索，并通过一些基于环境或基于知识的势，评价序列与结构的适应性。最后建立三维结构模型则是非常困难的，这是因为，建立模型时不能校正在序列比对阶段出现的错误。现在，线索技术已成为蛋白质结构预测领域中最活跃的研究方向。线索化的主要思想是，利用氨基酸的结构倾向（如形成二级结构的倾向、疏水性、极性等），评价一个序列所对应的结构能否适配到给定的结构环境中。有学者提出另一种不同的方法，即利用蛋白质数据库中丰富的信息，通过提取平均势场，取出结构知识。利用势场监视特定氨基酸残基对之间的观察距离，而这些残基对间的间隔是特定的(即两个残基之间间隔的残基数是特定的)。

自 1995 年，许多线索化方法开始用平均势场。有一种针对二级结构预测的线索化方法，该方法首先对结构未知的蛋白质序列预测其二级结构，然后从已知结构的数据库中提取该二级结构，最终根据标准的动态规划方法，通过序列比对，比较从数据库中得到的二级结构和预测得到的二级结构。由于不同的平均势场刻画蛋白质不同的结构特征，正确的远程同源蛋白质很可能是得到的查找结果之一。然而，目前还没有一个单独方法，能够在一半以上的情况下检测到正确的远程同源蛋白质。凡是经过大量测试、严格评估的方法，其得到正确的远程同源蛋白质的概率小于 40%。即使这样，这些方法的性能也优于传统的序列对比排列方法(在序列等同部分小于 25%的情况下)。另外，各种结构预测实验的成功表明，在专家仔细筛选各种选择后，检测到远程同源蛋白质的可能性将会得到一步提高。

2. 线索化模型的基本思想

建立序列到结构的线索的过程称为线索化，线索技术又称为折叠识别技术。线索化或者折叠识别的目标是，为目标蛋白质 U 寻找合适的蛋白质模板，这些蛋白质模板与 U 没有显著的序列相似性，但却是远程同源的。如能找到这样的模板，则将 U 的序列与模板的结构进行比对，即建立线索。在此基础上，利用模板结构为蛋白质 U 建立结构模型。线索化比预测三维结构更复杂，是 NP 完全问题，需要采用近似求解方法或启发式求解方法。而解决该问题的回报也是非常高的，如果能解决线索化问题，那么，预测更多的蛋白质结构将成为可能。

对于不同的序列-结构匹配程度度量方法，应使用不同的线索化方法，但是，线索化方法一般有 5 个基本组成部分：

① 已知三维折叠结构的数据库；

② 一种适用于进行序列-结构比对的三维折叠信息的表示方法；

③ 一个序列-结构匹配函数，该函数对匹配程度进行打分；

④ 建立最优线索的策略，或者是进行序列-结构比对的策略；

⑤ 一种评价序列-结构比对显著性的方法。

在线索技术中，假设存在数目有限的核心折叠。核心折叠实际上是构成蛋白质空间形状的基本模式。线索技术的首要任务是，建立核心折叠数据库，在预测蛋白质空间结构时，将一个待预测结构的蛋白质序列与数据库中的核心折叠进行比对，找出比对结果最好的核心折叠，将其作为构造待预测蛋白质结构模型的根据。

3. 线索化模型的优化算法

下面介绍一种基于序列与结构比对的最优线索化算法。

令 $S_1, S_2, \cdots, S_n$ 为蛋白质序列 S 的 n 个元素，$C_1, C_2, \cdots, C_m$ 为数据库中核心折叠 C 的 m 个核心区域。每一个核心区域由若干个氨基酸残基构成。令 C_{ij} 为第 i 个核心区域的第 j 个氨基酸的位置。假设核心折叠 C 中所有重要的相互作用都体现在各 C_{ij} 之间的两两作用上，利用图来表示这些相互作用。在图中，用顶点表示 C_{ij}，如果 C_{ij} 和 $C_{i'j'}$ 之间存在相互作用，则在图中画一条从 C_{ij} 所在顶点到 $C_{i'j'}$ 所在顶点的边。

设 t 是一个从序列到核心折叠的线索，则 t 说明了序列 S 的哪些元素 $S_i, S_j, S_k, \cdots$ 代表了核心区域 $C_1, C_2, C_3 \cdots$ 的起始位置。这实际上是一种序列 S 与核心折叠 C 的比对，但是，在这样的比对中，序列元素内部没有空位，而序列元素之间存在空位，这些空位将序列元素分割开来。

令 λ 代表核心折叠 C 中的环到序列 S 中空位的映射，显然，λ 是通过线索化来确定的。令 $f(t)$ 为比对的得分函数，其定义如下：

$$f(t) = g_1(v,t) + g_2(u,v,t) + g_3(\lambda,t)$$

其中，$g_1(v,t)$ 评价氨基酸残基 v 所处的位置；$g_2(u,v,t)$ 评价残基 u 和 v 的相对位置，如果 u 和 v 键合，则得分高；$g_3(\lambda,t)$ 评价环区，根据环区的大小进行打分。

完成上述概念的定义之后，可以用非常简单的语言描述线索化问题：对于给定的序列 S 和核心折叠 C，选择一个线索 t，使 $f(t)$ 的值最小，即寻找一个从 S 到 C 的最佳映射。虽然问题的描述非常简单，但是，要解决这个问题却非常复杂，这是一个 NP 完全问题。准确求解的运算量非常大，在实际应用中，只能采用近似或启发式的方法进行求解。如，采用分支约束的方法，通过压缩搜索空间，提高算法的执行效率。

7.5.3 从头预测法

1. 从头预测模型的基本思想

在既没有结构已知的同源蛋白质，也没有结构已知的远程同源蛋白质的情况下，上述两种蛋白质结构预测方法都不能用，这时只能采用从头预测方法，即（直接）仅根据序列本身来预测其结构。在 1994 年之前，还没有从头计算方法能够预测蛋白质的空间结构。之后，研究人员陆续提出一些方法，为进一步的研究指明方向。有些研究小组运用距离几何方法得到了比较好的结果。将简化的力场与动态优化策略相结合，虽然得到的结果不是太精确，但意义重大，表明这项工作非常有希望取得突破。

从头预测方法一般由以下三部分组成。

① 一种蛋白质几何表示方法：由于表示和处理所有原子和溶剂环境的计算开销非常大，因此，需要对蛋白质和溶剂的表示形式进行近似处理，例如，使用一个或少数几个原子代表一个氨基酸残基。

② 一个能量函数及其参数，或者一个合理的构象得分函数，以便计算各种构象的能量。通过对结构已知的蛋白质进行统计分析，来确定蛋白质构象能量函数中的各个参数或者得分函数。

③ 一种构象空间搜索技术：必须选择一个优化方法，对构象空间进行快速搜索，迅速找到与某一全局最小能量相对应的构象。其中，构象空间搜索技术和能量函数是从头预测方法的关键。

2. 蛋白质构象的网格模型

限制蛋白骨架构象可采用的自由度，是在模拟过程中简化蛋白质的一种方法。其中一种限制是，只允许 α 碳原子位于二维或三维格子（网格）的位置上。这种简化方法大大减少了一个蛋白质可以采用的构象的数目。于是，对于一个中等大小的多肽链，可以对它的构象空间进行穷举搜索，找到能量为全局最小的构象。而对于比较长的多肽链，简化的格子模型可以使非穷尽的搜索方法对所有可能的构象进行较大比例的取样，因此，可以比较准确地估计出能量为全局最小的构象。

H-P ［疏水（Hydrophobic）-极性（Polar）］模型是最成熟的一种简单网格模型。H-P 模型用半径固定的原子来表示蛋白质中的氨基酸残基，从而进一步简化蛋白质结构。在这种表示方法中，原子被分为两种类型：疏水原子和极性原子。如图 7-4 所示，（a）图为二维图，（b）图为三维图，黑色表示疏水残基，白色表示极性残基。

按照惯例，N 端的氨基酸位于坐标系的原点，第二个氨基酸残基就位于(1,0)

或(1,0,0)处。通常认为，疏水作用力是使蛋白质折叠成一个紧密球状结构的几种基础力之一。大多数蛋白质的天然结构都有一个疏水核心和一个与溶液接触的表面，疏水核心中掩藏着疏水残基，它们与溶液隔离，而与溶液接触的表面大多或者全部由极性残基和带电残基组成。将蛋白质折叠成一个紧密结构以使疏水残基与溶液相分离的过程通常称为疏水折叠。膜蛋白较为特殊，这种蛋白具有一个或多个嵌入细胞膜的跨膜区，这些跨膜区主要是螺旋结构。由于细胞膜大多由疏水的碳原子和氢原子组成，因此，这些"表面"的螺旋结构实际上与水分子是分离的，它们大多由疏水氨基酸组成。

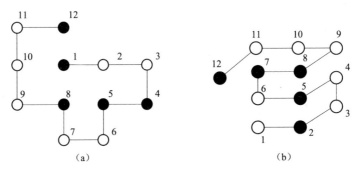

图 7-4　一段较短的用二维和三维 H-P 表示的多肽链

(a) 二维图；(b) 三维图

H-P 模型依据疏水残基之间的接触情况进行打分。为了评价 H-P 模型中的一个特定的构象，要计算出网格中 H 和 H 接触的数目。在这里，除了多肽链一级结构中相邻的 H 和 H 的接触外（由于多肽链一级结构中相邻的 H 和 H 接触在每一个可能的构象中都存在，因此，为简单起见，这些 H 和 H 接触被去除），其他每一个 H 和 H 的接触对能量的贡献都设为−1。最优的构象就是所有可能的构象中具有最多 H 和 H 接触的那个构象。一般来说，要获得最多的 H 和 H 接触，通常需要先形成一个疏水核心，这个疏水核心必须含有尽可能多的 H 残基，同时要将 P 残基转移至多肽链的表面。图 7-4 中二维和三维构象的得分都是−3。

有了网格模型及构象能量计算方法，下一个任务就是搜索能量全局最小的构象。在设计搜索算法时，主要问题就是，如何表示一个特定的构象。一个最简单的方法就是，将第一个残基放在网格的（0,0）或（0,0,0）格点上，然后描述从前面一个残基到下一个残基的移动方向。运用这种绝对方向表示法时，二维模型的每个位置上可选择的方向包括上、右、左和下（U,R,L,D）；而对于三维模型，每个位置上可选择的方向包括上、右、左、下、后和前（U,R,L,D,B,F）。利用这种绝对方向表示法，可以将图 7-4 中的二维构象表示成（R,R,D,L,D,L,U,L,U,U,R），将三维构象表示成（R,B,U,F,L,U,R,B,L,L,F）。相对方向表示法是利用每个氨基酸残基主链的转动方向来表示每个位置上的残基的方向，这种方法能够减少每个位置上可选择的方向数。这种情况下，对于一个二维正方形的网格模型，第二个残基以后的每个残基位置上可选择的方向有三个：左、右和前（通常表示为 L、R 和 F）；对于一个三维正方体的网格模型，每个残基位置上可选择的方向有左、右、前、上和下（L,R,F,U,D）。在运用这种表示方法时，不但要清楚当前的位置，同时还要清楚当前残基"面对"的方向。对于二维模型，第一个残基位于网格的（0,0）位上，其面对的方向为右。也就是说，如果第一个移动方向是 F，那么第二个残基就应该位于网格的（1,0）位上。因此，图 7-4 中的二维构象用相对方向表示法可表示为（F,F,R,R,L,R,R,L,R,F,R）。对于三维模型，第一个残基位于网格的（0,0,0）位上，其面对的方向为右。当沿着多肽链移动时，不但要清楚当前残基面对的方向，同时还要清楚当前哪个方向应该看成是"上"。利用这种表示方法，图 7-4 中的三维构象可以表示为（F,L,U,U,R,U,U,L,L,F,L）。使用上面两种基于方向的表示方法时，会遇到一个关键的问题，那就是，一些构象中，两个残基会出现在同一个位置上。比如，一个二维构象用相对（基于主链的转动）表示法表示时，如果它的起始的四个残基表示为（L,L,L,L），那么，这个构象就会有两个残基位于原点（0,0）上，从而导致残基碰撞（Bump），或者说原子空间碰撞。在构象搜索时，如果出现这种空间碰撞，可以采用多种方法来处理。最简单的一种方法就是，为每一个具有碰撞的构象分配一个非常高的能量值。由于搜索算法寻找的是低能量构象，因此具有碰撞的构象在搜索时会被剔除。不过，如果有些构象能够解决碰撞问题，则它的能量就会比较小，因此，这些构象可能会是有效构象。但是，如果采用上面的方法来解决碰撞问题，在搜索过程中，这些有效构象就会被去除掉。其他处理碰撞的方法包括，在为构象打分之前，先利用局部优化方法来解决碰撞，另外，也可以使用在构象搜索过程中不会产生碰撞的表示法。优先排序表示法就是一种在构象搜索过程中不会产生碰撞的表示法。在优先排序法中，残基对应的方向并不是某一个方向，而是所有可能的方向的排列。比如，在二维模型中，某个残基对应的方向可能会是{L,F,R}。{L,F,R}表示，这个残基最可能对应的方向是左，但是，如果残基移向左侧，构象中会出现碰撞，就为这个残基选择下一个可能的方向，即向前，最后一个可选择的方向为向右。使用这种表示法来表示构象时，在有些构象中仍然会出现碰撞（向所有方向移动都会导致碰撞时），但用这种表示方法出现碰撞的频率比用绝对方向表示法出现碰撞的频率要小很多。将优先排序表示法和局部构象搜索方法结合起来，就可以设计出使构象中绝对不会出现碰撞的表示法。

H-P 模型基于三种简化处理，即蛋白质中各个氨基酸残基的 α 碳原子都位于二维网格或三维网格的格点上，疏水作用是蛋白折叠中唯一的重要因素，同时，计算疏水残基接触的数目代替构象的能量计算。虽然这样处理非常简单，但是，通过 H-P 模型的计算分析，能够发现蛋白质折叠的一些机制。

如果在蛋白质模型中取消氨基酸定位于网格点的限制，那么，蛋白模型就可以更真实地模拟出蛋白的实际构象。去网格模型的误差通常用预测构象和实际构象中 α 碳原子的均方根偏差（RMSD）来表示。α 碳原子的 RMSD 是指，当预测构象和实际构象重叠在一起时，两种构象中每个 α 碳原子位置的 Euclidean 平方距离的总和。

随着蛋白模型与实际情况越来越相符，模型的复杂性也越来越大。去网格蛋白折叠模型可以只考虑 α 碳原子，也可以考虑所有的骨架原子，甚至可以考虑所有的骨架原子和侧链原子。如果在模型中考虑侧链，那么，侧链可以表示成刚性侧链、半柔性侧链和完全柔性侧链。对于刚性侧链，已经在 X 射线结晶结构中得到了这些侧链的构象，X 射线结晶结构中，某种氨基酸出现最多的构象即这种氨基酸的刚性侧链所采取的构象。对于半柔性侧链，也是利用类似的经验性方法来得到它的构象。从一系列 X 射线结构中可以得到侧链的多种构象，对这些构象进行分组，形状类似的为一组，这样就排除了那些不经常出现的构象，减少了搜索的复杂度。

3. 能量函数及优化

除了要考虑疏水作用，在蛋白折叠的能量函数中还要考虑到氢键作用、二硫桥的形成、静电作用、范德华力以及溶剂作用。由于这些力的相对作用很难通过实验来计算，因此，寻找一个合适的蛋白折叠复合能量函数仍然是研究的热点。可以通过理论方法，研究范德华力、氢键、溶剂、静电和其他力对一个已折叠蛋白总体稳定性的相对作用来建立能量函数，其目标是，得到一个近似的能量函数或者力场，那些结构已知的蛋白质结晶构象在这个能量函数中处于能量最小的状态。寻找可行的能量函数，本质上是分子力学的问题。而且，科学家确实已经设计出了许多有效的能量函数。

分子力学方法假设正确的蛋白质折叠对应于能量最低的构象。分子力学势能是原子坐标的函数，其极小值对应于原子体系的局部能量最小点。势能函数由多项组成，包括成键作用和非成键作用。成键作用项有化学键的伸缩能（键长）、弯曲能（键角）和扭转能（二面角），非成键作用包括范德华力、静电力、氢键等。分子力学中的势能参数的来源很多，包括从头算法和半经验量子化学的计算结果、氨基酸和小分子的实验观察结果等。

有多种方法可进行能量的优化。常用的方法是梯度下降法，其中，最速下降法是一种较为简单的优化算法。在搜索最低能量的过程中，最速下降法反复对能量函数进行微分，计算梯度，每次沿能量下降最快的方向前进。当搜索位置离能量极小点比较远时，用这种方法可以迅速向极小点靠近，但接近极小点时，会产生振荡，收敛速度要慢。另一种基于梯度的方法是共轭梯度法，其计算过程与最速下降法一样，但在选择搜索方向时，不仅要考虑当前的梯度，还要考虑原来的搜索方向，综合决定下一步搜索方向。共轭梯度法收敛的速度快，但是更容易陷入能量局部极小点。

牛顿-拉普森方法是另一类能量优化方法。梯度方法在计算时使用的是一阶微分，而牛顿-拉普森方法除使用一阶微分外，还计算二阶微分，用一阶微分确定搜索方向，用二阶微分确定沿梯度在什么地方改变方向。该方法能够迅速收敛，但是计算量非常大。也可以通过分子动力学来寻找具有局部最低能量的构象。分子动力学利用牛顿力学的基本原理，通过求解运动方程得到所有原子的运动轨迹，并根据轨迹计算各种性质。分子动力学的优势在于，能够跨过较大的势垒，获得低能量的构象。在蒙特卡罗方法和其他理论、实验方法的支持下，分子动力学作为一种改进的模型，在搜索过程中能够避免陷入局部能量极小点。分子动力学的另外一个特点是，可以模拟蛋白质折叠的过程，从而帮助人们深入了解蛋白质折叠的规律。

蒙特卡罗方法是一种随机采样方法，通过该方法可以找到非常接近于全局能量最优的构象。也可用模拟退火方法、遗传算法等进行蛋白质构象搜索和结构预测。然而，要确保找到全局最低能量的构象，必须进行全面搜索，以一定步长搜索整个构象空间，从而寻找能量最低点。由于搜索范围是整个构象空间，所以，最终找到的是全局最小点。但是，对于生物大分子来讲，搜索空间太大，在实际应用中不可行，故只能处理很小的蛋白质。即使对搜索空间进行约束，如只允许感兴趣的氨基酸和连接两个残基的二面角发生变化，计算量仍然是个问题。对构象空间的进一步简化也只能处理比较小的蛋白质。

虽然利用引起蛋白质折叠的物理力学以及能量函数对蛋白质进行建模有一定实际意义，但是这种从头开始预测蛋白质结构的方法由于种种原因往往得不到令人满意的结果。这是因为，首先，到目前为止，人们还没有完全了解究竟是哪些力决定了蛋白质的折叠过程，而这些力又是如何相互作用的。即使有了一些力场，力场的参数也不够精确。其次，这种方法需要考虑蛋白质中全部原子之间以及全部原子与周围溶剂之间的相互作用。对于实际大小的多肽，由于计算量太大，这种方法其实并不可行。实际上，也没有处理溶剂的好方法。最后，构象搜索过程容易陷入局部能量极小点，且自然折叠的蛋白质结构一般与蛋白质构象的能量差值比较小，因此，通过计算发现蛋白质的自然折叠结构非常困难。

对于从头开始的方法，另外一种变化方法就是根据一些结构已知的蛋白质构象为一个结构未知的蛋白设计一个经验性的伪能量函数。通常，为得到这种经验性的能量函数表达式，首先要选择一系列结构已知的蛋白质，然后对于每一个氨基酸，分析在三维空间上与其相邻的氨基酸。于是，根据不同氨基酸的相对位置就可得到一个得分矩阵。例如，得分矩阵会记录所有与丝氨酸残基的距离小于 3.6 的苏氨酸残基的数目。对一个假设的蛋白质构象，为了估计出它的经验性能量，必须考虑这个蛋白中每个残基的相邻残基。那些在样本库中经常出现的局部构象，它们的能量得分会比较小，而那些在样本库中不经常出现的局部构象，它们的得分则比较高。如果一个构象的得分比较高，则这个构象不太稳定。例如，一个特定的丝氨酸残基在与其距离为 6 的范围内有三个相邻的残基，即天冬氨酸、组氨酸和谷氨酸，并且得分矩阵显示，天冬氨酸、组氨酸和谷氨酸在蛋白结构样本库中经常与丝氨酸相邻，那么，这个丝氨酸残基的能量得分就比较低。但是，假如得分矩阵显示丝氨酸和谷氨酸很少相邻，那么这个丝氨酸残基的经验性能量值就比较高。将蛋白质中所有残基的局部能量值累加，就得到这个蛋白质基于经验的全局能量值。实际上，这种经验性能量函数只对那些与已知蛋白质的结构相似的构象赋予比较低的能量值，而对那些新出现的构象或者不经常出现的构象，则赋予较高的能量值。

4. 预测结构验证

需对用各种方法得到的蛋白质结构预测结果进行验证，以确定预测方法是否可行，并确定其适应面。一种验证方法是，取结构已知的蛋白质，对这些蛋白质进行模拟结构预测，并将预测结构与真实结构进行比较，分析两者之间的差距。为了客观地评价各种预测方法，需要建立权威的评判机构，建立公认的蛋白质结构测试数据集。设立在马里兰生物技术研究中心的 CASP 就是这样一个系统。

对同源模型化方法、线索化方法和从头预测方法进行实验测试和评价，结果表明：

① 在同源模型化方法中，得到一个好的序列比对是该方法的关键。当目标蛋白质与模板的等同部分超过 60%时，完全可以找到正确的比对。然而，如果序列相似程度只有 20%～25%，则很难找到正确的比对。如果相似程度低于 20%，那么，同源模型化方法几乎无能为力，因为在这种情况下，很难或无法找到合适的模板。

② 对于线索化方法，如果能够找到同一家族远程同源蛋白质，则可以获得比较好的预测结果。如果找到的模板属于不同的家族，则预测的准确性难以保证。

③ 对于从头预测方法，目前还难以产生准确的预测结构。

在三维结构预测方面，预测方法仍有待深入研究。由同源性得到的结构模型，一般精度可达到原子分辨率级别，而 Swiss-prot 数据库中的序列，大约 1/3 能够得到粗糙的结构模型。不幸的是，许多模型在环区的位置标定方面存在着较大的误差。线索化技术通过搜索远程同源蛋白质能够大大提高标定精度，但是，对于大规模的序列分析，线索化技术仍然不是太可靠。对于一个结构未知的蛋白质，如果没有其同源蛋白质的结构，则该蛋白质结构信息的唯一来源就是实验，或者通过从头算法进行结构预测。

即使通过实验得到多种蛋白质结构，有一类蛋白质仍然对实验测定方法提出挑战，这就是膜蛋白。最大的障碍在于，这类蛋白质不能结晶，即使用核磁共振 NMR 技术也难以测定其结构。因此，对于这类蛋白质，结构预测方法就显得格外重要。

7.6　应用实例分析

7.6.1　蛋白质折叠预测

1. 问题描述

在模拟计算蛋白质折叠问题时，首先需要建立数学模型，然后选择较好的算法来模拟计算。这里仅考虑二维情形，运用广泛且简便的 H-P 模型，分析如何用蒙特卡罗方法和遗传算法来解决这一问题。在分析这些问题时，重点是如何用计算机模拟实现，本实例在最后给出一些实际的计算结果。

2. 方法分析

（1）蛋白质折叠的 H-P 模型

组成蛋白质的氨基酸共有 20 种，它们的大小以及物理、化学特性都不相同，而其中，疏水性，即氨基酸不喜欢水的程度又是尤其重要的。有些残基的侧链是极性的，很容易和水作用，或形成氢键，或融合于水环境中，呈亲水性质；而有一些残基的侧链是非极性的，不表现出和水或其他基团相互作用的能力和倾向，呈疏水性质。疏水性可以使球状蛋白质折叠成拥有疏水核心的紧凑的结构。K.A.Dill 根据疏水残基埋藏在蛋白质分子内部、亲水残基暴露在蛋白质分子与水接触的表面这一蛋白质的结构特点建立了亲疏水模型，即 H-P 模型。

首先把 20 种氨基酸根据其疏水性分成两类：H 代表疏水性氨基酸，P 代表亲水性氨基酸，这样，就能将所研究的蛋白质序列视为由疏水性氨基酸和亲水性氨基酸组成的链。可以将其用数学描述一个序列：

$$Z_1, Z_2, \cdots, Z_J$$

序列中，Z_1 代表第一个氨基酸，Z_2 代表第二个氨基酸，J 表示蛋白质的长度（也表示序列中氨基酸的个数）。

氨基酸序列对应的能量函数：

$$E = \sum_{i<j} E_{\sigma_i \sigma_j} \Delta(r_i - r_j) \tag{7-1}$$

式中，σ_i 表示肽链上的第 i 个氨基酸残基；r_i 表示第 i 个氨基酸的位置。

如果 r_i 和 r_j 非直接相连但相邻，$\Delta(r_i - r_j) = 1$，否则 $\Delta(r_i - r_j) = 0$。HH、HP、PP 残基间的能量取值满足一定的条件。在二维空间中，取 $E_{HH} = -1$，$E_{HP} = E_{PP} = 0$。在三维空间中，这些参数应符合下列规则：

① 紧凑模型的能量值要小于非紧凑模型的能量值；

② 疏水氨基酸残基尽可能地聚集在模型的内部，即相互作用力参数要满足 $E_{PP} > E_{HP} > E_{HH}$；

③ 不同类型的残基要趋于分离，即要满足：$2E_{PP} > E_{HP} + E_{HH}$。

根据这些物理限制，可以取 $E_{HH} = -2.3$，$E_{HP} = -1$，$E_{PP} = 0$。

可以将此模型用到二维或者三维网格模型中。网格模型的基本做法是，将空间离散化，即链单元只能取空间中某些人为规定的格点。显然，格子链在细节上

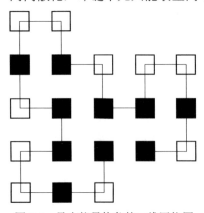

与真实链有很大的差别，但是格子链模型减少了自由度，简化了计算，是研究蛋白质折叠的一种好方法。常用的格子链模型有方格子链模型、金刚石格子链模型、三角点阵链模型等。

下面介绍二维方格子链模型的具体实施方法。将二维空间等距划分，沿网格连线，链上的每一个节点都可以前、后、上、下旋转90°。随机产生 0 或者 1，产生的随机数为 00 时，节点向前一个网格；为 01 时，节点向上一个网格；为 11 时，节点向后一个网格；为 10 时，节点向下一个网格，如图 7-5 所示。

图 7-5　最小能量构象的二维网络图

图 7-5 所示的就是序列 HPHPPHHPHPPHPHHPPHPH 的量小能量构象的二维网格图，能量函数为-9。

这个模型非常简单，仅考虑了氨基酸的亲水和疏水作用，但却反映了蛋白质折叠的重要特征。在图 7-5 中可以明显地看到，最小能量构象有一个疏水核心。

至此，已建立了蛋白质折叠的二维网格模型，确定了蛋白质折叠的能量函数。最后，介绍一下这部分的算法设计：

第一步，输入所要折叠的蛋白质序列（疏水 H，亲水 P），统计输入的 H 或 P 的个数，记为 lchrom。

第二步，产生 0、1 随机数列。总个数为 2×（lchrom−1）。因为蛋白质折叠中的氨基酸不能重叠在一起，产生的随机数列要尽量避免使蛋白质序列出现重合。例如，第一次产生的随机数列应该避免以下两种情况：

① 前后重叠，即出现 0011、1100、0110、1001 四种情况。

② 序列出现最小的回路，即出现如图 7-6 所示的情况，即出现 00101101、10110100、11010010、01001011 四种情况。

但是当序列长度较长时，可能会出现如图 7-7 所示的情况，甚至更大的回路。

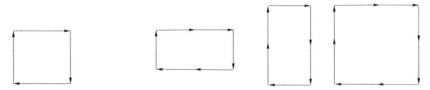

图 7-6　避免出现的最小回路　　　图 7-7　其他闭合回路情况

当出现此情况时，可以加一惩罚因子来避免这一序列，具体可见下文，此处不详细介绍。当然，也可以编一段程序，避免出现以上的情况，但是这样将降低程序的可读性，所以不采取这种处理方法。

第三步，在进行适应值计算之前，需分别记录各个氨基酸残基的类型（疏水或亲水）、位置、顺序。解决的方法是，设置两个矩阵，Sample[][]存放 1,2,3,…折叠顺序，SeArray[][]存放 H 或 P。例如，序列为 0001000100101011101110，则得到的 Sample[][]矩阵和 SeArray[][]矩阵为：

$$
\begin{bmatrix}
 & & 5 & 6 \\
 & 3 & 4 & 7 \\
1 & 2 & 9 & 8 \\
 & 11 & 10 & \\
 & 12 & & \\
\end{bmatrix}
\qquad
\begin{bmatrix}
 & & H & P \\
 & P & H & H \\
P & H & H & P \\
 & H & P & \\
 & H & & \\
\end{bmatrix}
$$

Sample[][]矩阵　　　　　　SeArray[][]矩阵

第四步，计算能量。当 SeArray[][]矩阵中出现 H、H 相邻，而 Sample[][]矩阵又表明这两个 H 不相连的时候，记能量为−1（由于是在二维空间中，故取 $E_{HH}=-1$，

$E_{HP}=E_{PP}=0$）。统计所有的这类情况，根据式（7-1）得到能量函数 E。判断矩阵 Sample[][]或矩阵 SeArray[][]中出现的数字或字母的个数，记为 d。如果 d 等于 lchrom，说明蛋白质序列的折叠没有出现重叠在一起的情况，不进行任何的操作；如果 d 不等于 lchrom，则说明蛋白质序列的折叠出现了重叠在一起的情况，此时要加惩罚因子，使 E 增大，从而使 Z 被选中的概率减小。可以根据式（7-2）加惩罚因子：

$$E = \sum_{i<j} E_{\sigma_i\sigma_j}\Delta(r_i - r_j)\times P, \qquad P = \begin{cases} 1, & d = \text{lchrom} \\ \text{负整数}, & d \neq \text{lchrom} \end{cases} \qquad (7\text{-}2)$$

由于能量为负数，再乘以一个负数后，能量就变为正数，显然，能量增大。至此，模型的建立任务就已经完成了。

（2）基于蒙特卡罗方法的蛋白质折叠预测

基于本节第一部分，在获得了个体的适应值后，就要用蒙特卡罗方法进行计算机模拟，力求得到蛋白质折叠结构。首先介绍如何使用最基本的蒙特卡罗方法，即吉布斯重要性采样方法。计算完个体的适应值之后，接下来的步骤如下：

① 改变当前随机数列。由计算机随机选取改变的位点，如果位点原值为 1，则改为 0，反之则改为 1。还可以采用多位点改变的方法，即产生一个随机数 rnd=rand()%lchrom，rnd 的范围为 0 到 lchrorm−1，由此随机数来决定一次改变几个位点。同时，新产生的数列应避免使序列出现前后重叠，即出现 0011、1100、0110、1001 四种情况。这只是避免了出现前后重叠的情况，并没有避免出现回路的情况。但是，因为程序会判断 d 与 lchrom 的数值，所以，即使出现了回路，最终仍然是可以避免的。

② 计算新产生的序列的能量 $E(x_{new})$，判断是否用新随机数列取代旧随机数列。采用 Metropolis 准则，如果 $E(x_{new}) \leqslant E(x)$，以概率 1 接受这一变化。如果 $E(x_{new})>E(x)$，不能简单地舍弃 x_{new}，否则会陷入局部能量极小的困境中。应以一定的概率接受能量增加的状态。方法是，计算两个状态的玻耳兹曼因子的比值，然后产生一个介于 0~1 的随机数 ξ。如果 $r>\xi$，那么，依然保留 x_{new} 状态；只有当 $r\leqslant\xi$ 时，才舍弃 x_{new} 状态，仍使用原先的状态 x。

循环执行步骤①、②，直到满足循环终止条件为正，如迭代步数达到限定值，或者连续几代个体适应度的差异小于某个预先给定的较小的阈值。此时，跳出循环，输出最终得到的最小能量和形成此最小能量的随机数列。根据这个随机数列，就可以得到二维网格上蛋白质折叠的预测结果。

使用 H-P 二维网格模型的吉布斯重要性采样方法的流程如图 7-8 所示。

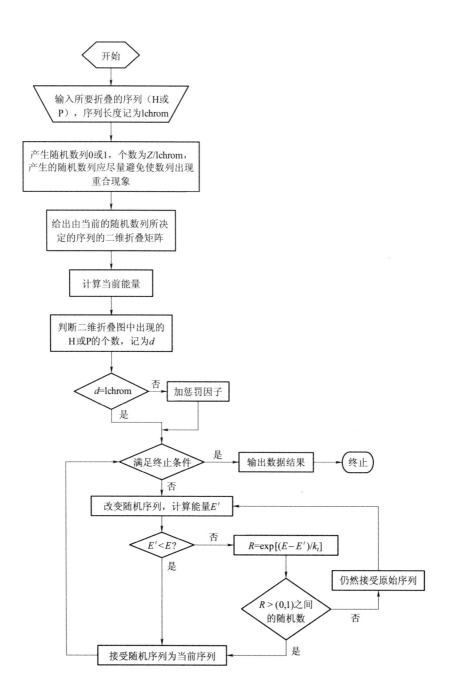

图 7-8 使用 H-P 二维网格模型的吉布斯重要性采样方法的流程

上述方法的一个改进就是，在步骤②中加入模拟退火因子。方法是，将接受新随机数列的概率改为：

$$
p = \begin{cases} 1, & \text{如果} E(x_{\text{new}}) \leqslant E(x) \\ \exp\left[-\dfrac{E(x_{\text{new}}) - E(x)}{t_k}\right], & \text{如果} E(x_{\text{new}}) > E(x) \end{cases} \tag{7-3}
$$

式中，t_k 为一递减序列，而不是原先的重要性采样方法中的固定值。

随着迭代次数的增加，t_k 趋于 0，最终可以求得问题的解。t_k 的实现方法有许多种，一般可以取 $t_k = t_{k-1} C$，其中，C 是一个介于 0～1 之间的数。可以每迭代一步计算一次 t_k，也可以在运行了一定的步数后计算一次 t_k。

还可以将吉布斯重要性采样方法改进成非玻耳兹曼概率分布的"推广的采样"。

如果要使用广义系统的蒙特卡罗方法，则只需将步骤①中的表述改为：

$$
r = \left[1 + \beta \frac{E(x_{\text{new}}) - E_0}{n_F}\right]^{-n_F} \Big/ \left[1 + \beta \frac{E(x) - E_0}{n_F}\right]^{-n_F} \tag{7-4}
$$

还有许多改进的蒙特卡罗方法可用于求解蛋白质折叠问题，在此就不一一介绍了。

（3）基于遗传算法的蛋白质折叠问题预测

在获得了个体的适应之后，若用遗传算法进行计算机模拟，首先要确定一些运行的参数，如群体大小 N、终止进化代数 T、交叉概率 P_C 以及变异概率 P_m 等。然后，要建立初始群体，这与前面介绍的方法类似，只不过前面介绍的是产生单个个体的方法，而这里，要用相同的方法产生一个初始群体，群体个数为 N。在得到了初始群体之后，与蒙特卡罗算法相似，基本遗传算法的执行步骤如下。

① 按照轮盘选择方法，对群体作用选择算法。要说明的是，为了使高适应度的个体被选择的概率相应较高，就要正确计算不同情况下各个体的遗传概率，要求所有个体的适应度必须为正或零，不能为负。而蛋白质折叠问题要求解适应值的最小值，这是一个负数。因此，有必要对计算得到的适应值加以转化。另外，实际计算中获得的适应值还包含正数，因此，不能单纯地在所有适应值前加一个负号进行转化。采用的方法是，在当前群体中找到最大的适应值 f，则各个体的适应值转化为：

$$
\text{fitness}'_i = f - \text{fitness}_i \tag{7-5}
$$

式中，$\text{fitness}'_i$ 为转化后的适应值；fitness_i 为转化前的适应值。

$$P(S_i) = \frac{\text{fitness}_i}{\sum\limits_{i=1}^{N} \text{fitness}_i} \qquad (7\text{-}6)$$

最后根据概率 $P(S_i)$ 进行随机选择。

② 作用交叉算子。首先，对由选择算子得到的父代串进行随机排序，两两配对。若群体大小为 N，则共有 $N/2$ 对相互配对的个体组。然后，根据交叉算子的作用概率 P_c，得到作用交叉算子的父代。接着，随机选择交叉位点，作用交叉算子，得到父代。如果子代比父代优质，则保留子代；反之，则保留父代。

③ 作用变异算子。根据概率 P_m 随机选择串上的一个位点。如果该位点原本是 1，则改为 0；如果原本是 0，则改为 1。如果变异后的个体比变异前的好，则保存变异后的个体；反之，保存变异前的个体。

循环执行步骤①～③，直到满足循环终止条件，如达到了一定的迭代次数，或者连续几代个体平均适应度的差异小于某个预先给定的较小的阈值等。此时，跳出循环，输出最终得到的最小能量和形成此最小能量的随机数列。根据这个随机数列，得到蛋白质折叠的二维网格预测结果。

该算法的一个改进的方法就是，将遗传算法和模拟退火方法相结合的混合遗传算法。方法是，在步骤②和③中不是仅保留较好的个体，而是增加模拟退火因子，保留部分较差的个体，使群体中构象的多样性和适应度有所提高，这就避免算法陷入局部最优。具体方法如下：

① 在产生子代串群体时，比较新产生的串和相应的父代串的适应值 E_{ii} 和 E_i。

② 如果 $E_{ii} < E_i$，则用新产生的串代替父代串作为子代串：否则，如果满足 $\text{Rnd} < \exp\left(\dfrac{E_{ii}\text{-}E_i}{c_k}\right)$，则仍用新产生的串作为子代串，其中 Rnd 为 (0,1) 之间的随机数，c_k 为一递减序列。

③ 如果不满足上述不等式，则将父代串保留到子代串群体中。

除了采用混合算法外，还可以采用最优保存策略。具体步骤是，在进行了交叉和变异操作之后，首先找出当前群体中适应度最高的个体和适应度量低的个体。若当前群体中最佳个体的适应度比迄今为止最好个体的适应度还要高，则将当前群体中的最佳个体作为新的迄今为止最好的个体。最后，用迄今为止最好的个体替换掉当前群体中的最差个体。模拟退火算子的使用，保留了部分较差的个体，使群体中构象的多样性和适应度有所提高，这就避免了算法陷入局部最优。基本遗传算法的流程图如图 7-9 所示。

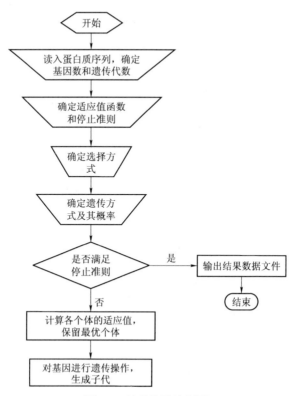

图 7-9　遗传算法流程图

3. 实验及结果

取若干不同长度的蛋白质序列作为测试集，先将序列按照氨基酸残基的亲水性和疏水性进行 HP 处理，然后分别用加入模拟退火因子的蒙特卡罗方法和加入模拟退火因子的遗传算法进行模拟，模拟计算的结果见表 7-2。

表 7-2　使用蒙特卡罗方法和遗传算法对不同序列进行模拟的结果

序列长度	最优能量	用 MC 方法得到的能量	用遗传算法（GA）得到的能量
12	−5	−5	−5
20	−7	−7	−7
24	−9	−7	−9
25	−8	−5	−8

① 用于计算机模拟的测试序列如下：

12　PHPHHPHPHPHH；

20　HPHPHHHPHPPHPHHHPHPH；

24　HHPPHPPHPPHPPHPPHPPHH；

25　PPHPHHPPPPHHPPPPHHPPPPHH。

② 最优能量值由设计的构象决定。

③ 在蒙特卡罗方法中，Metroplis 准则的参数为 $t_0=1.0$，$t_k=0.99\,t_{k-1}$，每迭代 1 000 步，计算一次 t_k。

④ 在遗传算法中，种群数为 50，变异概率为 0.1，交叉概率为 0.75。

得到的部分蛋白质二维折叠图像如图 7-10 所示。

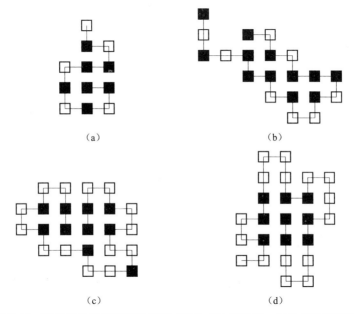

图 7-10　蛋白质二维折叠图像举例（黑色方块代表 H，白色方块代表 P）

（a）用 MC 得到的长度为 12 的序列的结构；（b）用 MC 得到的长度为 20 的序列的结构；

（c）用 GA 得到的长度为 24 的序列的结构；（d）用 GA 得到的长度为 25 的序列的结构

从图 7-10 可以看出，最低能量构象的图形都有一个明显的疏水核心。同时也可以看到，从模拟的结果来看，遗传算法要优于蒙特卡罗方法。但是，近年来，随着蒙特卡罗方法的广泛使用，许多新的蒙特卡罗方法出现，这些方法可以较好地模拟蛋白质折叠问题。特别是一些混合算法，如蒙特卡罗方法、遗传算法以及模拟退火方法相结合的算法，由于可以充分利用这三种方法的优点，所以目前被广泛地使用。尽管蛋白质折叠问题是一个 NP 难题，但是，随着人们对蛋白质折叠机制的了解的加深，随着算法的不断改进以及计算机的不断发展，蛋白质折叠预测问题将会得到更好的解决。

7.6.2 隐马尔科夫蛋白质二级结构预测

1. 问题描述

在传统的蛋白质结构预测方法中，神经网络是使用较为广泛的一种。一般在神经网络建模时，主要使用固定窗口长度的蛋白质序列片段作为输入，这种建模方式充分考虑了双侧相邻的氨基酸残基对二级结构的影响，因而取得了较好的预测效果。然而，随着对蛋白质结构形成原因的进一步研究，人们发现，在结构形成的过程中，序列上相距较远的残基之间也会有较大的影响作用，换句话说，尽管两段残基在序列上相距甚远，但却可能在经过盘绕折叠后形成的空间结构上相邻，它们之间甚至还可以形成各种化学键，因而其相互影响是不可忽略的，有时还是很关键的（比如维持蛋白质空间结构的双硫键等）。这就是生物信息处理中广为人知但至今尚未完全研究清楚的"远程依赖性"或"长程相关性"。为此，研究者们提出各种办法，希望在进行蛋白质结构预测时，挖掘并利用好这些长程相关关系。

隐 Markov 模型也已逐步应用于蛋白质结构的预测。然而，使用标准的 HMM 对蛋白质结构进行建模存在一些问题，HMM 中的隐状态随机过程和可观察输出随机过程都是单向的、有时序的，这可能与 HMM 最初应用于具有很强时序性的语音信号处理有关。将 HMM 用于处理蛋白质结构预测问题时，这种单向性假设不仅没有必要，还成了一种限制，因为蛋白质的构象与功能可能受到相邻的上游区域和下游区域残基的强烈影响，即这种影响是双向的。尽管根据化学基团的不同可将氨基酸的两个末端分成碳末端和氮末端，但这是为了研究的方便而人为设定的方向，并不是针对蛋白质结构形成的影响因素。同时，由于 HMM 以蛋白质的整条序列作为输入，巨大数据量对计算机处理能力要求很高，而相应的数学理论推导上的困难，使得 HMM 的单向性限制很难突破。

针对标准 HMM 应用于蛋白质结构预测问题时存在的这些缺陷，本实例将 HMM 与神经网络模型相结合，分析一种双向 HMM 与神经网络相结合的混合模型，其用于结构预测时，主要优点是可以综合蛋白质序列的双侧相邻残基的信息，并能在一定程度上利用远程相关性。

2. 方法分析

传统 HMM 的典型应用领域是语音识别研究，采用的模型结构均为"左-右"型（即概率转移遵循从左边状态节点流向右边状态节点的特点），这与语音信息强烈的时序特征是相一致的，因而能够取得较好的建模性能和应用效果。但若将这样的模型直接用于预测蛋白质二级结构，则"左-右"型的模型结构意味着，每个氨基酸残基位点上的结构信息依赖于其上游（左侧）相邻区域的结构信息。从生物意义上讲，这种假定是不合理的，因为事实上，每个残基位点上的结构的形成与上下游相邻残基的结构状态都有关系，因此，合理的状态依赖关系应当是双向的。

因此，很自然地想到将传统的"左-右"型 HMM 扩充为可双向转移的"双向HMM"，从而克服上述困难。但在这方面，至今没有一个成熟的方法，其主要原因有两个：引入反向转移过程后，模型自由参数数量急剧增加，很难通过有限样本数据获得有效的训练学习结果；在数学上很难将"正向转移过程"、"反向转移过程"以及众多的"观察值输出过程"纳入一个和谐完美的理论框架内，故在解码问题及学习问题中，无法建立类似于传统 HMM 的求解方法（如 Viterbi 算法、Baum-Welch 算法等）。

尽管直接使用双向 HMM 在数学理论上有困难，但幸运的是，可以用等价的神经网络技术来弥补这一点。关于 HMM 与神经网络的等价转换已有一些经典的理论，并且在语音识别中已经得到了成功应用。受此启发，以双向 HMM 为分析原型、以神经网络为实现技术的混合模型，用成熟的神经网络技术来等价地实现双向 HMM，并已应用于蛋白质二级结构预测。混合模型与几种相近的模型之间的关系如图 7-11 所示。

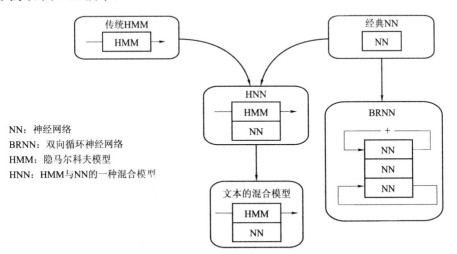

图 7-11　与混合模型相近的几种模型之间的关系示意图

（1）双向 HMM

在用经典的 HMM 建模时，假设其隐状态序列 $Q = q_1, q_2, \cdots, q_T$ 遵循一条 Markov 链，根据 Markov 链的特性，其反向转移概率为：

$$P(q_t = S_i \mid q_{t+1} = S_j) = \frac{P(q_{t+1} = S_j) \bullet P(q_t = S_i)}{P(q_{t+1} = S_j)} \qquad (7\text{-}7)$$

依赖于时刻 t，故不再是常数，即 Markov 链的反向将不再是 Markov 链。然而，考虑到蛋白质结构的双向依赖关系，对反向序列 $q_T, q_{T-1}, \cdots, q_1$ 也建立一个对称的 Markov 链，在训练反向 HMM 时，将普通 HMM 的起始状态变为终止状态，将终止状态变为起始状态，并且所有状态转移的方向均倒向。对每一个蛋白质训练序列，从该链的右端开始采用前向算法和 Viterbi 算法逐位点向左训练，直到达到序列的最左端，完成一次迭代训练。称这样训练得到的 HMM 为蛋白质结构预测的反向 HMM 模型，它被认为包含了影响结构形成的反向依赖信息（即下游信息）。

为了能使正向依赖信息和反向依赖信息相互补充，进一步提高蛋白质结构预测的效果，受语音信号 HMM 建模的启发，研究人员提出了多种正反向 HMM 模型相结合的方法：

① 简单加权法。分别训练得到正向 HMM 的 λ 和反向 HMM 的 $\overline{\lambda}$。对于每一个被预测的蛋白质靶序列，依据 λ 和 $\overline{\lambda}$ 可计算出两个后验概率 $P(O \mid \lambda)$ 和 $P(O \mid \overline{\lambda})$，最后以它们的线性组合

$$T_1(O \mid \lambda, \lambda) = \alpha \bullet P(O \mid \lambda) + (1 - \alpha) \bullet P(O \mid \lambda) \qquad (7\text{-}8)$$

作为最后的判决概率，其中，α 为一个固定的权系数。

② 最佳选择法。即选择正向模型与反向模型中能更好地描述结构输出的那种作为最终的判决概率：

$$T_2(O \mid \lambda, \overline{\lambda}) = \max\{P(O \mid \lambda), P(O \mid \overline{\lambda})\}$$

③ 分半搜索法。在预测蛋白质结构时，分别对正反向 HMM 进行正反向两次 Viterbi 搜索，其中，对正向 HMM 进行从左到右的正向搜索，利用蛋白质位点的上游信息；对反向 HMM 进行从右到左的反向搜索，利用蛋白质位点的下游信息。使用这种对分搜索法，可以获得最终的预测结果，称这种方法为分半搜索法。

前两种是较为粗糙的实现，正反向 HMM 的结合比较松散，而且简单加权法引入了新的模型参数，不利于模型的训练与学习。考虑到建模目标是提高蛋白二级结构预测的性能，因此，主要采用对上下游两侧信息利用得更为充分的分半搜索法。

在分半搜索方法中，首先要基于正向 HMM 进行正向 Viterbi 搜索，这时要记录下"状态-时刻"网格中的每一节点（如：时刻 t 及状态 i）的正向概率 $g_i(t)$ 以及相应的路径回溯信息 $BPL_i(t)$；其次，要基于反向 HMM 进行反向 Viterbi 搜索，同样要记录下对应于时刻 t 及状态 i 的反向概率及其回溯路径 $BPR_i(t)$。

设蛋白质靶序列长度为 T，状态数为 N，则所有正向概率形成矩阵 $\boldsymbol{G} = (g_i(t))_{N \times T}$，

所有反向概率形成矩阵 $H = (h_i(t))_{N \times T}$，其中 $1 \leqslant i \leqslant N$，$1 \leqslant t \leqslant T$。令 $f_i(t) = f(g_i(t), h_i(t))$，表示 $g_i(t)$ 和 $h_i(t)$ 的某种复合关系，于是，对于某个时刻 t 及状态 i，$g_i(t)$ 表示从左边起点开始，由正向依赖关系（上游信息）决定的最佳局部路径 $BPL_i(t)$ 的概率，$h_i(t)$ 则表示从右边起点开始，由反向依赖关系（下游信息）决定的最佳局部路径 $BPR_i(t)$ 的概率，而 $f_i(t)$ 则表示从左端点到右端点，必经过时刻 t 状态 i 的最佳路径的概率，给出了一种在搜索中定量地结合正向和反向搜索信息的有效方法。

最后，将 $(f_i(t))_{N \times T}$ 中最大元素所对应的路径作为最终预测结果的产生概率，即

$$f^* = f_{i^*}(t^*) = \max_{1 \leqslant i \leqslant N, 1 \leqslant t \leqslant T} f_i(t)$$

进一步地，由 $BPL_{i^*}(t^*)$ 和 $BPR_{i^*}(t^*)$，可以恢复出 $f_{i^*}(t^*)$ 所对应的一条完整的最优路径，并以此作为最终的预测结果。

（2）用神经网络实现双向 HMM

令 $O_t = (o_{1,t}, o_{2,t}, o_{3,t})$ 为在给定蛋白质序列下，位点 t 上的三种二级结构的后验（概率）分布。在通常的神经网络模型中，一般使用固定长度的滑动窗口技术，将 O_t 及与其相邻的两侧残基的关系表示成如下函数 f^*：

$$O_t = f^*(s_{t-L}, s_{t-L+1}, \cdots, s_{t+L-1}, s_{t+L})$$

其中，窗口长度为 $2L+1$。

在混合建模中，将序列与结构的输入/输出关系表示为：

$$O_t = f(L_t, R_t, C_t)$$

其中，$L_t \in \mathbf{R}^m$，表示位置 t 左侧（上游）的信息；$R_t \in \mathbf{R}^m$，表示位置 t 右侧（下游）的信息；$C_t \in \mathbf{R}^m$，表示以位置 t 为中心的信息。具体实现时，可以将 C_t 表示为以位置 t 为中心的一个或多个残基。可以看出，将序列信息进行分解，除了 C_t 这个传统的输入外，还额外引入了两侧信息 L_t 和 R_t。而且，下面还将看到，L_t 和 R_t 不仅描述了位点 t 处的局部信息，实际上还隐含了整个序列的全局信息。

L_t 和 R_t 在相邻两个位置上的依赖关系分别满足以下两个方程：

$$L_t = g(L_{t-1}, C_t)$$
$$R_t = h(R_{t+1}, C_t)$$

其中，g、h 是两个自适应性的非线性函数。从式中可以看出，L_t 依赖于前（左）一步的 L_{t-1} 和当前步的 C_t，而 R_t 依赖于后（右）一步的 R_{t+1} 和当前步的 C_t。

（3）混合模型的训练学习

决定混合模型自由度的主要因素为：L 和 R 的输出变量维数 m 和 n，三个神经网络模型 N_f、N_g 和 N_h 的隐层节点数。由于混合模型使用连接权共享机制，所以，

模型的参数大大减少，同时也避免了神经网络容易过适应的现象。

混合模型的训练分为三大步骤，每个步骤对应一个神经网络子模型。即

① N_g 的训练，即从左至右（正向）更新 L 的参数；

② N_h 的训练，即从右至左（反向）更新 R 的参数；

③ N_f 的训练，通过误差反向传播，更新 N_f 中的参数。

对于每一个蛋白质样本，正向更新和反向更新只需进行一次，因此，单条蛋白质训练算法的时间复杂度为 $O(TW)$，其中，T 为蛋白质序列的长度，W 为连接权的数目，通常，$W = O(n^2)$（n 为网络节点数目），并可以通过连接权共享机制进行降低。

3. 实验及结果

对上述的混合模型进行几组实验，并评估其准确性。

使用的样本数据是非冗余性数据集 PDBselect25（2 066 条链，共 332 581 个残基），对其进行预处理，弃除那些 DSSP 程序不能产生输出的链，最后得到 1 837 条蛋白质链用作样本数据，其中取约 2/3 用于训练，其余 1/3 用于测试。

通过选取不同的参数，得到几个混合模型。将模型总的参数控制在 1 200～2 500 之间，并且对于所有模型，取 $n=m$。采用几种不同的 n 和 k 的组合，结果发现，增加 k 值，可以提高准确率，但达到 9 以后，再增加只会导致过适应现象，而不会提高模型的性能。此外，还对是否在模型中使用 profile 做了对比，发现使用 profile 能有效提高准确率（5%～8%），这也与先前的研究结果相吻合。

几个模型的结果见表 7-3，在最好的模型中，二级结构的平均预测准确率达到了 78.1%，比目前最好的方法高出 2～3 个百分点。

为了使比较更加客观，实验又使用了另外几个数据集作为样本进行混合建模。表 7-3 列出了目前常用的几种二级结构预测方法在不同的数据集上的准确率。

表 7-3　用于蛋白质结构预测的双向 HMM 与神经网络混合模型的试验结果

profile	n	k	N_g 的隐节点数	N_f 的隐节点数	参考数目	准确率/%
不使用	7	2	8	9	1 211	71.3
不使用	9	2	8	9	1 380	73.0
不使用	7	3	8	9	1 419	70.9
不使用	8	3	9	9	2 181	73.7
不使用	20	0	17	9	2 486	71.9
输出端	9	2	8	9	1 380	75.9

续表

profile	n	k	N_9的隐节点数	N_j的隐节点数	参考数目	准确率/%
输出端	8	3	9	9	2 343	77.0
输入端	9	2	8	9	1 380	76.2
输入端	8	3	9	9	2 343	77.4
输入端	12	3	9	9	2 471	78.1

7.7　本章小结

　　蛋白质结构预测是生物信息处理的重要研究课题，虽然蛋白质由氨基酸的线性序列组成，但是，它们只有折叠成特定的空间构象才能具有相应的活性和生物学功能。了解蛋白质的空间结构不仅有利于认识蛋白质的功能，也有利于理解蛋白质是如何执行其功能的。确定蛋白质的结构在生物学研究中是非常重要的。随着更多的蛋白质结构的测定，相应数据库的完善和计算机的发展，可以找出更多同源度更高的已知结构，也就有可能解决蛋白质结构预测的问题。

　　本章阐述了蛋白质结构知识基础，包括蛋白质结构基本概念和蛋白质折叠的概念，详细分析了蛋白质二级结构的主要预测方法，包括 Chou-Fasman 预测法、GOR 预测法、最近邻预测法和 BP 神经网络预测法；蛋白质三级结构的主要预测方法，包括同源模型化预测法、线索化模型预测法和从头预测法；最后给出了蛋白质折叠预测和隐马尔科夫蛋白质二级结构预测两个应用实例。

思考题

　　1. 结合蛋白质结构的基本概念，分析蛋白质折叠与蛋白质结构预测的区别和联系。

　　2. 简述蛋白质二级结构与一级结构、三级结构之间的联系。

　　3. 简述 Chou-Fasman 预测方法的主要步骤。

　　4. GOR 预测方法在进行蛋白质结构预测时，主要利用哪些生物信息并采用何种统计学算法？

　　5. 最近邻预测法的产生主要是为了解决预测的哪些问题？

6. 将人工神经网络应用于蛋白质二级结构预测，相比其他预测方法，有哪些优势？

7. 简述同源模型化预测法的基本思想。

8. 简述线索化方法的基本组成成分。

9. 简述网格模型及构象能量的计算方法。

10. 试建立蛋白质折叠的 H-P 模型，并利用二级结构预测算法对蛋白质折叠进行预测分析。

第8章

生物分子网络构建方法

8.1　引言

蛋白质、DNA、RNA 以及生物小分子等细胞成员之间的相互作用是大多数生物功能实现的基本途径。生物分子网络是研究和分析复杂生物分子系统的重要工具。

基因表达调控网络是分子生物网络的核心内容，是基因工程理论的基础。基因表达具有组织特异性、细胞周期特异性和外界信号的相应特异性等特性，这些特性都是由细胞内复杂而有序的调控机制实现的，建立基因转录调控模型对某一物种或组织中的全部基因的关系进行整体的模拟分析和研究。在系统的框架下认识生命现象，特别是信息流动的规律，对基因表达调控机制的研究具有非常重要的理论和应用价值。

蛋白质-蛋白质相互作用网络对于许多生物功能来说都是至关重要的。比如，利用蛋白质信号传递分子之间的联系把信号从细胞表面传导进入细胞内部的过程，是信号传导的核心。有时蛋白质为了共同实现某一生物学功能，相互作用的时间可能会比较长；有时只是用其中一个蛋白修饰另一个蛋白，作用时间可能较短。利用相互作用，蛋白质可以实现从局部调节全局生命过程的功能。基因调节、免疫应答、信号传导、细胞组装等都离不开蛋白质-蛋白质相互作用。

本章主要内容包括生物分子网络构建方法知识基础、构建蛋白质互作网络的基本原理和方法、构建基因调控网络的基本原理和方法，最后是应用实例分析。

■ 8.2　生物分子网络知识基础

8.2.1　基本概念

近年来，复杂网络理论和技术发展迅速，大量复杂的技术网络和社会学网络被发掘、分析。在生物系统中同样包含很多不同层面和不同组织形式的网络，基因转录调控网络、生物代谢与信号传导网络、蛋白质相互作用网络是最常见的生物分子网络。这些网络通常由许多不同的参与生物过程的分子元件组成，其中最重要的元件是基因和蛋白质。但对系统而言，关键不是元件本身，而是元件之间的关系。从生物分子的角度来看，关系可以是分子与分子之间的相互作用，也可以是某种化学反应。为了能够清晰地构建与分析这些网络，必须明确网络的基本概念。

1. 网络的定义

通常可以用图 $G = (V, E)$ 表示网络，其中，V 是网络的节点集合，每个节点代表一个生物分子，或者一个环境刺激；E 是边的集合，每条边代表节点之间的相互关系。当 V 中的两个节点 v_1 与 v_2 之间存在一条属于 E 的边 e_1 时，称边 e_1 连接 v_1 与 v_2，或者称 v_1 连接于 v_2，也可称 v_2 是 v_1 的邻居。

2. 有向网络与无向网络

根据网络中的边是否具有方向性，或者说，被一条边连接的两个节点是否存在顺序关系，网络可以分为有向网络和无向网络，边存在方向性的为有向网络，否则为无向网络，如图 8-1 所示。生物分子网络的方向性取决于其代表的关系，如在调控关系中，转录因子与被调控基因之间存在顺序关系，因此，转录调控网络是有向网络。基因表达相关网络中的边代表的是两个基因在多个实验条件下的表达的高相关性，因此是无向的。

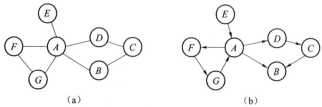

图 8-1　有向网络和无向网络

（a）无向网络；（b）有向网络

3. 加权网络与等权网络

网络中的边在网络中具有不同意义或在某个属性上有不同的价值，这是网络中普遍存在的一种现象。比如在交通网中，连接两个城市（节点）的道路（边）一般具有不同的长度；而在互联网中，两台直接相连的计算设备的通信的速度也不尽相同。

如果网络中的每条边都被赋予相应的数值，这个网络就被称为加权网络，所赋予的数值称为边的权重。权重可以描述节点间的距离、相关程度、稳定程度、容量等信息，具体含义依赖于网络和边的本身所代表的意义。

如果网络中的各边没有区别，可以认为各边的权重相等，称该网络为等权网络或无权网络。

4. 网络中的路径与距离

网络中的路径是指，一系列的节点，每个节点都有一条边连接到紧随其后的节点。对包含有限个节点的路径来说，第一个节点为起点，最后一个节点为终点，二者均可称为路径的端点，将其余的节点称为路径的内点或中继点。这样的路径也称为连接起点与终点的路径。例如图 8-1（a）中，节点 G 到节点 C 的路径有 $l_1 = \{G, A, B, C\}$，$l_2 = \{G, A, D, C\}$，$l_3 = \{G, F, A, B, C\}$ 和 $l_4 = \{G, F, A, D, C\}$。对无向网络来说，只要将路径的顺序颠倒，就可以得到从原来的终点指向原来的起点的路径，但是在有向网络中，起点与终点是不可逆的，如在图 8-1（b）所示的网络中，由节点 A 出发到节点 C，存在路径 $l = \{A, D, C\}$，但从 C 出发，不能找到路径回到 A。

网络中，如果两个节点能够由一条路径连接，则称这两个节点是连通的。所有能够彼此连通的节点和它们之间的边构成了一个连通分量。

路径经过的边的权重之和称为路径的权重，也称为路径的长度。对于等权网络而言，路径的长度即为路径经过的边的数目，在图 8-1（a）中，从节点 G 到节点 C 的路径，l_1 和 l_2 的长度为 3，l_3 和 l_4 的长度为 4。

在连接两个节点的所有路径中，长度最短的路径称为最短路径，最短路径的长度即从起点到终点的距离。在图 8-1（a）中，节点 G 与节点 C 间的距离为 3。

8.2.2　网络拓扑属性

网络的拓扑属性是描述网络本身及其内部节点或边的结构特征的测度。这些测度对进一步分析网络结构和探索关键节点有重要的意义。

1. 连通度

连通度是描述单一节点的最基本的拓扑性质。节点 v 的连通度是指，网络中直接与 v 相连的边的数目，例如图 8-2（a）中，节点 A 的连通度为 3。对于有向网络，往往还要区分边的方向，由节点 v 发出的边的数目称为节点 v 的出度，指向节点 v 的边数则称节点 v 的入度。在本章中，符号 k 表示连通度，k_{out} 表示出度，k_{in} 表示入度。在图 8-2（b）中，节点 A 的入度为 1，出度为 2。

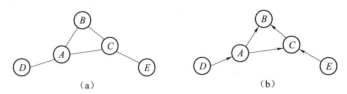

图 8-2　有向网络与无向网络

（a）无向网络；（b）有向网络

连通度描述了网络中某个节点的连接数量，整个网络的连通性可以用节点连能度的平均值来表示。对于由 N 个节点和 L 条边组成的无向网络，其平均连通度为 $2L/N$。

连通度是一种简单但十分重要的拓扑属性，在研究中，连通度较大的节点称为中心节点（Hub），它们很自然地成为目前研究的重点。研究表明，在蛋白质互作网络等生物分子网络中，支持生命基本活动的必需基因或其翻译产物在中心节点中出现的频率显著高于一般节点。同时，人类蛋白质互作网络的研究表明，中心节点显著富集着与癌症等遗传性疾病相关的基因。

2. 聚类系数

在很多网络中，如果节点 v_1 连接于节点 v_2，节点 v_2 连接于节点 v_3，那么，节点 v_3 很可能与 v_1 相连接。这种现象表现了部分节点间存在的密集连接性质，可以用聚类系数 CC（Clustering Coefficient）来表示，在无向网络中，聚类系数的定义为：

$$CC_v = \frac{n}{C_k^2} = \frac{2n}{k(k-1)}$$

其中，n 表示节点 v 的所有 k 个邻居间边的数目。在无向网络中，由于 n 的最大数目可以由邻居节点的两两组合数 $C_k^2 = k(k-1)/2$ 来确定，所以 CC 值位于[0，1]区间。当节点 v 的所有邻居都彼此连接时，v 的聚类系数 $CC_v = 1$；相反，当 v 的邻居间不存在任何连接时，$CC_v = 0$。在图 8-2（a）中，节点 A 有三个邻居 $\{B,C,D\}$，其间只有一条边连接，所以节点 A 的聚类系数 $CC_v = \frac{2 \times 1}{3 \times (3-1)} = \frac{1}{3}$。

在有向网络中，由于两个节点间可以存在两条相反的边，故标准化的聚类系的定义为：

$$CC_v = \frac{n}{P_k^2} = \frac{n}{k_{\text{out}}(k_{\text{out}} - 1)}$$

其中，k_{out} 是 v 的出度；n 指所有 v 连接的节点彼此之间存在的边数。在图 8-2（b）中，节点 A 连接 2 个节点 B 和 C，其间只有 1 条边 $\{C \to D\}$，则节点 A 的聚类系数为 $CC_v = \dfrac{1}{2 \times (2-1)} = \dfrac{1}{2}$。

3. 介数

一个节点的介数是衡量这个节点出现在其他节点间最短路径中的比例。节点 v 的介数 B_v 定义如下：

$$B_v = \sum_{i \neq j \neq v \in V} \frac{\sigma_{ivj}}{\sigma_{ij}}$$

其中，σ_{ij} 表示节点 i 到节点 j 的最短路径的条数；σ_{ivj} 表示通过节点 v 的路径的条数。

介数也可以用标准化至[0,1]区间的形式表示：

$$B_v = \frac{1}{(n-1)(n-2)} \sum_{i \neq j \neq v \in V} \frac{\sigma_{ivj}}{\sigma_{ij}}$$

介数表明了一个节点在其他节点的连接中所起的作用。介数越高，则该节点对网络的紧密连接性越重要。

如在图 8-2（a）中，A 以外的节点有 4 个，彼此间存在 $C_4^2 = 6$ 对节点关系，每对关系都只能找到 1 条最短路径，则所有的 $|\sigma_{ij}| = 1$。而通过节点 A 的最短路径只有 $\{B, A, D\}$，$\{C, A, D\}$，$\{D, A, C, E\}$ 以及它们的逆序路径，共 6 条，所以节点 A 的介数为 6。

在图 8-2（b）中，由于存在方向性，节点 A 以外的 4 个节点间彼此间可能存在的连通路径按排列数计算共有 $P_4^2 = 12$ 条，但真正连通的路径只有 $\{C, B\}$，$\{D, A, B\}$，$\{D, A, C\}$，$\{D, A, C, B\}$，$\{E, C\}$，$\{E, C, B\}$。其中，经过节点 A 的路径有 2 条，故节点 A 的介数为 2。

4. 紧密度

紧密度是描述一个节点到网络中其他所有节点的平均距离的指标。节点 v 的紧密度 C_v 定义如下：

$$C_v = \frac{1}{n-1} \sum_{j \neq v \in V} d_{vj}$$

其中，d_{vj} 表示节点 v 到节点 j 的距离。紧密度衡量节点接近网络中心的程度，紧密度越小，节点越接近中心。

5. 拓扑系统

类似于聚类系数，拓扑系数是反映互作节点间共享连接比例的指标，节点 v 的拓扑系数 T_v 可以定义为：

$$T_v = \frac{1}{|M_v|} \sum_{t \in M_v} \frac{C_{v,t}}{\min\{k_v, k_t\}}$$

其中，$C_{v,t}$ 表示与节点 v 和节点 t 都连接的节点数。M_v 为所有与节点 v 分享邻居的节点的集合。拓扑系数反映了节点的邻居被其他节点连接在一起的比例。

如图 8-2（a）所示，与 A 节点共享邻居的节点共有 3 个，则 $M_v = \{B, C, E\}$，其连通度分别为 $k_B = 2$，$k_C = 3$，$k_E = 1$。则节点 A 的拓扑系数 $T_A = \frac{1}{3} \times \left(\frac{1}{2} + \frac{1}{3} + 1 \right) = \frac{11}{18}$。

8.2.3 无标度网络

无标度网络于 1999 年首次提出，近年来，人们在研究互联网和人际关系网络等社会学网络时都发现了这一特性。在无标度网络中，大部分节点通过少数中心节点连接到一起，这就意味着，节点在网络中的地位是不平等的，中心节点在保持网络完整性方面起着更重要的作用。

1. 无标度网络定义

无标度网络是指，网络汇总连通度的分布符合幂律分布，即 $P(k) \sim k^{-r}$，如图 8-3（b）所示。这种分布说明，在无标度网络中，大部分节点的连通度较低，但存在少数连通度非常高的节点使网络连接在一起。在这种网络中，平均连通度等标度已不足以描述网络的规模和结构。

如果网络中节点间的连接完全是随机的，那么连通度的分布应该符合泊松分布或者在大尺度的情况下近似符合正态分布，即分布比较均匀，大部分节点的连通度都与平均连通度相差不多，只有极少数节点具有很低或很高的连通度，如图 8-3（a）所示。

随机网络的直径，即网络平均距离与节点的数目的对数成正比，即 $l \sim \lg N$。对于包含大量节点的网络，其直径相对较小，任意两个节点只需要较少的转接即可连接在一起。一方面，网络包含大量的节点和边，表现出"大世界"的景象，另一方面，任意节点间的距离却相对较小，呈现出"小世界"的特征。这种"小世界"网络的复杂系统与互作网络的共同特性，成为目前网络研究分析领域中的一个热点问题。

无标度网络对网络的另一个重要影响是，使网络的直径相对较小，一般来说，无标度网络直径的大小正比于网络中节点数目的对数值的对数值，即 $l \sim \lg(\lg N)$。由此可以发现，无标度网络比一般小世界网络的直径更小，联系更紧密。

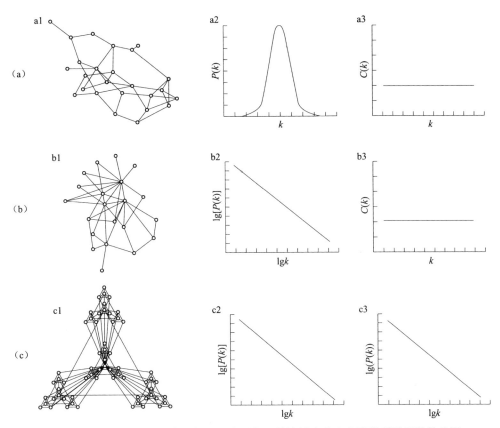

图 8-3　随机网络、无标度网络和层次网络及其连通度分布和聚类系数函数趋势图

2. 无标度网络形成的生物模型

为了解释无标度网络为何成为包含大部分生物分子网络的复杂系统网络模型，Barabasi 和 Albert 提出了形成无标度网络的 Barabasi-Albert 模型。

该模型首先从一个包含 m_0 个节点的网络开始，其中 $m_0 \geqslant 2$。初始网络中，每个节点的连通度都应大于零，否则在后续过程中，将无法与网络连接。然后，通过一个循环过程来扩大网络，每次循环都只增加一个节点，并依据概率 $\pi_i = \dfrac{k_i}{\sum\limits_{v \in V} k_v}$ 决

定是否与原网络中的节点 i 建立连接，其中 k_i 是节点 i 的连通度。因此，原来连通度较高的节点将有更多机会与新键入的节点连接，从而获得更高的连通度。按照这种机制构建起的网络即为无标度网络。

例如，在互联网形成初期，网络中的连接呈现随机特性，而当一个新的节点加入网络时，人们会倾向于访问已经具有一定知名度的网站，也就是更有可能与

这样的网络建立连接。这样，随着越来越多的节点加入网络，网络连接便呈现无标度特性。这个模型很好地解释了网络连接中少数权威网站存在的现象，也为生物分子网络中无标度特性的形成原因提供了很好的启示。

根据这一模型，有学者提出，蛋白质网络中出现无标度特性的原因在于基因复制，即在细胞分裂过程中复制产生的基因产物会与相同的蛋白发生相互作用。因此，与发生复制的蛋白相连接的蛋白节点将会获得新的连接。高度连接的节点更有可能与发生复制的基因产物发生互作，从而获得额外的连接。因此，在生物进化的过程中，就出现了蛋白网络的无标度特性。

同时，还有另一种不同的看法存在，即蛋白网络中呈现的无标度特性是来自目前的诱饵-猎物模式的蛋白质相互作用检测方式和远未完善的数据资源。从来自不同结构的随机网络中按照诱饵-猎物模式抽取部分网络，结果发现，来自其他模型的数据也可能随机抽选出无标度的子网。

8.3 主要技术方法及分析

生物分子网络并不是静态的、不变的。生物分子间发生相互关系需要满足特定的时间和空间条件。例如，在富氧和缺氧状态下，葡萄糖的代谢途径并不相同；在应激反应下，生物体针对不同的外界刺激开启不同的信号通路加以应对；分子组装和能量代谢发生在特定的细胞器上。在不同的时间和空间，生物体执行着不同的生物过程。要了解真正的生命活动过程，必须要考虑生物分子网络的动态特性。

1. 含有时空信息的生物分子网络

基因芯片技术等针对特定实验条件的检测技术，提供了特定时间和空间的生命活动的重要信息。通过整理和分析这些信息，能够得到实验条件特异的生物分子网络。例如，利用一组不同时间节点的基因表达谱信息，可以构建表达相关网络，节点的基因组中共同行使功能的基因集合，也可以构建基因调控网络，分析细胞循环过程中内在的调控机制等。

2. 整合时空信息的生物分子网络

生物分子网络的时空特异性是一种普遍存在的性质，即使是由非实验条件相关的检测技术检测到的蛋白质相互作用信息，也同样存在着时空特异性。蛋白质间相互作用的发生并非是静态的、一成不变的，部分相互作用是稳定而持久的，还有一些相互作用则是在满足特定的时间与空间条件后才会发生。

受监测技术的限制，蛋白质互作网络等生物分子网络的时空监测标准目前还不存在，但可以通过结合包含有明确时间和空间信息的其他实验技术所测的结果来为这些网络补充时空信息。例如，基因表达相关行可以为转录调控和蛋白质互作在相应条件下是否存在提供旁证。即在特定实验条件下，转录因子编码基因及其靶基因的表达水平显示了表达调控的开发状态，从一对互作蛋白质的表达水平可以看出蛋白质间是否存在互作关系。由此，可以构建特定实验条件下的转录调控网络和蛋白质互作网络。

3. 生物分子网络的动力学分析

生命过程是一个动态的过程，生物分子网络也不可避免地具有动态性的特征。通过结合带有时空性质的实验信息，挖掘在特定时间、空间和环境条件下的生物分子网络，可以更加准确地理解生物分子网络形式功能的方式，为进一步的科学分析提供更准确的研究基础。

基于生物分子网络的动态性质，既可以像处理普通静态网络一样，对网络属性进行统计分析，也可以对网络进行仿真计算以分析网络的动力学问题。如在基因转录调控、信号传导和代谢等生物过程中，信息的传递和生物反应是时间和空间上的一系列连续的过程，这个过程也就是网络节点状态和拓扑结构的一系列变化。通过结合基因表达等动态信息，利用线性模型、微分模型、随机过程等算法，可以构建出随时间、空间和环境条件等变化的动态生物分子网络，从而更为准确地描述、解释和预测生物过程。

本章主要介绍目前研究领域最为活跃的基因调控网络的构建和蛋白质互作网络的构建。

8.4　基因调控网络构建方法

8.4.1　基本原理

基因表达数据分析的对象是，在不同条件下，由全部或部分基因的表达数据构成的数据矩阵。通过分析该数据矩阵，可以回答一些生物学问题。这些问题的答案，结合其他生物学知识和数据，可以阐明基因的表达调控路径和调控网络，而揭示基因调控路径和网络是生物学和生物信息处理共同关注的目标，是系统生物学研究的核心内容。目前，对基因表达数据的分析主要在三个层次上进行：

① 分析单个基因的表达水平，根据在不同实验条件下，基因表达水平的变化，来判断它的功能，例如，可以根据表达差异的显著性来确定与肿瘤分型相关的特异基因。采用的分析方法如统计学中的假设检验等。

② 考虑基因组合，将基因分组，研究基因的共同功能、相互作用以及协同调控等，多采用聚类分析等方法。

③ 尝试推测潜在的基因调控网络，从机理上解释观察到的基因表达数据，多采用反向工程的方法。

建立基因调控网络的数学模型是一项复杂的任务，它建立在以上各项工作的基础上，需要采集特定的生物和组织的表达数据，分析基因表达模式，寻找调控基因或模块，分析基因或模块之间的关系，在量化分析的基础上，进行模型的选择，运用适当的分析和可视化工具进行图视表达，由表达数据建立基因调控网络模型关系流程图，如图 8-4 所示。

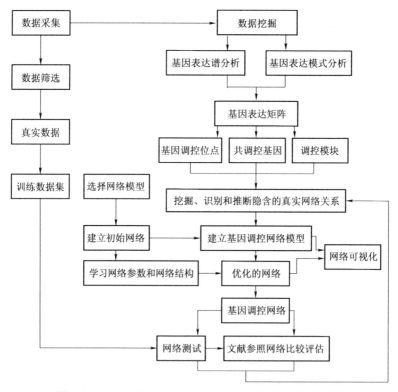

图 8-4　由表达数据建立基因调控网络模型关系的流程图

基因调控网络可以用计算机语言来描述，也可以进行计算机模拟。数学软件包如 Matlab 和 Maple 都是有用的工具，JAVA 语言因其跨平台和适宜网络编程的特点，Perl 因其高效率的特点、检测数据模式的强大功能以及良好的兼容性（可用于包括 Windows、MacOS、Linux 和 UNIX 及其改进版等多种操作系统），深受生物信息处理研究者的青睐。近年来，随着基因调控网络研究的开展，基因网络研究软件和模拟绘图工具越来越多，如 Amos Tanay 和 Ron Shamir 开发的软件 GeneSys，就是一个很好的分析工具。此外，Floder A、Kolpakov 等开发的基因网络数据库 GeneNet 和可视化工具 Graphical user interface，以及工具 Genexp，采用神经网络动力学模拟原理，可用于模拟各种基因调控关系并实现模拟计算的可视化。

依据微阵列表达数据，通过数学模型可以重构分子通路，如代谢通路、调控体系等。同一分子通路上的基因可能有相似的表达谱。用数学方法重构分子通路，第一步是建立数学模型，用建立的模型预测不同环境下通路的特性，然后通过观察数据进行检验，这种方法称为模拟。对于给定数量的基因，分子通路有很多种可能，当基因数很大时，拓扑结构过于复杂，因此，无法确定分子通路。重构分子通路的模型很多，后面将具体介绍。

图 8-5 显示了一个真实的基因调控网络模型，它描述了噬菌体感染大肠杆菌时所面临的溶解和溶源的选择。起初噬菌体不与任何通路发生联系，但随着宿主细胞的条件变化，CRO 蛋白或 CI 蛋白发生表达，二者都可能结合到启动子 O_{R1}、启动子 O_{R2} 和启动子 O_{R3}，这称为模型的输入。如果 CRO 表达，CRO 蛋白就结合到启动位点，阻止启动子 PR 和 PM 的转录，导致

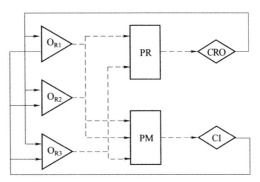

图 8-5　一个真实的基因调控网络模型

CI 不被转录，这就发生了溶解。如果 CI 表达，CI 蛋白结合到启动位点，阻断 PR，阻止了 CRO 的转录，但是通过维持启动子 PM，允许 CI 转录，这就发生了溶源。杂交方法适合建立这样的模型，但建立于表达数据基础上的未知通路必须接受严格的检验。

8.4.2　构建方法

研究基因网络的模型很多，可按照不同的分类方法进行分类，如：离散网络模型（如布尔网络模型）和连续网络模型（如 Correlation Metric Construction，CMC）、确定型网络模型（如 Dhaeseleer 等提出的线性模型，Weaver 等提出的非线性模型）和随机网络模型（如 Probabilistic Boolean Network Model，PBN 模型）、定量网络模型和定性网络模型等。这里简单介绍几类典型的模型。

1. 布尔网络模型

布尔网络模型最早由 Kauffman 于 1969 年引进生物学领域。在这种模型中，

基因被定量为两种状态："开"和"关"。状态"开"表示基因转录表达，形成基因产物，而状态"关"则表示基因未转录。基因之间的相互作用关系可由逻辑规则即布尔表达式来表示。1998 年，Yuh 等人成功地建立了反映这种逻辑关系的算法。布尔网络模型可以进一步推广为 TBN（Temporal Boolean Network）模型，处理多于一个单位时间跨度的基因间的依赖性，允许每个基因的表达受至多 k 个基因在时刻 $t, \cdots, t_{T-1}$（这里，t 是一个基因可以影响另一个基因的时限）的表达水平的布尔函数的控制。布尔网络模型可以与离散动力系统的吸引子理论结合起来作为基因表达图谱的整体解释框架，在基因组水平上全局审视基因功能，并应用于细胞增殖、分化变异、动态平衡和肿瘤探源等方面。布尔网络和马氏链相结合可以处理概率框架下的不确定性，故引进 PBN 模型。PBN 模型合并了规则的基因之间的依赖关系，可进行全局网络动态的系统研究，也可在数据和模型选择上处理不确定性，从而实现基因相对影响和敏感性定量化。因此，该模型较标准布尔网络模型有更多的优越性。

2. 线性组合模型和加权矩阵模型

在网络模型比较分析中，这两种模型被归为一类，同属于所谓的粗网模型。它们的共同特征是，一个基因表达值被表示为其他基因表达值的函数（加权和）。其中，权是基因之间相互关系的定量化：正权表示基因激发，负权表示基因抑制，0 权表示两基因没有关系。在这类模型中，所有中间产物的影响都被归结为基因之间的线性相互关系。不同的是，在加权矩阵模型中，每个基因的最终转录响应还需要经过一次非线性映射。线性组合模型的处理方法是，将每个基因的时间序列利用最小二乘法或多重分析法转换为差分方程组求解，而加权矩阵模型的求解常用到线性代数和神经网络的方法。加权矩阵模型由 Weaver 等人于 1999 年提出，他们利用该模型模拟环境条件对调控转录的影响，观察在对环境输入做出响应时，各基因模式中产生的变化。他们用模拟的输入/输出数据集，通过模型推导、预测基因调控网络，发现即使有噪声数据存在，也能很准确地预测模型的各元件。加权矩阵模型考虑了连续表达水平，其系数和拓扑由遗传算法获得，通常确定权重的方法有梯度下降法和模拟退火法。

3. 互信息关联模型

互信息关联模型用熵和互信息来描述基因和基因的关联。一个基因表达模式 A 的熵是其含有的信息量的测度，其计算公式是：

$$H(A) = -\sum_{i=1}^{n} P(x_i) \log_2(P(x_i))$$

式中，$P(x_i)$ 为基因表达值出现在 x_i 的频率；n 为表达水平的区间数目。熵越大，则基因表达水平越趋近于随机分布。

两个基因表达模式的互信息的计算公式为 $MI(A,B)=H(A)+H(B)-H(A,B)$。互信息是在给定一个基因表达模式的情况下对于另一个基因表达附加信息的度量，是一种变量之间关系的量度。若 $MI(A,B)=0$，则两个基因表达不相关；反之，$MI(A,B)$越大，两个基因越是非随机相关，它们之间的生物关系越密切。互信息关联网络模型中的连接关系来自基因表达实验数据计算出的互信息与预先设定的阈值的比较。较早使用信息理论研究基因调控网络的是 Michaels、Butte 与 Kohane。对联合表达基因聚类则要定义可测数据集之间的距离和相似性，通常用欧氏距离和 Pearson 相关。互信息作为距离测度的直接应用，可把已知的具有相似功能的基因分组。已有研究估计了成对互信息和 Pearson 相关系数，Pearson 相关系数区分正负，而互信息不区分，正相关比负相关频繁。Pearson 相关系数被互信息限定，除了数字和统计误差，高 Pearson 系数低互信息的情况并不存在，互信息和 Pearson 相关系数一一对应，没有真正的非线性关系。模拟检测的基因表达值之间的关系是线性的，这反映了基因网络的内部鲁棒性。故许多基因产物之间有着高度协同性。

4. 贝叶斯网络模型

Murphy 和 Mian 于 1998 年，Friedman 等人于 1999 年分别提议建立基于贝叶斯网络的基因调控网络模型。Peter Spirtes 和 Clark Glymour 等人在这方面做了一些尝试。贝叶斯网络包含两个不同的部分，一个非循环有向图（Directed Acyclic Graph，DAG，或 Helie-Network Structure）和一组 DAG 参数。贝叶斯网络的 DAG 可用来描述一组随机变量之间的因果关系（如基因表达水平），一个 DAG 代表一个给定（有一组顶点 V 的）总体中的因果关系。

贝叶斯网络模型的优点是：明晰的非循环有向图模型，揭示了基于统计假设的基因表达水平中的因果关系；将线性、非线性模型和隐马氏模型作为特例包括在内；从观察数据搜索贝叶斯网络的算法；考虑了随机元和隐变量，能很好处理隐变量；可以对数据采集过程进行清晰建模，能处理数据缺失问题；能处理数据噪声，能估计网络不同特征的置信度。

5. 微分方程模型

微分方程系统作为基因调控网络模型由 Chen 于 1999 年使用，D. Tominaga 于 2000 年提出微分方程系统的 S-system 模型并用遗传算法优化系统参数，但由于难以确定地描述网络方程的稳定形式，因此，该模型主要用于解决网络学习问题。后来，研究人员把布尔网络和 S-system 模型结合起来描述和处理规模较大的基因网络问题。将微分方程系统作为基因调控模型，其优点是强大灵活，利于描述基因网络中的复杂关系。

另外，比较重要的模型还有神经网络模型和图解高斯模型等。可以证明，大多数离散时间模型，包括布尔网络模型等线性模型和 Weaver 等非线性模型，都是动态贝叶斯网络模型的特例。而连续基因网络模型（这里主要是粗网模型）一般可归结为如下的微分方程：

$$\frac{\mathrm{d}x_i(t)}{\mathrm{d}t} = R_i g(\sum_{j=1}^{J}\omega_{ij}x_i(t) + \sum_{k=1}^{K}r_{ij}u_k(t) + B_i) - \lambda_i x_i(t)$$

或相似的差分方程形式：

$$x_i[t+1] = R_i g(\sum_{j=1}^{J}\omega_{ij}x_i[t] + \sum_{k=1}^{K}r_{ij}u_k[t] + B_i) - \lambda_i x_i[t]$$

式中，$g()$ 是单调的调控表达函数；$x_i(t)$、$x_i[t]$ 是基因 i 在 t 时刻的表达；R_i 是基因 i 的速率常数，w_{ij} 是基因 j 对基因 i 的控制力；$u_k(t)$、$u_k[t]$ 是 t 时刻的第 k 个输入；r_{ik} 是第 k 个输入对基因 i 的影响；B_i 是基因 i 的表达水平；λ_i 是第 i 个基因表达产物的降解常数。

当前，模型方面的研究，主要是模型改进（即将新的知识和规则引进已有的模型，如 PBN 模型）和模型组合（把几个模型结合起来，实现优势互补，如定性网络模型）。在模型的选择和改进中，连续性和随机性模型更符合实际。另外，基因调控网络的大多数变量是连续的，如果粗糙地离散化，会丢失信息；如果精细地离散化，则离散模型会有太多的参数，因此，最好直接采用连续变量。

6. 模型的比较与分析

由于基因调控系统的复杂性，描述其特性的数学模型具有非唯一性，构建基因调控网络的计算模型和方法也存在多样性。实验及研究结果表明，对基因调控关系进行线性近似，利用微分方程分析各个基因的表达行为所推测出的基因调控网络的算法能够很好地拟合基因表达数据。

相比于微分方程模型，布尔网络是一种离散的数学模型，强调的是基本的全局网络，而不是一定量的生化模型。相比于真实的基因网络，布尔网络模型比较简单粗糙，因此不能很好地反映细胞中基因表达的实际情况，例如，各个基因表达的数值差异、各种基因作用强度等都不能通过布尔网络反映出来。同时，布尔网络模型把基因内部的遗传功能和相互作用理解为逻辑规则，但是，由于基因间相互作用的复杂性，用基因的一条逻辑规则来做推断常会导致错误。

相比于粗略化的布尔网络模型，动态贝叶斯网络模型的优点可概括为：贝叶斯网络引入图模型，揭示了基于统计假设的基因表达水平中的因果关系；把线性、非线性模型和隐马氏模型作为特例包括在内，考虑了随机元和隐变量，能很好地处理隐变量；可以对数据采集过程进行清晰的建模，能处理数据缺失及数据噪声问题，还能估计网络不同特征的置信度。但是，在基因调控网络构建的研究中，贝叶斯网络方法仍有其局限性：有向无环结构的假设并不完全符合真实生物体的生命周期现象；在贝叶斯网络的学习过程中，网络的结构会非常复杂，计算量非常大。

关联网络模型同样也存在计算复杂度过大的问题，此模型的另一缺点在于，如果用权重矩阵 R 中的元素代表所有 $(n^2 - n)/2$ 个可能存在的相互关系（网络中的边），那么，使用偏相关系数可以解决单独使用相关系数所产生的假阳性问题。然而，这两种相关系数提供的基因间的关联信息是具有独立性的或条件独立性的，例如，当计算出的相关系数和偏相关系数很低时，可以保证 X_i、X_j 之间无关联，但当 $R(X_i, X_j)$ 和 $R_{C_i}(X_i, X_j)$ 的值很高时，却不能确定基因 i 和 j 之间存在作用关系，因为 $R_{C_i}(X_i, X_j)$ 的值有可能非常小。

对于复杂系统，常常是网络的结构而不是精确的参数值决定了系统的稳定性，所以，模型形式的选择就显得非常重要。在分析基因调控网络时，描述基因之间作用关系的调控函数形式的选择，一方面取决于已有的生物学知识和能够用于建模的数据量，另一方面取决于模型本身的特点和处理的难易程度。在能够达到研究目的的前提下，尽量选择较为简单，易于分析和应用的计算模型。线性微分方程正好符合这一要求，它不仅能系统地刻画基因调控网络，也能定量地描述基因调控关系。

下面针对基因的表达调控，分析几种主要的调控模型。

1. RNA 结构剪接编辑调控模型

作为基因表达的一级产物，RNA 分子提供了多种模式和途径以实现真核生物和原核生物的基因表达调控。基本原理是，RNA 在外界环境因素的驱动下或借助于分子内的碱基配对形成多种空间构象，进而控制转录的终止和 RNA 分子的降解；或通过分子间的相互作用控制另一种 RNA 分子的灭活。RNA 分子的某些位点之间的相互作用，直接影响着另一些位点的结构和功能。这里，对反义 RNA 在 DNA 转录、RNA 前体转录后加工和 mRNA 反义中的调控作用进行简单介绍。在转录水平上，反义 RNA 可与 mRNA 的 5′端互补，从而组织转录的延伸。此外，在真核生物细胞中，发现有大量反义 RNA，或结合于 mRNA 前体的 5′端区域，影响其加帽反应；或作用于 mRNA 的 Ploy（A）区域，抑制 mRNA 的成熟及其细胞质的运输；或互补于 mRNA 前体外显子和内含子的交界处，阻断其剪接过程。反义子 RNA 更为重要的调控功能表现在反义水平上。原核生物的相关研究已经明确，反义子区分调控作用的方式有两种：一是与 mRNA 的 5′端 SD 序列结合，改变其空间构象，影响 mRNA 分子在核糖体上的准确定位；二是与 mRNA 的 5′端编码区（主要是密码子 AUG）结合，直接抑制反义的开始。

由于内含子的存在，基因编码区域不连续，这是真核生物基因顺序组织的基本特征，高等真核生物的绝大多数基因含有内含子结构，低等真核生物仅有少部分基因含有内含子，而原核生物几乎不含有这种不连续的基因。哺乳动物的结构基因的平均大小约为 16 kb，含有 7～8 个外显子，而剪接后的 mRNA 的平均长度仅为 2.2 kb。刚从基因上完成转录的 RNA 分子是核内不均一 RNA，它们极不稳定，通常与众多的核内蛋白质构成核糖核蛋白颗粒，后者在核内经剪切（切除内含子）、修饰（RNA 5′端加帽和 3′端续尾）等多步加工后，形成成熟的 mRNA 分子，并穿过核孔运输至细胞质，进行有效的翻译。RNA 的整个成熟过程，尤其是 RNA 的剪接环节，是基因表达调控的另一种形式。

RNA 有 3 类正常的剪切模式，见表 8-1，分别对应于不同性质的基因及其所含内含子的结构。整个剪切过程包括位点特异性断裂和连接两个步骤。

表 8-1　RNA 的正常剪切模式

类型	相关基因性质	剪切连接反应机理	反应催化方式	剪切连接位点保守序列
核内含子 线粒体 I 型 内含子 II 型 tRNA 基因	蛋白质编码基因 线粒体、叶绿体基因 rRNA 基因 tRNA 基因	两次转脂化反应 两次转脂化反应 两次转脂化反应 内切反应、连接反应	核内小分子核糖蛋白颗粒 RNA 分子催化 RNA 内切酶、RNA 连接酶	GT.........AT CTCTCT......NN GT.........-AT 无

2. 启动子调控和操纵子调控模型

本节简要介绍启动子的调控作用，着重叙述操纵子的调控原理和调控模式。

根据操纵子对具有调控基因表达功能的小分子物质的响应机制，可将其分为可诱导操纵子和可阻遏操纵子两大类。对于可诱导操纵子，小分子物质的出现使其由关闭状态转为开放状态，此过程叫作操纵子的诱导作用，这种小分子物质叫作诱导物。对于可阻遏操纵子，小分子的出现使其由开放状态转入关闭状态，这个过程叫作操纵子的阻遏作用，相应的小分子称为共阻物。相当多的糖代谢所利用的操纵子属于可诱导操纵子，用于氨基酸合成的操纵子属于可阻遏操纵子。无论正控制还是负控制，操纵子均可通过调节蛋白因子与小分子物质之间的相互作用达到诱导状态或阻遏状态。

原核细胞表达的基因调控比真核细胞的要简单，下面以大肠杆菌乳糖操纵子为例来说明操纵子的作用机理和控制网络。大肠杆菌能以乳糖作为唯一的碳源来进行生长，这是由于它可以产生利用乳糖的酶。这些酶受乳糖操纵子控制。大肠杆菌乳糖操纵子是大肠杆菌 DNA 的一个特定区段，由调节基因、启动基因、操纵基因 O 和结构基因 Z、Y、A 组成。P 区是转录开始时 RNA 聚合酶的结合部位，

O 区是阻遏蛋白的结合部位，其功能是控制结构基因的转录。平时，基因会经常进行转录和翻译，产生有活性的阻遏蛋白。当将大肠杆菌置于含有葡萄糖而不含乳糖的培养基中培养时，阻遏蛋白与操纵基因结合，从而阻挡了 RNA 聚合酶的前移，使结构基因不能转录，也就不产生可以利用乳糖的 3 种酶。当将大肠杆菌置于只含乳糖而不含葡萄糖的培养基中培养时，乳糖与结合在操纵基因上的阻遏蛋白以及游离的阻遏蛋白相结合，并改变阻遏蛋白的构型，使其失活，从而使阻遏蛋白不能与操纵基因结合，这时 RNA 聚合酶可以通过 O 区到达结构基因，使结构基因开始转录和翻译，产生可以利用乳糖的 3 种酶。如果培养基中同时含有葡萄糖和乳糖，则细菌只利用葡萄糖而不利用乳糖，原因是，在这种情况下，RNA不能与启动基因结合，因此，也就不能进行结构基因的转录和翻译。整个过程如图 8-6 所示。

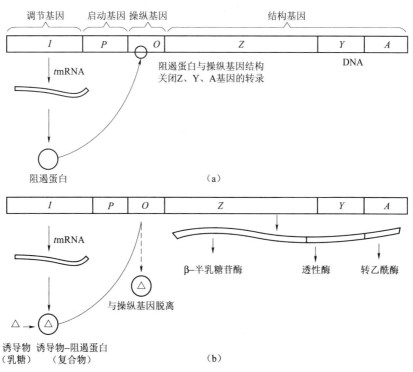

图 8-6　大肠杆菌乳糖操纵子的结构及基因调控示意图

（a）乳糖操纵子的阻遏状态；（b）乳糖操纵子的诱导状态

真核细胞基因表达的调控比原核细胞要复杂得多，真核基因的表达调控主要有三种形式：结构基因的内部或其附近存在对基因表达起调控作用的 DNA 序列；基因中某段甲基化的富含 CG 的序列对基因表达起调控作用；通过染色体结构的变化来控制基因的表达。一般认为，真核基因中结构基因的上游有一个启动基因区，由增强子、启动子、TATA框组成，下游结构基因由一些外显子和内含子组成。

3. 感受器应答调控模型

真核生物通常可以精确地控制基因表达，主要采用两种方式：一是形成基因的重复结构，不同类型的细胞有选择地表达重复基因的特定拷贝，并将此基因拷贝置于细胞的特异性表达调控网络中。二是形成单一拷贝基因的复合调控，参与真核生物表达调控的转录调控蛋白因子被内潭或外潭信号分子诱导激活，然后特异性地与单拷贝基因上游的相应顺式调控元件结合，进而以某种方式大幅度提升转录启动频率。这种感受应答调控模型是真核生物基因表达调控的基本形式。感受应答调控的机理非常复杂，基本的模型可分解为多种，如单调节基因-单结构基因模式、单调节基因-多结构基因模式、多调节基因-单结构基因模式和多调节基因-多结构基因模式等。真核生物基因转录调控模型如图8-7所示。

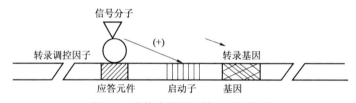

图 8-7 真核生物基因转录调控模型

在结构基因所属的启动子-增强子中或远距离上游区域中含有一个或多个应答元件，可被具有活性的转录调控蛋白因子识别并结合。编码转录调控蛋白因子的调节基因通常远离结构基因，而且在调节基因的上游，还有一个或多个感受位点，负责细胞内外信号分子的信息传递。调节基因通过感受位点对细胞信号传导途径所产生的信号分子做出反应，转录调控因子依靠应答元件对结构基因转录进行调控，这就是真核生物感受应答调控模式的两个要素。

8.5 蛋白质互作网络构建方法

8.5.1 基本原理

蛋白质组学是研究细胞内所有蛋白质机器动态变化规律的科学，其目标是，阐明生物体全部蛋白质表达和功能模式。蛋白质相互作用是蛋白质组学的研究热点之一，是解释蛋白质之间的相互作用，建立蛋白质相互作用关系网络，并对网络进行生物信息处理分析。从某种程度上来说，细胞的生命活动是一定条件下蛋白质相互作用的结果，若蛋白质相互作用网络被破坏或失去稳定性，会引起细胞的功能性障碍。

随着蛋白质相互作用实验技术平台的发展，大量蛋白质相互作用的实验数据产生并积累，如何分析和处理这些数据成为关键。目前，已经获得了若干模式生物的蛋白质互作网络，生物信息处理的发展也极大促进了蛋白质互作技术平台的发展，更深层次地挖掘蛋白质互作网络的特性已成为可能。研究蛋白质互作的最终目标就是，建立模式生物的全部蛋白质互作网络，阐明蛋白质互作的完整的网络结构。从某种程度上说，蛋白质互作网络是功能基因组学、蛋白质组学和系统生物学的桥梁。

1. 蛋白质互作的研究进展

蛋白质互作是指，蛋白质在其生命周期中相互接触，形成特异的复合体并共同起作用，也就是说，相互作用的蛋白质参与同一个代谢途径或生物学过程。蛋白质的相互作用可以分为物理相互作用和功能意义相互作用。

一些生物，如酿酒酵母、果蝇和线虫的大规模蛋白质互作网络已经构建成功，而人类蛋白质互作网络的研究也取得了一定成果。Uetz 等人用阵列法研究了大约 6 000 个酵母转换株的开放阅读框（ORF），由于存在许多自激活现象，最多可得到 87 个蛋白质之间的 281 对蛋白质相互作用。同时，他们还将酵母的 5 341 个 ORF 作为诱饵，以 6 000 个 ORF 作为猎物，最多可得到 817 个蛋白质之间的 691 对相互作用，其中 88 对是已经报道过的。Itl 等人构建了含酵母约 92% 的 ORF 诱饵载体和猎物载体，分别形成诱饵载体亚库和猎物载体亚库，初次筛选进行 430 次亚库交配后发现，有 175 对蛋白质相互作用，其中有 163 对是新发现的蛋白质相互作用。随后将所有构件的全部亚库检测相互作用，共检测到 3 278 个蛋白质的 4 549 对相互作用。

在模式生物研究中发现，几乎所有的蛋白质都会与其他蛋白质结合，这种现象在高等哺乳动物中出现的频率高于低等动物。Stelzl 等人首次采用 Y2H 法大规模研究人类蛋白质相互作用，用 4 456 个诱饵载体和 5 632 个猎物载体进行矩阵交配实验，鉴定阳性克隆后，从 1 705 种蛋白质中发现 3 186 对蛋白质相互作用，第一次构建了较为全面的人类蛋白质互作网络，并采用免疫沉淀法验证了 Y2H 的可靠性。

2. 蛋白质互作数据的收集和整理

（1）实验获得

目前，用于鉴定蛋白质互作的技术主要可以分成以下四类。

① 基于文库的方法：主要优点是，高度并行的实验格式、候选相互作用的蛋

白质及其 cDNA 之间的直接关联。缺点是，存在较高的假阳性和假阴性率。所以，需要进一步实验验证蛋白质相互作用。一般方法有：在转录水平上进行的调节及其相关技术、标准的文库表达以及噬菌体展示文库。但是，这些方法都是在体外进行实验，蛋白质折叠和识别的情况并不能反映细胞内情况。

② 亲和性方法：检测蛋白质相互作用的物理方法通常依赖于一个蛋白质对另一个蛋白质的亲和性，这类方法可以识别直接或间接的蛋白质相互作用。主要包括：在体外验证蛋白质相互作用的谷胱肽转移酶融合蛋白的沉降技术、免疫共沉淀和蛋白质微阵列法等。

③ 分子和原子的方法：X 射线晶体学和核磁共振技术有助于在原子水平识别蛋白质相互作用。蛋白质相互作用的分子方法包括：荧光共振能力转移、标明基元共振谱、蛋白质复合体的质谱技术、原理力显微镜技术、BIAcore 标明等离子体共振分析技术以及石英体微平衡生物传感器技术等。

④ 遗传方法：对于细菌、酵母等可以控制、处理遗传的物种，遗传方法也可以分析蛋白质相互作用。

（2）预测获得

蛋白质相互作用数据除可以通过实验获得外，还可以应用生物信息处理手段对蛋白质相互作用进行预测，通过模拟和计算方法获得蛋白质相互作用数据比通过实验获得数据快得多。

① 基于基因组上下文关系：主要方法包括系统发生谱法、基因邻居法、基因融合和转录谱。

② 基于蛋白质序列系统发生过程：主要包括镜像树、关联突变、同源建模、多体串联、支持向量机和贝叶斯网络。

③ 基于蛋白质结构的方法：综合多种方法进行预测。

大多数蛋白质的相互作用具有广泛的网状结构，随着网络结构不断扩展，需要有更高级的数据库和数据采集工具来提取有用的信息。计算方法可对高通量蛋白质的相互作用结构进行验证，为蛋白质相互作用数据的可靠性提供保障。不同的预测蛋白质相互作用的计算方法有不同的适用范围，而相应的评价标准还未建立。因此，在实际应用中，应当考虑组合现有的不同方法进行预测，并且将这些方法与实验方法结合，挖掘蛋白质互作网络中更多的相互作用节点，这样，就可以更完整地描述蛋白质相互作用的生物学过程。

8.5.2 构建方法

蛋白质互作网络的构建比较简单。由于蛋白质相互作用数据本身就可以提供蛋白质间的相互作用关系信息，只需要将数据中的互作关系作为网络中的边，将蛋白质作为网络中的节点，即可构建蛋白质网络。

蛋白质互作网络是无向的无标度网络，少数连通度极高的节点将高度模块化的子网络连接在一起。在分析酵母等模式生物时，已构建出几乎覆盖整个蛋白质组的蛋白质互作网络，人类等高等物种的互作数据也在以极快的速度积累着。酵母、小鼠、人类等物种的蛋白质互作网络一般包含数千个节点和数千到数万条边，对于这样庞大的网络，需要采用多种多样的计算方法来对其进行分析。

1. 蛋白质网络的可靠性分析

高通量的蛋白质互作检测技术和生物信息处理预测方法极大地丰富了蛋白质互作数据资源，为进一步的网络分析提供了数据基础，同时，高通量检验结果中包含着大量不确定的结果，存在着严重的假阳性问题，因此，确定数据的可靠性是蛋白质互作网络分析前一项重要的工作。

一般认为，小规模生物实验所检测出的互作信息更为可靠。免疫共沉淀的阳性检测结果一般被认为是互作信息存在的金标准。而当互作实验证据来自高通量试验时，往往用同一条互作信息被不同的高通量实验证明的次数来反映互作信息的可靠程度。此外，还可以通过将表达相关性与互作关系密切相关的其他数据信息相结合来检验互作信息的可靠性。

2. 基于蛋白质网络的蛋白功能预测

蛋白质通过彼此的连接来行使生物学功能，因此，存在一个很自然的假设，即彼此互作的蛋白质具有相同或相似的功能。在这一假设的基础上，开发了一系列基于蛋白质网络的蛋白功能预测方法。

在这些方法中，邻居计数法是最简单的一种方法，即一个待测功能的蛋白质同与其连接的大部分蛋白的功能一致，统计它的邻居中属于不同功能的蛋白的数目，将计数最多的功能作为待测蛋白的预测结果。

在邻居计数法的基础上，研究者又开发出了考虑功能类别本身规模应用的卡方法、结合全局信息的网络分割算法、基于不同概率模型的全局预测算法等。虽然这些方法普遍存在着预测准确率不高、预测范围有限等缺点，但其预测效率能够随互作信息和功能信息的完善而不断提高，因此，这类算法具有重要的理论意义。

3. 模体的搜索分析

蛋白质互作网络中有大量的密集互作的子网模式，模体的出现提示了生物分子行使生物功能的基本模式，挖掘这些模式对了解蛋白质行使功能的方式、探索蛋白质间的功能联系以及寻找新的功能通路都有着重要的意义。

全连接集是蛋白质网络中普遍存在的一类模体，无论是在各种全连接集出现的通路方面，还是在最大全连接集的规模方面，真实的蛋白质网络都远远超过随机网络，从而说明，组成高度连接的蛋白质复合物是蛋白质行使生物功能的一种基本形式。研究发现，部分全连接集之间存在重叠，将这些存在重叠的全连接集合并在一起，可以获得密集互作的蛋白质子网。结果显示，这些子网往往存在功能上的关联性。另一方法，很多研究显示，连通度最高的蛋白质往往没有出现在规模最大的全连接集中，表明此类高连通的蛋白质节点更倾向于连接不同模块的枢纽位置，而不是直接参与大型的蛋白质复合物的构建。

此外，挖掘其他类型的蛋白质互作网络模体对于理解蛋白质行使功能的模式同样有着重要的意义。有的研究通过整合基因表达相关性与蛋白质互作信息，以互作网络中高表达相关路径的方式来预测潜在的生物通路。

4. 基于拓扑属性的分析

利用拓扑属性分析网络中的节点是网络生物学中独特的方法。在蛋白质互作网络中，具有独特拓扑属性的节点蛋白往往具有独特的生物学意义。

研究显示，连通度较高的中心节点对网络的连通性起着特别重要的作用，其中富集着与生命基本活动相关的必需基因、疾病相关基因以及药物靶点基因等具有重要意义的基因的表达产物。中心节点的这种特点使其成为很多研究所关心的对象。介数和紧密度较高的节点往往也具有较高的连通度，这些节点在连接网络的过程中同样具有重要作用。

节点的拓扑属性可以揭示节点在网络中的作用，通过对蛋白质互作网络中节点的拓扑属性进行分析，能够进一步理解其在生物网络中的重要意义，还可以用模式识别的方法对特定蛋白节点的功能进行预测。

8.6   应用实例分析

8.6.1   疾病相关蛋白质互作网络分析

1. 问题描述

生命体为了完成自身的新陈代谢与生长发育，需要将体内各种生物分子有机地结合起来，共同完成各项生物功能，包括分子之间的相互协调、相互制约、相互促进等过程。蛋白质作为生命的主要表现者，其分子之间的复杂关系对于生命体来说尤为重要。实际上，任何一个生物过程、生物功能的实现都是若干蛋白质分子相互作用的结果。因此，要彻底理解一个生物过程，不仅需要了解相关蛋白质自身的信息，同时还需弄清楚它们之间错综复杂的联系。

完整的蛋白质互作网络能够清晰地展示蛋白质之间的相互联系。自从蛋白质互作网络的概念提出以来，越来越多的研究者通过研究蛋白质互作网络来认识、理解生物学过程。比如，认识细胞膜在新陈代谢过程中的功能。由于细胞膜的功能往往来自膜上的蛋白质，所以，研究人员首先找出在细胞膜上工作的蛋白质，然后从蛋白质相互作用数据中提取出这些蛋白质之间的相互联系，并通过分析它们之间的作用情况来研究膜上蛋白的功能行使情况（即细胞膜的功能）。目前，生物信息处理对于细胞信号通路的研究也是基于通路上蛋白质之间的协调来进行的。

　　由于疾病也是由生物分子间错综复杂的相互作用造成的，特别是蛋白质分子，故本实例构建与疾病完全相关的蛋白质互作网络，再对该网络进行相应的分析，从而充分认识疾病并为诊断治疗提供丰富的依据。

2. 方法分析

（1）构建疾病相关蛋白质互作网络

　　从计算机科学的角度，把一个蛋白质互作网络看作一个图。其中，每一个节点代表一种蛋白质，每一条边代表一个相互作用。与任意疾病 D 相关的蛋白质互作网络是 G 的一个子图，记为 $G_d(V_d, E_d)$。设 v_i 是图 G 中的任一节点，即代表任意一个蛋白质；v_{d_i} 是 G_d 中的任一节点，代表任意一个与疾病相关的蛋白质。设 $e_i=(v_i, v_{i+1})$ 是图 G 中的任意一条边，代表节点 v_i 与 v_{i+1} 之间的相互作用；$e_{d_i}=(v_{d_i}, v_{d_{i+1}})$ 是图 G_d 中的任意一条边，代表节点 v_{d_i} 与 $v_{d_{i+1}}$ 之间的相互作用。疾病基因集合 Geneset=$\{g_1, g_2, g_3, \cdots, g_m\}$ 中的任一元素 g_i，代表任意一个已经被证实的与疾病 D 相关的基因。疾病蛋白质集合 Proteinset=$\{p_1, p_2, p_3, \cdots, p_n\}$ 中的任一元素 p_i，代表任意一个已经被证实的与疾病 D 相关的蛋白质。

　　构建疾病 D 的相关蛋白质互作网络的算法描述如下。

　　输入：特定疾病的名称 D。

　　输出：疾病 D 相关的蛋白质互作网络 G_d（V_d，E_d）。

　　① 根据特定疾病 D，在 OMIM 数据中找出其疾病基因集合 Geneset=$\{g_1, g_2, g_3, \cdots, g_m\}$，主要方式为关键字查询搜集。如，乳腺癌基因集合可通过在 OMIM 数据中查找"breast cancer"关键字并利用相关分析来获取。

　　② 利用疾病基因集合 Geneset 和转换数据 HGNC，生成疾病蛋白质集合 Proteinset=$\{p_1, p_2, p_3, \cdots, p_n\}$。具体为：初始 Proteinset=$p_0$。对于 Geneset 中任一元素 g_i，若转换数据显示其对应蛋白质为 p_i，那么，Proteinset=Proteinset$\cup\{p_i\}$，否则，转换数据显示无对应蛋白质，Proteinset 不变。如此重复，直至 Geneset 中的元素均被检查过为止。一般情况下，大部分基因都会生成自身特定的蛋白质，即 $n=m$。

　　③ 找出 Proteinset 中每一个元素 p_i 在 I2D（Interologous Interaction Database）相互作用数据中的邻居集合 $P_i=\{p_{i1}, p_{i2}, p_{i3}, \cdots, p_{ik}\}$。具体为：对于每一个 p_i，初始化 $P_i=p_{i0}$。对于 I2D 数据库全蛋白质互作图谱 G 中的任意一条边 $e_i=(v_i, v_{i+1})$，若 $p_i=v_i$，

则 $P_i=P_i\cup\{v_{i+1}\}$；若 $p_i=v_{i+1}$，则 $P_i=P_i\cup\{v_i\}$；否则 P_i 不变。如此重复，直至 G 中的所有边都检查完毕。

④ 计算疾病可能的蛋白质集合 $V_{d'}$，具体为 $V_{d'}=\text{Proteinset}\cup P_1\cup P_2\cup P_3\cup\cdots\cup P_n$。

⑤ 根据蛋白质表达谱数据 MicroArray1，找出全蛋白质在疾病 D 中的表达情况，进而过滤疾病可能蛋白质集合 $V_{d'}$ 得到疾病蛋白质集合 V_d。具体为：对于 $V_{d'}$ 中的每一个蛋白质元素 p_i，检查其在疾病 D 中的表达情况。若 p_i 不表达，则 $V_{d'}=V_{d'}-\{p_i\}$；若表达，则 $V_{d'}$ 不变。如此重复上述检查，直至 $V_{d'}$ 中所有元素都检查完毕。赋值 $V_d=V_{d'}$。

⑥ 构建疾病 D 相关的蛋白质互作网络的边集合 E_d。具体为：初始 $E_d=e_0$。对于 I2D 数据库全蛋白质互作图谱 G 中的任意一条边 $e_i=(v_i,v_{i+1})$，检查 v_i 与 v_{i+1} 是否同时属于 V_d，若是，则 $E_d=E_d\cup\{e_i\}$；否则，E_d 不变。如此重复，直至 G 中的所有的边都检查完毕。

归纳之，该算法选择被证实的与疾病相关的蛋白质，以及 I2D 数据库中这些蛋白质的邻居作为疾病相关蛋白质集合。进而由 I2D 数据库生成该集合的子图，其边集包含该集合在 I2D 数据库中的所有可能的边。构建这样的疾病蛋白质互作网络具有明显的生物学意义。一种蛋白质的功能主要与和其直接相关的蛋白质（第1层邻居）有关，而与间接相关的蛋白质（第2，3，…层邻居）关系较弱。此外，除了第1、3层邻居外，偶数层邻居对蛋白质功能的影响会大于奇数层邻居。因此，构建一个由自身蛋白质集合和它的第1层邻居集合组成的疾病相关蛋白质互作网络可以基本满足分析、研究疾病机制的需求。换言之，在以后的工作中，假设上述方法构建的蛋白质互作网络是能够完全反映疾病相关蛋白质的作用机制的，对该蛋白质互作网络进行分析对于疾病的理解是有生物学意义的。图 8-8 为疾病相关蛋白质互作网络的构建示意图。由于 I2D 数据量太大，这里假设图 8-8（a）为

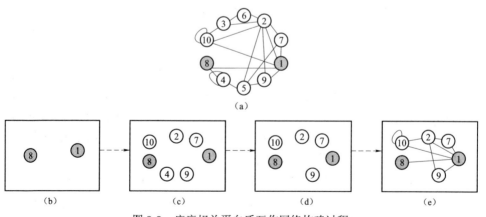

图 8-8　疾病相关蛋白质互作网络构建过程

I2D 全图的示意图 G，包含 10 个节点，并分别以相应阿拉伯数字标记。图 8-8（b）为数据库 OMIM 中已证实的疾病 D 的相关基因所对应的蛋白质集合 Proteinset，含蛋白 1 和 8。图 8-8（c）是由集合 Proteinset 产生的疾病的可能蛋白质集合 $V_{d'}$。图 8-8（d）是集合 $V_{d'}$ 经蛋白质表达谱数据过滤后得到的疾病蛋白质集合 V_d。图 8-8（e）是最终生成的疾病蛋白质互作网络 $G_d(V_d,E_d)$。

（2）疾病相关蛋白质互作网络及其拓扑分析

对生物分子相互作用网络进行拓扑分析是生物信息处理中处理生物分子网络的一个重要手段。针对蛋白质相互作用网络，前人提出过许多不同的拓扑特征，如度、簇系数、最短路径条数、Motif、功能簇、Hub 蛋白等。通过对这些特征进行分析或组合分析，研究人员从生物信息处理的角度发现了蛋白质互作网络丰富的生物学意义。本实例选择度、簇系数、最短路径条数作为拓扑分析的对象，因为这三个拓扑特征是最基础、最完整的。可以说，其他大部分拓扑特征都可以由这几个特征的多项式组合生成。

1）度、簇系数、最短路径条数的概念

一个蛋白质的度，代表蛋白质互作网络中，与该蛋白质直接相互作用的蛋白质的数目（第一层邻居）。度可以反映一个蛋白质在蛋白质互作网络中的功能多样性与生物学重要性。一般来说，蛋白质的度越大，则其参与的生物功能越多，其生物学重要性越强。

一个蛋白质的簇系数是指，在蛋白质相互作用网络中，该蛋白质的邻居之间的实际相互作用数目与邻居之间理论上的相互作用数目之比。簇系数能够反映一个蛋白质在蛋白质互作网络中的局部重要性。一般地，簇系数越大，则该蛋白的邻居之间的"合作"越紧密，故该蛋白在这一局部生物学功能中越重要。

一个蛋白质的最短路径条数（Number of Shortest Paths，SP），是蛋白质互作网络中所有两两蛋白质之间存在的通过该蛋白质的最短路径的条数。最短路径条数能够反映一个蛋白质在蛋白质互作网络中的全局重要性。一般认为，蛋白质互作网络中通过某一蛋白质的最短路径越多，该蛋白对于全局网络的连通性的贡献也就越大，即其对蛋白质互作网络的全局协调能力越大。

2）度、簇系数的计算

根据图论的概念，无向图中一个节点 X 的度即该节点邻居的数目，记为 K_X。设节点 X 的邻居之间的相互作用数目为 n_X，那么该节点的簇系数可以根据公式（8-1）计算得出，记为 C_X。

$$C_X = \frac{2n_X}{K(K_X - 1)} \tag{8-1}$$

公式（8-1）中，$K_X(K_{X-1})/2$ 代表节点 X 的邻居间所允许的最多的相互作用数目。因此，任意节点的簇系数的取值区间为[0，1]。特别是，当一个蛋白质节点的簇系数为 0 时，该蛋白节点最多只有一个邻居或者其邻居之间无相互作用关系。图 8-9 给出了疾病相关蛋白质互作网络中节点的度与簇系数的计算过程。其中 A 节点在该网络中具有 5 个邻居，度为 K_A；其邻居之间只有 B 和 C 具有相互作用关系，故 n_A 值为 1，从而 A 节点的簇系数为 0.1。

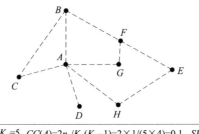

$DE(A)=K_A=5$　　$CC(A)=2n_A/K_A(K_A-1)=2\times1/(5\times4)=0.1$　　$SP(A)=20$

图 8-9　三个拓扑参数的计算示意

3）最短路径条数的计算

计算一个节点的最短路径条数，首先需要找出疾病相关蛋白质互作网络中所有的任意两个节点之间的最短路径。然后扫描最短路径集，并统计每一个节点在这些最短路径中出现的次数，即该节点的最短路径条数。其中，在计算两个节点之间的最短路径时采用了一般的 Dijkstra 算法，该算法是计算一个节点到其他所有节点的最短路径的典型最短路算法，其主要思想为：

① 将顶点集 V 分成 S（开始只包含源点，S 所包含的点都是已经计算出最短路径的点）和 $V-S$ 集合（$V-S$ 包含那些未确定最短路径的点）。

② 从 $V-S$ 中选取一个顶点 w，满足经过 S 集合中任意顶点 v 到 w 的路径最短，即满足"源到 v 的路径与 v 到 w 的路径之和"最小的那个 w。其中 v 属于 S，w 属于 $S-V$。将 w 加入 S，并从 $V-S$ 中移除 w。

③ 反复重复步骤②，直到 $V-S$ 变为空集为止。

在图 8-9 所列举的含 8 个节点的网络中，共有最短路径 28 条，其中通过节点 A 的有 20 条。该结果表示，节点 A 的全局性意义较大，在许多生物过程中能起到关键性的作用。

在对疾病相关互作网络进行拓扑分析时，需要统计网络中每个节点的上述三个参数的值，记为（DE_i，CC_i，SP_i），该拓扑参数向量集记为 Topo。

3. 实验及结果

选择乳腺癌作为预测算法实例，进行与乳腺癌相关的 miRNA 预测。

（1）乳腺癌相关蛋白质互作网络

OMIM 数据中记录的与疾病相关的编码基因有 26 个，它们构成了乳腺癌基因集合 Geneset={AKT1，AR，ATM，BACH1，BARD1，BRCA1，BRCA2，BRIP1，CASP8，CDH1，CDS1，CHEK2，ESR1，HMMR，KRAS，PALB2，PHB，PIK3CA，PPM1D，RAD51，RAD54L，RB1CC1，SLC22A18，TP53，TSG101，XRCC3}。对应的乳腺癌蛋白质集合为 Proteinset={P31749，P10275，Q13315，O14867，Q99728，P38398，P51587，Q9BX63，Q14790，P12830，Q92903，O96017，P03372，O75330，P01116，Q86YC2，P35232，P42336，O15297，Q06609，Q92698，Q8TDY2，Q96BI1，P04637，Q99816，O43542}。

从上述 26 个疾病蛋白质出发，利用疾病相关蛋白质互作网络的构建算法生成与乳腺癌相关的蛋白质互作网络。这 26 个疾病蛋白质在 I2D 相互作用数据中共有 1 070 个邻居（包括这 26 个蛋白质）。而乳腺癌组织蛋白质表达谱数据显示，其中有 255 个蛋白质在乳腺中并不表达。于是，经过筛选，选择其余的 815 个蛋白质来生成 I2D 相互作用图谱的子图，包含 815 个节点、7 847 条边，该子图即乳腺癌相关的蛋白质互作网络。

分析该网络中所有结点的拓扑特征，包括度（DE）、簇系数（CC）、最短路径条数（SP），生成乳腺癌蛋白质互作网络拓扑参数向量集 Topo。总体分析结果见表 8-2。从中可见，乳腺癌相关蛋白质互作网络中结点的度的分布为 1～241；簇系数的分布为 0～1；最短路径条数的分布为 814～73 125。

表 8-2　乳腺癌相关蛋白质互作网络拓扑分析概况

	度	簇系数	最短路径条数
最大值	241	1	73 125
最小值	1	0	814

拓扑分析的数据记录见表 8-3。从分析结果可以看出，三个拓扑特征的相关性并不大，可以作为贝叶斯后验概率分析的属性集。

表 8-3　拓扑分析结构的数据格式

蛋白质	度	簇系数	最短路径条数
O43707	13	0.166 7	1 124
P25098	11	0.327 3	964
P35573	12	0.348 5	838
P35869	19	0.215 7	1 082
Q12802	6	0.133 3	909

（2）miRNA 正样本集与负样本集

经过文献检索，本实例采用包含 36 个已经被证实的乳腺癌相关的 miRNA 的集合：

miR_T={hsa-let-7a，hsa-let-7d，hsa-let-7f，hsa-let-7i，hsa-miR-101，hsa-miR-10b，hsa-miR-122a，hsa-miR-124a，hsa-miR-125a，hsa-miR-125b，hsa-miR-126，hsa-miR-127，hsa-miR-128b，hsa-miR-136，hsa-miR-143，hsa-miR-145，hsa-miR-149，hsa-miR-152，hsa-miR-155，hsa-miR-17-5p，hsa-miR-181b，hsa-miR-191，hsa-miR-202，hsa-miR-203，hsa-miR-204，hsa-miR-205，hsa-miR-206，hsa-miR-21，hsa-miR-210，hsa-miR-27a，hsa-miR-29b，hsa-miR-335，hsa-miR-373，hsa-miR-520c，hsa-miR-663，hsa-miR-9}。而通过分析乳腺癌组织的 miRNA 表达谱数据，本实例采用包含 100 个与乳腺癌不相关的 miRNA 的集合 miR_F，包括 hsa-miR-1 等，这里不再列举。

从 miRNA 靶蛋白质集（$Protein_q$）中，依据集合 miR_T 与 miR_F，分别生成乳腺癌相关 miRNA 靶蛋白质子集 PMTPS 及乳腺癌不相关 miRNA 靶蛋白质子集 NMTPS。数据格式见表 8-4。

表 8-4　集合 PMTPS 中有关"hsa-let-7a"的若干数据记录

miRNA	蛋白质	自由能变化
hsa-let-7a	O43707	−1.29
hsa-let-7a	P25098	−3.69
hsa-let-7a	P35573	6.45
hsa-let-7a	P35869	−1.12
hsa-let-7a	Q12802	−2.60

依据 PMTPS、NMTPS 及乳腺癌蛋白质互作网络拓扑参数向量集 Topo 生成 miRNA 正、负样本参数集合 Pvector 与 Nvector。数据格式见表 8-5。

表 8-5　集合 Pvector 中有关"hsa-let-7a"的若干数据记录

miRNA	蛋白质	自由能变化	度	簇系数	最短路径条数
hsa-let-7a	O43707	−1.29	13	0.166 7	1 124
hsa-let-7a	P25098	−3.69	11	0.327 3	964
hsa-let-7a	P35573	6.45	12	0.348 5	838
hsa-let-7a	P35869	−1.12	19	0.215 7	1 082
hsa-let-7a	Q12802	−2.60	6	0.133 3	909

统计得出，集合 Pvector 中包含了 36 个与乳腺癌相关 miRNA 的 9 143 条数据记录；集合 Nvector 中包含 100 个与乳腺癌不相关 miRNA 的 24 974 条数据记录。

8.6.2 定量转录调控模型构建

1. 问题描述

无论是原核生物还是真核生物，基因表达的调控都在是转录层次上进行的。研究转录调控网络对于揭示基因功能、了解转录调控机制以及蛋白质互作用等都有重要的意义。基因的表达水平与 TF 的浓度、TF 与靶位点之间的结合强度，甚至和温度等都有确定的量化关系。因此，本实例深入理解基因的转录调控机制，对其开展定量的研究。

2. 方法分析

（1）定量转录调控模型

在构建转录调控模型时，需要考虑两个方面：一是 TF 的浓度，因为 TF 的浓度是调控靶基因转录的主要方式，大量的实验观察表明，起诱导作用的 TF 的浓度升高（或降低），则靶基因的表达水平升高（或降低）；二是 TF 与靶位点的结合强度，结合强度越大，启动靶基因转录时所需的 TF 浓度就越低。以前的调控模型大多只考虑了前者而忽略了后者，或者只是将后者视为一个固定量的参数。而本节提出的模型综合考虑了这两个方面。以下以酶动力学模型为例进行介绍。

鉴于基因的转录率（Transcription Rate，指单个细胞在单位时间内产生的 mRNA 分子的个数）比表达数据能够更好地捕捉转录的动态特性，故以转录率来构建转录调控模型。与基因表达数据一样，实验测得的转录率是所测细胞群体的平均转录率，因此，假设每个细胞内的转录处于平衡状态。此外，还假设 TF 结合到靶位点或从靶位点上解离的速度远远大于转录的速度，从而忽略多个靶位点对同一个 TF 分子竞争的影响。基于上述假设，转录率可视为，结合了 TF 的基因在细胞群内所占的比例。为简便起见，先考虑只有一个 TF 的情形，如图 8-10（a）所示的两种结合状态，其中 $\gamma = 2$、$\gamma = 50$ 和 $\gamma = 130$ 分别表示 TF 的结合率常数与解离率常数，这与 TF 的浓度有关；未结合状态的灰色箭头表示基因的背景表达水平。如果用 μ 表示转录率，h 表示 TF 的浓度，则 μ 与 h 的关系可用 Michaelis-Menten 方程描述如下：

$$\mu(h, \gamma) = \beta \frac{\gamma h}{1 + \gamma h}$$

其中，β 表示该基因所能达到的最大转录速率；$\gamma = \kappa_b / \kappa_d$ 是一个与 h 无关的常数，称为结合常数，其值越大，则 TF 与靶位点的结合越牢固，一旦结合，就不易解离，因此，在本实例中，称其为结合强度。γ 对 μ 的影响如图 8-10（b）所示，从中可以看出，γ 越大，μ 达到某一特定值所需的 h 就越小。

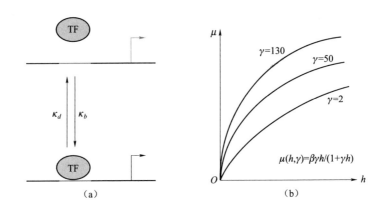

图 8-10　单个 TF 的调控模型

（a）结合状态的转换；（b）γ 与调控函数的关系

下面将上述模型扩展到两个转录因子的情况，如图 8-11 所示，其中 κ_{b1} 与 κ_{d1} 表示 TF$_1$ 的结合率常数与解离率常数，κ_{b2} 与 κ_{d2} 表示 TF$_2$ 的结合率常数与解离率常数，λ 表示两个 TF 之间的相互作用对结合率常数与解离率常数的影响。

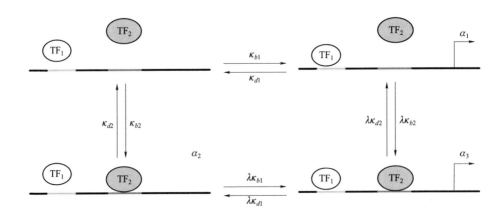

图 8-11　两个 TF 情况下的结合状态转移关系

此时存在三种可能的结合状态，每种结合状态下基因的转录率是不同的，对于结合反应 $TF + G \underset{\kappa_d}{\overset{\kappa_b}{\rightleftharpoons}} [TF \cdot G]$，用 $[h]$、$[g]$、$[h \cdot g]$ 分别表示 TF 的浓度、无

TF 结合的基因所占的比例和结合了 TF 的基因所占比例，再令 $\kappa_{d1} = \kappa_{d1} / \kappa_{b1}$，$\kappa_{d2} = \kappa_{d2} / \kappa_{b2}$，根据解离率常数的定义，有：

$$
\begin{cases}
k_{d1} = \dfrac{|h_1\,\|\,g|}{|h_1 \bullet g|} \Rightarrow |h_1 \bullet g| = \dfrac{|h_1\,\|\,g|}{k_{d1}} \\[3mm]
k_{d2} = \dfrac{|h_2\,\|\,g|}{|h_2 \bullet g|} \Rightarrow |h_2 \bullet g| = \dfrac{|h_2\,\|\,g|}{k_{d2}} \\[3mm]
\lambda k_{d1} = \dfrac{|h_2 \bullet g\,\|\,h_1|}{|h_2 \bullet g \bullet h_1|} \Rightarrow |h_2 \bullet g \bullet h_1| = \dfrac{|h_2\,\|\,g\,\|\,h_1|}{\lambda k_{d1} k_{d2}} \\[3mm]
\lambda k_{d2} = \dfrac{|h_1 \bullet g\,\|\,h_2|}{|h_1 \bullet g \bullet h_2|} \Rightarrow |h_1 \bullet g \bullet h_2| = \dfrac{|h_1\,\|\,g\,\|\,h_2|}{\lambda k_{d2} k_{d1}}
\end{cases}
$$

图 8-11 描述了上述方程。用 $[G]$ 表示所设细胞群中该基因的副本总体，$[TF \bullet G]$ 结合状态对转录率的贡献可按如下方式表示出：

$$
\begin{aligned}
\frac{|h_1 \bullet g|}{|G|} &= \frac{|h_1 \bullet g|}{|g| + |h_1 \bullet g| + |h_2 \bullet g| + |h_1 \bullet g \bullet h_2|} \\[3mm]
&= \frac{\dfrac{|h_1\,\|\,g|}{k_{d1}}}{|g| + \dfrac{|h_1\,\|\,g|}{k_{d1}} + \dfrac{|h_2\,\|\,g|}{k_{d2}} + \dfrac{|h_1\,\|\,g\,\|\,h_2|}{\lambda k_{d2} k_{d1}}} \\[3mm]
&= \frac{\dfrac{|h_1|}{k_{d1}}}{1 + \dfrac{|h_1|}{k_{d1}} + \dfrac{|h_2|}{k_{d2}} + \dfrac{|h_1\,\|\,h_2|}{\lambda k_{d2} k_{d1}}}
\end{aligned}
$$

同理，可以计算另两种结合状态对转录率的贡献：

$$
\frac{|h_2 \bullet g|}{|G|} = \frac{\dfrac{|h_2|}{k_{d2}}}{1 + \dfrac{|h_1|}{k_{d1}} + \dfrac{|h_2|}{k_{d2}} + \dfrac{|h_1\,\|\,h_2|}{\lambda k_{d2} k_{d1}}}
$$

$$
\frac{|h_2 \bullet g \bullet h_1|}{|G|} = \frac{\dfrac{|h_1\,\|\,h_2|}{k_{d1} k_{d2}}}{1 + \dfrac{|h_1|}{k_{d1}} + \dfrac{|h_2|}{k_{d2}} + \dfrac{|h_1\,\|\,h_2|}{\lambda k_{d2} k_{d1}}}
$$

鉴于不同的结合状态对转录率的贡献是不一样的，假设用 k_{c1}、k_{c2} 与 k_{c3} 分别表示三种结合状态下，启动该基因转录的比率，则总的转录率为：

$$k_{c1}\,|\,h_1 \bullet g\,|+k_{c2}\,|\,h_2 \bullet g\,|+k_{c3}\,|\,h_2 \bullet g \bullet h_1\,|=$$

$$\frac{k_{c1}\,|\,G\,|\dfrac{h_1}{k_{d1}}+k_{c2}\,|\,G\,|\dfrac{h_2}{k_{d2}}+k_{c3}\,|\,G\,|\dfrac{h_1 h_2}{\lambda k_{d1}k_{d2}}}{1+\dfrac{h_1}{k_{d1}}+\dfrac{h_2}{k_{d2}}+\dfrac{h_1 h_2}{\lambda k_{d1}k_{d2}}}$$

用 β 表示该基因可达到的总的最大转录速率，则上述表达式可转化为：

$$\mu = \beta\frac{\alpha_1\dfrac{H_1}{k_{d1}}+\alpha_2\dfrac{H_2}{k_{d2}}+\alpha_3\dfrac{H_1 H_2}{\lambda k_{d1}k_{d2}}}{1+\dfrac{H_1}{k_{d1}}+\dfrac{H_2}{k_{d2}}+\dfrac{H_1 H_2}{\lambda k_{d1}k_{d2}}}$$

经变化，上式可表达为：

$$\mu(h;\beta,\alpha,\gamma)=\beta\frac{\alpha_1\gamma_1 h_1+\alpha_2\gamma_2 h_2+\alpha_3\gamma_1 h_1\gamma_2 h_2}{(1+\gamma_1 h_1)(1+\gamma_2 h_2)}$$

现在考虑第 j 个基因被 m_j 个 TF 调控的情形，此时共有 2^{m_j} 种不同的结合状态。为了表述方便，用一个长度为 m_j 的二进制数表示某一结合状态。例如，$s=011$ 表示该基因被三个不同的 TF 调控，且第二个与第三个已经结合到了该基因启动子区域的靶位点上。如果用 $|s|$ 表示 s 的十进制数值，用 $\alpha_{|s|}$ 表示 s 结合状态下的产率，则一般情形下的调控模型可表示为：

$$\mu_j(h;\beta_j,\alpha,\gamma)=\beta_j\frac{\sum\limits_{s\in s_j}\alpha_{|s|}\prod\limits_{s_i=1;\,i=1,\cdots,m_j}\gamma_{ij}h_i}{\prod\limits_{s_i=1}(1+\gamma_{ij}h_i)}$$

（2）学习算法

定量转录调控模型实际上是一个产生式的模型，如图 8-12 所示。如果用贝叶斯学习语言来描述，μ_{ij} 是观察变量（基因 j 在条件 t 时的转录率），h_{ij} 是隐藏变量（TF$_i$ 在条件 t 下的浓度），γ_{ij} 与 $\alpha_{|s|}$ 是两个确定性函数，其他变量是模型参数，用 $\Theta=\{\beta_j,E_{ij}^{(a)},b_j,c_{ij},K_i\}$ 表示。

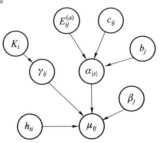

图 8-12　定量转录调控产生式模型

假设基因 J 在实验条件 t 的转录速率服从高斯公布 $r_{tj} \sim N(\mu_{tj}, \sigma_j^2)$，则：

$$p(r \mid h, \theta) = \prod_{t=1}^{T} \prod_{j=1}^{J} \left[\frac{1}{\sqrt{2\pi}\sigma_j} \exp\left(\frac{(r_{ij} - \mu_{ij})^2}{\sigma_j^2} \right) \right]$$

为了简化问题，如果不考虑异方差，则可将似然函数转化为如下目标函数：

$$O(h, \theta : R) = \sum_{t=1}^{T} \sum_{j=1}^{J} (r_{tj} - \mu_{tj})^2$$

3. 实验及结果

为了证实本实例提出的定量转录调控模型，在酵母的基因表达及 Chip-chip 数据集上进行了实验，试图回答如下几个问题：REMBE 能否准确地学习不同条件下的 TF 的浓度，参数 c_{ij} 是否真的可以预测 TF 的调控方向（抑制还是诱导），以及能否发现功能性的 TF-DNA 结合。

酵母的序列数据来自 SCPD 数据库，从中抽取了每个靶基因启动子区域内 $-1\ 000 \sim +50$ bp 的序列；PWM 数据采用 log-odds 矩阵；考虑到酵母的细胞周期数据集被广泛地应用于酵母基因调控网络的研究中，为了便于与现有方法进行比较，本实例的实验也采用该数据集。

为了检验 REMBE 能否准确地学习 TF 的浓度，在一个包含了 3 个 TF、19 个靶基因和 22 个调控关系的网络上进行了实验。这 3 个 TF 分别是 Fhl1、Nrgl 与 Rap1，其中，Fhl1 基因编码一个诱导核糖体蛋白基因表达的转录调控蛋白，Nrgl 在葡萄糖代谢、菌丝生长的过程中起抑制作用，而 Rap1 是一个 DNA 结合蛋白基因，既可以起正调控作用，也可以起负调控作用，这取决于与其结合的靶位点。选择这 3 个 TF 有两个目的，一是检验 REMBE 模型学习 TF 浓度的能力；二是检验 REMBE 模型能否准确地预测 TF 的调控方向。

图 8-13 显示了在 cdc15 数据集上学习的 Fhl1 浓度在 24 个时间点处的变化曲线，右半部分的图是左边的点线图平滑后的结果。最上面的图显示的是输出的 Fhl1 的浓度变化曲线，中间的图显示的是 Fhl1 的 mRNA 浓度变化曲线，下面的图显示的是 Fhl1 靶基因的 mRNA 平均浓度变化曲线。可以看出，Fhl1 的浓度变化曲线与其靶基因的 mRNA 平均浓度变化曲线非常类似，Pearson 相关系数为 0.866 7（p–value=4.345 2e–8），而与其 mRNA 浓度变化曲线相差甚远，Pearson 相关系数仅为 0.120 2（p–value=0.575 7），这与事实相符，即活性作用分子不仅由 mRNA 的浓度决定，与翻译后的一系列修饰事件也有很大的关系。

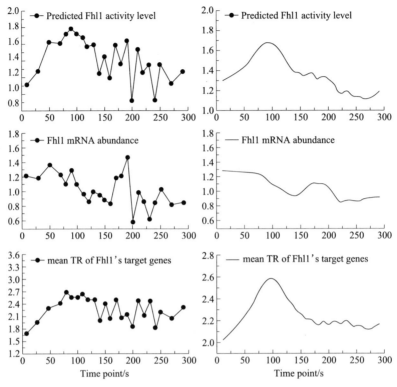

图 8-13　Fhl1 的浓度变化曲线

　　Nrg1 与 Rapl 的结果分别如图 8-14 与图 8-15 所示，Nrgl 的浓度与其靶基因的平均 mRNA 水平呈负相关关系，pearson 相关系数为 $-0.708\,0$（p–value=$1.084\,7e{-}4$），说明 Nrg1 抑制其靶基因的表达，这与观察到的事实相符。而 Rap1 的浓度与 RPS2 和 BDF1 两个靶基因的 mRNA 水平具有明显的正相关性，而与另外两个靶基因 TYE7 和 HSP12 的 mRNA 水平呈明显的负相关关系，这说明，Rap1 诱导 RPS2 和 BDF1 的表达，却抑制 TYE7 和 HSP12 的表达。这与已知的事实也是相符的，即 Rap1 的调控方向取决于与其结合的靶位点和细胞环境。

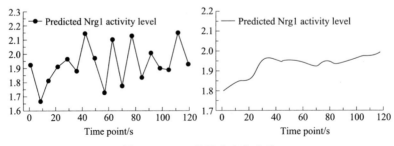

图 8-14　Nrgl 的浓度变化曲线

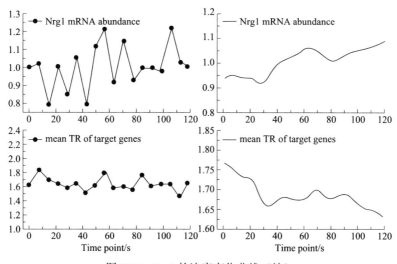

图 8-14　Nrgl 的浓度变化曲线（续）

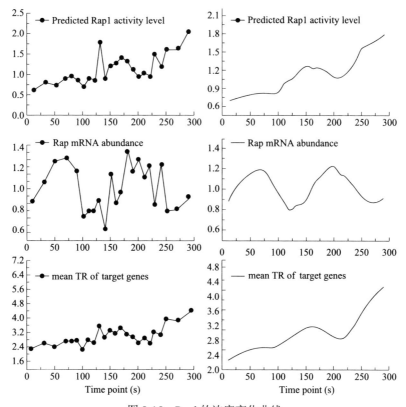

图 8-15　Rapl 的浓度变化曲线

8.7　本章小结

对于不同物种、不同类型的生物分子，目前已建立了多种生物分子网络。生物分子网络表现出特殊性及无标度性，该特性形成于生物进化过程中，并有助于生物适应周围的环境。在构建生物分子网络时，需要通过各种先进的数据处理方法对原始数据进行分析。

本章阐述了生物分子网络构建知识基础，包括生物分子网络构建的基本概念、网络拓扑属性和无标度网络；详细分析了基因调控网络构建的基本原理和方法、蛋白质互作网络基本原理和构建方法；最后给出了基于蛋白质互作网络的疾病 miRNA 的挖掘和定量转录调控模型构建两个应用实例。

思考题

1. 简述生物分子网络的基本概念。
2. 构建生物分子网络的主要方法有哪些？其各自的特点是什么？
3. 什么是无标度网络？如何构建无标度网络？
4. 蛋白质互作可以分为几种类型？其构建方法有什么不同？
5. 举例说明如何构建蛋白质互作网络的无向图。
6. 简述基因调控网络的构建方法。
7. 试利用贝叶斯网络构建基因调控网络。
8. 试运用酶动力学模型构建蛋白质互作网络并进行分析。

参考文献

[1] 张德阳. 生物信息学 [M]. 北京：科学出版社，2004.

[2] 李衍达，孙之荣. 生物信息学 [M]. 北京：清华大学出版社，2000.

[3] 孙啸，陆祖宏，谢建明. 生物信息学基础 [M]. 北京：清华大学出版社，2006.

[4] 杨子恒. 计算分子进化 [M]. 钟杨，等，译. 上海：复旦大学出版社，2008.

[5] J. Setubal，J. Meidanis. 计算分子生物学 [M]. 朱浩，等，译. 北京：科学出版社，2003.

[6] 张毓敏. A Knowledge-based Scoring Function for Predicting Protein Structures [D]. 上海：上海交通大学，2006.

[7] 李霞，李亦学，廖飞. 生物信息学 [M]. 北京：人民卫生出版社，2010.

[8] 贺平安. DNA 序列及蛋白质序列的分析与比较 [D]. 大连：大连理工大学，2003.

[9] 刘琦. RNA 二级结构的若干计算生物学问题研究 [D]. 杭州：浙江大学，2008.

[10] 黄旭. 从头预测蛋白质结构元启发方法研究 [D]. 苏州：苏州大学，2011.

[11] 谷俊峰. 蛋白质结构预测中几个关键问题的研究 [D]. 大连：大连理工大学，2009.

[12] 周柚. 基因识别和微阵列数据识别算法研究 [D]. 长春：吉林大学，2008.

[13] 王勇献. 蛋白质二级结构预测的模型与方法研究 [D]. 长沙：国防科学技术大学，2004.

[14] 邓建钢. 不同胰岛素敏感度下基因表达数据垂落技术的研究 [D]. 北京：北京理工大学，2005.

[15] 李茂亿. 生物信息学中序列比对问题研究 [D]. 兰州：兰州大学，2006.

［16］ 滕明祥. 基于蛋白质互作网络的疾病相关 miRNA 挖掘方法的研究［D］. 哈尔滨：哈尔滨工业大学，2008.

［17］ 刘辉. 基因调控网络的建模与学习研究［D］. 上海：复旦大学，2009.

［18］ 蒋强. 基于基因芯片数据的基因调控网络的重构机器疾病学应用［D］. 上海：上海交通大学，2009.

［19］ 孙向东，刘拥军，黄保续，谢仲伦. 蛋白质结构预测——支持向量机的应用［M］. 北京：科学出版社，2008.

［20］ Needleman S. B., Wunsch C. D. A general method applicable to the search for similarities in the amino acid sequence of two proteins［J］. J. Mol. Biol., 1970, 48(3):443-453.

［21］ Smith T. F., Waterman M. S. Identification of common molecular subsequences［J］. J. Mol. Biol., 1981, 147:195-197.

［22］ Altschul S. F., Gish W., Miller W., et al. Basic local alignment search tool［J］. J. Mol. Biol., 1990, 215(3):403-410.

［23］ Higgins D. G., Sharp P. M. CLUSTAL：a package for performing multiple sequence alignment on a microcomputer［J］. Gene, 1988, 73:237-244.

［24］ Lipman D. J., Altschul S. F., Kececioglu J. D. A tool for multiple sequence alignment［J］. Proc. Natl. Acad. Sci. USA., 1989, 86(12):4412-4415.

［25］ Pearson. Improved tools for biological sequence comparision［J］. Proc. Natl. Acad. Sci. USA., 1985, 85(8):2444-2448.

［26］ Moult J., Fidelis K., Kryshtafovych A., Rost B., Hubbard T., Tramontano A. Critical assessment of methods of protein structure prediction-round VII［J］. Proteins: Structure, Function, and Bioinformatics, 2007, 69(S8)：3-9.

［27］ 张艳萍. 蛋白质序列的数学描述及其应用［D］. 杭州：浙江理工大学，2009.

［28］ 王春娟. 数据挖掘在分子系统发生与定量构效关系建模中的应用［D］. 长沙：湖南农业大学，2008.

［29］ Tress M., Tai C-H, Wang G., Ezkurdia I., Lopez G., Valencia A., Lee B., Dunbrack Jr R. L. Domain Definition and Target Classification for CASP6［J］. Proteins：Structure, Function, and Bioinformatics, 2005, 61(S7)：8-18.

［30］ Rosenbaum M. D., Rasmussen G. F. S., Brian K. K. The structure and function of G-protein-coupled receptors［J］. Nature, 2009, 459：356-363.

［31］ Sokal R. R., Michener C. D. A statistical method for evaluating systematic relationships［J］. Univ. Kans. Sci. Bull., 1958, 38:1409-1438.

［32］ Saitou N., Nei M. The neighbor-joining method：a new method for

reconstructing phylogenetic trees[J]. Molecular Biology and Evolution, 1987, 4
（4）：406-425.

［33］ Sankoff D., Cedergren R. J. Time Warps, String Edits, and Macromolecules：the Theory and Practice of Sequence Comparison［M］. NY：Adison-Wesley, 1983.

［34］ Nussinov R., Pieczenik G., Griggs J. R., Kleitman D. J. Algorithms for loop matchings［J］. SIAM Journal of Applied Mathematics, 1978, 35(1):58-82.

［35］ Eddy S. R., Durbin R. RNA sequence analysis using covariance models［J］. Nucleotide Acids Research, 1994, 22(11):2079-2088.

［36］ Chomsky N. On certain formal properties of grammars[J]. Information Control, 1959, 2(2):137-167.

［37］ 陈正隆，徐为人，汤立达. 分子模拟的理论与实践［M］. 北京：化学工业出版社，2007.

［38］ Gibrat J. F., Garnier J., Robson B. Further developments of protein secondary structure prediction using information theory［J］. J. Mol. Biol., 1987, 198(3):425-443.

［39］ Levin J., Robson B., Garnier J. An algorithm for secondary structure determination in probteins based on sequence similarity［J］. FEBS Lett., 1986, 205:303-308.

［40］ Burhard R. Review：protein secondary structure prediction continues to rise[J]. J. Struct. Biol., 2001, 134(2-3):204-218.

［41］ 董浩. RNA 二级结构预测方法研究［D］. 长春：吉林大学，2011.

［42］ 夏培明. RNA 二级结构预测算法的研究与实现［D］. 哈尔滨：哈尔滨工业大学，2008.

［43］ Adamczak R., Porollo A., Meller J. Accurate prediction of solvent accessibility using neural networks-based regression［J］. Proteins，2004，56（4）：753-767.

［44］ 岳峰，孙亮，王宽全，王永吉，左旺孟. 基因表达数据的聚类分析研究进展［J］. 自动化学报，2008，34（2）：113-120.

［45］ Subramaniam V., T. M. Jovin, R. V. Rivera-Pomar. Aromatic Amino Acids Are Critical for Stability of the Bicoid Homeodomain［J］. J. Biol. Chem., 2001, 276(24):21506-21511.

［46］ Fan Y. P. Family specific protein sequence scoring matrices and applications[J]. Dissertation Abstracts International, DAI-B, 2002, 62(12):5826.

［47］ Richard D., Sean E. Biological sequence analysis：Probabilistic models of proteins and nucleic acids［M］. Cambridge：Canbrideg University Press, 1998.

［48］Tehei M., Zaccai G. Adaptation to high temperatures through macromolecular dynamics by eutron scattering ［J］. FEBS Journal, 2007, 274(16):4034-4043.

［49］Haki G. D., Rakshit S. K. Developments in industrially important thermostable enzymes: a review ［J］. Bioresour Technology, 2003, 89(1):17-34.

［50］Chothia C., Lesk A. The relation between the divergence of sequence and structure in proteins ［J］. EMBO Journal, 1986, 5(4):823-826.

［51］Huynh T., Miranda K., Tay Y., et al.A Pattern-based method for the identification of microRNA-target sites and their corresponding RNA/RNA complexes ［J］. Cell, 2006, 126(6):1203-1217.

［52］Teiehmann S. A., Babu M. M. Gene regulatory network growth by duplication ［J］. Nature Genetics, 2004, 36:492-496.

［53］Frey B. J., Dueek D. Mixture modeling by affinity propagation ［C］. In Proceedings of the 18th Neural Information Processing System (NIPS'06), Vancouver, 2006:379-386.

［54］Troyanskaya O., Cantor M., Sherloek G., et al. Missing value estimation methods for DNA microarrays ［J］. Bioinformaties, 2001, 17(6):520-525.

［55］Watts D. J., Strogatz S. H. Collective dynamics of "small world" networks ［J］. Nature, 1998, 393: 440-442.

［56］Newman M. E. J. Scientific collaboration networks: I Network construct ion and fundamental results ［J］. Phys. Rev. E., 2001, 62, 016131.

［57］许国志. 系统科学 ［M］. 上海：上海科技教育出版社，2000.

［58］Cancho R. F., Sole R. V. The small-world of human language ［J］. Proc. R. Soc. Lond. B., 2001, 268(1482):2261- 2265.

［59］Xenarios I., Eisenberg D. Protein interaction databases ［J］. Curr. Opin. Biotechnol., 2001, 12(4):334-33.

［60］Ng S., Zhang Z., et al.InterDom: a database of putative interacting protein domains for validating predicated protein interactions and complexes ［J］. Nucleic Acids Res., 2003, 31(1): 251-254.

［61］Lewis B. P., Shih I., Jones-Rhoades M. W., Bartel D. P., Burge C. B. Prediction of Mammalian MicroRNA Targets ［J］. Cell, 2003, 115(7):787-798.

［62］Brown K. R., Jurisica I. Online Predicted Human Interaction Database ［J］. Bioinformatics, 2005, 21(9): 2076-2082.

［63］Kiriakidou M., Nelson P. T., Kouranov A., et al. A Combined Computational Experimental Approach Predicts Human microRNA Targets ［J］. Genes & Dev.,

2004, 18:1165-1178.

[64] Espadaler J., Aragues R., Eswar N., Marti-Renom M. A., Querol E., Aviles F. X., Sali A., Oliva B. Detecting Remotely Related Proteins by Their Interactions and Sequence Similarity [J]. PNAS, 2005, 102(20):7151-7156.

[65] Lage K., Karlberg E. O., Strling Z. M., Olason P. I., Brunak S., et al. A Human Phenome-Interactome Network of Protein Complexes Implicated in Genetic Disorders [J]. Nature Biotechnology, 2007, 25(3):309-316.

[66] Girvan M., Newman M. E. J. Community structure in social and biological networks [J]. PNAS, 2002, 99(12):7821-7826.

[67] Newman M. E. J., Girvan M. Finding and evaluating community structure in networks [J]. Phys. Rev. E. 2004, 69(2): 026113-026128.

[68] Wu F., Huberman B. A. Finding communities in linear time: A physics approach [J]. Eur. Phys. J. B, 2004, 38(2):331–338.

[69] Mangasarian O. L. Nonlinear programming[M]. Philadeophia, PA: SIAM, 1994.

[70] Randic M. On characterization of DNA primary sequences by a condensed matrix [J]. Chemical Physics Letters, 2000, 317(1-2):29-34.

[71] Nandy A. A new graphical representation and analysis of DNA sequence structure: I. Methodology and Application to Globin Genes[J]. Current Science, 1994, 66(4):309-314.

[72] Li X., He Z., et al. Selection of optimal oligonucleotide probes for microarrays using multiple criteria, global alignment and parameter estimation [J]. Nucleic Acids Res., 2005, 33(19):61, 14-23.